INDUSTRIAL STATISTICS

개정판

공업통계학

이종성 지음

KYOWOOSA 敎友社

INDUSTRIAL STATISTICS

책을 펴내며

이 책은 저자가 이십 수년 간 공과대학 학부 2학년 학생을 대상으로 강의한 공업통계학 강의 내용을 바탕으로 하여 2년 전에 처음 출간하였다. 책이 출간된 후 2년 동안 독자들로부터 오자에 대한 지적과 일부 내용의 보완이 필요하다는 의견이 있어 이번에 개정판을 내게 되었다. 이번 개정판 역시 이공계 분야의 학생들을 위한 통계학 입문서라는 기본 취지는 변함이 없다. 따라서 수리통계학의 이론보다는 실험실이나 산업현장의 실제 자료 분석에 널리 활용될 수 있는 통계적 방법과 사례들을 중점적으로 다루고 있다.

통계학의 여러 개념들을 쉽게 이해할 수 있도록 많은 예제를 실었으며, 특히 공학 분야의 실제적인 사례들을 풍부하게 다루어 실험실이나 현장에서 통계분석 수행의 실무능력을 배양하는데 도움이 되도록 하였다. 또한, 최근 개인용 컴퓨터의 활용이 보편화됨에 따라 복잡하고 많은 시간이 소요되는 통계분석 작업을 짧은 시간에 쉽게 수행하는 것이 가능하게 되었다. 이 책에서도 많은 예제에 대해 Minitab 결과를 수록하여 통계 소프트웨어의 활용능력을 배양토록 하였다.

이 책은 두 학기에 걸쳐서 공학 분야에서 필요한 기초 통계학을 강의할 수 있도록 내용을 편찬하였다. 그러나 경우에 따라서는 한 학기에 모두 소화할 수도 있을 것이다. 두 학기 동안 강의하는 경우에는, 첫 학기에는 1장부터 7장의 기본적인 확률통계 이론과 8장과 9장의 정규분포 모집단에 관한 추론까지 다루고, 두 번째 학기에는 10장과 11장의 회귀분석, 12장의 실험계획법, 그리고 13장의 비모수적 방법을 을 다루는 것이 좋을 것이다.

수학적 기초 없이 통계학을 공부하기는 불가능할 것이다. 그러나 이 책을 공부하는데 요구되는 수학의 예비지식을 최대한 낮추도록 노력하였다. 대학 교양수학의 초등 미적분학을 배운 독자라면 이 책을 공부하는데 전혀 불편함이 없을 것이다.

본래 통계학을 전공하지 않은 필자가 엮은 책이라 여러 가지로 부족한 점이 많을 것으로 생각된다. 독자 여러 분들의 지도편달을 바라며, 아무쪼록 이 책이 공학을 공부하는 학생들이 통계에 대한 이해와 응용능력을 배양하는 데 도움이 되기를 바란다.

끝으로 이번 개정판이 나오기까지 여러 모로 도움을 주신 오판근 사장님을 비롯하여 교우사 여러 분들께 감사드린다.

2011년 3월

저자 씀

차례

Chapter 03 이산형 확률변수와 확률분포 33

Chapter 04 연속형 확률변수와 확률분포 55

Chapter 08 정규분포 모집단에 관한 추론 139

Chapter 09 두 모집단의 비교에 관한 추론 169

Chapter 10 단순회귀분석과 상관분석 199

Chapter 11 중회귀분석 227

Chapter 12 실험계획법 261

Chapter 13 비모수적 방법 293

1 자료와 기술통계

어떤 문제를 통계적인 방법으로 분석한다는 것은 자료를 수집하고 정리하여 이로부터 알고 싶은 관심 사항에 대한 추론을 수행하는 일련의 작업을 의미한다. 따라서 통계적 방법의 기본요소는 실험 혹은 관측의 결과로 얻어지는 자료가 될 것이다. 대부분의 경우 알고 싶은 관심사항에 관련된 모든 자료를 얻는다는 것은 현실적으로 불가능하므로, 관심 대상으로부터 일부를 조사하여 얻어진 자료를 바탕으로 하여 분석 작업을 수행하게 된다. 통계학에서는 관심 대상 전체를 모집단(population)이라 하고, 모집단의 일부를 조사하여 얻어진 자료 즉, 모집단에서 추출된 자료를 표본(sample)이라고 부른다. 여기서는 자료의 유형, 모집단으로부터 자료의 추출 방법, 그리고 자료의 정리 및 요약 방법 등 소위 기술통계(descriptive statistics)의 여러 방법에 대해여 알아본다.

1.1 자료의 유형

자료의 유형은 크게 양적 자료(quantitative data)와 질적 자료(qualitative data)로 구분할 수 있다. 양적 자료는 자료 자체가 숫자로 표현되는 것으로 자료가 취할 수 있는 값에 따라 다시 연속형과 이산형으로 구분된다. 키, 몸무게, 기계장치의 수명 등과 같이 연속적인 수치로 측정되는 자료를 연속형 자료(continuous data)라 하고, 자동차 한 대에서 발견되는 결함 수,

부품의 한 로트에 포함되어 있는 불량품의 개수 등과 같이 자연수에 1:1로 대응하여 하나하나 셀 수 있는 자료를 이산형 자료(discrete data)라고 한다.

질적 자료는 범주형 자료(categorical data)라고도 하는데, 원칙적으로 숫자로 표시되지 않는 자료를 말한다. 예를 들어 인구 센서스 조사자료에서 가족 구성원들의 남녀 성별이나 교육수준, 또는 가구당 소유하고 있는 주택 유형 등이 대표적인 질적 자료라 할 수 있다. 질적 자료는 숫자의 개념을 갖고 있지 않지만 편의를 위해 임의로 수치를 부여할 수도 있다. 예로서 남자=1, 여자=2로 표시하거나 대학졸업 이상=1, 고고졸업=2, 중학교 졸업=3 등으로 나타낼 수 있다. 질적 자료 역시 자료의 특성에 따라 명목자료(nominal data)와 서열자료(ordinal data)로 구분할 수 있다. 명목 자료는 성별, 종교 등과 같이 단순히 분류적인 개념을 갖는 자료를 의미하는데, 각 분류 범주에 수치를 부여한다 해도 부여된 값이 계량적 의미를 갖지 않는다. 예를 들어 남자=1, 여자=2로 표시할 때 1과 2는 숫자의 개념이 아니라 단순한 분류적 개념으로 사용된 것이다. 서열 자료는 강함과 약함, 혹은 좋음과 나쁨의 정도에 따라 서열화 되는 방식으로 분류되는 자료를 말한다. 예로서 제품 만족도 조사에서 매우 불만족(1), 불만족(2), 보통(3), 만족(4), 매우 만족(5) 등으로 표시되는 자료가 서열 자료이다. 서열 자료에서는 필요에 따라 각 범주에 부여된 수치를 이용하여 계량적인 분석을 수행할 수도 있다.

1.2 표본 자료의 수집방법

자료의 수집 방법은 관심 대상이 되는 모집단 전체의 자료를 모두 조사하는 센서스(Census)와 모집단의 일부를 표본으로 선택하여 조사하는 표본조사(sampling)의 두 가지 방법으로 구분할 수 있다. 대부분의 경우 통계적 추론에 필요한 자료의 수집은 표본조사의 형태가 되므로, 여기서는 표본 추출 방법에 대해 알아보기로 한다. 통계 분석의 목적은 모집단의 특성을 알아내는 것이므로 분석에 사용되는 표본자료는 가능한 모집단을 정확히 대표할 수 있어야 할 것이다.

(1) 단순 무작위 추출

모집단의 모든 원소가 표본으로 선택될 가능성이 동등하게 되도록 표본을 추출하는 방법을 단순 무작위 추출(simple random sampling) 혹은 단순 확률추출이라고 한다.

즉, N개의 원소가 있는 모집단에서 n개의 시료를 추출한다고 할 때, 표본 추출의 가능한 경우의 수는 $\binom{N}{n}$개 이다. 이 들 $\binom{N}{n}$개의 가능한 표본 모두의 실현 가능성이 동일하게 되도록 시료를 추출하는 방법을 단순 무작위 추출이라고 한다. 단순 무작위 추출법은 모집단을 잘 대표하는 표본을 추출하는 가장 기본적인 방법이다. 보통 모집단에서 표본을 추출한다고 할 때 특별한 언급이 없는 한 모든 표본추출은 단순 무작위 추출을 의미하는 것이다.

그런데, 모집단의 규모 너무 크거나, 혹은 제품의 수송이나 저장 등의 편리를 위해 모집단 전체에서 단순 무작위로 표본을 추출하기가 어려운 경우 모집단을 몇 개의 부분으로 구분하여 무작위 추출 방법을 적용할 수도 있다. 이제부터 이러한 경우에 적용할 수 있는 몇 가지 표본 추출법들을 소개하기로 한다.

(2) 계통 추출법

계통 추출법(systematic sampling)은 단순 무작위 추출법의 변형된 형태 중 하나로써, 시료를 시간적 혹은 공간적으로 일정한 간격을 두고 추출하는 방법이다. 즉, 모집단이 N개의 원소로 구성되어 있고 그 중에서 n개의 시료를 표본으로 추출하는 경우, 모집단의 모든 원소들에 1, 2, ..., N의 일련번호를 부여하고, 시료 추출 간격을 $k=\frac{N}{n}$으로 정하여 처음에는 1번에서 k번까지의 원소들 중에서 한 개를 랜덤하게 선택하고, 그 다음부터는 매 k-번째 마다의 원소를 시료로 취하는 방법이 계통 추출법이다.

예제 1.2.1

$N=1,000$개의 원소로 구성되어 있는 모집단에서 크기 $n=100$개의 표본을 계통 추출법으로 추출하여 보자. 먼저 모집단을 구성하는 원소들을 1에서 1,000번까지 번호를 매기고, 1번에서 $k=\frac{1,000}{100}=10$번까지의 원소들 중에서 랜덤으로 하나를 선택한다. 처음의 시료가 6번이 선택되었다고 하면, 그 다음부터는 16번, 26번, ..., 996번의 원소를 선택하여 $n=100$의 표본을 추출한다. ■

(3) 층화 추출법

모집단을 구성하는 원소들을 특정 기준에 따라 동질적인 몇 개의 층 혹은 집단으로 분류하고, 각 층에서 적절한 개수의 시료를 랜덤하게 추출하는 방법을 층화 추출법(stratified sampling)이라 한다.

예제 1.2.2

인구 N=100,000명의 어떤 도시에서 n=1,000명의 표본을 추출하여 주민들의 특정 정책에 대한 선호도 조사를 실시하고자 한다. 주민의 연령대에 따라 정책에 대한 인식에 차이가 있는 것이 현실이므로, 전체 주민을 20대, 30대, 40대, 50대 이상의 4개의 층으로 구분하여 층화 추출법에 의하여 표본을 추출하기로 하였다.

전체 주민 N=100,000 명의 연령대 별 구성이 20대가 N_1=40,000명, 30대가 N_2=30,000명, 40대가 N_3=20,000명, 그리고 50대 이상이 N_4=10,000이라고 한다면, 20대에서 n_1= 1,000×0.4=400명, 30대에서 n_2=1,000×0.3=300명, 40대에서 n_3=1,000×0.2=200명, 그리고 50대 이상에서 n_4=1,000×0.1=100명의 주민을 무작위로 선택하여 n=1,000명의 표본을 얻는다. ■

(4) 집락 추출법

모집단을 여러 개의 집락(cluster)으로 구분하고, 그 중에서 일부를 무작위로 선택하여 이들 선택된 집락 전체를 표본으로 하는 방법을 집락 추출법(cluster sampling)이라 한다.

예제 1.2.3

한 상자에 100 개씩의 부품이 들어 있는 부품상자 50개로 구성된 부품로트가 있다. 즉, 로트(모집단)의 크기 N=5,000이다. 이 로트에 대한 품질검사를 위해 n=300개의 표본을 집락 추출법으로 추출하고자 한다면, 로트에서 랜덤하게 3상자를 선택하여 선택된 세 상자 모두를 표본으로 함으로써 n=300개의 표본을 얻는다. ■

1.3 수리적 측도에 의한 자료의 요약

수집된 자료를 정리하고 요약하는 것을 기술통계라고 하는데, 기술통계에서는 자료를 요약하고 그 특성을 파악하기 위하여 여러 가지 수리적인 측도와 그래프를 이용한다.

먼저 자료의 객관적인 특성을 나타내어 주는 수리적인 측도에 대해 알아보자. 수리적 측도는 중심위치의 측도, 산포의 측도, 그리고 상대적 위치 측도 등을 생각할 수 있다.

1.3.1 중심위치의 측도

(1) 평 균

평균(mean)이란 관측된 n개의 자료의 총합을 자료의 개수 n으로 나눈 산술평균을 의미하는 것으로, 자료의 중심위치의 측도로써 가장 보편적으로 사용된다. 모집단 전체의 평균을 모평균(population mean)이라 하며 보통 그리스 문자 μ로 표기한다. 모집단에서 추출된 표본의 평균을 표본평균(sample mean)이라 하며 보통 $\bar{x}$ 혹은 $\bar{y}$ 등으로 표기한다.

(2) 중앙값

자료를 크기 순서로 나열하였을 때 중앙의 위치에 해당하는 값을 중앙값(median)이라 한다. 자료의 개수 n이 홀수이면 $\frac{n+1}{2}$번째 값이 중앙값이 되고, n이 짝수이면 정 가운데에 위치하는 값이 없으므로 $\frac{n}{2}$번째와 $\frac{n}{2}+1$번째 값의 평균을 중앙값으로 정의한다.

예제 1.3.1

다음은 $n=6$개의 수집된 자료를 크기 순으로 배열한 것이다. 이 자료의 중앙값을 구하여 보자.

5, 7, 10, 15, 17, 20

자료의 개수가 짝수이므로 중앙값은 3번째 자료(10)와 4번째 자료(15)의 평균인 $\frac{10+15}{2}=12.5$가 된다. ■

(3) 최빈값

전체 자료 중 가장 빈번하게 나타나는 값 즉, 가장 빈도가 높은 값을 최빈값(mode)라고 한다.

1.3.2 산포의 측도

(1) 분산과 표준편차

수집된 자료의 특성을 설명할 때 자료의 중심 위치와 함께 전체 자료들이 그 중심으로부터 어느 정도의 거리를 두고 퍼져있는지 즉, 자료의 산포를 알아야 자료의 특성을 충분히 파악하였다고 할 수 있을 것이다.

자료의 산포로써 가장 널리 사용되는 것이 분산과 표준편차이다. n개의 표본자료 $y_1, y_2, \ldots, y_n$이 주어졌을 때, 이 자료의 표본분산(sample variance)은

$$S^2 = \frac{1}{n-1}\sum_{i=1}^{n}(y_i - \bar{y})^2$$

으로 정의된다. 모집단 전체의 분산은 모분산(population variance)이라고 한다. 즉, 크기 N의 모집단 전체의 자료를 $y_1, y_2, \ldots, y_N$이라 할 때, 모분산은

$$\sigma^2 = \frac{1}{N}\sum_{i=1}^{n}(y_i - \mu)^2$$

으로 정의된다. 보통 표본분산은 S^2, 모분산은 σ^2으로 표기한다. 분산의 제곱근이 표준편차(standard deviation)이다. 즉, 표본 표준편차는

$$S = \sqrt{\frac{1}{n-1}\sum_{i=1}^{n}(y_i - \bar{y})^2}$$

이고, 모 표준편차는

$$\sigma = \sqrt{\frac{1}{N}\sum_{i=1}^{N}(y_i - \mu)^2}$$

이다.

때로는 자료의 산포의 측도로써 평균에 대한 표준편차의 비율로 정의되는 변동계수(coefficient of variation)를 사용하기도 한다. 즉, 변동계수는

$$v = \frac{s}{\bar{y}}$$

이다.

(2) 범 위

자료의 최대값과 최소값의 차이를 범위(range)라고 한다. 즉, 자료의 최대값을 $y_{\max}$, 최소값을 $y_{\min}$라 할 때, 범위는

$$R = y_{\max} - y_{\min}$$

이다.

범위는 계산하기는 간편하나 자료의 두 극단적인 값의 차이만을 나타내기 때문에 이상점(outlier)이 있을 경우 올바른 산포의 측도가 되지 못한다는 단점이 있다. 범위의 이러한 단점을 일부 보완한 것이 사분위 범위(interquartile range)이다. 사분위 범위에 대해서는 다음 절의 사분위수(quartile)와 함께 설명하기로 한다.

1.3.3 상대적 위치 측도

[표 1-3.1]은 15명 학생의 한 학기 동안 치룬 시험점수의 합계 자료이다. 이 자료는 무작위로 기록한 것이어서, 전체적인 점수의 크기나 특정 점수가 전체 자료에서 큰 편에 속하는지 혹은 작은 편에 속하는지 등 자료의 상대적 위치를 알아보기가 쉽지 않다. 여기서는 뒤섞여 있는 많은 량의 자료들에 대해 특정 자료값이 전체 자료에서 어떤 위치에 있는가를 알 수 있게 하는 자료의 상대적 위치 측도에 대해 알아보기로 한다.

[표 1-3.1] 15명 학생의 한 학기 시험 총점

203	161	193	224	129
110	109	85	194	107
196	202	187	144	89

(1) 사분위수

사분위수(quartile)는 크기 순서에 따라 늘어 놓은 자료를 사등분할 때 각각 사등분되는 위치의 값을 말한다. 사등분 중 첫 번째 위치에 있는 값, 즉 전체 자료의 $\frac{1}{4}$이 이 값보다 작거나 같게 되는 값을 제1사분위수(first quartile)라 하며 Q_1으로 표기한다.

두 번째 위치의 값을 제2사분위수(second quartile, Q_2)라고 하는데 Q_2는 자료의 중앙값이 된다. 세 번째 위치의 값 제3사분위수(third quartile, Q_3)는 전체 자료의 $\frac{3}{4}$이 이 값보다 작거나 같게 되는 값이며, 결국, 제4사분위수(fourth quartile, Q_4)는 자료의 최대값이 될 것이다.

보통 제1사분위수 Q_1을 Lower Quartile, 제3사분위수 Q_3를 Upper Quartile이라고 부르는데, 이들의 차이를 사분위수 범위(inter quartile range, IQR)이라고 한다. 즉, $IQR = Q_3 - Q_1$이다.

(2) 백분위수

백분위수(percentile)는 사분위수의 개념을 확대하여 크기 순서에 따라 자료를 100 등분하는 값을 말한다. 즉, $p\%$ 백분위수(p-th percentile)는 전체 자료의 $p\%$가 이 값보다 작거나 같게 되는 값을 의미한다. 따라서 제1사분위수 Q_1은 25% 백분위수, 제3사분위수 Q_3는 75% 백분위수가 될 것이다. $p\%$ 백분위수다음과 같이 구할 수 있다.

$$p\% \text{ 백분위수} = ([n \times p]+1) \text{ 번째 자료값} \tag{1-3.1}$$

여기서 n는 자료의 개수이고, $[n \times p]$는 $n \times p$보다 크지 않은 최대 정수를 의미한다.

예제 1.3.2

[표 1-3.1]의 자료에 대해 사분위수와 백분위수를 계산하여 보자.
먼저 자료를 오름차순으로 정리하여 보자.

순위	1	2	3	4	5	6	7	8	9	10
점수	85	89	107	109	110	129	144	161	187	193
순위	11	12	13	14	15					
점수	194	196	202	203	224					

제1사분위수 $Q_1 =$ 25% 백분위수 = ([15×0.25] + 1)번째 자료 $= y_{(4)} =$ 109.0
제2사분위수 $Q_2 =$50% 백분위수 = ([15×0.5] +1)번째 자료 $= y_{(8)} =$ 161.0
제3사분위수 $Q_3 =$75% 백분위수 = ([15×0.75] +1)번째 자료 $= y_{(12)} =$ 196.0
따라서, 사분위수 범위 $IQR = Q_3 = Q_1 =$ 196.0 - 109.0 = 87.0이 된다. ■

(3) $z-$값

$z-$값(z-score)은 개별 자료값들이 그들의 평균으로부터 표준편차의 몇 배만큼 떨어져 있는가를 나타내는 수치이다. 즉,

$$z-\text{값} = \frac{y-\mu}{\sigma} \tag{1-3.2}$$

예제 1.3.3

[표 1-3.1]의 자료에 대해 $z-$값을 계산하여 보자.
먼저 [표 1.1] 자료의 평균 $\bar{y}$=155.5이고, 표준편차 s =47.4이다. 따라서,

$y=85 \rightarrow z=\dfrac{85.0-155.5}{47.4}=-1.487,$

$y=89 \rightarrow z=\dfrac{89.0-155.5}{47.4}=-1.403,$

…

[표 1-3.2] 자료 [표 1-3.1] 의 z-값

순위	1	2	3	4	5	6	7	8	9
점수	85	89	107	109	110	129	144	161	187
z-값	-1.487	-1.403	-1.023	-0.981	-0.960	-0.559	-0.243	0.116	0.665

순위	10	11	12	13	14	15
점수	193	194	196	202	203	224
z-값	0.791	0.812	0.854	0.981	1.002	1.445

1.4 도표에 의한 자료 정리

도표 즉, 그래프는 자료의 특성을 시각적으로 볼 수 있게 해 주므로 자료의 특성을 쉽고 빠르게 파악할 수 있다. 대부분의 통계 소프트웨어에서 여러 가지 그래프 기능을 제공하여 주고 있다. 여기서는 줄기-잎 그림(stem and leaf diagram)과 상자 그림(box plot)에 대해서만 알아보기로 한다.

1.4.1 줄기-잎 그림

줄기-잎 그림은 자료의 값을 그대로 보존하면서 자료의 분포 형태를 보여주는 장점을 가지고 있다. 줄기-잎 그림을 그리기 위해서는 각 자료를 줄기 부분과 잎 부분으로 구분하여야 한다. [표 1-4.1]은 80명 학생들이 한 학기 동안 치른 시험 점수의 합계를 기록한 자료이다.

[표 1-4.1] 80명 학생의 한 학기 시험 총점

178	168	187	197	132	143	132	193	132	148
145	141	165	159	159	150	157	153	108	181
157	166	167	143	130	161	166	189	173	104
133	161	144	217	136	173	154	110	121	239
196	172	129	144	122	114	169	178	125	174
191	202	123	223	218	152	156	148	201	196
153	176	147	138	94	134	151	149	164	169
152	85	223	151	182	92	113	105	121	181

[표 1-4.1]의 자료에서 십 자릿수를 줄기로 하면 일 자릿수는 잎이 된다. 이와 같이 줄기와 잎을 정한 후, 줄기값을 세로로 크기 순으로 나열하고 그 오른 쪽에 각 줄기에 해당되는 자료의 잎의 값을 기록한다. 이와 같은 방법으로 그린 [표 1-4.1]의 자료에 대한 줄기-잎 그림이 [그림 1-4.1]이다. 이 그림은 Minitab에서 제공하는 그래프 기능을 이용하여 작성한 것이다.

```
1      8     5
3      9     2 4
6      10    4 5 8
9      11    0 3 4
15     12    1 1 2 3 5 9
23     13    0 2 2 2 3 4 6 8
33     14    1 3 3 4 4 5 7 8 8 9
(13)   15    0 1 1 2 2 3 3 4 6 7 7 9 9
34     16    1 1 4 5 6 6 7 8 9 9
24     17    2 3 3 4 6 8 8
17     18    1 1 2 7 9
12     19    1 3 6 6 7
7      20    1 2
5      21    7 8
3      22    3 3
1      23    9
```

Stem-and-leaf of Score N=80 Leaf Unit = 1.0

[그림 1-4.1] [표 1-4.1] 자료에 대한 줄기-잎 그림

[그림 1-4.1]에서 두 번째 열이 줄기에 해당하는 각 자료의 십 자릿수이고, 두 번째 열 오른 쪽의 숫자들이 잎에 해당하는 일 자릿수이다. 그리고 첫 번째 열의 숫자들은 각 줄기에 해당되는 잎의 누적개수를 나타낸 것이다. 첫 번째 열의 가운데 부분의 (13)은 줄기 150대에 잎의 개수가

13개 즉, 전체 80개 자료 중 150대의 자료가 13개로 가장 많음을 표시한 것이다. [그림 1-4.1]의 줄기-잎 그림을 통해서 우리는 [표 1-4.1]의 자료는 150~159의 13개 자료를 중심으로 거의 대칭형으로 분포한다는 것을 알 수 있다.

줄기-잎 그림은 줄기와 잎을 어떻게 정하느냐에 따라 그 형태가 달라질 수가 있다. 줄기와 잎을 변화시켜 가면서 줄기-잎 그림을 그려보고 그 형태가 어떻게 달라지는지 각자 연습하여 보기 바란다.

1.4.2 상자 그림

상자 그림(box plot)은 자료의 분포에 대한 정보를 사분위수를 이용하여 나타내 주는 그림이다. [그림 1-4.2]는 [표 1-4.1]의 80명 학생의 한 학기 시험 총점 자료에 대한 상자 그림이다.

상자의 밑변과 윗변은 각각 제1사분위수($Q_1 = 133.25$)와 제3사분위수($Q_3 = 175.50$)를 나타내고, 가운데 수평선은 중앙값(median = 153.5)을 나타낸다. 상자의 위와 아래에 연결된 직선을 수염(whisker)이라고 하는데, 아래 수염의 길이는 $Q_1 - (1.5)(IQR) = 133.25 - (1.5)(42.25) = 69.875$의 범위 내에 있는 최소 자료값(여기서는 85)까지 이고, 상자 위의 수염의 길이는 $Q_3 + (1.5)\ \ 175.5 + (1.5)(IQR) = (42.25)\ \ 238.875$의 범위 내에 있는 최대 자료값(여기서는 223)까지가 된다. $(1.5)(IQR)$의 범위를 벗어나는 자료값은 이상치(outlier)로 취급하는데, 여기서는 80개 자료의 최대값 239가 위쪽 수염의 한계 238.875를 초과하므로 이상치로 취급되어 그림 위쪽에 별표(*)로 표시되어 있다.

이와 같이 상자 그림은 사분위수를 이용하여 자료의 분포 상태를 알기 쉽게 나타내 준다.[그림 1-4.2]의 상자 그림에서 중앙값이 대략 상자의 중앙에 위치하고 상하의 수염의 길이가 거의 같으므로 [표 1-4.1]의 자료는 대칭형의 분포에 따름을 알 수 있다. 이것은 [그림 1-4.1]의 줄기-잎 그림에서 확인된 결과와 일치하는 것이다.

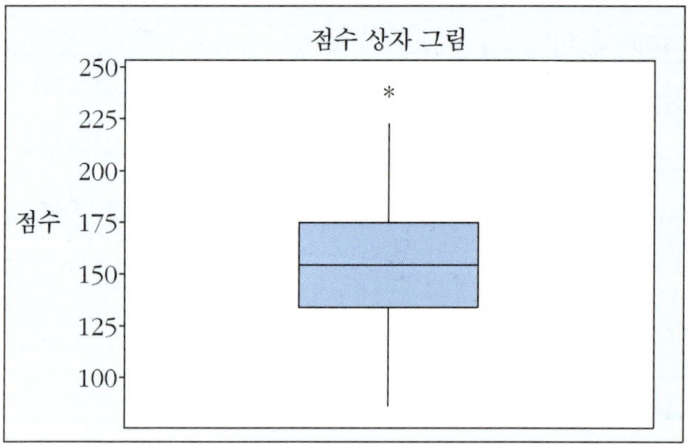

[그림 1-4.2] [표 1-4.1] 자료에 대한 상자 그림

연습문제

1. 다음의 자료는 병아리 사료 낱알의 무게를 측정한 자료이다.

3.7	4.2	4.7	4.0	4.9	4.3	4.0	4.2	4.7	4.1
4.2	3.8	4.2	4.2	3.8	4.7	3.9	4.7	4.1	4.9
4.4	4.2	4.2	4.0	4.3	4.1	4.5	3.8	4.8	4.3
4.4	4.4	4.8	4.5	4.3	4.0	4.3	4.5	4.1	4.4
4.3	4.6	4.5	4.4	3.9	4.6	3.8	4.0	4.3	4.4
4.2	3.9	3.6	4.1	3.8	4.4	4.1	4.2	4.7	4.3
4.4	4.3	4.1	4.0	4.7	4.6	4.3	4.1	4.2	4.6
4.8	4.5	4.3	4.0	3.9	4.4	4.2	4.0	4.1	4.5
4.9	4.8	3.9	3.8	4.0	4.9	4.5	4.7	4.4	4.6
4.4	3.9	4.2	4.6	4.2	4.4	4.4	4.1	4.8	4.0

a) 이 자료를 오름차순으로 정렬하고, 평균과 표준편차를 구하라.

b) 이 자료의 상자 그림을 그리고, 자료의 분포 형태를 설명하라.

c) 이 자료의 줄기-잎 그림을 그리고, 자료의 분포 형태가 b)의 결과와 일치하는지를 확인하라.

2. 다음의 자료에 대해 아래의 물음에 답하라.

2.9	0.8	3.5	1.9	2.6	2.8	2.5	4.5
3.0	2.7	3.6	3.8	3.9	4.4	4.1	3.5
4.4	1.6	1.2	2.2	1.5	0.9	2.3	2.5

a) 이 자료의 평균과 표준편차, 그리고 중앙값을 구하라.

b) 이 자료를 오름차순으로 정렬하고, 각 자료값의 z−값을 구하라.

c) 이 자료의 10% 백분위수, 90% 백분위수, 그리고 사분위수 Q_1, Q_2, Q_3를 구하라.

d) 이 자료의 줄기-잎 그림을 그려라.

3. 다음의 자료에 대하여 아래의 물음에 답하라.

43	45	49	47	52	45	51	46
44	48	51	50	52	44	48	50
49	50	46	46	49	49	51	50

a) 이 자료의 평균과 표준편차, 그리고 중앙값을 구하라.

b) 이 자료를 오름차순으로 정렬하고, 각 자료값의 z−값을 구하라.

c) 이 자료의 5% 백분위수와 95% 백분위수를 구하라.

d) 이 자료의 줄기-잎 그림과 상자 그림을 그려라.

4. 다음의 자료는 작업측정 분석 연구의 일환으로 특정 작업을 완료하는데 걸리는 시간 즉, 작업수행 시간을 조사한 결과이다. 아래의 물음에 답하라.

128	113	146	124	100	119	109	128	131	112
95	124	103	133	111	97	132	135	131	150
124	97	114	88	117	128	138	109	118	122
142	133	100	116	97	98	136	111	98	116
108	120	131	112	92	120	112	113	138	122

a) 이 자료의 평균, 중앙값, 최빈수를 구하라.

b) 이 자료의 범위, 분산, 그리고 표준편차를 구하라.

c) 이 자료의 줄기-잎 그림과 상자 그림을 그리고 이상치를 확인하라.

d) 이 자료의 70% 백분위수를 구하고, 이 값의 의미를 설명하라.

5. 어떤 실내 체력단련장의 지난 6년 동안의 분기별 입장객 수가 다음과 같다.

년도	1 분기	2 분기	3 분기	4 분기
2003	306	264	161	270
2004	324	292	191	314
2005	411	382	263	463
2006	609	565	362	662
2007	865	766	539	885
2008	1170	1006	646	1101

a) 적절한 도표(상자 그림 혹은 줄기-잎 그림)을 이용하여 분기 별 입장객 수의 변화 행태를 파악하여 보라.

b) 적절한 도표를 이용하여 년도 별 입장객 수의 변화 형태를 파악하여 보라.

c) a)와 b)의 결과를 이용하여 입장객 수의 변화 행태를 설명하여 보라.

2 확률과 확률변수

2.1 확률의 정의

우리는 일상생활에서 어떤 시행의 결과가 확정적이지 않을 때 막연히 결과의 불확정성의 크고 작음을 나타내는 의미로 확률이란 용어를 사용하고 있다. 특히, 시행의 결과가 확실하지 않은 상황, 소위 불확정성 하에서 의사결정을 해야 하는 상황에서는 실험을 실시하여 결과로 얻어진 자료에 기초하여 의사결정을 하게 된다. 이들 자료는 실험 혹은 시행의 결과로서 얻어지게 되는데, 관측되기 전까지는 실험결과의 불확정성으로 인해 여러 가지 값을 취할 가능성을 갖고 있지만 일단 관측이 이루어지고 나면 하나의 값으로 결정된다. 확률은 하나의 관측값이 결정되기 전 단계인 실험결과의 불확정성에 관련 되는 것으로 결과의 예측이나 자료의 신뢰성을 평가하는 기본적인 측도가 된다. 뿐만 아니라 실험 결과 자료로부터 필요한 정보를 도출하는 통계적 추론의 기본 토대이기도 하다. 따라서 과학적이고 엄밀한 통계적 추론을 수행하기 위해서는 일상적인 확률의 막연한 개념으로는 미흡하고 보다 엄격한 수학적 확률의 정의가 필요하다 하겠다. 확률을 정의하기에 앞서 확률실험, 표본공간, 그리고 사상 등 확률의 수학적 정의에 필요한 몇 가지 개념들을 먼저 정의한다.

정의 2.1.1

확률실험

확률실험(random experiment)이란 동일한 조건 하에서 실험을 반복하더라도 매 실험마다 다른 결과가 나올 수 있는 실험을 말한다. 즉, 실험 결과를 확실하게 예측할 수 없는 실험이 확률실험이다.

예를 들어 주사위를 굴릴 때 $f_1, f_2, \ldots, f_6$ 중 어느 면이 나올지 그 결과를 확실하게 예측할 수 없다. 이와 같이 결과에 불확정성이 내포되어 있는 실험이 확률실험이다. 보통 확률실험을 간단히 **시행**(trial)이라고 표현하기도 한다.

정의 2.1.2

표본공간과 표본점

확률실험에서 가능한 모든 결과의 집합을 표본공간(sample space)이라 하며, 표본공간의 원소를 표본점(samplement)이라 한다.

표본공간은 보통 S로 표기한다. 앞의 주사위를 굴리는 시행의 표본공간 $S=\{f_1, f_2, \ldots, f_6\}$이며, $f_1, f_2, \ldots, f_6$ 하나하나는 각각 S의 표본점이다.

표본공간은 다음의 두 가지 유형으로 구분될 수 있다. 유한(finite) 혹은 무한 개수이지만 셀 수 있는(countable infinite) 개수의 표본점들로 구성된 표본공간을 **이산형 표본공간**(discrete sample space)라 한다. 반면에 그 개수는 유한하거나 무한할 수 있지만 하나하나 셀 수 없는(uncountable) 표본점들로 구성된 즉, 실수(real numbers)의 어떤 구간으로 표현될 수 있는 표본공간을 **연속형 표본공간**(continuous sample space)이라고 한다. 앞의 주사위 굴리기 시행이라든지, 동전을 굴리는 시행의 표본공간은 이산형 표본공간이다. 그러나 사람의 키를 측정하는 시행의 표본공간은 연속형 표본공간으로 볼 수 있다. 왜냐하면 정상적인 사람의 키의 측정치는 1m와 3m 사이의 범위에서 측정시스템의 정밀도에 따라 그 유효숫자가 결정되는 어떤 실수값이 될 것이다. 만약 측정치의 유효숫자를 소수점 이하 4째 자리로 한다면, 키 측정 시행의 표본공간 $S=\{x \mid 1.0000\text{m} < x < 3.0000\text{m}\}$로서 연속형 표본공간이다.

정의 2.1.3

사상

사상(event)은 표본공간의 부분집합이다.

앞의 주사위를 굴리는 시행에서 짝수 면이 나오는 사상을 $A=\{f_2, f_4, f_6\}$, 혹은 3의 면이 나오는 사상을 $B=\{f_3\}$라고 정의하면 A나 B는 표본공간의 부분집합으로서 하나의 사상의 예가 된다. 시행 결과 어떤 사상에 속하는 표본점이 실현되었으면 그 사상이 발생했다고 한다. 주사위를 굴린 결과 2의 면이 나왔다면 사상 A가 발생했다고 한다. 하나의 사상은 표본공간의 부분집합이므로 집합의 연산 법칙에 따라 여러 가지 새로운 사상을 형성할 수 있다.

정의 2.1.4

합사상, 곱사상, 배반사상

표본공간 S에서 정의된 임의의 두 사상 A와 B가 주어졌을 때,

(1) $A\cup B=\{x\in S;\ x\in A \text{ or } x\in B\}$를 A와 B의 **합사상**(union)이라 한다.

(2) $A\cap B=\{x\in S;\ x\in A \text{ and } x\in B\}$를 A와 B의 **곱사상**(intersection)이라 한다.

(3) $A\cap B=\phi$이면, A와 B는 **서로 배반**(mutually exclusive)**사상**이다.

확률 계산에 유용하게 쓰이는 사상에 대한 주요 연산법칙을 다음의 정리에 소개한다.

정리 2.1.1

사상에 대한 연산법칙

(1) 교환법칙: $A\cup B=B\cup A,\ \ A\cap B=B\cap A$

(2) 결합법칙: $(A\cup B)\cup C=A\cup(B\cup C)=A\cup B\cup C$

$(A\cap B)\cap C=A\cap(B\cap C)=A\cap B\cap C$

(3) 배분법칙: $A\cap(B\cup C)=(A\cap B)\cup(A\cap C)$

$A\cup(B\cap C)=(A\cup B)\cap(A\cup C)$

(4) De Morgan의 법칙: $(A\cup B)^c=A^c\cap B^c,\ (A\cap B)^c=A^c\cup B^c$

우리는 표본공간 내에서 관심대상이 되는 부분집합을 사상(event)이라고 정의하였다. 이제는 어떤 확률실험, 즉 시행을 수행하였을 때, 관심대상인 사상 A의 일어날 가능성 즉, 사상 A의 확률 $P(A)$를 하나의 수학적 공리로 표현하는 확률의 수학적 정의를 내려 보고자 한다. 초기의 확률론은 주로 게임에서 이길 가능성을 따지는 것에서 시작되었다고 한다. 고전적인 확률의 정의로 라플라스(Laplace: 1749~1827)가 정의한 **등 확률**(equally likelihood) **모형**이 있다. 등 확률모형에서는 어떤 시행과 관련하여 가능한 모든 결과는 모두 실현 가능성이 동일하다고 가정한다. 즉, 표본공간 S는 모두 실현 가능성이 동일한 N개의 표본점으로 구성되어

있으며, 관심대상인 사상 A는 N_A 개의 표본점으로 구성되어 있다고 할 때, 사상 A의 확률을 다음과 같이 정의한다.

$$P(A) = \frac{N_A}{N} \tag{2-1.1}$$

예를 들어 보자. 주사위 하나를 굴릴 때 가능한 결과는 f_1, f_2, f_3, f_4, f_5, f_6이며 이들은 모두 실현 가능성이 동일하다고 볼 수 있다. 사상 A = {짝수의 면} = $\{f_2, f_4, f_6\}$라 하면, (2-1.1)의 정의에 따라 $P(A) = \frac{3}{6}$이 된다. 등 확률 모형은 적용 범위가 제한적이다. 즉, 가능한 결과의 수가 유한하고 이들 모두 실현 가능성이 동일한 경우에만 적용될 수 있다. 또한, 확률을 정의하기 위해 "실현 가능성이 동일"하다는 실질적인 확률의 개념을 사용하고 있어 정의 자체가 모순이라는 문제를 안고 있다.

등 확률 모형의 모순을 개선하여 보다 더 실제적이고 적용범위가 넓은 확률의 정의로 **상대빈도에 의한 확률의 정의**(relative frequency definition of probability)가 있다. 이 정의에서는 총 n회의 시행에서 사상 A가 일어나는 횟수를 n_A라 할 때, 사상 A의 확률을 다음과 같이 정의한다.

$$P(A) = \lim_{n \to \infty} \frac{n_A}{n} \tag{2-1.2}$$

(2-1.2)의 상대빈도에 의한 확률의 정의는 실제적인 면에서 널리 이용되고 있으나, 현실적으로 시행회수 n은 유한할 수밖에 없는데 n의 극한치를 정의에 사용하는 논리적 모순을 안고 있다. 콜모고로프(Kolmogorov: 1903~1987)는 상대도수의 기본적 성질을 바탕으로 다음과 같이 확률을 수학적 공리로 정의하였다.

정의 2.1.5

확률 공리

(1) 표본공간 S에서 정의되는 모든 사상 A에 대해서 $0 \le P(A) \le 1$이다.

(2) 표본공간 전체의 확률 $P(S) = 1$이다.

(3) 표본공간 S에서 정의된 사상 A_1, A_2, ..., A_k가 서로 배반사상(즉, $i \ne j$ 일 때, $A_i \cap A_j = \phi$) 이면, $P(\cup_{i=1}^{k} A_i) = \sum_{i-1}^{k} P(A_i)$이다.

이제부터 우리는 어떤 시행의 표본공간 S에서 정의된 사상 A대해 [정의 2.1.5]의 공리를 만족시키는 함수 $P(A)$를 사상 A의 확률이라고 한다. 공리로부터 유도되는 확률의 몇 가지 성질을 다음의 정리에 요약한다.

정리 2.1.2

확률의 기본성질

(1) $P(\phi)=0$

(2) $P(A^c)=1-P(A)$

(3) $A\subset B$이면 $P(A)\le P(B)$

(4) $P(A\cup B)=P(A)+P(B)-P(A\cap B)$

증명 (1), (2), (3)에 대한 증명은 생략하고 (4)에 대해서만 증명하여 보자. [그림 2-1.1]로부터 $A\cup B$는 서로 배반인 세 개의 사상 $A\cap B^c$, $A\cap B$, $A^c\cap B$로 분할됨을 알 수 있다. 공리 (3)에 의해,

$P(A\cup B)=P(A)+P(A^c\cap B)$ - ①

$P(B)=P(A\cap B)+P(A^c\cap B)$ - ②이고,

②에서 $P(A^c\cap B)=P(B)-P(A\cap B)$을 ①에 대입하면

$P(A\cup B)=P(A)+P(B)-P(A\cap B)$ ■

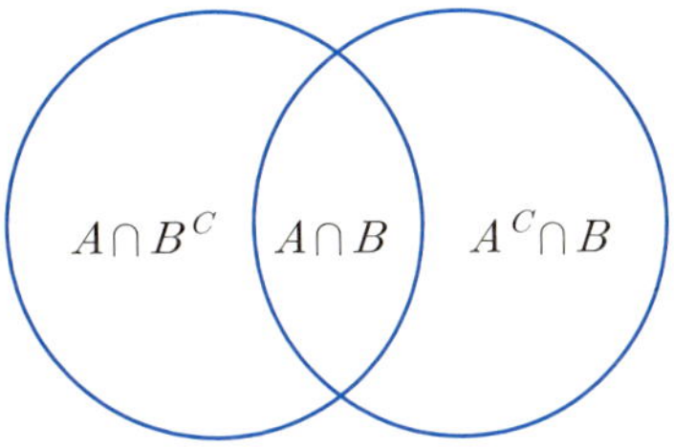

[그림 2-1.1] A∪B의 분할을 나타내는 Ven diagram

확률의 기본성질 (4)를 **확률의 덧셈법칙**이라고 부르기도 한다. (4)를 3개의 사상 A, B, C로 확장하면,

$$P(A\cup B\cup C)=P(A)+P(B)+P(C)-P(A\cap B)-P(A\cap C)$$
$$-P(B\cap C)+P(A\cap B\cap C) \qquad (2\text{-}1.3)$$

로 됨을 알 수 있다.

예제 2.1.1

어떤 시행의 표본공간 $S=\{a, b, c, d\}$이고, 표본점 a, b, c, d의 실현 확률은 각각 0.1, 0.3, 0.5, 0.1 이다. 사상 $A=\{a, b\}$, $B=\{b, c, d\}$, $C=\{d\}$라 하면,

$$P(A) = 0.1 + 0.3 = 0.4 \Rightarrow P(A^c) = 1 - 0.4 = 0.6$$

$$P(B) = 0.3 + 0.5 + 0.1 = 0.9 \Rightarrow P(B^c) = 1 - 0.9 = 0.1$$

$$P(C) = 0.1 \Rightarrow P(C^c) = 1 - 0.1 = 0.9$$

또한,

$$A \cup B = \{a, b, c, d\} = S \Rightarrow P(A \cup B) = P(S) = 1.0$$

$$A \cap B = \{b\} \Rightarrow P(A \cap B) = 0.3$$

$$A \cap C = \phi \Rightarrow P(A \cap C) = 0$$

■

예제 2.1.2

각기 종류가 다른 부품 a, b, c, d, e, f가 들어 있는 상자에서 하나 씩 차례로 두 개의 부품을 임의 추출(random sampling)하는 시행에서, 첫 번째 추출 부품이 a−부품이 되는 경우를 사상 E라 할 때, E의 확률을 구해 보자.

풀이 이 시행의 표본공간 S의 표본점의 수는 6×5 = 30개이다. 또한, 임의 추출에서는 상자 내의 모든 부품이 표본으로 선택될 확률이 동일하므로 각 표본점의 실현 확률은 1/30로 모두 동일하다. 여기서 $E=\{ab, ac, ad, ae, af\}$이므로 $P(E) = 5/30 = 1/6$이다. ■

예제 2.1.3

3개의 주사위를 동시에 굴리는 시행의 결과, 세 주사위의 눈의 합이 5이상이 될 확률을 구해 보자.

풀이 표본점의 총 수 = 6×6×6 = 216개이고, 각 표본점이 실현될 확률은 1/216로 모두 동일하다. 사상 A = {눈의 합이 5이상}이라 하면, 여사상 A^c = {눈의 합이 5미만}이고, 사상 B = {눈의 합이 3} ={(111)}, C = {눈의 합이 4} = {(112), (121), (211)}라 하면, $A^c = B \cup C$이고 B와 C는 서로 배반이므로, $P(A^c) = P(B) + P(C) = 1/216 + 3/216 = 4/216$. 따라서, $P(A) = 1 - P(A^c) = 212/216 = 53/54$이 된다. ■

2.2 조건부 확률

어떤 시행의 표본공간 S 내에서 사상 A가 발생되었다는 조건 하에서 다른 사상 B가 발생할 확률에 대해서 생각하여 보자([그림 2-2.1] 참조). 일단 A가 발생되었다면 A^c는 발생될 수가 없는 것이므로, A가 발생되었다는 조건은 표본공간을 사상 A에 속하는 표본점들로 국한하는 결과가 되며, 이 때 사상 B의 발생은 사상 A와 사상 B에 동시에 속하는 표본점들 중 어느 하나의 실현 여부에 의해 결정될 것이다. 즉, 사상 A의 발생을 조건으로 하는 사상 B의 발생 확률은 $P(A)$에 대한 $P(A\cap B)$의 비율 즉, $P(A\cap B)/P(A)$로 나타낼 수 있다. 이것은 표본공간 S에서 사상 A의 확률이 $P(S)$에 대한 $P(A\cap S)$의 비율로 정의되는 것과 마찬가지다. 다만, $P(S)=1$이고 $A\cap S=A$이므로 간단히 $P(A)$로 표현하는 것뿐이다. 사상 A를 조건으로 하는 사상 B의 조건부 확률을 $P(B|A)$로 표기하여 다음과 같이 정의한다.

$$P(B|A)=\frac{P(A\cap B)}{P(A)} \tag{2-2.1}$$

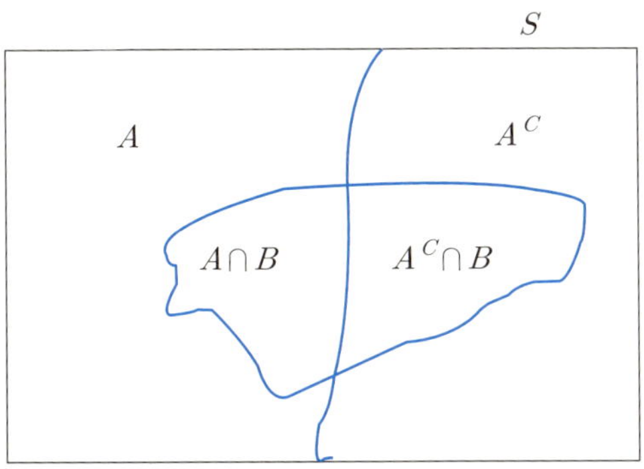

[그림 2-2.1] 조건부 사상을 나타내는 Ven diagram

예제 2.2.1

주사위 한 개를 굴리는 시행에서 사상 A를 짝수의 면이 나오는 사상 즉, $A=\{f_2, f_4, f_6\}$, 사상 B를 2의 면이 나오는 사상 즉, $B=\{f_2\}$라 할 때, A를 조건으로 하는 B의 조건부 확률 $P(B|A)$를 구해 보자.

풀이 $P(A) = 3/6$이고, $A \cap B = \{f_2\}$이므로 $P(A \cap B) = 1/6$, 따라서

$$P(B \mid A) = \frac{P(A \cap B)}{P(A)} = \frac{\frac{1}{6}}{\frac{3}{6}} = \frac{1}{3}$$ ■

(2-2.1)의 조건부 확률의 정의로부터 다음의 곱셈법칙이 성립됨을 쉽게 알 수 있다.

$$P(A \cap B) = P(A)P(B \mid A) = P(B)P(A \mid B) \qquad \text{(2-2.2)}$$

예제 2.2.2

빨간 공 3개와 파란 공 5개로 총 8개의 공이 들어 있는 바구니에서 하나씩 차례로 2개의 공을 임의 추출하는 시행에서 첫 번째와 두 번째 공 모두가 빨간 공이 추출될 확률을 구해보자.

풀이 사상 A= {첫 번째 추출에 빨간 공}, 사상 B= {두 번째 추출에 빨간 공}이라 하면, $P(A) = 3/8$이고, $P(B \mid A) = 2/7$이므로, 첫 번째와 두 번째 모두 빨간 공이 추출될 확률은

$$P(A \cap B) = P(A)P(B \mid A) = \left(\frac{3}{8}\right)\left(\frac{2}{7}\right) = \frac{6}{56}$$ ■

(2-2.1)의 조건부 확률과 (2-2.2)의 곱셈의 법칙을 이용하여 좀더 복잡한 경우의 확률계산을 용이하게 해주는 전확률의 공식과 Bayes의 공식을 알아보자.

한 표본공간이 서로 배반인 사상 $A_1, A_2, \ldots, A_n$으로 구분되고 여기에 어떤 사상 B가[그림 2-2.2]와 같이 위치하는 경우 B의 확률을 구해 보자.

즉, $(A_1 \cup A_2 \cup \ldots \cup A_n) = S$, $B \subset (A_1 \cup A_2 \cup \ldots \cup A_n)$ 에서

$A_i \cap A_j = \phi$, for $i \neq j$일 때

$(B \cap A_i) \cap (B \cap A_j) = \phi$, for $i \neq j$이고,

$B = [(B \cap A_1) \cup (B \cap A_2) \cup \ldots \cup (B \cap A_n)]$ 이므로 사상 B 의 확률은

$P(B) = P(B \cap A_1) + P(B \cap A_2) + \ldots + (B \cap A_n)$ 로 되고 여기에 (2-2.2)의 곱셈법칙을 적용하면 다음의 전확률 공식(total probability rule)을 얻게 된다.

$$P(B) = P(A_1)P(B \mid A_1) + P(A_2)P(B \mid A_2) + \ldots + P(A_n)P(B \mid A_n) \qquad \text{(2-2.3)}$$

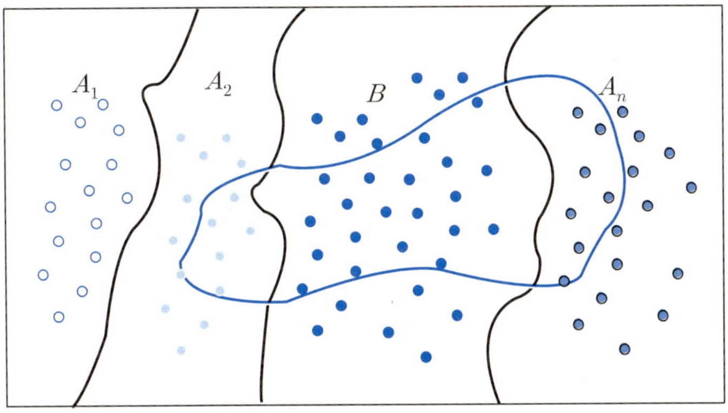

[그림 2-2.2] 전확률의 공식을 설명하는 Ven diagram

예제 2.2.3

어떤 자동차 제조회사에서 자동차 생산에 사용되는 변속기의 품질은 세 등급(- 1등급, 2등급, 3등급)으로 분류되는데, 검사자료에 의하면 1등급이 50%, 2등급이 30%, 그리고 3등급이 20%라고 한다. 그런데, 기술부서의 분석자료에 의하면 1등급, 2등급, 3등급 변속기를 각각 장착하여 생산된 자동차가 고장을 일으킬 확률은 각각 0.001, 0.01, 0.10이라고 한다. 이 회사에서 생산된 자동차 한대를 임의로 선택했을 때, 이 자동차가 고장을 일으킬 확률을 구해보자.

풀이 자동차가 고장을 일으키는 사상을 F라 하고, 장착된 변속기가 1등급이라는 사상을 A, 2등급을 B, 그리고 3등급을 C라 하면, 우리가 구하고자 하는 확률은 $P(F)$이고, $P(A)=0.5$, $P(B)=0.3$, $P(C)=0.2$이다. 또한, 주어진 자료로부터 $P(F|A)=0.001$, $P(F|B)=0.01$, $P(F|C)=0.10$ 이다. 따라서, (2-2.3)의 전확률 공식으로부터

$$\begin{aligned} P(F) &= P(A)P(F|A)+P(B)P(F|B)+P(C)P(F|C) \\ &= (0.5)(0.001)+(0.3)(0.01)+(0.20)(0.10)=0.0235 \end{aligned}$$ ■

식 (2-2.3)의 전확률 공식으로부터 다음과 같이 Bayes 공식을 유도할 수 있다.

즉, $(A_1 \cup A_2 \cup \ldots \cup A_n)=S$, $B \subset (A_1 \cup A_2 \cup \ldots \cup A_n)$ 에서

$A_i \cap A_j = \phi$, for $i \neq j$일 때

$(B \cap A_i) \cap (B \cap A_j) = \phi$, for $i \neq j$이므로

$P(A_i|B)=\dfrac{P(A_i \cap B)}{P(B)}$에 (2-4)의 곱셈법칙과 (2-2.3)의 전확률 공식을 적용하면

다음의 Bayes 공식(Bayes rule)을 얻게 된다.

$$P(A_i|B) = \frac{P(A_i)P(B|A_i)}{P(A_1)P(B|A_1)+P(A_2)P(B|A_2)+\cdots+P(A_n)P(B|A_n)} \qquad (2\text{-}2.4)$$

사실 (2-2.3)의 전확률 공식에서는 $(A_1 \cup A_2 \cup \ldots \cup A_n) = S$ 은 충족되지 않더라도, $B \subset (A_1 \cup A_2 \cup \ldots \cup A_n)$ 만 충족되면 되는데, (2-2.4)의 Bayes 공식에서는 이 두 가지가 모두 충족되어야 한다.

예제 2.2.4

앞의 [예제 2.2.3]의 자동차 변속기 문제에서, 선택된 자동차가 고장이 났다고 할 때, 이자동차에 3등급 변속기가 장착되었을 확률 즉, $P(C|F)$을 구해 보자.

풀이 $P(C|F) = \dfrac{P(C \cap F)}{P(F)}$

$$= \frac{P(C)P(F|C)}{P(A)P(F|A)+P(B)P(F|B)+P(C)P(F|C)}$$

$$= \frac{(0.2)(0.10)}{(0.50)(0.001)+(0.3)(0.01)+(0.2)(0.10)}$$

$$= 0.8511$$

■

Bayes 공식에서는 $P(A_i)$를 전확률(prior probability), $P(A_i|B)$를 후확률(posterior probability)라고 부른다. Bayes 공식의 의미는 어떤 실험 혹은 조사를 통해서 B에 대한 정보를 얾으로 해서 사상 A_i의 전확률 $P(A_i)$를 B 에 대한 정보를 이용하여 후확률 $P(A_i|B)$로 수정하는 것이라 볼 수 있다. [예제 2.2.4]에서 3등급 변속기 장착 차량의 고장확률인 전확률 $P(C) =$ 0.2이었으나, 차량이 고장 났다는 사실로부터 후확률 $P(C|F) =$ 0.8511로 수정된 것이다.

2.3 독립사상

앞 절의 조건부 확률에서 우리는 한 사상이 발생되었다는 사실이 다른 사상의 발생 확률에 영향을 미치는 경우를 다루었다. 그러나 같은 표본공간에서 정의된 두 사상이 서로 아무런 영향을 미치지 않는 경우도 흔히 있을 수 있다. 동전 한 개와 주사위 한 개를 차례로 번갈아 굴리는 시행을 생각하여 보자. 이 시행이 상식적인 것이라면 우리는 분명히 동전을 굴린 결과가 앞면이 되든 뒷면이 되든 주사위를 굴리는 결과에 전혀 영향을 주지 않는 다는 사실을 잘 알고 있다. 이와 같은 경우를 우리는 두 결과가 서로 확률적으로 독립이라고 말한다. 이러한 직관적인 사실로부터 조건부 확률의 정의를 이용하여 다음과 같이 두 사상 A와 B의 독립을 정의한다.

정의 2.3.1

다음의 세 조건 중 어느 하나라도 성립하면 두 사상 A와 B는 서로 독립이다.

(1) $P(A|B) = P(A)$

(2) $P(B|A) = P(B)$

(3) $P(A \cap B) = P(A)P(B)$

사실 이 세 조건은 어느 하나라도 성립되면 나머지 둘은 자동적으로 성립되게 되어있다. 따라서 이들 세 조건은 표현만 다를 뿐 모두 동일한 의미를 갖는다. 또한, 사상 A와 B가 독립이면 이들의 여사상 A^c와 B^c도 서로 독립이다.

예제 2.3.1

50개의 불량품이 포함되어 있는 크기 850의 어떤 부품의 로트에서 두개의 부품을 하나씩 차례로 임의 추출하는 시행에서 사상 A를 첫 번째 부품이 불량품, 사상 B를 두 번째 부품이 불량품이라고 정의 할 때, A와 B는 서로 독립인지 확인하여 보자.

풀이 먼저, 복원추출을 하는 경우라면, 로트의 크기가 일정하므로 $P(A) = 50/850$, $P(B) = 50/850$이고, $P(A \cap B) = (50/850)(50/850)$으로 $P(A \cap B) = P(A)P(B)$이므로 A와 B는 서로 독립이다.

그러나 비복원추출의 경우는 $P(A) = 50/850$, $P(B|A) = 49/849$, $P(B|A^c) = 50/849$이고, $P(A \cap B) = P(A)P(B|A) = (50/850)(49/849)$으로 $P(A \cap B) \neq P(A)P(B)$이므로 A와 B는 서로 독립이 아니다. ■

예제 2.3.2

중고 자동차 400대에 대해 기능상의 결함 유무와 외관상의 흠 유무를 조사한 결과 자료가 다음과 같다.

		외관상의 흠		합 계
		유	무	
기능상의 결함	유	10	18	28
	무	30	342	372
합 계		40	360	400

풀이 이들 중고 자동차 400대에서 임의로 한 대를 추출했을 때, 사상 $A=$ {기능상의 결함}, 사상 $B=$ {외관상의 흠}이라고 정의한다면,

$P(A|B)=\frac{10}{40}=0.25$이고 $P(A)=\frac{28}{400}=0.07$이다.

따라서 $P(A|B)\neq P(A)$이므로 A와 B는 서로 독립이 아니다.

또한, $P(B|A)=\frac{10}{28}=0.357$이고, $P(B)=\frac{40}{400}=0.10$이므로

역시 $P(B|A)\neq P(B)$임을 알 수 있다.

또한, $P(A\cap B)=\frac{10}{400}=0.025$이고, $P(A)P(B)=(0.07)(0.10)=0.007$에서

$P(A\cap B)\neq P(A)P(B)$가 됨을 알 수 있다. ■

두 사상 A와 B 간의 독립의 조건을 세 개의 사상 A, B, C가 서로 독립이기 위한 조건으로 확장하여 보자.

정의 2.3.2

세 사상 A, B, C가 서로 독립이기 위해서는 다음의 네 조건이 모두 만족되어야 한다.

(1) $P(A\cap B)=P(A)P(B)$

(2) $P(A\cap C)=P(A)P(C)$

(3) $P(B\cap C)=P(B)P(C)$

(4) $P(A\cap B\cap C)=P(A)P(B)P(C)$

때로는 [정의 2.3.2]에서 조건 (1), (2), (3)은 만족되지만 (4)는 만족되지 않는 경우가 있다. 즉, 두 사상끼리는 독립이지만 세 개의 사상 전체에 대해서는 독립이 되지 못하는 경우이다. 이러한 경우를 **쌍별독립**(pairwise independence)이라고 한다.

예제 2.3.3

동전 두 개를 하나씩 차례로 굴리는 시행에서 $A=$ {두 동전 중 첫 번째가 앞면}, $B=$ {두 동전 중 두 번째가 앞면}, $C=$ {두 동전이 모두 같은 면}이라 정의하면,

$P(A)=P(A|B)=P(A|C)=\frac{1}{2}$, $P(B)=P(B|A)=P(B|C)=\frac{1}{2}$,

$P(C)=P(C|A)=P(C|B)=\frac{1}{2}$이고, $P(A\cap B)=P(A)P(B)$,

$P(A\cap C)=P(A)P(C)$, $P(B\cap C)=P(B)P(C)$이 성립한다.

그러나, $P[A|(B\cap C)]=1\neq P(A)$이며

따라서 $P(A\cap B\cap C)\neq P(A)P(B)P(C)$이므로, 사상 A, B, C는 **쌍별독립**이 성립되는 경우라 할 수 있다. ■

2.4 확률변수(Random Variable)

이제까지 우리는 어떤 시행에 수반하여 일어날 수 있는 가능한 모든 결과의 집합을 표본공간이라 정의하고, 표본공간 내에서 우리의 관심 대상이 되는 부분집합을 사상이라고 정의하여 이 사상의 확률을 구하는 문제를 다루어 왔다. 그러나 현실적으로 흔히 접하게 되는 복잡한 확률실험에 대하여 표본공간의 표본점들을 나열하고 이로부터 도출된 사상의 실체를 설명하면서 문제를 풀어나가는 것은 매우 번거로운 일이다. 우리는 이와 같이 성가신 문제를 표본공간을 정의역(domain)으로 하고 실수를 치역(range)으로 하는 일종의 함수인 확률변수(random variable)를 도입하여 해결할 것이다.

정의 2.4.1

표본공간의 각 표본점에 하나의 실수값을 대응시켜 주는 함수를 확률변수라 한다.

확률변수에 대한 이해를 돕기 위해 다음의 예를 생각하여 보자.

예제 2.4.1

주사위를 한 번 굴리는 시행을 생각하여 보자.
이 시행의 표본공간은 $S=\{f_1, f_2, f_3, f_4, f_5, f_6\}$로서 이산형이다. S의 각 표본점에 대해 $X(f_1)=1$, $X(f_2)=2$, ..., $X(f_6)=6$와 같이 실수를 대응시킨다면, $X(f_i)=i$, $i=1, 2, ..., 6$은 주사위 한 개를 굴리는 시행의 결과로 나오는 눈의 수를 값으로 하는 확률변수이다. ■

여기서 확률변수 $X(f_1)$는 표본공간 S가 정의역이고, 치역으로 실수집합 {1, 2, 3, 4, 5, 6}을 갖는 하나의 함수임을 알 수 있다. 다음의 [그림 2-4.1]을 참조하기 바란다.

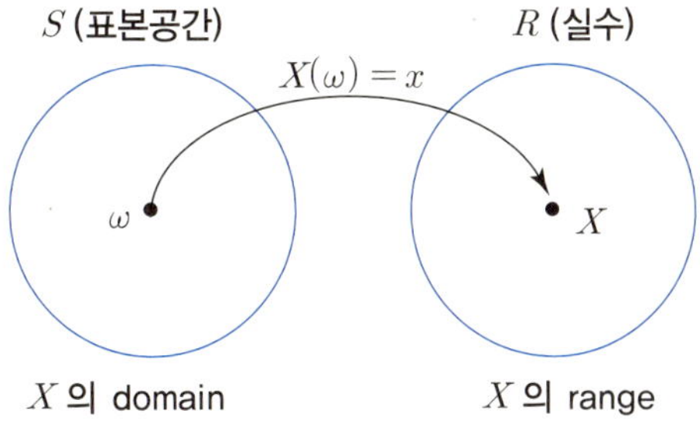

[그림 2-4.1] 확률변수의 정의역과 치역

예제 2.4.2

어떤 공장에서 생산하는 나사못의 직경을 측정하는 시행을 생각하여보자. 나사못의 측정값을 확률변수 X라 하고, 이 공장의 공정능력으로부터 생산되는 나사못의 직경의 가능한 값은 1.90mm ~ 2.10mm 범위라 할 때, 확률변수 X는 다음과 같이 정의된다.

$$X = \{x\,;\,1.90 < x < 2.10\}$$

여기서, X는 앞에서 설명한 연속형 표본공간 $S = \{\omega : \omega \in \text{실수}\}$에서 정의되는 확률변수이다. ■

확률변수는 취하는 값의 속성에 따라 두 종류로 구분된다. [예제 2.4.1]에서와 같이 이산형 표본공간에서 정의되어 이산치(discrete value)의 값을 갖는 확률변수를 **이산형 확률변수**(discrete random variable)이라 하고, [예제 2.4.2]에서와 같이 연속형 표본공간에서 정의되어 연속형 변량의 값을 갖는 확률변수를 **연속형 확률변수**(continuous random variable)이라고 한다.

확률변수는 표본점의 함수이므로 위의 예에서처럼 확률변수의 표기에 표본점을 명기하는 것이 원칙이겠으나 편의 상 표본점은 생략하고 간단히 영문대문자 X, Y, Z 등으로 나타내는 것이 보편적 관례이다.

연습문제

1. 두 개의 주머니가 있다. 첫 번째 주머니에는 빨간 공 3개, 흰 공 2개, 파란 공 1개가 들어있고, 두 번째 주머니에는 빨간 공 1개, 흰 공 2개, 파란 공 3개가 들어있다. 각 주머니에서 공 한 개씩을 임의로 꺼낼 때

a) 이 시행의 표본공간 $S =$?

b) 추출된 두 개의 공이 모두 같은 색깔일 확률은?

c) 두 개 모두 빨간 공일 확률은?

2. 정상적인 주사위 한 개를 6번 굴렸을 때 모두 다른 면이 나올 확률은?

3. 빨간 공이 6개, 흰 공이 7개, 파란 공이 3개 들어있는 주머니에서 임의로 4개의 공을 꺼내는 시행에서
   a) 4개 모두 빨간 공일 확률은?
   b) 4개 모두 빨간 공이 아닐 확률은?
   c) 4개 중에 각 색깔의 공이 적어도 1개 이상 포함될 확률은?

4. 동전 굴리기에서 앞면이 뒷면보다 세배 더 잘 나오는 동전이 있다. 이 동전을 독립적으로 3번 굴렸을 때 앞면이 꼭 한 번 나올 확률은?

5. 사월 중에 생일이 있는 세 명의 생일이 모두 다른 날짜일 확률은? 단, 사월은 30일이다.

6. 눈 3과 6의 면은 눈 5의 면보다 두 배 더 잘 나오고, 눈 5의 면은 눈 1, 2, 그리고 4의 면보다 두 배 더 잘 나오는 주사위를 굴렸을 때 짝수가 나올 확률은?

7. 어떤 도시에 살고 있는 부부에 대해서 투표 참여 여부를 묻는 여론조사를 실시한 결과 남편이 투표에 참여할 확률 0.80, 부인이 투표에 참여할 확률 0.70, 그리고 부부가 모두 투표에 참여할 확률이 0.60으로 나타났다고 한다.
   a) 부부 중 적어도 한 명이 투표에 참여할 확률은?
   b) 남편이 투표에 참여했다고 가정할 때, 그의 부인도 투표에 참여할 확률은?
   c) 부인은 투표에 참여하지 않았다고 가정할 때, 그녀의 남편은 투표에 참여할 확률은?

8. 두 개의 주사위를 굴리는 시행에서 한 주사위는 꼭 6의 면이 나온다고 가정할 때, 두 주사위의 눈의 합이 11 이상이 될 확률은?

9. 한 쌍의 주사위를 두 번 던질 때 눈의 합이 한 번은 6, 나머지 한 번은 9가 될 확률은?

10. 어떤 플라스틱 부품 100개에 대하여 굵힘 저항력과 충격 저항력 시험을 실시한 결과가 다음과 같다.

		충격 저항력		합 계
		높음	낮음	
굵힘 저항력	높음	70	9	79
	낮음	16	5	21
합 계		86	14	100

사상 $A=$ {한 부품의 충격 저항력이 높음}, 사상 $B=$ {한 부품의 굵힘 저항력이 높음}이라 할 때, 다음의 확률을 구하시오.

a) $P(A)=?$ $P(B)=?$

b) $P(A\cup B)$

d) $P(A|B)$

e) A와 B는 서로 배반인가? 그 이유는?

11. 두 사상 A, B에 대하여 $P(A)=0.5$, $P(B)=0.2$, $P(A|B)=0.7$일 때, $P(B|A)=?$

12. 검은 공과 흰 공이 각각 한 개씩 총 두 개의 공이 들어 있는 주머니에서 한 개의 공을 임의 추출하여 결과로 나온 공과 같은 색깔의 공 1개를 주머니에 추가하여, 총 3개의 공이 들어있는 주머니에서 한 개의 공을 다시 임의 추출하여 그 결과로 나온 공과 같은 색깔의 공 2개를 추가하여, 총 5개의 공이 들어있는 주머니에서 다시 한 개의 공을 임의 추출하는 세 번째 시행 결과로 나온 공과 같은 색깔의 공 3개를 추가하는 식으로 반복하여, $i-$번째 추출에서는 결과로 나온 공과 같은 색깔의 공 i개를 주머니에 추가하고 $i+1$ 번째 추출을 반복하는 시행을 계속 반복한다고 할 때, 네 번째까지의 시행에서 처음 2번은 검은 공, 다음 2번은 흰 공이 추출될 확률을 구하라.

13. 어떤 자동차 공장에서는 공장견학을 오는 고객들의 숙박을 위하여 3개의 호텔($R-$호텔, $S-$호텔, $L-$호텔)을 이용하고 있다. 지난 3년 동안의 자료에 의하면 고객이 $R-$호텔, $S-$호텔, $L-$호텔을 이용하는 비율은 각각 20%, 50%, 30%이며, 이들 세 호텔 객실의 수도배관의 고장율은 각각 5%, 4%, 8%라고 한다.

a) 고객이 수도배관이 고장 난 객실에 투숙하게 될 확률은?

b) 고객이 투숙한 객실의 수도배관이 고장 났다고 할 때, 그 객실이 $L-$호텔의 객실일 확률은?

14. 어떤 병원의 입원환자의 $\frac{2}{3}$는 25세 미만이며, $\frac{3}{5}$은 남자라고 한다. 또한 입원환자의 $\frac{5}{8}$는 여자이거나 혹은 25세 이상이라고 한다. 임의로 선택된 한 입원환자가 25세 이상의 여자일 확률은?

15. 주물공정에서 100개의 제품을 임의 추출하여 두 가지 품질특성 '표면처리' 와 '길이치수'에 대한 품질검사를 실시한 결과가 다음과 같다.

		길이치수		합계
		합격	불합격	
표면처리	합격	75	7	82
	불합격	10	8	18
합계		85	15	100

사상 $A=$ {표면처리 불합격}, $B=$ {길이치수 불합격}이라 정의할 때, 이 100개의 표본 중에서 임의로 한 제품을 선택할 때 다음의 확률을 구하라.

a) $P(A)=$?　$P(B)=$?

b) 선택된 제품이 표면처리에 불합격이라 할 때 길이치수에도 불합격일 확률은?

c) 선택된 제품이 길이치수에 합격이라 할 때 표면처리에 불합격일 확률은?

16. 어떤 회사에서 신제품을 시장에 출하할 때 자체 평가단에 의한 사전평가를 받고 있다. 과거 실적에 의하면 출하 후 시장에서 '대성공'한 제품의 95%, '보통성공' 제품의 60%, '실패' 제품의 10%가 자체 평가단의 사전평가에서 '좋은 평가'를 받았다고 한다. 한편, 이 회사에서 출시한 신제품의 40%가 시장에서 '대성공', 35%가 '보통성공', 25%가 '실패'를 거두었다고 한다.

a) 이 회사에서 출시한 제품들 중에서 임의로 한 제품을 선택하였을 때 이 제품이 사전평가에서 '좋은 평가'를 받았을 확률은?

b) 사전평가에서 '좋은 평가'를 받은 제품이 시장에서 '대성공'을 거둘 확률은?

c) 사전평가에서 '좋은 평가'를 받지 못한 제품이 시장에서 '대성공'을 거둘 확률은?

17. 어떤 상자에 들어있는 100개의 전구 중 20개가 불량품이다. 이 상자에서 임의로 2개를 비복원 추출할 때,

a) 두 번째 제품이 불량품일 확률은?

b) 두 개 모두 불량품일 확률은?

18. 두 개의 주사위를 굴리는 시행에서 사상 A, B, C를 다음과 같이 정의한다.

$A=$ {두 주사위의 눈의 합이 2, 3, 혹은 12}

$B=$ {두 주사위의 눈의 합이 7 혹은 11}

$C=$ {두 주사위의 눈의 합이 9, 10, 혹은 11}

a) $P(A)=$?

b) $P(\overline{B})=$?

c) (A, B), (A, C), (B, C) 중 서로 배반의 관계인 것은?

d) (A, B), (A, C), (B, C) 중 서로 독립의 관계인 것은?

19. 주머니 Ⅰ에는 흰 공 3개 검은 공 7개, 주머니 Ⅱ에는 흰 공 6개 검은 공 4개가 들어있다. 지금 앞면 나올 확률이 0.4 뒷면 나올 확률이 0.6인 주사위를 굴려서 앞면이 나오면 주머니 Ⅰ에서 뒷면이 나오면 주머니 Ⅱ에서 한 개의 공을 추출하기로 한다. 추출된 공이 흰 공이었다면 그 공이 주머니 Ⅰ에서 나왔을 확률은?

20. 각각 불량률 6.0%와 2.5%의 두 로트가 있다. 이 두 로트 중에서 임의로 한 로트를 선택하고 이 선택된 로트에서 2개의 제품을 임의 추출하여 검사하여 본 결과 한 제품이 불량품이었다고 한다. 이 불량품이 불량률 6.0%짜리 로트에서 나왔을 확률을 구하라.

21. 전체 국민의 25%는 성인병 A, 15%는 성인병 B, 12%는 성인병 C를 갖고 있다고 한다. 성인병의 대표적 증상으로 K, L, M, N이 있는데 성인병 A, B, C중 어느 하나에 걸리면 이들 증상 중 하나가 배반적으로 나타난다고 한다. 임상통계에 의하면 성인병 A, B, C의 환자가 증상 K, L, M, N을 나타내는 조건부 확률이 다음과 같다고 한다. 증상 L을 나타내는 사람이 성인병 A환자일 확률은?

		증 상			
		K	L	M	N
성인병	A	0.08	0.18	0.06	0.68
	B	0.17	0.12	0.07	0.64
	C	0.10	0.14	0.08	0.68

22. 어떤 제품을 생산하는 두 대의 기계가 있다. 기계A는 하루 1,000개를 생산하는데 이 중 5%가 불량품이고, 기계B는 하루 500개를 생산하는데 이 중 3%가 불량품이라고 한다. 어느 날 기계 A와 B가 생산한 1500개의 제품 중에서 한 개를 임의 추출하여 검사하였더니 불량품으로 판명되었다. 이 불량품이 기계A에서 되었을 확률은?

23. 동일한 제품을 생산하고 있는 세 개의 설비 A, B, C가 있다. 설비 A, B, C의 생산비율은 각각 25%, 35%, 40% 이고, 불량률은 각각 5%, 4%, 2% 이다. 이 세 설비에서 생산된 제품을 한 곳에 모아 놓고 임의 한 개를 추출하여 보니 불량품이었다. 이 불량품이 설비 A에서 생산되었을 확률은?

3 이산형 확률변수와 확률분포

Industrial statistics

앞 장에서 설명한 확률변수의 도입 목적은 표본공간 내에서 표본점들의 부분집합으로 정의된 관심 사상을 실수값의 어떤 범위로 바꾸어 줌으로써 관심사상의 확률을 좀더 편리하게 계산하기 위함이다. 이를 위해 우리는 확률변수 X가 그의 가능한 값의 범위 내에서 어떠한 확률적 특성을 갖는가? 즉, 확률변수 X의 확률분포가 어떠한 형태를 갖는가를 알아야 할 필요가 있다. 이 장에서는 이산형 확률변수의 확률분포에 대해서 알아보기로 한다.

3.1 이산형 확률변수

확률변수 X가 취할 수 있는 가능한 모든 값이 하나하나 셀 수 있는 이산치 즉, x_1, x_2, … 일 때, X는 이산형 확률변수이다.

예제 3.1.1

동전을 세 번 굴리는 시행을 생각하여 보자. 23 = 8개의 표본점으로 구성된 이 시행의 표본공간은 $S = \{HHH, HHT, HTH, THH, HTT, THT, TTH, TTT\}$이다. 이 시행에서 확률변수 X를 앞면(H)이 나오는 횟수라고 정의하면, X는 0, 1, 2, 3의 값을 가지는 이산형 확률변수이다. 즉,

$P(X=0)=P(TTT)=1/8$

$P(X=1)=P(HTT), (THT), (TTH)=3/8$

$P(X=2)=P(HHT), (HTH), (THH)=3/8$

$P(X=3)=P(HHH)=1/8$

이고, $P(X=0)+P(X=1)+P(X=2)+P(X=3)=1$임을 알 수 있다. ■

예제 3.1.2

불량률이 0.2인 어떤 제품의 로트에서 2개를 하나씩 차례로 임의 추출할 때, 확률변수 X를 추출된 제품 중에 포함된 불량품의 수라고 하면, X는 가능한 값이 0, 1, 2인 이산형 확률변수이다. 즉,

$P(X=0)=P\{(SS)\}=(1-0.2)^2=0.64$

$P(X=1)=P\{(SF), (FS)\}=(0.2)(0.8)+(0.8)(0.2)=0.32$

$P(X=2)=P\{(FF)\}=0.2^2=0.04$

이고, 역시 $P(X=0)+P(X=1)+P(X=2)=1$임을 알 수 있다.

여기서, F는 불량품을, P는 양호품을 의미한다. ■

앞의 [예제 3.1.1] 과 [예제 3.1.2]에서 우리는 확률변수 X가 취할 수 있는 값 각각에 대한 확률 즉, $P(X=x_i)$을 구하고, 그들의 합이 1이 됨을 알 수 있다. 이와 같이 이산형 확률변수 X의 가능한 모든 값들에 대해 그 확률 $P(X=x)$을 알 때 우리는 X의 확률분포를 안다고 말한다. 흔히 $P(X=x)$를 $p(x)$로 표기하여 X의 **확률질량함수**(probability mass function)라고 부른다.

정의 3.1.1

이산형 확률변수 X의 가능한 값이 $x_1, x_2, \dots, x_n$일 때, X가 x_i의 값을 취할 확률,

$$p(x_i)=P(X=x_i),\ i=1,\ 2,\ \dots,\ n$$

를 X의 확률질량함수(probability mass function)라 하며, $p(x)$는 다음의 성질을 갖는다.

(1) $p(x_i) \ge 0$

(2) $\sum_{i=1}^{n} p(x_i)=1$

다음의 [표 3-1.1]과 [표 3-1.2], 그리고 [그림 3-1.1]과 [그림 3-1.2]는 이산형 확률분포의 예로써 [예제 3.1.1]과 [예제 3.1.2]의 확률질량함수를 표와 그래프로 나타낸 것이다.

[표 3-1.1] 예제 3.1.1에서 X의 확률분포

x	0	1	2	3	합계
$p(x)$	1/8	3/8	3/8	1/8	1.0

[표 3-1.2] 예제 3.1.2에서 X의 확률분포

x	0	1	2	합계
$p(x)$	0.64	0.32	0.04	1.0

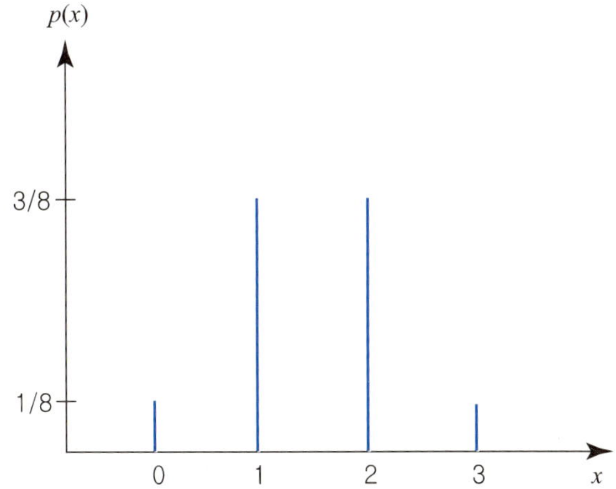

[그림 3-1.1] 예제 3.1.1의 확률질량함수 $p(x)$의 그림

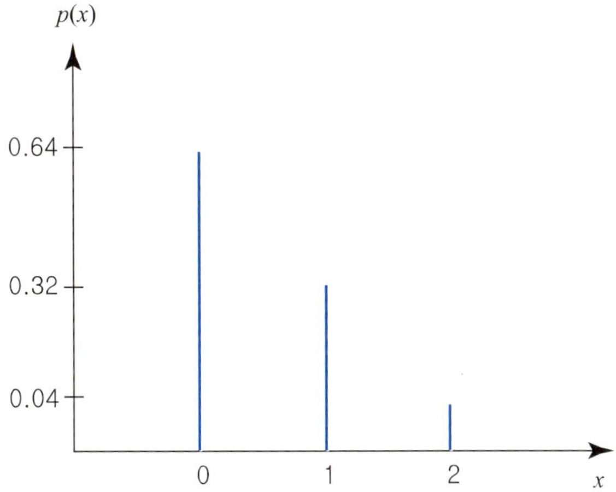

[그림 3-1.2] 예제 3.1.2의 확률질량함수 $p(x)$의 그림

예제 3.1.3

불량률이 0.01인 어떤 제품의 로트에서 제품을 하나씩 차례로 임의 추출하여 품질검사를 하는 시행을 생각하여 보자. 확률변수 X를 불량품이 발견되기까지 필요한 검사개수라 하면, 이 시행의 표본공간 $S=\{F, SF, SSF, SSSF, ...\}$이다. 따라서,

$P(X=1)=P\{F\}=0.01$

$P(X=2)=P\{SF\}=(0.99)(0.01)=0.0099$

$P(X=3)=P\{SSF\}=(0.99)2(0.01)=0.009801$

....

$P(X=x)=P(SS...SF)=(0.99)^{x-1}(0.01),\ \text{for}x=1,\ 2,\ 3$

즉, $p(x)=(0.99)^{x-1}(0.01),\ x=1,\ 2,\ ...$ ■

확률질량함수는 [예제 3.1.1]이나 [예제 3.1.2]와 같이 표의 형태로 주어질 수도 있고 [예제 3.1.3]처럼 하나의 공식으로 주어질 수도 있다.

[예제 3.1.3]에서 적어도 3번째 검사까지는 불량품을 발견하게 될 확률 즉, $P(X\le 3)$에 관심이 있을 수도 있다. 사상 $\{X\le 3\}$은 서로 배반인 세 개의 사상 $\{X=1\}$, $\{X=2\}$, 그리고 $\{X=3\}$의 합사상이므로, $P(X\le 3)=P(X=1)+P(X=2)+P(X=3)=0.01+0.0099+0.0098=0.0297$로 계산될 수 있다.

혹은 반대로 $P(X\le 3)=0.0297$과 $P(X\le 2)=0.0199$로부터 $P(X=3)=P(X\le 3)-P(X\le 2)=0.0297-0.0199=0.0098$를 구할 수도 있을 것이다.

이와 같이 때로는 $P(X\le 3)$과 같은 누적확률자체에 관심이 있거나 이를 알고 있으면 편리한 경우가 있다. 실제로 어떤 확률변수의 누적확률은 확률질량함수와 마찬가지로 확률분포를 나타내는 또 다른 방법이 된다. 일반적으로 이산형 확률변수 X의 가능한 값이 $x_1, x_2, \cdots, x_n$일 때, 사상 $X=x_1,\ X=x_2,\ ...,\ X=x_n$은 서로 배반이므로 $P(X\le x)=\sum_{x_i\le x}p(x_i)$이다.

정의 3.1.2

가능한 값이 $x_1, x_2, ..., x_n$인 이산형 확률변수 X의 누적분포함수(cumulative distribution function), $F(x)$는 $F(x)=P(X\le x)=\sum_{x_i\le x}p(x_i)$이며, 누적분포함수 $F(x)$의 성질은 다음과 같다.

(1) $0\le F(x)\le 1$

(2) $x\le y$이면, $F(x)\le F(y)$

확률질량함수 $p(x)$와 마찬가지로 누적분포함수 $F(x)$도 확률이며, 확률변수 X의 확률분포를 나타낸다. 따라서 확률변수 X의 누적분포함수가 결정되면 X에 관한 모든 확률을 $F(x)$로 나타낼 수 있다. 즉, X가 취할 수 임의 두 값 $a \le b$에 대해

$$P(a < X \le b) = P(X \le b) - P(X \le a) = F(b) - F(a)$$

예제 3.1.4

[예제 3.1.1]의 확률변수 X에 대해 분포함수 $F(x)$를 구해보자.

풀이 $F(0) = P(X \le 0) = 1/8$

$F(1) = P(X \le 1) = 1/8 + 3/8 = 4/8$

$F(2) = P(X \le 2) = 1/8 + 3/8 + 3/8 = 7/8$

$F(3) = P(X \le 3) = 1/8 + 3/8 + 3/8 + 1/8 = 1.0$ ■

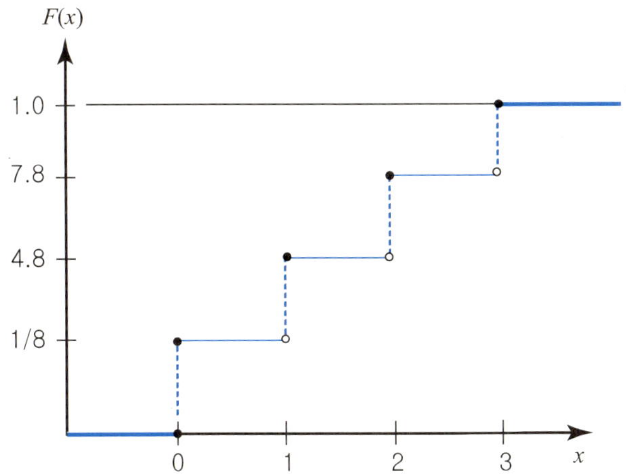

[그림 3-1.3] [예제 3.1.2]의 누적분포함수 $F(x)$

3.2 이산형 확률변수의 평균과 분산

실험이나 조사로부터 얻은 표본자료에 대하여 자료의 중심과 산포의 정도를 하나의 수치로 요약할 때 표본평균과 표본분산 혹은 표본표준편차를 계산하듯이 확률변수의 확률분포에 대해

서도 그 중심적 경향과 산포의 정도를 나타내는 측도로 평균치와 분산을 사용한다. 확률분포에서는 평균을 **기대치**(expected value)라고도 한다.

정의 3.2.1

이산형 확률변수 X의 확률질량함수를 $p(x)$라 할 때
평균(혹은 기대치)은 $\mu = E(X) = \sum_x xp(x)$
X의 분산은 $\sigma^2 = V(X) = E(X-\mu)^2 = \sum_x (x-\mu)^2 p(x)$
X의 표준편차 $\sigma = \sqrt{\sigma^2}$ 이다.

확률변수 X의 확률분포의 평균은 물리학에서의 무게중심과 유사한 개념이다. 즉, 어떤 시스템에서 위치 $x_1, x_2, \ldots, x_n$에 질량이 각각 $p(x_1), p(x_2), \ldots, p(x_n)$만큼 분포되어 있다면 $\sum_x xp(x)$은 이 시스템의 원점에서의 무게중심이 될 것이다. 확률변수 X의 확률분포가 관심대상인 어떤 모집단의 통계적 분포의 모형으로 이용된다면 X의 기대치 $E(X)$는 모집단의 모평균 μ가 될 것이다. 따라서 $\mu = E(X)$로 표기하는 것이 편리할 것이다. 마찬가지 의미로 확률변수 X의 분산 $V(X)$도 모분산 σ^2으로 표기한다. X의 분산 σ^2은 다음과 같이 간편 계산공식을 유도할 수 있다.

$$
\begin{aligned}
E(X-\mu)^2 &= \sum_x (x-\mu)^2 p(x) \\
&= \sum_x x^2 p(x) - 2\mu \sum_x xp(x) + \mu^2 \sum_x p(x) = \sum_x x^2 p(x) - \mu^2 \\
&= E(X^2) - \mu^2
\end{aligned}
$$

예제 3.2.1

자동차 외부에 페인트를 입히는 도장공정에서 자동차 한 대당 도장 결함의 수 X의 확률분포가 다음과 같다.

x	0	1	2	3	4	합 계
$p(x)$	0.6561	0.2916	0.0486	0.0036	0.0001	1.0

X의 평균, 분산, 그리고 표준편차를 구해 보자.

풀이 $\mu = E(X) = \sum_x xp(x)$

$= 0(0.6561) + 1(0.2916) + 2(0.0486) + 3(0.0036) + 4(0.0001) = 0.4$

$$\sigma^2 E(X-\mu)^2 = \sum_x (x-\mu)^2 p(x) = \sum_x x^2 p(x) - \mu^2$$
$$= (0.52)^2 - (0.4)^2 = 0.36$$

따라서, $\sigma = \sqrt{0.36} = 0.6$ 이다. ■

예제 3.2.2

경제 상황에 따라 수익성이 불확실한 어떤 투자사업이 있다. 상황이 좋으면 70억 원의 수익을 예상할 수 있는데 그 확률은 0.3이다. 상황이 좋지 않을 때는 20억 원의 수익이 예상되는데 그 확률은 0.7이다. 수익을 확률변수 X 라 하고 그 기대치와 표준편차를 구해보자.

풀이 $E(X) = (70\text{억})(0.3) + (20\text{억})(0.7) = 35\text{억원}$

$V(X) = (70\text{억}-35\text{억})^2(0.3) + (20\text{억}-35\text{억})^2(0.7) = 525(\text{억})^2$

$\sigma = \sqrt{525} \cong 22.9\text{억 원}$ ■

이제까지 설명한 확률변수의 평균치와 분산은 확률변수의 분포와 관련된 중요 개념인 **수학적 기대치**(mathematical expectation)의 특수한 경우로 볼 수 있다. 여기서 수학적 기대치의 일반적 정의와 성질을 알아보자. 확률질량함수가 $p(x)$ 인 이산형 확률변수 X에 대해 $g(X)$를 X의 임의의 함수라 하면, $g(X)$의 수학적 기대치는 다음과 같이 정의된다.

$$E[g(X)] = \sum_x g(x)p(x) \tag{3-2.1}$$

$E[g(X)]$는 다음과 같은 성질을 갖는다.

(1) $g(X) = c$ 인 경우, (c는 임의의 상수)

E(c) = c

(2) $g(X) = c \cdot u(X)$ 인 경우, (c는 상수, $u(X)$는 X의 함수)

$E[c \cdot u(X)] = cE[u(X)]$

(3) $g(X) = \sum_i a_i u_i(X)$ 인 경우, (a_i는 상수, $u_i(X)$는 X의 함수)

$E[\sum_i a_i u_i(X)] = \sum_i a_i E[u_i(X)]$

예제 3.2.3

확률변수 X의 확률질량함수가

$$p(x)=\frac{x}{10},\ x=1,\ 2,\ 3,\ 4$$

일 때, $g(X)=3X^2-2X+1$이라 하면,

$$\begin{aligned}E(3X^2-2X+1)&=3E(X^2)-2E(X)+1\\&=3\sum_{x=1}^{4}x^2\frac{x}{10}-2\sum_{x=1}^{4}x\frac{x}{10}+1\\&=3(10)-2(3)+1=25\end{aligned}$$

■

3.3 주요 이산형 확률분포

3.3.1 이산형 균등분포(Discrete Uniform Distribution)

이산형 확률변수 X가 n개의 가능한 값 $x_1,\ x_2,\ \ldots,\ x_n$을 가지며 이들의 실현 확률이 모두 동일할 때, X는 이산형 균등분포에 따른다고 한다. 즉, 이산형 균등분포를 하는 확률변수 X의 확률질량함수는

$$p(x_i)=P(X=x_i)=\frac{1}{n},\ i=1,\ 2,\ \ldots,\ n \tag{3-3.1}$$

예제 3.3.1

주사위 한 개를 굴릴 때 나오는 눈의 수를 확률변수 X라 하면, X는 이산형 균등분포에 따른다. 즉, X의 확률질량함수는

$$p(x)=\frac{1}{6},\ x=1,\ 2,\ \ldots,\ 6$$

따라서,

$$\mu=E(X)=\sum_{x=1}^{6}x\frac{1}{6}=\frac{7}{2}$$

$$\sigma^2=V(X)=\sum_{x=1}^{6}\left(x-\frac{7}{2}\right)^2\frac{1}{6}=\frac{35}{12}$$

■

확률변수 X가 $a,\ a+1,\ a+2,\ \ldots,\ b$에서 이산형 균등분포에 따를 때([그림 3-3.2] 참조), 단, a와 b는 $a \le b$인 임의의 상수이다.

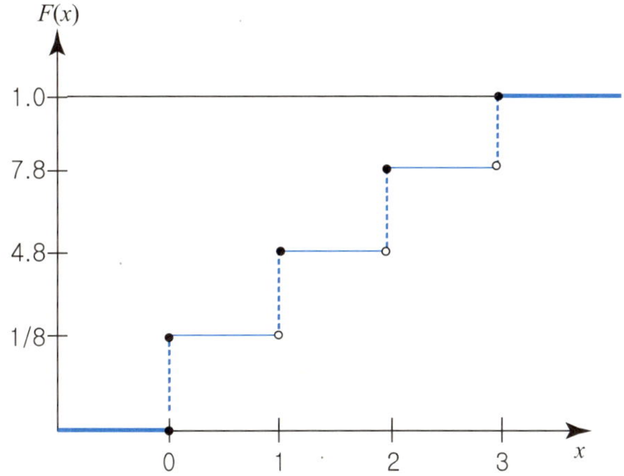

[그림 3-3.1] [예제 3.3.1]의 확률질량함수 $p(x)$

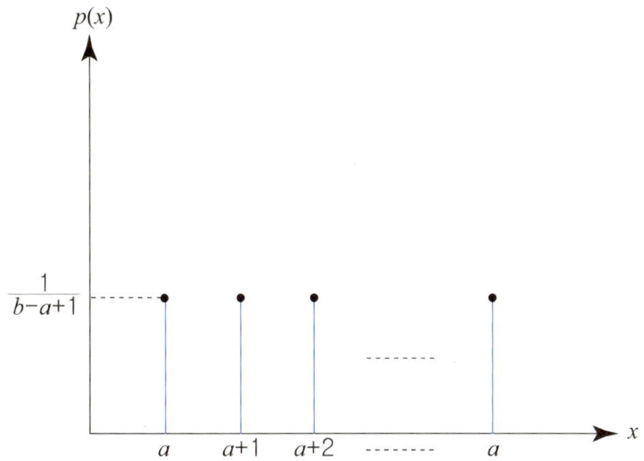

[그림 3-3.2] 구간 $[a,\ a+1,\ \ldots,\ b]$에서 이산형 균등분포

X의 확률질량함수는

$$p(x) = \frac{1}{b-a+1},\quad a \le b \tag{3-3.2}$$

이고, 그 평균과 분산은 다음과 같다.

$$\mu = E(X) = \sum_{x=a}^{b} x \frac{1}{b-a+1} = \frac{a+b}{2} \tag{3-3.3}$$

$$\sigma^2 = V(X) = \sum_{x=a}^{b} x^2 \frac{1}{b-a+1} = \frac{(b-a+1)^2+1}{12} \tag{3-3.4}$$

3.3.2 이항분포(Binomial Distribution)

가능한 결과가 "성공(S)" 아니면 "실패(F)"의 두 가지뿐인 시행을 소위 베르누이 시행(Bernoulli trial)이라고 한다. 일 회의 시행에서 성공의 확률이 p, 따라서 실패의 확률은 $1-p$인 베르누이 시행을 독립적으로 n회 반복했을 때 얻게 되는 성공의 회수를 확률변수 X라 하면 X는 이항분포에 따른다. 단, 성공의 확률 p는 매 시행마다 변함없이 일정하다고 가정한다. X의 확률질량함수는 다음과 같다.

$$p(x) = \binom{n}{x} p^x (1-p)^{n-x},\ x = 0,\ 1,\ 2,\ \vdots,\ n \tag{3-3.5}$$

이항분포의 평균과 분산은 다음과 같다.

$$\mu = E(X) = \sum_{x=1}^{n} x \binom{n}{x} p^x (1-p)^{n-x} = np \tag{3-3.6}$$

$$\sigma^2 = V(X) = \sum_{x=1}^{n} (x-np)^2 \binom{n}{x} p^x (1-p)^{n-x} = np(1-p) \tag{3-3.7}$$

이항분포의 명칭은 이항전개로부터 유래된 것으로, (3-3.5)의 확률밀도함수가 X의 가능한 모든 값에 대하여 더하면 1이 된다는 것을 임의의 상수 a와 b에 대한 이항전개로부터 확인할 수 있다.

$$(a+b)^n = \sum_{x=1}^{n} \binom{n}{x} a^x (b)^{n-x}$$

에서 $a=p$, $b=1-p$로 놓으면 이항전개의 합은 1이 되므로 (3-3.5)가 확률질량함수임을 알 수 있다.

예제 3.3.2

불량률 $p=5\%$로 알려진 공정으로부터 $n=100$개의 제품을 임의로 추출하여 품질검사를 실시한다고 하자. 추출된 100개의 표본에서 발견되는 불량품의 수를 확률변수 X라 하면 X는 이항분포에 따른다. 따라서, X의 pmf는

$$p(x)=P(X=x)=\binom{100}{x}(0.05)^x(0.95)^{100-x},\ x=0,\ 1,\ 2,\ \ldots,\ 100$$

이고, X의 평균은 $\mu=np=(100)(0.05)=5.0$, 분산은 $\sigma^2=np(1-p)=(100)(0.05)(0.95)=4.75$이다.
추출된 100개의 표본에서 불량품이 3개 이상 발견될 확률 즉, $P(X\geq 3)$을 구해보자.

풀이 $P(X\geq 3)=1-P(X\leq 2)=1-\sum_{x=0}^{2}\binom{100}{x}(0.05)^x(0.95)^{100-x}$

$=1-0.1183=0.8817$ ■

이항분포의 확률질량함수(pmf) (3-3.5)에서 알 수 있듯이 이항분포는 시행회수 n과 성공확률 p에 의해서 완전히 결정된다. 따라서 이항분포의 모수는 n과 p 두 개이므로, 흔히 이항분포를 간략하게 $X\sim b(x;n,p)$로 표기하기도 한다. 특히, 이항분포의 형태는 성공 확률 p에 큰 영향을 받는다. [그림 3-3.3]에 여러 가지 p값에 대한 분포의 모양을 예시하였다.

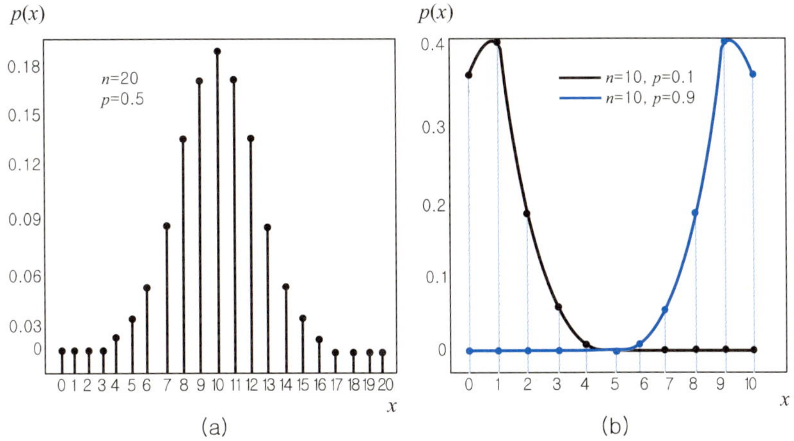

[그림 3-3.3] 이항분포의 모양
(a): $(n=20,\ p=0.5)$, (b): $(n=10,\ p=0.1$과 $p=0.9)$

3.3.3 Poisson 분포

Poisson 분포는 어떤 정해진 시간 간격 혹은 공간적으로 정해진 길이(면적)에서 발생되는 사건의 수에 대한 확률분포인데, 이항분포와 함께 가장 널리 이용되는 이산형 확률분포 중 하나이다. Poisson 분포가 잘 적용되는 예를 들어보면 다음과 같다.

- 일정 시간 동안에 걸려오는 통화 건수
- 일정 시간 동안 상점에 찾아오는 고객 수
- 기계부품이 일정 시간 동안에 일으키는 고장 회수
- 어느 지역의 하루 동안 발생되는 교통사고 건수
- 일정 길이의 송유관에서 발견되는 결함 수

위의 예에서 볼 수 있듯이 Poisson 분포의 특징은 매우 짧은 시간 간격 혹은 작은 길이(면적)에서 어떤 사건이 발생될 확률이 매우 작을 때, 일정 크기의 시간 간격 혹은 길이(면적)에서 발생되는 사건의 수를 잘 설명하여 주는 확률분포라는 것이다. 확률변수 X가 평균 λ의 Poisson 분포에 따를 때, X의 확률질량함수(pmf)는 다음과 같다.

$$p(x) - P(X=x) = \frac{\lambda^x e^{-\lambda}}{x!}, \quad x = 0.\ 1.\ 2.\ \ldots \qquad \textbf{(3-3.8)}$$

식 (3-3.8)에서 알 수 있듯이 Poisson 분포는 λ에 의해서 완전히 결정된다. 따라서 Poisson 분포의 모수는 λ 하나 뿐 이다. λ 값에 따라 Poisson 분포의 형태가 어떻게 달라지는가를 알아보기 위해 [그림 3-3.4]에 여러 가지 λ 값에 대하여 Poisson 분포의 그래프를 도시하였다. 그림에서 보는 바와 같이 Poisson 분포의 형태는 λ의 값이 0에 가까우면 $x=0$쪽에 치우치고, λ의 값이 커질수록 $x=\lambda$를 중심으로 좌우 대칭의 모양을 하게 된다.

Poisson 분포는 평균과 분산이 동일하다. 즉, 확률변수 X가 (3-3.8)의 pmf를 가질 때, X의 평균과 분산은 다 같이 λ가 된다.

$$\mu = E(X) = \lambda,\ \sigma^2 = V(X) = \lambda \qquad \textbf{(3-3.9)}$$

연습문제에서 (3-3.9)를 유도하여 보기 바란다.

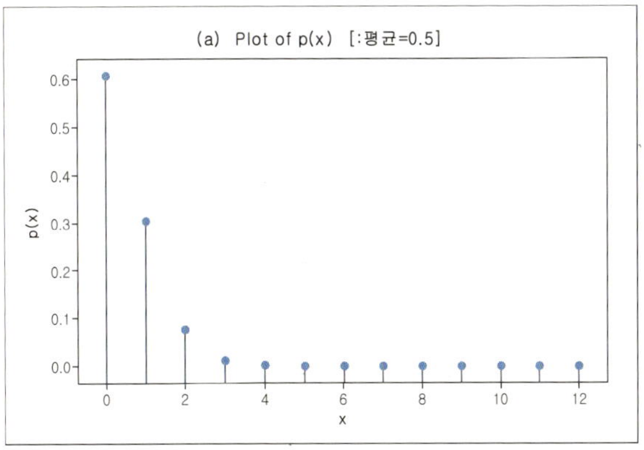

[그림 3-3.4] Poisson 분포 (a): $\lambda = 0.5$

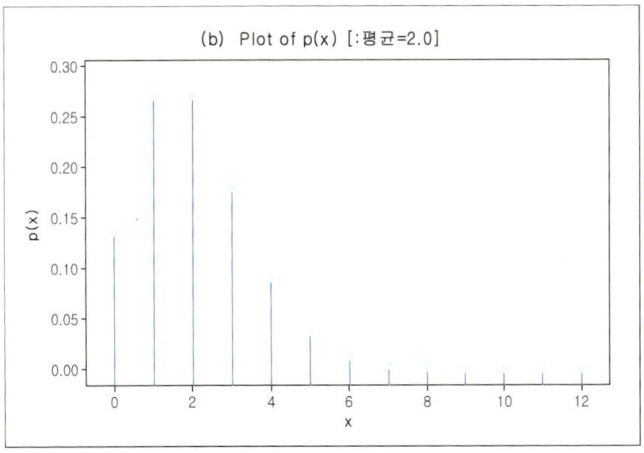

[그림 3-3.4] Poisson 분포 (b): $\lambda = 2.0$

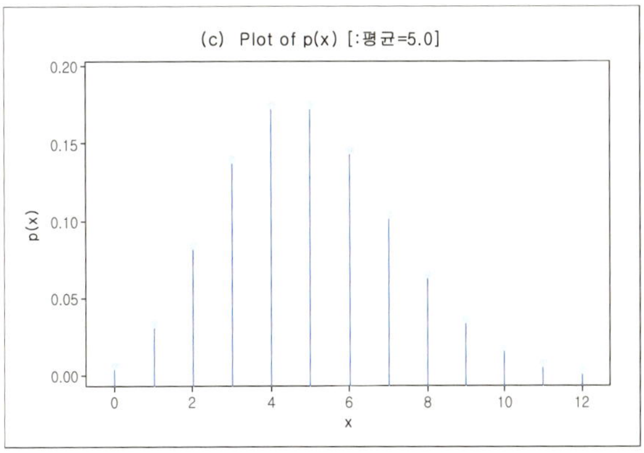

[그림 3-3.4] Poisson 분포 (c): $\lambda = 5.0$

예제 3.3.3

어떤 동네 슈퍼마켓의 고객 수는 시간 당 평균 10명의 Poisson 분포에 따른다고 한다. 이 슈퍼마켓의 한 시간 동안의 고객 수가 0명이 될 확률, 12명이 될 확률, 그리고 12명보다 많을 확률을 구해 보자.

풀이 한 시간 동안의 고객 수를 확률변수 X라 하면, X는 $\lambda = 10$ 명/시간 의 Poisson 분포에 따른다. 그러므로 X의 pmf는

$$p(x) - P(X=x) = \frac{10^x e^{-10}}{x!},\ x = 0.\ 1.\ 2. \ldots$$

이다. 따라서,

$$P(X=0) = \frac{10^0 e^{-10}}{0!},\ = 4054 \times 10^{-5}$$

$$P(X=12) = \frac{10^{12} e^{-10}}{12!},\ = 0.095$$

$$P(X > 12) = 1 - P(X \le 12) = 1 - \sum_{x=0}^{12} \frac{10^x e^{-10}}{x!} = 1 - 0.791 = 0.209$$

■

서로 독립인 Poisson 분포 간에는 가법성(additivity)이 성립한다. 증명은 생략하고 다음의 Poisson 분포의 가법정리를 소개한다.

정리 3.3.1

각각 모수 $\lambda_1, \lambda_2, \ldots, \lambda_n$의 Poisson 분포에 따르는 n개의 확률변수 $X_1, X_2, \ldots, X_n$이 서로 독립일 때, $X = \sum_{i=1}^{n} X_i$은 모수 $\lambda = \sum_{i=1}^{n} \lambda_i$의 Poisson 분포에 따른다.

예제 3.3.4

사막지역을 통과하는 대단위 송유관에서 평균적으로 1km당 2.3개의 결함이 발견된다고 한다. 이 송유관 1km에서 정확히 2개의 결함이 발견될 확률, 2km에서 적어도 1개 이상의 결함이 발견될 확률, 그리고 5km에서 10개의 결함이 발견될 확률을 구해보자.

풀이 확률변수 A를 1km당 결함 수라고 정의하면, A는 $\lambda =$ 2.3개/km의 Poisson 분포에 따른다. 따라서,

$$P(A=2) = \frac{(2.3)^2 e^{-2.3}}{2!} = 0.265$$

이 지역 송유관 전체에서 결함의 분포가 균일하다고 가정하면 매 km당 결함 수는 서로 독립으로 볼 수 있으므로 송유관 2km당 결함 수를 확률변수 B 라 하면 $B=2A$이고, Poisson 분포의 가법성에 의해 B 는 $\lambda=2(2.3)$ = 4.6개/(2km) 의 Poisson 분포를 따르게 된다. 따라서,

$$P(B \geq 1) = 1 - P(B \leq 0) = 1 - e^{-4.6} = 0.9899$$

또한, 송유관 5km당 결함 수를 확률변수 C 라 하면, 앞에서와 같은 논리로 C 는 $\lambda=5(2.3)$ = 11.5개/(5km)의 Poisson 분포에 따르게 되므로

$$P(C=10) = \frac{(11.5)^{10} e^{-11.5}}{10!} = 0.113$$

■

[Poisson 분포에 의한 이항분포 근사 계산]

Poisson 분포는 이항분포의 확률 계산을 단순화하려는 연구 과정에서 개발되었다고 한다. 실제로 $X \sim b(x;\, n,\, p)$ 일 때, $\lambda = np$가 일정한 값을 유지하면서 n이 충분히 크고 p가 충분히 작아지면 X는 $\lambda = np$인 Poisson 분포에 수렴하게 된다. 즉,

$$P(X=x) = \binom{n}{x} p^x (1-p)^{n-x} = \frac{n!}{x!(n-x)!} \left(\frac{\lambda}{n}\right)^x \left(1 - \frac{\lambda}{n}\right)^{n-x}$$

에서

$$np = \lambda,\ n \to \infty,\ p \to 0 \text{이면 } P(X=x) = \frac{\lambda^x e^{-\lambda}}{X!},\ x = 0,\ 1,\ 2,\ \ldots$$

로 됨을 증명할 수 있다.

예제 3.3.5

불량률 $p=$ 0.002인 공정에서 $n=$ 400개의 표본을 임의 추출할 때, 표본에서 불량품이 3개보다 많이 발견될 확률을 구해보자.

풀이 표본에 포함되어 있는 불량품의 수를 확률변수 X라 하면, $X \sim b(x;\, n=400,\ p=0.002)$이다. 여기서 n=400은 충분히 크고, p=0.002는 충분히 작다고 볼 수 있으므로 X는 $\lambda=$ (400)(0.002) = 0.8인 Poisson 분포로 근사할 수 있다. 따라서,

$$P(X>3) = 1 - P(X \leq 3) = 1 - \sum_{x=0}^{3} \frac{(0.8)^x e^{-0.8}}{x!}$$
$$= 1 - 0.9909 = 0.009$$

■

3.3.4 음이항분포(Negative Binomial Distribution)와 기하분포(Geometric Distribution)

[음이항분포(Negative Binomial Distribution)]

이항분포는 정해진 회수(n)의 베르누이 시행을 독립적으로 반복할 때 얻어지는 성공의 개수(X)에 대한 확률분포이다. 이와는 반대로 음이항분포에서는 베르누이 시행을 독립적으로 반복하는 경우에 정해진 개수의 성공을 얻기 위해서는 몇 번의 시행이 필요한가가 관심의 대상이다. 즉, 성공의 확률이 p인 베르누이 시행을 독립적으로 반복하는 실험에서 r번의 성공을 얻는데 필요한 총 시행 회수를 확률변수 X라 할 때, X가 따르게 되는 확률분포를 음이항분포라고 한다. 이때 X의 확률질량함수(pmf)는 다음과 같다.

$$p(x) = P(X=x) = \binom{x-1}{r-1} p^r (1-p)^{x-r}, \quad x = r,\ r+1,\ r+2,\ \ldots \tag{3-3.10}$$

식 (3-3.10)은 쉽게 유도할 수 있다. 총 x번의 시행에서 r개의 성공이 얻어지기 위해서는 처음의 $(x-1)$번의 시행 중에는 순서에 상관없이 $(r-1)$개의 성공이 얻어지고 x번째 시행에서는 꼭 성공이 얻어지면 되므로

$$\begin{aligned} P(X=x) &= Pr[(x-1)\text{번째 시행까지 } (r-1)\text{개의 성공}] \cdot Pr[x\text{번째 시행에서 성공}] \\ &= \left\{ \binom{x-1}{r-1} p^{r-1} (1-p)^{x-r} \right\} p = \binom{x-1}{r-1} p^r (1-p)^{x-r} \end{aligned}$$

로 (3-3.10)의 음이항분포의 pmf가 쉽게 얻어짐을 알 수 있다.

음이항분포의 평균과 분산은 다음과 같다.

$$\mu = E(X) = \frac{r}{p}, \quad \sigma^2 = V(X) = \frac{r(1-p)}{p^2} \tag{3-3.11}$$

예제 3.3.6

동전을 계속 굴리는 시행에서 3개의 앞면을 얻는데 필요한 총 시행회수가 5일 확률은? 또한, 3개의 앞면을 얻는데 필요한 평균 시행회수는?

풀이 세 번의 앞면을 얻는데 필요한 동전 굴리기 회수를 확률변수 X라 하면, X는 $p=0.5, r=3$의 음이항분포에 따른다. 따라서,

$$P(X=5)=\binom{5-1}{3-1}(0.5)^3(1-0.5)^{5-3}=\binom{4}{2}(0.5)^5=0.1875$$

또한,

$$E(X)=\frac{r}{p}=\frac{3}{0.5}=6.0$$

■

[기하분포(Geometric Distribution)]

음이항분포의 특별한 경우로써 $r=1$인 경우를 기하분포라고 한다. 즉, 성공의 확률이 p인 베르누이 시행을 독립적으로 계속 반복할 때, 처음으로 성공을 얻기까지 필요한 총 시행회수를 확률변수 X라 하면, X는 기하분포에 따른다. 기하분포의 확률질량함수(pmf)는 음이항분포의 pmf에서 $r=1$로 하면 얻어진다.

$$p(x)=P(X=x)=p(1-p)^{x-1},\ x=1,\ 2,\ 3,\ \dots \qquad \textbf{(3-3.12)}$$

기하분포의 pmf (3-3.12)의 논리는 아주 간단하다. 첫 번째 성공을 얻기까지 필요한 총 시행회수가 x번이라 함은 처음의 $(x-1)$회의 시행에서는 모두 실패(F)의 결과가 나오고 $x-$번째 시행에서 처음으로 성공(S)이 나온다는 의미이므로

$$P(X=x)=Pr\{\underbrace{FF\ \dots\ F}_{(x-1)\text{개}}S\}=(1-p)^{x-1}p,\ x=1,\ 2,\ \dots$$

에서 (3-3.12)의 기하분포의 pmf를 쉽게 얻을 수 있다.

기하분포의 평균과 분산은 (3-3.11)의 음이항분포의 평균과 분산에서 $r=1$로 하여 쉽게 얻을 수 있다.

$$\mu=E(X)=\frac{1}{p},\ \sigma^2=V(X)=\frac{1-p}{p^2} \qquad \textbf{(3-3.13)}$$

이것은 (3-3.12)의 기하분포의 pmf를 이용하여 평균과 분산의 정의로부터 쉽게 유도할 수도 있다. 독자들은 연습문제에서 유도하여 보기 바란다.

예제 3.3.7

불량률 $p=0.01$인 어떤 제품의 로트로부터 하나씩 차례로 제품을 임의 추출하여 품질검사를 실시한다고 한다. 125번째로 추출된 제품이 처음으로 불량품이 될 확률을 구해보자. 또한, 첫 번째 불량품이 발견되기까지 평균적으로 몇 개의 제품을 추출해야 되겠는가?

풀이 여기서 처음으로 불량품이 발견될 때까지 추출되는 제품 수를 확률변수 X라 하면, X는 $p=0.01$의 기하분포에 따른다. 따라서,

$$P(X=125)=(0.01)(0.99)^{124}=0.0029$$

또한, $E(X)=\frac{1}{p}=\frac{1}{0.01}=100$ 즉, 평균적으로 100개마다 하나씩 불량품이 발견된다고 할 수 있다. ■

[기하분포의 무기억성(lack of memory property)]

베르누이 시행을 독립적으로 반복할 때 첫 번째 성공(S)을 얻기까지의 총 시행회수 X를 기하분포의 확률변수라고 정의하였다. 매 시행이 독립적이기 때문에 매 시행마다 성공의 확률 p는 일정한 상수이다. 따라서 임의의 시행 직후부터 시작하여 다음 성공이 얻어지기까지 필요한 시행회수의 확률분포는 임의의 시행 이전의 확률분포와 동일하게 된다. 앞의 [예제 3.3.7]에서 제품이 임의 추출되므로 추출된 제품이 불량품일 확률은 모든 추출 제품에 대해 $p=0.01$로 일정하다. 따라서, 100번째 제품을 검사한 직후부터 시작하여 8번째 제품(즉 108번째 제품)이 불량품이 될 확률은 $P(X=8)$ = (0.01)(0.99)8 = 0.0092로 계산되며, 이것은 추출을 처음 시작하여 8번째 제품이 처음으로 불량품이 될 확률과 동일한 것이다. 이와 같이 과거의 경력에 상관없이 확률분포가 항상 일정하게 되는 성질을 확률분포의 무기억성(lack of memory property)라고 한다. 이산형 분포 중에서 기하분포만이 유일하게 무기억성을 가지고 있다.

3.3.5 초기하분포(Geometric Distribution)

흰 공이 4개 검은 공이 2개 들어 있는 주머니에서 3개를 임의 추출할 때 추출된 3개 중 2개가 흰 공일 확률을 구해보자. 우선 6개의 공 중에서 3개를 임의 추출하는 총 경우의 수는 $\binom{6}{3}=\frac{6!}{3!3!}=20$이고, 이 20개의 가능한 결과들 중에서 우리의 관심 대상이 되는 결과는 4개의 흰 공중 2개가 추출되면서 동시에 2개의 흰 공 중 1개가 추출되는 결과 즉, $\binom{4}{2}\times\binom{2}{1}=6\times 2=12$개의 결과이다. 따라서,

$$P1r\{\text{추출된 3개 중 2개가 흰 공}\}=\frac{\binom{4}{2}\binom{2}{1}}{\binom{6}{3}}=\frac{12}{20}=0.6$$

이 된다.

이제 이와 같은 상황을 일반화하여 보자. 특정 속성을 가진 원소 M개와 그렇지 않은 원소 $N-M$개로 구성된 크기 N의 모집단에서 n개를 임의 추출하는 경우, 임의 추출된 n개의 표본에 포함되어 있는 특정 속성을 가진 원소의 개수를 확률변수 X라 하면, X는 다음과 같은 확률질량함수를 갖는다.

$$p(x) = P(X=x) = \frac{\binom{M}{x}\binom{N-M}{n-x}}{\binom{N}{n}}, x = 0,\ 1,\ 2,\ \ldots,\ n \qquad \textbf{(3-3.14)}$$

확률변수 X가 (3-3.14)의 확률질량함수를 가질 때, X는 모수 N, M, n의 초기하분포에 따른다고 한다.

예제 3.3.8

불량품이 4개, 양품이 8개 들어 있는 어떤 부품의 상자에서 3개를 임의 추출할 때, 추출된 3개 중 1개가 불량품일 확률을 구해보자.

풀이 추출된 3개 중에 포함된 불량품의 수를 확률변수 X라 하면, X는 초기하분포에 따른다. 따라서,

$$P(X=1) = \frac{\binom{4}{2}\binom{8}{2}}{\binom{12}{3}} = \frac{4\times 28}{220} = 0.76364$$ ■

연습문제

1. 두 개의 주사위를 굴리는 시행에서 확률변수 X를 홀수의 눈이 나온 주사위의 개수로 정의한다고 할 때(즉, 시행 결과 (1, 4)이면 $X=1$, (2, 6)이면 $X=0$, (3, 5)이면 $X=2$, ⋯), X의 확률질량함수를 구하시오.

2. 이산형 확률변수 X의 분포가 다음과 같다.

x	0	1	2	3	4
$p(X=x)$	0.05	0.25	0.40	0.25	0.05

a) $P(1 < X \leq 3) = ?$

b) $P(X=$ 홀수$) = ?$

c) $E(X) = ?$

d) $V(X) = ?$

3. 두 개의 주사위를 굴리는 시행에서 결과로 나오는 두 주사위의 눈의 합을 확률변수 X라 할 때,

a) X의 확률질량함수를 구하시오.

b) 분포함수 $F(6) = ?$

c) X의 평균과 분산을 구하시오.

4. 동전을 세 번 던지는 시행에서 앞면이 나오는 회수를 확률변수 X라 할 때, X의 확률질량함수와 누적 분포함수를 구하시오.

5. 한 개의 주사위를 독립적으로 10번 굴릴 때 나오는 눈의 합의 평균과 분산을 구하라.

6. 확률변수 X의 확률질량함수(pmf)가 $f(x) = \frac{2x+1}{25}$, $x = 0, 1, 2, 3, 4$라 한다.

a) $f(x)$가 확률질량함수임을 증명하시오.

b) $P(2 \leq X < 4) = ?$

c) 누적분포함수 $F(x)$를 구하고, 그림으로 나타내시오.

d) $E(X) = ?$

e) $V(X) = ?$

7. 주사위를 독립적으로 3번 굴리는 시행에서 확률변수 X_i를 $i-$번째 시행($i=1,2,3$)의 결과라 할 때, $Y = Max(X_1, X_2, X_3)$의 확률질량함수와 분포함수를 구하라.

8. 어떤 공장의 불량률은 20%라고 한다. 이 공장에서 생산된 제품 10개를 임의 추출하였을 때 그 중 3개가 불량품일 확률은?

9. 어떤 공장에서 생산되는 부품의 불량률은 1%라고 한다. 이 공장에서는 부품 10개를 한 상자로 포장하여 출하하는데 출하검사에서 한 상자에서 2개 이상의 불량품이 발견되면 그 상자의 제품 전체를 불합격 처리한다고 한다.

a) 임의의 한 상자가 불합격 처리될 확률은?
b) 임의로 선택된 3상자 중 1상자가 불합격 처리될 확률은?

10. 어떤 사람이 운전면허시험에 응시하여 합격할 확률은 0.7이다. 이 사람이 3번 이내의 응시로 운전면허시험에 합격할 확률은?

11. 세 사람이 각기 동전을 하나씩 던져서 두 사람은 같은 결과가 나오고 나머지 한 사람은 다른 결과를 얻으면 다른 결과를 얻은 사람이 점심을 사기로 한다. 만약 세 사람 모두 같은 결과가 나오면 동전 굴리기를 다시 하는 것으로 한다. 점심을 사는 사람이 결정될 때까지의 시행회수가 3이하일 확률은?

12. 불량률 5%인 공정에서 제품 하나씩을 축차적으로 임의 추출하여 불량품 여부를 검사하는 시행에서
a) 꼭 11-번째 검사에서 첫 번째 불량품을 발견될 확률은?
b) 꼭 11-번째 검사에서 두 번째 불량품이 발견될 확률은?

13. 공정 불량률이 0.01인 어떤 공장에서 매 시간마다 크기 $n=20$의 확률표본을 추출하여 품질검사를 하고 있다. 확률변수 X를 $n=20$의 확률표본에서 발견되는 불량품의 수라 할 때,
a) X의 평균과 분산을 구하라.
b) $P(X>\mu+3\sigma)=$?
c) 10번째 표본에서 처음으로 불량품이 발견될 확률은?

14. 전화를 걸면 상담원이 30초 이내에 응답할 확률이 0.75인 어떤 서비스센터에 계속 전화를 한다고 할 때,
a) 10번 전화했을 때 평균 몇 번이나 30초 이내에 응답할 것으로 기대되는가?
b) 10번 전화했을 때 정확히 9번 30초 이내에 응답할 확률은?
c) 네 번째 전화에서 처음으로 30초 이내 응답이 있을 확률은?
d) 평균적으로 몇 번에 한번 꼴로 30초 이내의 응답이 있을 것으로 기대되는가?
e) 여섯 번째 전화에서 두 번째의 30초 이내 응답이 있을 확률은?

15. 세 개의 동전을 굴리는 시행을 독립적으로 반복할 때
a) '세 개 모두 앞면 혹은 뒷면'의 결과를 얻기까지 필요한 시행횟수의 기대치는?
b) 꼭 10번째 시행에서 두 번째의 '세 개 모두 앞면 혹은 뒷면'의 결과를 얻게 될 확률은?

16. 공정불량률을 5% 이하로 관리하고 있는 어떤 전자부품 생산 공장에서 불량률이 5%보다 증가하는지 여부를 확인하기 위하여, 매일 생산제품에서 크기 $n=15$개의 확률표본을 추출 - 품질검사를 실시하여 불량품이 2개 이상 발견되면 불량률이 5%보다 증가한 것으로 판단하여 적절한 개선조치를 취하도록 한다.

a) 불량률이 5%일 때, 표본에서 2개 이상의 불량품이 발견될 확률은?

b) 불량률이 7%로 증가되었을 때, 표본에서 2개 미만의 불량품이 발견될 확률은?

17. 어떤 제품의 로트에서 추출된 5개의 제품 중 3개가 불량품이라고 한다. 그런데 검사자는 이 사실을 모르고 제품을 랜덤 한 순서로 하나씩 검사하여 불량품이 발견되면 검사를 중단한다고 한다. 확률변수 X를 불량품이 발견되기까지 필요한 검사개수라고 할 때,

a) X의 확률분포를 구하라.

b) 제품 한 개당 검사비용이 100원이고, 발견된 불량품에 대해 200원의 추가 비용이 소요되어 총 검사비용 $Y=200+100X$이다. Y의 평균과 분산을 구하라.

18. 김군의 이동전화에 한 시간 동안 걸려오는 통화 수는 평균 10회의 포아송 분포에 따른다고 한다.

a) 한 시간 동안에 정확히 5통의 전화가 걸려올 확률은?

b) 두 시간 동안에 정확히 15통의 전화가 걸려올 확률은?

19. 어떤 방직공장에서 생산되는 옷감에서 발견되는 결함 수는 0.1개/m^2의 포아송 분포에 따른다고 한다.

a) 옷감 $2m^2$에서 2개의 결함이 발견될 확률은?

b) 옷감 $20m^2$에서 결함이 하나도 발견되지 않을 확률은?

c) 옷감 $10m^2$에서 적어도 2개 이상의 결함이 발견될 확률은?

20. 어떤 가전제품 회사의 A/S센터에 걸려오는 서비스요청 전화 통화 수는 평균 2.7회/분의 포아송 분포에 따른다고 한다.

a) 1분 동안 4통 이상의 전화가 걸려올 확률은?

b) 1분 동안 2통 미만의 전화가 걸려올 확률은?

c) 5분 동안 10통 이상의 전화가 걸려올 확률은?

21. 흰 공 8개 빨간 공 4개가 들어있는 주머니에서 4개의 공을 하나씩 차례로 비복원 추출하는 시행에서 추출된 4개의 공 중 정확히 3개가 흰 공이라 할 때, 첫 번째와 세 번째 공이 흰 공일 확률은?

4 연속형 확률변수와 확률분포

4.1 연속형 확률변수

앞 장에서 우리는 불량품의 수나 사고 건수 등과 같이 하나하나 셀 수 있는 이산치의 값을 가지는 이산형 확률변수를 다루었다. 그러나 도선에 흐르는 전류의 세기, 공작기계에서 가공한 부품의 치수, 무게 등과 같이 실수의 어떤 구간에서 연속적인 변량을 값으로 가지는 확률변수도 있다. 이러한 확률변수를 연속형 확률변수라고 한다. 이산형 확률변수와는 달리 연속형 확률변수의 경우는 가능한 모든 값을 하나하나 셀 수가 없다. 사실 연속형 확률변수의 정확한 값은 이론적으로 아무도 알 수 없을 것이다. 다만, 그때그때 사용되는 측정시스템의 정밀도에 따라 적절한 유효숫자의 범위 내에서 그 값을 측정할 수 있을 뿐이다. 따라서 연속형 확률변수가 어떤 특정의 상수 값을 취할 확률은 0이 된다. 앞 장에서 배운 이산형 확률변수의 누적분포함수 $F(x)=P(X\le x)$와 마찬가지로 연속형 확률변수의 확률분포를 다음과 같이 정의할 수 있다.

정의 4.1.1

확률변수 X가 연속형 확률변수(continuous random variable)일 때, 임의의 실수 x에 대해 X의 **누적분포함수**(cumulative distribution function) $F(x)$는

$$F(x)=P(X\le x)=\int_{-\infty}^{x} f(t)dt \qquad (4\text{-}1.1)$$

이다. 여기서, $f(x)$를 연속형 확률변수 X의 **확률밀도함수**(probability density function, pdf)라고 한다.

(4-1.1)의 연속형 확률변수의 누적분포함수는 [정의 3.1.2]의 이산형 확률변수의 누적분포함수와 마찬가지로

$$(1)\ 0 \le F(x) \le 1$$

$$(2)\ x \le y \text{이면},\ F(x) \le F(y) \tag{4-1.2}$$

의 성질을 갖는다. 이산형 분포의 경우와 마찬가지로 $F(-\infty)=0$, $F(\infty)=1$이다. 또한, $a \le b$인 임의의 실수 a, b에 대해

$$P(a \le X \le b) = \int_a^b f(x)dx \tag{4-1.3}$$

으로 [그림 4-1.1]에서 빗금 친 부분의 면적이 되며, 임의의 상수 c에 대해 $P(X=c)=0$임을 알 수 있다.

또한, X가 특정 상수 값을 취할 수 없으므로 연속형 분포의 확률 표기에서 등호는 별 의미를 갖지 못함을 알 수 있다. 즉,

$$P(x_1 \le X \le x_2) = P(x_1 < X \le x_2) = P(x_1 \le X < x_2) \tag{4-1.4}$$
$$= P(x_1 < X < x_2)$$

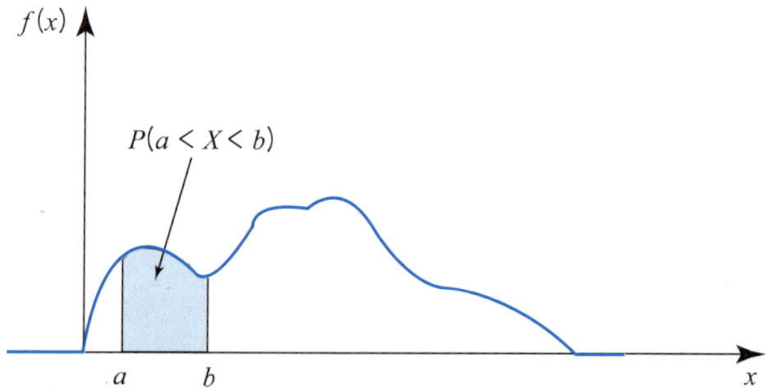

[그림 4-1.1] 연속형 확률분포의 확률 $P(a<X<b)$

(4-1.1)에서 연속형 확률변수 X의 누적분포함수 $F(x)$는 X의 확률밀도함수 $f(x)$의 적분으로 계산되므로, 만약 $F(x)$가 주어진다면 X의 확률밀도함수는

$$f(x) = \frac{dF(x)}{dx} \tag{4-1.5}$$

으로 구할 수 있다. 즉, 확률밀도함수 $f(x)$는 실수 값 x 근방에서의 확률의 변화율이라고 볼 수 있다. 확률밀도함수 $f(x)$는 그 자체로서는 확률은 아니지만, 다음과 같이 확률의 기본적인 성질을 갖는다.

(1) $f(x) \geq 0$, for *all* x

(2) $\int_{-\infty}^{\infty} (x)dx = 1$ **(4-1.6)**

예제 4.1.1

어떤 전기부품 공장에서 생산하는 저항기의 저항값은 [90, 110Ω]사이에서 균등하게 분포된다고 한다. 저항기의 저항값을 확률변수 X라 하고, X의 확률밀도함수(pdf), 누적확률분포함수, 그리고 저항값이 100과 105사이의 값이 될 확률을 구해보자.

풀이 저항값 X는 90과 110사이에서 균등분포를 하므로 X의 pdf는 다음과 같음을 알 수 있다[그림 4-1.2 참조].

$$f(x) = \frac{1}{20}, \; 90 \leq x \leq 110$$

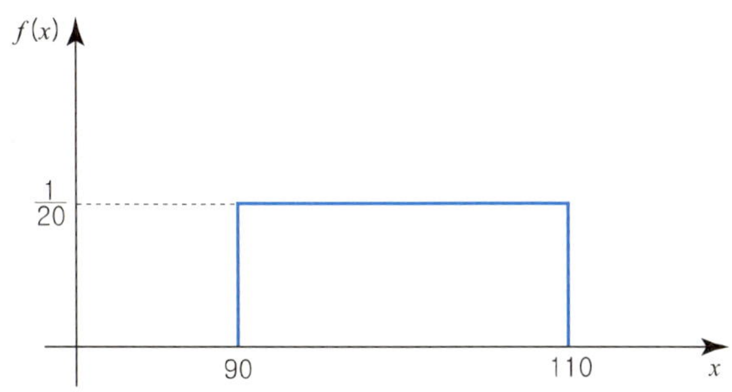

[그림 4-1.2] [예제 4.1.1]의 균등분포

X의 누적분포함수는

$$\begin{aligned} F(x) = P(X \leq x) &= \int_{-\infty}^{x} f(t)dt \\ &= \int_{90}^{x} \frac{1}{20} dt = \frac{1}{20}(x-90), \; 90 \leq x \leq 110 \end{aligned}$$

이고, 저항값이 100과 105사이의 값이 될 확률은

$$p(100 \le X \le 105) = \int_{100}^{105} \frac{1}{20} dx = \frac{1}{20}(105-100) = 0.25$$ ■

예제 4.1.2

확률변수 X의 누적분포함수가 다음과 같다.

$$F(x) = 1 - e^{0.01x},\ x \ge 0$$

확률 $P(X < 200)$와 X의 확률밀도함수(pdf)를 구해보자.

풀이 $P(X > 200) = 1 - P(X < 200) = 1 - F(200) = 1 - e^{-(0.01)(200)} = 0.1353$

$$f(x) = \frac{dF(x)}{dx} = \frac{d}{dx}(1 - e^{-0.01x}) = (0.01)e^{-0.01x},\ x \ge 0$$ ■

4.2 연속형 확률변수의 평균과 분산

연속형 확률변수의 평균과 분산도 이산형 확률변수의 경우와 유사하게 정의된다. 즉, 이산형 분포에서 사용되는 총합기호 $\sum$를 연속형 분포에서는 적분기호 $\int$로 대치하면 된다.

정의 4.2.1

연속형 확률변수 X의 확률밀도함수를 $f(x)$라 할 때, X의 평균과 분산은 다음과 같이 정의된다.

$$\mu = E(X) = \int_{-\infty}^{\infty} x f(x)\, dx$$

$$\sigma^2 = V(X) = E[(X-\mu)^2] = \int_{-\infty}^{\infty} (x-\mu)^2 f(x) dx$$

이산형 분포의 경우와 마찬가지로 분산 σ^2은 다음과 같이 간편 계산공식을 유도할 수 있다.

$$\sigma^2 = E[(X-\mu)^2] = E(X^2 - 2\mu X - \mu^2)$$

$$= E(X^2) - \mu^2 = \int_{-\infty}^{\infty} x^2 f(x) dx - \mu^2$$

예제 4.2.1

[예제 4.1.1]의 저항값 X의 평균과 분산을 구하여 보자.

풀이 X의 pdf가 $f(x)=\dfrac{1}{20}$, $90 \le x \le 110$이므로,

$$\mu = E(X) = \int_{-\infty}^{\infty} xf(x)\,dx = \frac{1}{20}\int_{90}^{110} x\,dx = 100$$

$$\sigma^2 = \int_{-\infty}^{\infty} x^2 f(x)\,dx - \mu^2 = \frac{1}{20}\int_{90}^{110} x^2\,dx - 100^2 = 33.333$$

따라서, 표준편차 $\sigma = \sqrt{33.333} = 5.77$이 됨을 알 수 있다. ■

이산형 확률변수에서 설명한 바와 같이 평균치와 분산은 수학적 기대치의 특수한 경우이다. 수학적 기대치의 정의와 성질은 이산형 확률변수의 경우와 동일하다. 다만, 이산형 분포에서 사용되는 총합기호 $\sum$를 연속형 분포에서는 적분기호 $\int$로 바꾸기만 하면 된다. 즉, g(x)를 연속형 확률변수 X의 임의의 함수라 할 때,

$$E[g(X)] = \int_{-\infty}^{\infty} g(x)f(x)\,dx \qquad \text{(4-2.1)}$$

로 정의되며, 그 성질도 동일하다.

4.3 주요 연속형 확률분포

4.3.1 연속형 균등분포(Continuous Uniform Distribution)

연속형 균등분포는 앞 장에서 다룬 이산형 균등분포와 유사하다. 연속형 확률변수 X가 구간 $[a, b]$에서 고르게 분포되어 있을 때, X는 연속형 균등분포에 따른다고 한다[그림 4-3.1 참조]. 연속형 균등분포의 pdf는 다음과 같다.

$$f(x) = \frac{1}{b-a}, \quad a \le x \le b \qquad \text{(4-3.1)}$$

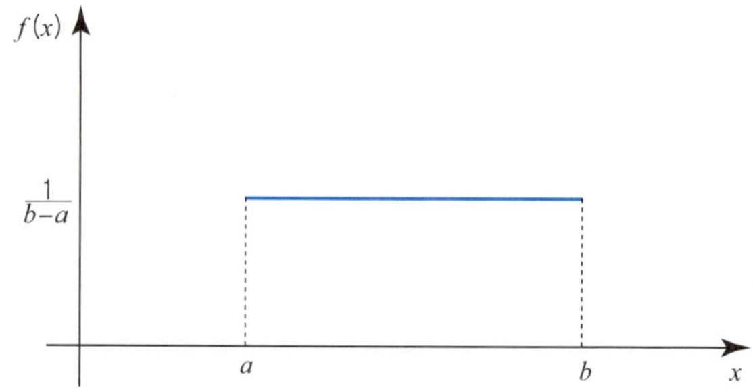

[그림 4-3.1] 연속형 균등분포의 확률밀도함수

연속형 균등분포의 평균과 분산은 다음과 같다.

$$\mu = E(X) = \frac{a+b}{2},\ \sigma^2 = V(X) = \frac{(b-a)^2}{12} \tag{4-3.2}$$

또한, 연속형 균등분포의 누적분포함수는 다음과 같다.

$$F(x) = \frac{1}{b-a}\int_a^x du = \frac{x-a}{b-a},\ a \le x < b \tag{4-3.3}$$

예제 4.3.1

어떤 회로에 흐르는 전류의 세기 X는 구간 [0, 20 mA]에서 균등분포를 한다면 X의 pdf는 $f(x)=0.05,\ 0 \le x \le 20$이다. 평균치 와 분산, 그리고 X가 5와 10mA 사이의 값을 갖게 될 확률을 구해보자.

풀이 $\mu = E(X) = \dfrac{0+20}{2} = 10\text{mA}$

$$\sigma^2 = V(X) = \frac{(20-0)^2}{12} = 33.33\text{mA}^2$$

$$P11(5 < X < 10) = (0.05)\int_5^{10} dx = 0.25$$

■

4.3.2 정규분포(Normal Distribution)

정규분포는 이론적인 면에서나 응용 면에서 가장 중요하고 널리 이용되는 확률분포이다. 자연과학이나 공학에서의 실험자료, 또는 사회·경제적인 조사자료들은 대부분 정규분포 혹은 정규분포의 형태에 가까운 분포를 하게 된다. 자료가 정규분포의 형태를 많이 벗어나는 경우에도 뒤에서 배우게 되는 중심극한의 정리(central limit theorem)에 의해 정규분포로 근사할 수 있는 경우가 많다. 평균치 μ, 분산 σ^2의 정규분포에 따르는 연속형 확률변수 X의 확률밀도함수(pdf)는 다음과 같다.

$$f(x) = \frac{1}{\sqrt{2\pi}\sigma} e^{-\frac{(x-\mu)^2}{2\sigma^2}}, \quad -\infty < x < \infty \qquad \text{(4-3.4)}$$

확률밀도함수 (4-3.1)에서 알 수 있듯이 정규분포는 평균치 μ와 분산 σ^2에 의해서 완전히 결정되므로 정규분포의 모수는 μ와 σ^2 두 개이다. 보통, 확률변수 X가 평균 μ, 분산 σ^2의 정규분포에 따를 때 이를 간략히 $X \sim N(\mu,\ \sigma^2)$으로 표시한다. 아래 [그림 4-3.2]에 μ와 σ^2 값의 변화에 대한 정규분포의 형태를 도시하였다.

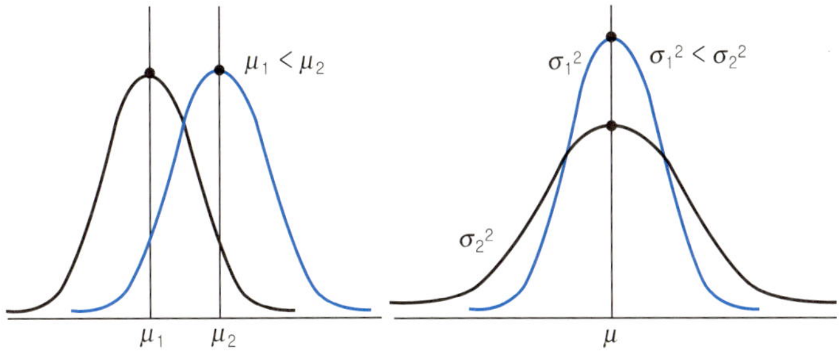

[그림 4-3.2] μ와 σ^2값의 변화에 따른 정규분포의 모양

[그림 4-3.2]에서 알 수 있듯이 정규분포는 평균치 μ를 중심으로 좌우 대칭이며, 분산 σ^2이 클수록 펑퍼짐한 모양을 하게 된다. 정규분포의 누적분포함수 $F(x)$는 다음과 같이 구해진다.

$$F(x) = P(X \le x) = \frac{1}{\sqrt{2\pi}\sigma} \int_{-\infty}^{x} te^{-\frac{(t-\mu)^2}{2\sigma^2}} dt \qquad \text{(4-3.5)}$$

식 (4-3.5)의 적분은 복잡하여 계산하기가 어려우므로 다음에 설명하는 표준정규분포를 이용하는 것이 일반적이다.

[정의 4.2.1]의 평균과 분산의 정의로부터 정규분포의 평균과 분산을 다음과 같이 구할 수 있다.

$$E(X) = \frac{1}{\sqrt{2\pi}\sigma} \int_{-\infty}^{\infty} xe^{-\frac{(x-\mu)^2}{2\sigma^2}} dx = \mu$$

$$E[(X-\mu)^2] = \frac{1}{\sqrt{2\pi}\sigma}\int_{-\infty}^{\infty}(x-\mu)^2 e^{-\frac{(x-\mu)^2}{2\sigma^2}}dx = \sigma^2 \quad (4\text{-}3.6)$$

정규분포는 평균치 μ를 중심으로 좌우 대칭이므로 $P(X<\mu)=P(X>\mu)=0.5$이다. 또한, 확률밀도함수 $f(x)$는 x값이 평균치 μ에서 멀어져 감에 따라 점점 0으로 접근해 가므로 확률 $P(X>x)$도 점점 작아질 것이다. X가 μ를 중심으로 $\pm 1\sigma$, $\pm 2\sigma$, $\pm 3\sigma$ 범위 내에 있을 확률을 계산하면 다음과 같다([그림4-3.3] 참조)

$$P(\mu-\sigma < X < \mu+\sigma) = 0.6827$$

$$P(\mu-2\sigma < X < \mu+2\sigma) = 0.9545$$

$$P(\mu-3\sigma < X < \mu+3\sigma) = 0.9973$$

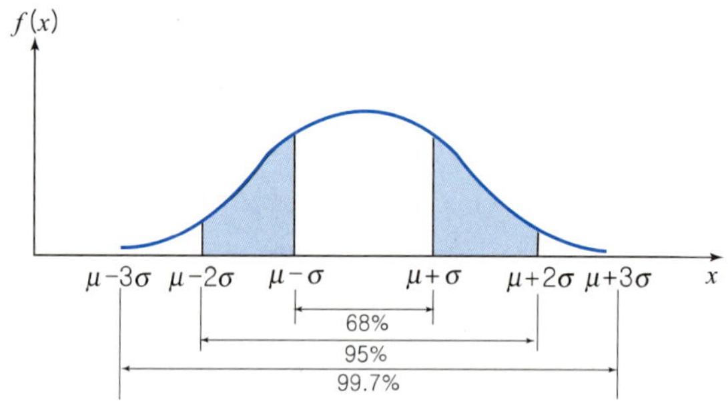

[그림 4-3.3] 정규분포의 확률

[표준정규분포(Standard Normal Distribution)]

정의 4.3.1

> $\mu=0$, $\sigma^2=1$인 정규분포를 표준정규분포라고 한다. 표준정규분포에 따르는 확률변수를 Z로 표시하며, 간략히 $Z \sim N(0,\ 1)$로 표기한다.

표준정규확률분포의 pdf $\phi(z)$는

$$\phi(z) = \frac{1}{\sqrt{2\pi}}e^{-\frac{z^2}{2}},\ -\infty < z < \infty \quad (4\text{-}3.7)$$

이고, 누적분포함수는 $\phi(z)$는

$$\phi(z) = P(Z \leq z) = \frac{1}{\sqrt{2\pi}} \int_{-\infty}^{z} e^{-\frac{u^2}{2}} du \qquad (4\text{-}3.8)$$

앞의 누적분포함수에서 언급한 바와 같이 식 (4-3.5)의 적분을 해석적으로 구하는 것은 쉽지 않으므로, 식 (4-3.5)의 확률값을 수치해석적인 방법으로 미리 계산하여 표로 만들어 놓으면 편리할 것이다. 그러나 모든 μ와 σ^2값에 대해 확률표를 만드는 것은 불가능하다. 따라서, 정규분포를 대표할 수 있는 표준정규분포 $N(0,\ 1)$에 대한 확률표 즉, 표준정규분포표를 만들어 미리 놓고, 확률 계산 시 보통의 $N(\mu,\ \sigma^2)$를 표준정규분포 $N(0,\ 1)$로 변환하여 미리 만들어 놓은 표준정규분포표를 이용하면 편리할 것이다.

예제 4.3.2

부록의 표준정규분포표는 $P(Z \leq z)$를 여러 가지 z값에 대해 표로 만들어 놓은 것이다. 표준정규분포표로부터 다음의 확률을 확인하여 보자.

(1) $P(Z > 1.38) = 1 - P(Z \leq 1.38) = 1 - 0.9162 = 0.0838$

(2) $P(Z > -1.26) = P(Z \leq 1.26) = 0.8962$

(3) $P(-0.67 < Z < 1.15) = P(Z < 1.15) - P(Z < -0.67)$

$= 0.8749 - 0.2514 = 0.6235$

(4) $P(Z > z) = 0.04947$을 만족하는 $z =$?

$P(Z > z) = 1 - P(Z \leq z) = 0.04947$에서 $P(Z \leq z) = 1 - 0.04947 = 0.95053$

표준정규분포표로부터 $z \fallingdotseq 1.65$임을 알 수 있다. ■

표준정규분포의 100α 상측 백분위수를 보통 z_α로 표기한다. 즉, $P(Z > z_\alpha) = \alpha$이다. 표준정규분포는 0을 중심으로 좌우 대칭이므로 $z_{1-\alpha} = -z_\alpha$의 관계가 성립한다([그림 4-3.4] 참조).

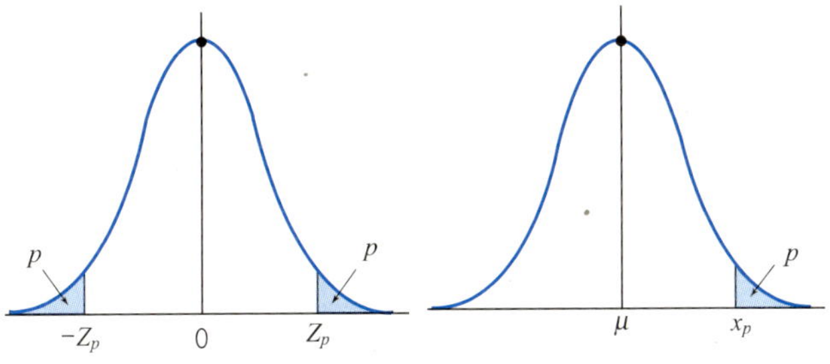

[그림 4-3.4] 정규분포의 백분위수(percentage points)

$N(\mu,\ \sigma^2)$에 따르는 보통의 정규확률변수는 다음의 간단한 변환에 의해 표준정규분포로 전환될 수 있다. 이와 같이 보통의 정규확률변수를 표준정규확률변수로 변화하는 것을 정규확률변수의 표준화라고 한다.

정의 4.3.2

정규확률변수의 표준화(standardizing)

$X \sim N(\mu,\ \sigma^2)$일 때, $Z = \dfrac{X-\mu}{\sigma} \sim N(0,\ 1)$이다.

예제 4.3.3

어떤 합성세제 생산공장에서 자동포장기를 사용하여 생산된 합성세제를 봉지에 주입하여 포장하고 있다. 봉지당 세제 주입량 규격은 [97, 103gr]으로, 각 봉지에 주입된 세제의 양이 규격의 범위 내에 들어야 품질검사에서 합격될 수 있다고 한다. 자동포장기에 의한 포장 봉지당 세제 주입량을 조사하여 본 결과, 평균 102gr, 표준편차 2gr의 정규분포에 따르는 것으로 밝혀졌다. 자동포장기에서 포장된 세제 봉지 중 몇 %가 검사에서 합격할 수 있겠는가?
또한, X의 평균이 규격의 중심 $\dfrac{97+103}{2} = 100$과 일치할 때 합격확률을 95%로 하는 X의 표준편차 σ의 값을 구해보자.
또한, $X \sim N(100,\ \sigma^2)$일 때, 합격확률이 0.95되는 σ값을 구해 보자.

풀이 자동포장기에 의한 봉지당 세제 주입량을 확률변수 X라 하면, $X \sim N(102,\ 22)$이다. 따라서, 합격확률은

$$\begin{aligned} P(97 < X < 103) &= P(X < 103) - P(X < 97) \\ &= P\left(Z < \frac{103-102}{2}\right) - P\left(Z < \frac{97-102}{2}\right) \\ &= \Phi(0.5) - \Phi(-2.5) = 0.6915 - 0.0062 = 0.6853 \end{aligned}$$

즉, 68.53%가 검사에서 합격될 수 있다.

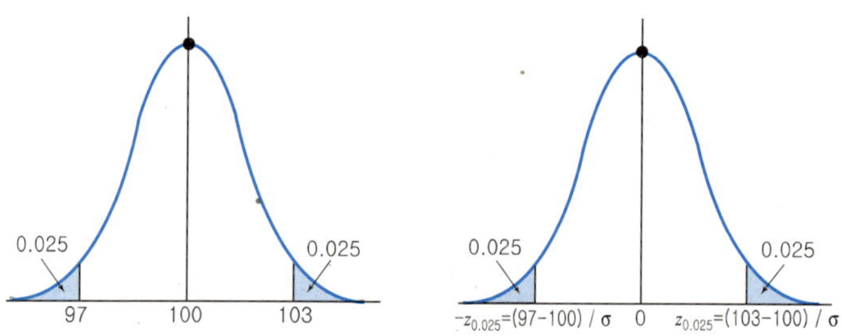

[그림 4-3.5] 봉지당 세제 주입량 X의 분포

$$P(97 < X < 103) = P\left(\frac{97-100}{\sigma} < Z < \frac{103-100}{\sigma}\right) = 0.95 \text{에서}$$

$$z_{0.025} = \frac{103-100}{\sigma} = 1.96 \text{에서 } \sigma = \frac{3}{1.96} \cong 1.531$$ ■

다음에 소개하는 정규확률변수의 선형결합은 실제 문제에서 매우 유용하게 활용된다. 여기서는 증명은 연습문제로 남겨두고 결과만 소개하기로 한다.

정리 4.3.1

정규확률변수의 선형결합

n개의 확률변수 $X_1, X_2, \ldots, X_n$이 서로 독립으로, 각각 $N(\mu_1, \sigma_1^2)$, $N(\mu_2, \sigma_2^2)$, ..., $N(\mu_n, \sigma_n^2)$의 정규분포에 따른다고 할 때, 임의의 상수 $a_1, a_2, \ldots, a_n$에 의한 X_i의 선형결합 $Y = \sum_{i=1}^{n} a_i X_i \sim N(\mu_Y, \sigma_Y^2)$이며, $\mu_Y = \sum_{i=1}^{n} a_i \mu_i$, $\sigma_Y^2 = \sum_{i=1}^{n} a_i^2 \sigma_i^2$이다.

예제 4.3.4

앞의 [예제 4.3.3]에서 세제 봉지 100개씩을 한 상자에 포장한다고 하자. 상자 내의 i-번째 봉지에 주입된 세제의 중량을 X_i, 봉지 자체의 무게를 B_i, 그리고 상자 자체의 무게를 C라고 할 때, 제품 한 상자 전체의 무게 W는

$$W = \sum_{i=1}^{100} (X_i + B_i) + C$$

여기서, $X_i \sim N(102, 2^2)$, $B_i \sim N(5, 0.5^2)$, 그리고 $C \sim N(160, 8^2)$이며, 이들 X_i, B_i, C는 서로 독립이라고 하면, W는 평균 $\mu_W = \sum_{i=1}^{100} (102+5) + 160 = 10{,}860$과 분산 $\sigma_W^2 = \sum_{i=1}^{100} (2^2 + 0.5^2) + 8^2 = 489$을 갖는 정규분포에 따르게 된다. ■

예제 4.3.5

어떤 전자회로에 계전기 2개가 연결되어 있다. 이 회로에 어떤 충격이 가해진 후 계전기 1의 작동시간이 $X_1 \sim N(\mu_1, \sigma_1^2)$, 계전기 2의 작동시간은 $X_2 \sim N(\mu_2, \sigma_2^2)$이라고 한다. 이 회로가 제 기능을 하기 위해서는 계전기 1이 계전기 2보다 먼저 작동해야 한다. 따라서, $\mu_1 < \mu_2$이어야만 하고 $\mu_1 - \mu_2$는 작을수록 좋다. 만일, $\mu_1 = 1.0$, $\sigma_1 = \sigma_2 = 0.06$임을 알고 있을 때, 계전기 2가

계전기 1보다 먼저 작동하는 오작동이 일어날 확률을 0.001 즉, $P(X_1 > X_2) = P(X_1 - X_2 > 0) = 0.001$ 이하로 하고자 한다면 μ_2는 얼마이면 좋겠는가? 단, X_1과 X_2는 서로 독립이라고 한다.

풀이 $Y = X_1 - X_2$라 하면 $Y \sim N(\mu_Y, \sigma_Y^2)$이고, $\mu_Y = 1.0 - \mu_2$, $\sigma_Y^2 = \sigma_1^2 + \sigma_2^2 = 2(0.06)^2$, 따라서 $\sigma_Y = 0.0849$이다.

$$P(X_1 - X_2 > 0) = P(Y > 0) = P\left(Z > \frac{0 - \mu_Y^*}{\sigma_Y}\right) = P\left(Z > \frac{-1.0 + \mu_2}{0.0849}\right) = 0.001$$

에서, $\dfrac{-1.0 + \mu_2}{0.0849} = z_{0.001} = 3.09$ 따라서 $\mu_2 = 1.0 + (0.0849)(3.09) \fallingdotseq 1.262$ ■

4.3.3 이항분포와 Poisson 분포의 정규분포 근사계산

정규분포는 공학 실험이나 조사자료에 대한 적절한 확률모형으로서 그 효용성을 인정받고 있지만, 다른 한편 여러 가지 분포에 대하여 확률을 근사적으로 계산하는 데에도 많이 이용되고 있다. 특히, 시행회수가 아주 큰 경우 이항분포에 의한 확률의 계산은 쉽지가 않다. 그러나 다행히도 시행회수 n이 충분히 큰 경우 정규분포를 이용한 근사계산이 이항분포의 확률계산에 매우 효과적임이 입증되었다. 이에 대한 예시로서 다음의 [그림 4-3.6]을 참고하기 바란다.

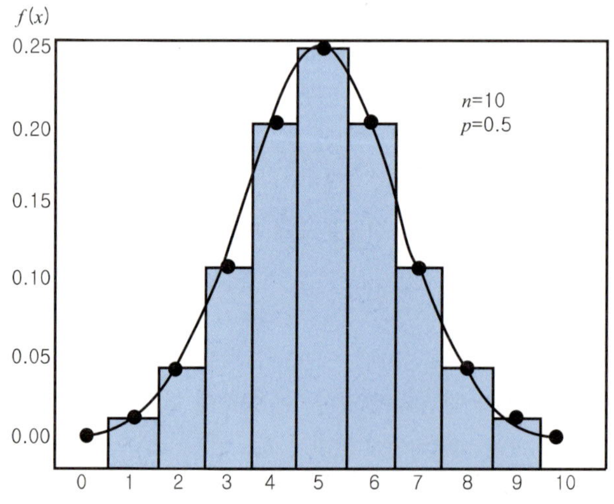

[그림 4-3.6] 이항분포의 정규분포 근사계산

예제 4.3.6

한 전송비트가 잘못 수신될 확률 $p=0.00001$인 어떤 컴퓨터 통신시스템에서 1600만 비트가 전송되었을 때, 잘못 수신되는 비트의 수가 150개 이하가 될 확률을 계산하여 보자.

풀이 잘못 수신되는 비트의 수를 확률변수 X라 하면, $X \sim b(x; n=1600\text{만}, p=0.00001)$이다. 따라서,

$$P(X \leq 150) = \sum_{x=0}^{150} \binom{16{,}000{,}000}{x} (0.00001)^x (0.99999)^{16{,}000{,}000-x} \tag{4-3.9}$$

우리는 식 (4-3.9)의 계산이 쉽지 않음을 알 수 있다. 이러한 경우 정규분포에 의한 근사계산이 매우 효과적일 것이다. ■

정리 4.3.2

$X \sim b(x; n, p)$일 때, $np > 5$이고 동시에 $n(1-p) > 5$이면 $X \sim N(np, np(1-p))$로 근사할 수 있으며, 따라서, $Z = \dfrac{X-np}{\sqrt{np(1-p)}} \sim N(0, 1)$이다.

예제 4.3.7

앞의 [예제 4.3.6]에서 (16,000,000)(0.00001) = 160 〉 5이고 $n(1-p)$ = (16,000,000)(0.99999) = 15999840 〉 5이므로 정규분포 근사계산을 이용하여 보자.

풀이

$$P(X \leq 150) = P\left(Z \leq \frac{150-160}{\sqrt{16{,}000{,}000(0.00001)(0.99999)}}\right)$$

$$= P(Z \leq -0.79) = 0.2148$$ ■

예제 4.3.8

이항확률에 대한 정규분포 근사계산의 오차가 어느 정도나 되는가를 알아보자.
앞의 [예제 4.3.6]에서 $p=0.2$, $n=50$이라 하면, 잘못 수신되는 비트의 개수 X는 $b(x; n=50, p=0.2)$의 분포를 하게 된다. 여기서 $P(X>2)$를 계산하여 보자.

풀이 (이항분포)

$$P(X>2) = 1 - P(X \leq 2) = 1 - \sum_{x=0}^{2} \binom{50}{x} (0.20)^x (0.80)^{50-x} = 0.9987$$

(정규분포 근사계산)

$$P(X>2)=1-P\left(Z>\frac{2-(50)(0.20)}{\sqrt{(50)(0.20)(0.80)}}\right)=P(Z>-2.83)=0.9977$$ ■

여기서는 $np=(50)(0.2)=10.0$, $n(1-p)=(50)(0.8)=40.0$인 경우로써, 두 계산의 차이는 0.001로 정규분포 근사계산의 오차가 매우 적음을 알 수 있다.

그러나 np, 혹은 $n(1-p)$가 작은 값인 경우, 이항분포는 한 쪽으로 심하게 치우친 모양이 되므로, 정규분포 근사계산의 오차가 커지게 된다. 3장의 [그림 3-3.2]의 (b)를 참조하기 바란다. 보통, $np<5$이면서 동시에 $n(1-p)>5$이면 정규분포의 근사계산이 타당한 것으로 평가한다.

제3장 이산형 확률분포에서 $\lambda=np$가 일정 값을 유지하면서 시행회수 n이 커지면 이항분포가 Poisson 분포로 수렴한다는 사실을 배웠다. 따라서 Poisson 분포도 정규분포로 근사할 수 있을 것이다. 보통 평균치 $\lambda>5$이면 Poisson 분포의 정규분포 근사가 타당한 것으로 평가한다.

정리 4.3.3

X가 $E(X)=V(X)=\lambda$인 Poisson 분포에 따를 때, $\lambda>5$이면 X는 평균 = 분산 = λ의 정규분포로 근사할 수 있다. 따라서,

$Z=\dfrac{X-\lambda}{\sqrt{\lambda}}\sim N(0,1)$로 볼 수 있다.

예제 4.3.9

어떤 통신시스템에서 시간 당 발생하는 오류의 수는 $\lambda=1000$개/시간의 Poisson 분포에 따른다고 한다. 이 시스템에서 한 시간 동안 발생하는 오류의 수가 950개 이하가 될 확률을 구해보자.

시간 당 발생하는 오류 수를 확률변수 X라 하면,

$$P(X\le 950)=\sum_{x=0}^{950}\frac{1000^x e^{-1000}}{x!}$$

$$\cong P\left(Z<\frac{950-1000}{\sqrt{1000}}\right)=P(Z<-1.58)=0.0571$$

■

4.3.4 정규확률그래프(Normal Probability Plot)

앞으로 배우게 될 검정과 추정, 그리고 회귀분석이나 분산분석 등 여러 가지 통계적 방법들은 주어진 자료가 정규분포에 따른다는 가정을 전제로 하고 있다. 정규분포에서 많이 이탈된 자료에 대해 정규분포를 가정하고 개발된 통계적 기법을 적용한다면 많은 오류가 발생하게 되어 신뢰할 수 없는 분석결과를 얻게 될 것이다. 따라서 통계적 분석의 수행에 앞서 주어진 자료에 대해 정규분포 가정의 타당성 여부를 확인하는 작업은 필수적이라 하겠다. 주어진 자료의 정규분포 여부를 확인하는 검정 방법으로 앞으로 배우게 될 x^2-분포를 이용한 적합도 검정이 있으나, 여기서는 정규확률그래프를 이용하는 보다 간편한 방법에 대해 알아 보기로 한다.

주어진 자료 $X \sim N(\mu, \sigma^2)$일 때, 분포함수는 다음과 같다.

$$F(x) = P(X \le x) = P\left(Z \le \frac{x-\mu}{\sigma}\right), \; -\infty < x < \infty \tag{4-3.10}$$

$N(\mu, \sigma^2)$의 $p\%$ 백분위수를 x_p, 표준정규분포 $N(0, 1)$의 $p\%$ 백분위수를 z_p라고 하면, 식 (4-3.10)로부터

$$x_p = \mu + \sigma z_p \tag{4-3.11}$$

의 관계식을 얻는다. 즉, 주어진 자료가 $N(\mu, \sigma^2)$의 분포에 따른다면 자료의 백분위수 x_p와 표준정규분포의 백분위수 z_p간에는 식 (4-3.11)의 직선관계가 성립한다는 것이다. 정규확률그래프는 주어진 자료를 오름차순으로 정렬시킨 자료 $x_{(1)}, x_{(2)}, \dots, x_{(n)}$를 x축에 나열하고 $x_{(1)}$의 누적확률 $F(x_{(1)})$에 대응하는 z_p를 y축으로 하여 자료를 타점하는 그래프이다. 따라서 주어진 자료의 정규확률그래프가 직선의 형태를 보인다면 이 자료가 $N(\mu, \sigma^2)$의 분포에 따른다고 판단하고, 직선에서 많이 이탈하는 형태를 보일 때에는 자료가 정규분포와 차이가 있다고 판단하게 된다. 정규확률그래프를 직접 수작업으로 그리기는 매우 번거로운 일이다. 대부분의 통계소프트웨어들이 정규확률그래프 기능을 제공하고 있으므로 이를 이용하면 된다. 때로는 정규확률지라고 하는 특수 그래프 용지를 사용할 수도 있다. 정규확률지는 x축에는 순서화 된 $x_{(1)}, x_{(2)}, \dots, x_{(n)}$를 나열하도록 하고, y축 눈금을 $\frac{100(i-0.5)}{n}$로 하여 설계된 그래프 용지이다. 즉, 정규확률지 상에 타점된 n개의 점 $\left(x_{(1)}, \frac{100(1-0.5)}{n}\right)$, $\left(x_{(2)}, \frac{100(2-0.5)}{n}\right)$, $\cdots$, $\left(x_{(n)}, \frac{100(n-0.5)}{n}\right)$이 직선 형태를 보이면 주어진 자료가 정규분포에 따른다고 판단한다.

예제 4.3.10

[그림 4-3.7]은 Minitab을 이용하여 그린 [표 1-4.1]의 시험 총 점수 자료에 대한 정규확률그래프이다. 자료의 타점 행태가 거의 직선을 이루고 있으므로 [표 1-4.1]의 자료는 정규분포에 따른다고 볼 수 있다.

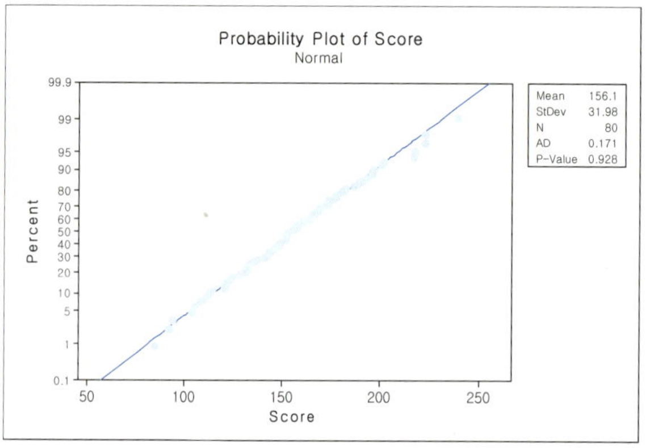

[그림 4-3.7] [표 1-4.1] 시험 총 점수자료의 정규확률그래프

4.3.5 지수분포(Exponential Distribution)

앞의 3장에서 우리는 정해진 시간간격 동안 발생하는 사건의 개수의 확률분포로써 Poisson 분포를 배웠다. 그렇다면 관측을 시작하여 어떤 사건이 발생하기 까지 걸리는 시간, 혹은 하나의 사건이 발생하고 다음 사건이 발생하기까지 걸리는 시간은 어떠한 분포에 따르겠는가? 이와 같이 어떤 사건이 발생할 때까지 걸리는 시간 혹은 사건과 사건 사이의 경과시간을 설명하여주는 확률분포가 지수분포이다. 어떤 정해진 시간 간격 동안 발생하는 사건의 개수가 평균치 λ의 Poisson 분포에 따를 때, 첫 번째 사건이 발생할 때까지의 시간 혹은 사건과 사건 사이의 경과시간은 평균치 $\frac{1}{\lambda}$의 지수분포에 따르는 것으로 알려져 있다. 확률변수 X가 평균치 $\frac{1}{\lambda}$의 지수분포에 따를 때, X의 확률밀도함수는 다음과 같다.

$$f(x) = \lambda e^{-\lambda x},\ x \geq 0 \tag{4-3.12}$$

지수분포라는 명칭은 식 (4-3.12)의 확률밀도함수의 형태로부터 유래되었다. 다음의 [그림 4-3.8]에서 여러 가지 λ값에 대한 지수분포의 pdf의 형태를 음미해보기 바란다.

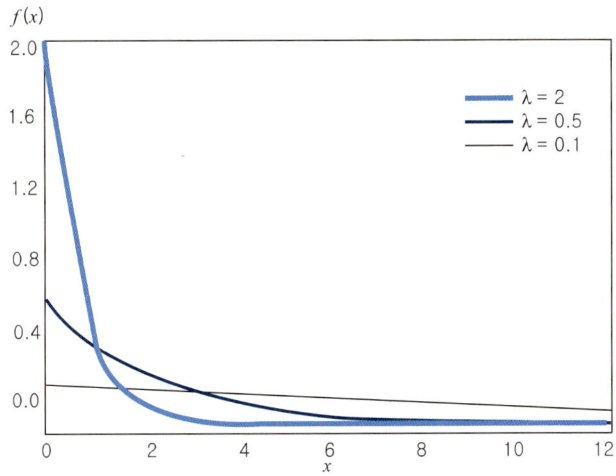

[그림 4-3.8] 지수분포의 확률밀도함수의 모양

X의 평균과 분산은 다음과 같다. 연습문제에서 유도하여 보기 바란다.

$$\mu = E(X) = \frac{1}{\lambda},\ \sigma^2 = V(X) = \frac{1}{\lambda^2} \tag{4-3.13}$$

X의 누적분포함수는 다음과 같다.

$$F(X) = P(X \leq x) = \int_0^x \lambda e^{\lambda t} dt = 1 - e^{-\lambda x} \tag{4-3.14}$$

예제 4.3.11

어떤 전화교환대에 한 시간 동안 걸려오는 전화통화 수는 평균 25회/시간의 Poisson 분포에 따른다고 한다. 6분 동안 아무런 전화통화가 없을 확률을 구해 보자.

풀이 확률변수 X를 한 시점부터 첫 번째 전화통화가 발생할 때까지의 시간이라고 하면, X는 평균 1/25 = 0.04시간의 지수분포에 따른다. 즉, X의 확률밀도함수는

$$f(x) = 25e^{-25x},\ x \geq 0$$

따라서, 6분 = 0.1시간 동안 아무런 통화가 없을 확률은

$$P(X>0.1)=\int_{0.1}^{\infty}25e^{-25x}dx=0.0821$$

혹은 누적분포함수 $F(x)$를 이용할 수도 있다. 즉,

$$P(X>0.1)=1-F(0.1)=e^{-25(0.1)}=0.0821$$

■

[지수분포의 무기억성]

앞의 3-3.4절에서 기하분포의 무기억성을 배운 바 있다. 기하분포와 마찬가지로 지수분포도 무기억성을 가지고 있다. 즉, 지수분포에서는 관측 시작 시점 이전의 과거 사건들은 모두 잊어버리므로, 어떠한 시점에서 관측을 시작하던 다음 사건이 발생할 때까지의 경과시간은 독립적이고 동일한 확률분포(independent and identical distribution, iid)에 따른다는 것이다. 앞의 [예제 4.3.11]에서 확률변수 X를 "한 시점부터 첫 번째 전화통화가 발생할 때까지의 시간"이라고 정의하고 X가 평균 0.04시간의 지수분포에 따른다고 하였다. 즉, 관측 시작점을 어느 시점으로 잡던 이 시점부터 다음의 첫 번째 통화가 발생할 때까지의 경과시간은 언제나 동일하고 독립적인 평균치 0.04시간의 지수분포에 따르게 된다. 다음의 예제를 보자.

예제 4.3.12

앞의 [예제 4.3.11]에서 관측 시작 후 6분까지 아무런 통화가 발생하지 않았다고 할 때, 6분과 12분 사이에 첫 번째 통화가 발생할 확률을 구해 보자. ([그림 4-3.9] 참조)

풀이 6분=0.1시간, 12분=0.2시간이므로, 구하는 확률은

$$\begin{aligned}P(0.1<X<0.2\,|X>0.1)&=\frac{P(0.1<X<0.2)}{P(X>0.1)}\\&=\frac{P(X<0.2)-P(X<0.1)}{P(X>0.1)}\\&=\frac{(1-e^{-25(0.2)})-(1-e^{-25(0.1)})}{e^{-25(0.1)}}\\&=\frac{e^{-25(0.1)}-(1-e^{-25(0.1)})}{e^{-25(0.1)}}=(1-e^{-25(0.1)})\\&=P(X<0.1)=\int_{0}^{0.1}25e^{25x}dx=0.9179\end{aligned}$$

즉, $P(0.1<X<0.2\,|\,X>0.1)=P(X<0.1)$로써 6분의 시간이 경과한 사실이 무시됨을 알 수 있다.

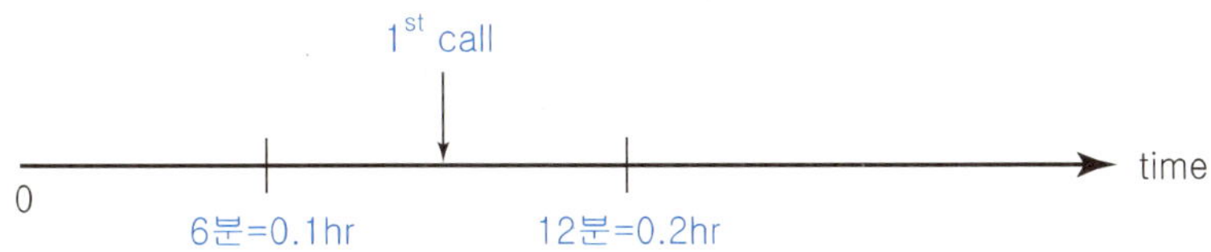

[그림 4-3.9] 지수분포의 무기억성

■

4.3.6 얼랑분포와 감마분포(Erlang and Gamma Distribution)

앞에서 우리는 정해진 시간간격 동안에 발생되는 사건의 개수는 포아송분포에 따르며, 정해진 시간간격 동안의 사건의 개수가 포아송분포에 따르는 경우 임의의 한 시점으로부터 다음 사건이 발생될 때까지의 경과시간은 지수분포에 따른다는 사실도 알았다. 여기서는 지수분포를 좀 더 일반화 시킨 확률분포로서 얼랑분포(Erlang distribution)에 대해 알아보고자 한다. 즉, 정해진 시간간격 동안 발생되는 사건의 개수가 포아송분포에 따르는 경우 임의의 한 시점에서부터 r개의 사건이 발생될 때까지의 경과시간은 얼랑분포(Erlang distribution)라고 하는 확률분포에 따른다는 것이다.

예제 4.3.13

어떤 전자시스템의 고장률(=시간당 고장건수)은 0.0001개/시간이며, 이 시스템은 40,000시간 동안 가동된다고 한다. 40,000시간의 가동시간 동안의 고장건수를 확률변수 N이라 하면, N는 평균 (0.0001)(40,000)=4건/40,000시간의 포아송분포에 따르게 된다. 여기서 확률변수 X를 4건의 고장이 발생되기까지의 시간이라고 정의하고, X가 40,000시간보다 길 확률을 구하여 보자.

풀이 4건의 고장이 발생되기까지의 경과시간이 40,000시간보다 길다 함은 40,000시간 동안 발생되는 고장 건수가 4개 미만이라는 의미이므로,

$$P(X > 40{,}000) = P(N \le 3) = \sum_{k=0}^{3} \frac{4^k e^{-4}}{k!} = 0.433$$

여기서, X는 $\lambda = 0.0001$, $r = 4$의 얼랑분포의 확률변수이다. ■

확률변수 X의 누적분포함수는 $F(x)=P(X\le x)=1-P(x>x)$이며, X의 확률밀도함수는 $f(x)=\dfrac{dF(x)}{dx}$로 구하게 된다.

정의 4.3.3

얼랑 확률변수(Erlang random variable)

단위시간당 발생되는 사건의 개수가 평균 λ/시간의 포아송분포에 따를 때, r개의 사건이 발생될 때까지의 경과시간을 확률변수 X라 하면, X는 모수 λ, r을 갖는 얼랑 확률변수이다.

X의 확률밀도함수는 다음과 같다.

$$f(x)=\frac{x^{r-1}\lambda^r e^{-\lambda x}}{(r-1)!},\ \text{for } x>0 \text{ and } r=1,\ 2,\ \ldots \tag{4-3.15}$$

여러 가지 λ와 r값에 대한 얼랑분포의 확률밀도함수를 [그림 4-3.8]에 도시하였다. [그림 4-3.8]에서 알 수 있듯이 $r=1$일 때 얼랑분포는 지수분포가 된다.

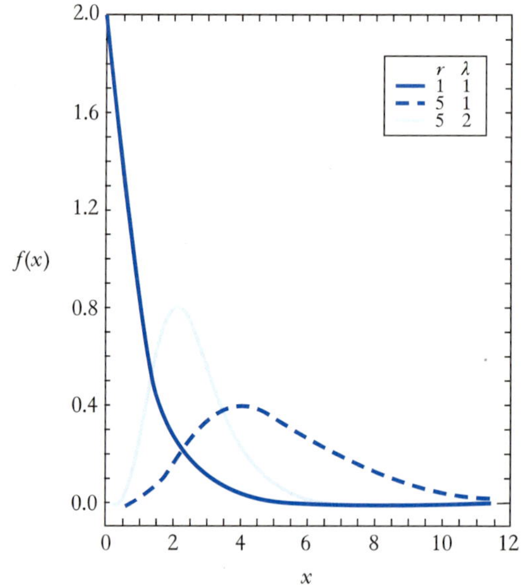

[그림 4-3.10] 얼랑분포(Erlang distribution)의 확률밀도함수

얼랑 확률변수에 대한 확률은 [예제 4.3.13]에서와 같이 포아송 확률변수를 이용하여 구할 수 있지만, 얼랑분포의 확률밀도함수를 이용하여 계산할 수도 있다.

즉, [예제 4.3.13]에서

$$P(X > 40{,}000) = \int_{40{,}000}^{\infty} f(x)dx = \int_{40{,}000}^{\infty} \frac{x^{r-1}\lambda^r e^{-\lambda x}}{(r-1)!}dx$$

여기서 $\lambda = 0.0001$이고 $r = 4$를 대입하여 위의 적분을 계산하면 [예제 4.3.12]에서와 마찬가지로 0.433을 얻게 된다.

얼랑분포 및 지수분포는 이산형 확률분포의 음이항분포 및 기하분포와 유사성을 가지고 있다. 음이항분포는 r개의 기하분포 확률변수의 합으로 나타낼 수 있는데, 얼랑분포 역시 r개의 지수분포의 합으로 표현될 수 있다. 즉, $X_1, X_2, \ldots, X_r$이 평균 $\frac{1}{\lambda}$의 독립이며 동일한(iid) 지수분포의 확률변수일 때 이 들의 합 $X = X_1 + X_2 + \ldots + X_r$은 모수 λ, r의 얼랑분포의 확률변수가 된다. 이러한 성질로부터 얼랑분포의 평균과 분산이 다음과 같이 됨을 쉽게 증명할 수 있다.

확률변수 X가 모수 λ, r의 얼랑분포의 확률변수일 때,

$$E(X) = \frac{r}{\lambda}, \quad V(X) = \frac{r}{\lambda^2} \qquad \text{(4-3.16)}$$

[감마분포(Gamma Distribution)]

모수 λ, r의 얼랑분포에서 r이 취할 수 있는 값은 양의 정수 값으로 제한되어 있다. 얼랑분포에서 r이 취할 수 있는 값이 양의 실수 값으로 확대되면 이를 감마분포라고 한다. 사실 얼랑분포는 감마분포의 특수한 경우라고 볼 수 있다.

모수 λ, r의 감마분포의 확률밀도함수는 다음과 같다.

$$f(x) = \frac{x^{r-1}\lambda^r e^{-\lambda x}}{\Gamma(r)}, \quad \text{for } x > 0 \qquad \text{(4-3.17)}$$

여기서 $\Gamma(r)$은 감마함수라고 하며 다음과 같이 정의된다.

$$\Gamma(r) = \int_0^{\infty} x^{r-1}e^{-x}dx, \quad \text{for } r > 0 \qquad \text{(4-3.18)}$$

부분적분법에 의해 $\Gamma(r)=(r-1)\,\Gamma(r-1)$이 되며, 특히 r이 양의 정수 값이면 $\Gamma(r)=(r-1)!$이고 $\Gamma(1)=0\neq 1$, $\Gamma\left(\frac{1}{2}\right)=\sqrt{\pi}$가 된다. 감마분포의 확률밀도함수의 형태는 얼랑분포의 경우와 흡사하며, 평균치와 분산도 얼랑분포의 경우와 마찬가지로 식 (4-3.13)으로 주어진다.

4.3.7 Weibull 분포(Weibull Distribution)

여러 가지 기계 및 전자 시스템의 수명의 확률분포로 가장 많이 이용되는 확률분포가 와이블 분포 이다. 척도모수(scale parameter) $\delta>0$와 형상모수(shape parameter) $\beta>0$를 갖는 와이블 분포의 확률밀도함수와 누적분포함수, 그리고 평균치 및 분산은 다음과 같다.

$$f(x)=\frac{\beta}{\delta}\left(\frac{x}{\delta}\right)^{\beta-1}e^{-\left(\frac{x}{\delta}\right)^{\beta}},\ \text{for } x>0 \tag{4-3.19}$$

$$F(x)=1-e^{-\left(\frac{x}{\delta}\right)^{\beta}} \tag{4-3.20}$$

$$E(X)=\delta\Gamma\left(1+\frac{1}{\beta}\right),\ V(X)=\delta^2\Gamma\left(1+\frac{2}{\beta}\right)-\delta^2\left[\Gamma\left(1+\frac{1}{\beta}\right)\right]^2 \tag{4-3.21}$$

여러 가지 δ와 β 값에 대한 와이블 분포의 확률밀도함수를 그림 [4-3.10]에 도시하였다. [그림 4-3.10]에서 $\beta=1$일 때 와이블 분포는 지수분포와 동일함을 알 수 있다.

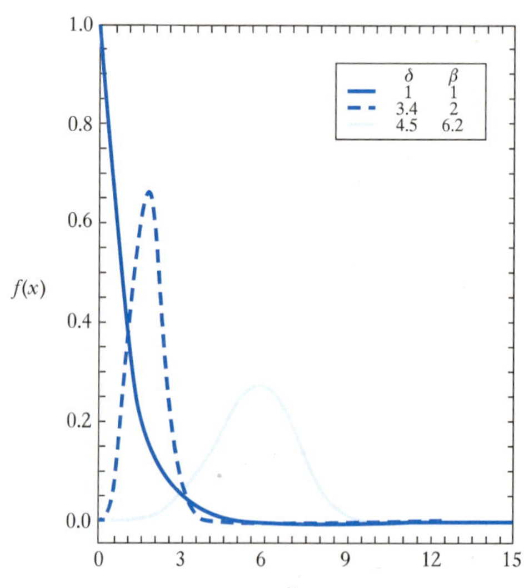

[그림 4-3.11] 와이블 분포의 확률밀도함수

예제 4.3.14

어떤 전자제품의 수명, X가 $\beta=\frac{1}{2}$, $\delta=5{,}000$시간의 와이블 분포에 따를 때, 수명이 6,000시간 이상 될 확률과 평균 수명 즉, 고장 날 때까지의 시간의 평균치를 구해보자.

풀이 $P(X>6{,}000)=1-F(6{,}000)=e^{-\left(\frac{6{,}000}{5{,}000}\right)^{0.5}}=e^{-1.095}=0.334$

$E(X)=5{,}000\,\Gamma\left(1+\frac{1}{0.5}\right)=5{,}000\times 2!=10{,}000$시간 ■

4.3.8 대수정규분포(Lognormal Distibution)

확률변수 X의 자연대수 $\ln X$가 정규분포에 따를 때 X는 대수정규분포에 따른다고 한다. 즉, 두 확률변수 W와 X가 $X=e^{W}(\Leftrightarrow W=\ln X)$의 관계를 가질 때 W가 정규분포에 따른다면 X는 대수정규분포에 따르게 된다. W가 평균 θ, 분산 ω^2을 갖는 정규분포의 확률변수일 때 X의 누적분포함수를 구하여 보자.

$$F(x)=P(X\le x)=P(e^{W}\le x)=P(W\le \ln x) \tag{4-3.22}$$
$$=P\left(Z\le \frac{\ln x-\theta}{\omega}\right)=\Phi\left(\frac{\ln x-\theta}{\omega}\right)$$

여기서 Z는 표준 정규확률변수 이다. X의 확률밀도함수는 (4-3.22)을 미분하여 구하게 된다. 즉,

$$f(x)=\frac{1}{\sqrt{2\pi}x\omega}e^{-\frac{(\ln x-\theta)^2}{2\omega^2}},\quad 0<x<\infty \tag{4-3.23}$$

X의 평균과 분산은 다음과 같다.

$$E(X)=e^{\theta+\frac{\omega^2}{2}},\quad V(X)=e^{2\theta+\omega^2}(e^{\omega^2}-1) \tag{4-3.24}$$

(4-3.23)의 확률밀도함수를 갖는 대수정규분포의 모수는 θ와 ω^2이다. (4-3.24)에서 보듯이 대수정규분포의 평균과 분산은 모수 θ와 ω^2의 함수임에 유의하기 바란다. 여러 가지 θ와 ω^2이의 값에 대한 X의 확률밀도함수를 [그림 4-3.12]에 도시하였다.

대수정규분포는 신뢰성 공학에서 부품의 수명에 관한 확률분포, 혹은 재고관리에서 일정기간 동안의 제품의 수요에 대한 확률분포 등에 널리 이용된다.

예제 4.3.15

어떤 전자부품의 수명 X는 $\theta =$ 10시간 ω=1.5시간의 대수정규분포에 따른다고 한다. 이 부품의 수명이 10,000시간을 초과할 확률, 그리고 X의 평균과 분산을 구하여 보자.

풀이 $P(X > 10{,}000) = 1 - P(W \le \ln 10{,}000)$

$$= 1 - \Phi\left(\frac{\ln 10{,}000 - 10}{1.5}\right) = 1 - \Phi(-0.52) = 0.70$$

$$E(X) = e^{\theta + \frac{\omega^2}{2}} = e^{10 + 1.125} = 67{,}846.3$$

$$V(X) = e^{2\theta + \omega^2}(e^{\omega^2} - 1) = e^{20 + 2.25}(e^{2.25} - 1) = 39{,}070{,}059{,}886.6$$

따라서 X의 표준편차는 $\sqrt{39{,}070{,}059{,}886.6} = 197{,}661.5$이다. ■

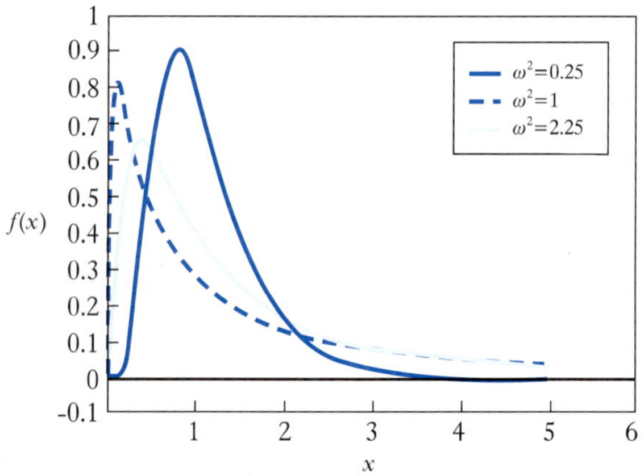

[그림 4-3.12] 대수정규분포의 확률밀도함수

연습문제

1. 연속형 확률변수 X의 확률밀도함수가 $f(x)=e^{-x}$, $x>0$이다. 다음의 확률을 구하시오.
   a) $P(X>1)$
   b) $P(1<X<2.5)$
   c) $P(X=3)$
   d) X의 누적분포함수 $F(x)$를 구하시오.

2. X는 구간 $\{-1.0<x<1.0\}$에서 연속적인 값을 취하는 확률변수이다. 함수 $f(x)=c(4-x)$가 X의 확률밀도함수가 되기 위해서는 상수 c의 값은 얼마이어야 하겠는가?

3. 구간 $0<x<1.0$에서 연속적인 값을 취하는 확률변수 X의 확률밀도함수가 $f(x)=\frac{2}{3}(2-x)$이다.
   a) X의 누적분포함수 $F(x)$를 구하시오.
   b) X의 평균과 분산을 구하시오.

4. 연속형 확률변수 X의 누적분포함수가 다음과 같다.

$$F(x)=\begin{cases} 0 & x<0 \\ 0.2x & 0\le x<5 \\ 1 & x\ge 5 \end{cases}$$

   아래의 확률을 구하시오.
   a) $P(X<2.8)=$?
   b) $P(X>1.5)=$?
   c) $P(X>6)=$?

5. 확률변수 X는 구간 [1.5, 5.5]에서 균등분포에 따른다고 한다.
   a) X의 평균과 표준편차를 구하시오.
   b) $P(X<2.5)=$?

6. 어떤 기계부품의 테두리의 두께는 0.95mm~1.05mm 사이에서 균등분포에 따른다고 한다. 다음의 물음에 답하시오.

a) 테두리의 두께의 확률밀도함수와 누적분포함수를 구하시오

b) 테두리의 두께의 평균과 표준편차를 구하시오.

c) 테두리의 두께가 1.02mm를 초과할 확률은?

d) 테두리의 두께가 미지의 값 x_0를 초과할 확률이 0.9가 되는 x_0를 구하시오.

7. 확률변수 X가 구간 [-1, 1]에서 균등분포에 따른다고 할 때, $P(-x<X<x)=0.90$을 만족하는 x값을 구하시오.

8. 확률변수 X는 평균 200, 표준편차 50의 정규분포에 따른다고 한다.

a) $P(X<90)=$?

b) $P(225<X<275)=$?

c) $P(X<x)=0.9406$을 만족하는 $x=$?

9. $N(\mu,\sigma^2)$에 따르는 확률변수 X에 대해 $P(X<89)=0.8997$, $P(X<94)=0.9505$라고 한다. μ와 σ의 값을 구하시오.

10. 어떤 공장에서 생산되는 부품의 품질특성치 X는 평균 0.9의 정규분포에 따르며, X의 설계규격은 0.9±0.005라고 한다. 불량률이 0.095되는 X의 표준편차를 구하시오.

11. 어떤 부품의 품질특성치 X는 평균 0.9000, 표준편차 0.0030의 정규분포에 따른다고 한다. 이 품질특성치의 설계규격이 0.9000±0.0060이라고 할 때,

a) 이 부품의 불량률은?

b) 평균치는 0.9000으로 유지하면서 불량률을 0.0026 이하로 억제하려면 표준편차는 얼마 이하이어야 하겠는가?

12. 어떤 과목의 시험성적이 평균 74, 표준편차 8의 정규분포에 따른다고 한다. 상위 10%의 학생들에게는 평점 A를, 그 다음 23%의 학생들에게는 평점 B를 부여한다고 할 때 평점 B의 최하 점수는 얼마이겠는가?

13. 수명이 평균 10년, 표준편차 2년의 정규분포에 따르는 어떤 부품에 대해 보증기간 내에 고장나는 것은 무료로 교체하여 준다고 한다. 무료 교체율을 2.5% 이하로 하자면 보증기간을 얼마로 하여야 되겠는가?

14. 어떤 제품의 품질특성치 X는 평균치 7.0의 정규분포에 따르는데, X의 값에 따라 제품 한개당 이익 및 손실이 다음과 같이 발생된다고 한다. 즉, $\{6.0 \le X \le 8.0\}$이면 10,000원의 이익을 얻고, $\{X < 6.0\}$이면 4,000원의 손실, $\{X > 8.0\}$이면 6,000원의 손실이 발생된다. 5239원 이상의 기대 이익을 얻으려면은 표준편차는 얼마 이하이어야 하는가?

15. 불량률 10%의 공정에서 n=10개의 확률표본을 추출 할 때 표본에서 2개의 불량품이 발견될 확률을

a) 이항분포를 이용하여 구하시오.

b) 정규분포로 근사하여 구하시오.

16. 확률변수 X가 $n=100$, $p=0.1$의 이항분포에 따른다고 할 때,

a) $P(X \le 3)$을 이항분포를 이용하여 계산하시오.

b) $P(X \le 3)$을 정규분포로 근사하여 계산하시오.

17. 확률변수 X가 평균 10,000의 포아송분포에 따른다고 할 때, $P(X > 10{,}000)$을 정규분포로 근사하여 계산하시오.

18. 어떤 기계장치의 수명을 나타내는 확률변수 X는 평균 400시간의 지수분포에 따른다고 한다. 다음의 확률을 구하시오.

a) $P(X < 100) = ?$

b) $P(X > 500) = ?$

c) $P(X < 500 \mid X > 400) = ?$

19. 택시 정류장에 택시가 도착되는 시간 간격은 평균 10분의 지수분포에 따른다고 한다.

a) 임의의 한 고객이 택시를 타기 위해 한 시간 이상 기다리게 될 확률은?

b) 이미 한 시간 동안 택시를 기다린 고객이 앞으로 10분 이내에 택시를 타게 될 확률은?

20. 어떤 사무실에 걸려오는 전화의 시간 간격 즉, 한 전화가 걸려오고 다음 전화가 걸려 올 때까지의 시간은 평균 10분의 지수분포에 따른다고 한다.

a) 30분 동안에 전화가 3회 보다 많이 걸려 올 확률은?

b) 30분 동안에 전화가 한 번도 걸려오지 않을 확률은?

c) x분 동안 전화가 한 번도 걸려오지 않을 확률이 0.01이 되는 x값를 구하시오.

21. A군의 이동전화에 걸려오는 전화 통화 수는 평균 5회/분 의 포아송 분포에 따른다고 한다.

a) 10-번째 전화가 걸려올 때까지의 시간은 어떤 확률분포에 따르는가?

b) 10-번째 전화가 걸려올 때까지의 시간의 평균치와 분산을 구하시오.

c) 1분 동안 정확히 4통의 전화가 걸려올 확률은?

22. 어떤 부품의 수명은 $\beta = 2$, $\delta = 10{,}000$시간의 와이블 분포에 따른다고 한다.

a) 이 부품이 적어도 8,000시간 이상 고장없이 작동될 확률은?

b) 이 부품이 고장날 때까지의 평균시간은?

c) 10개 부품을 동시에 사용하고 있을 때, 10개의 부품 모두가 적어도 8,000시간 이상 고장없이 작동될 확률은? 단, 각 부품의 고장은 독립적으로 발생한다.

5 확률변수의 동시분포

Industrial statistics

앞에서 우리는 하나의 확률변수의 분포에 대해서 알아보았다. 그러나 때로는 하나의 확률실험에서 두 개 이상의 확률변수를 정의하는 경우가 흔히 있다. 예로서 주사위와 동전을 동시에 굴리는 시행에서 주사위의 결과를 확률변수 X, 동전의 결과를 확률변수 Y로 정의하고, 두 확률변수 X와 Y의 행태를 동시에 정의하는 동시확률분포를 생각할 수가 있을 것이다. 즉, 임의의 두 사상 A, B가 주어졌을 때 A와 B가 동시에 일어날 확률을 $P(A \cap B)$로 나타내듯이 두 확률변수 X와 Y의 동시확률분포함수(joint probability distribution function)를 다음과 같이 정의할 수 있다.

$$F_{XY} = P(X \leq x,\ Y \leq y) \tag{5-1.1}$$

여기서, x, y는 임의의 실수이다

5.1 이산형 확률변수의 동시분포

한 이산형 확률변수의 확률질량함수 $p(x)$를 두 변수의 경우로 확장하여 다음과 같이 두 이산형 확률변수 X와 Y의 동시확률질량함수(joint probability mass function)를 정의할 수 있다.

$$p_{XY}(x,\ y) = P(X = x,\ Y = y) \tag{5-1.2}$$

정의 5.1.1

두 이산형 확률변수 $X,\ Y$의 joint pmf $p_{XY}(x,\ y)$는 다음의 성질을 만족한다.

(1) $p_{XY}(x,\ y) = P(X = x,\ Y = y)$

(2) $p_{XY}(x,\ y) \geq 0$

(3) $\sum_{x=-\infty}^{\infty} \sum_{y=-\infty}^{\infty} p_{XY}(x,\ y) = 1$

joint pmf $p_{XY}(x,\ y)$가 주어지면 그 확률분포함수를

$$F_{XY}(x,\ y) = P(X \leq x,\ Y \leq y) = \sum_{i=-\infty}^{x} \sum_{j=-\infty}^{y} p_{XY}(i,\ j) \tag{5-1.3}$$

로 구할 수 있다.

예제 5.1.1

주사위 두 개를 동시에 굴리는 시행에서 첫 번째 주사위의 결과를 확률변수 X, 두 번째 주사위의 결과를 확률변수 Y라 하면, $X,\ Y$의 joint pmf는

$$p_{XY}(x,\ y) = \frac{1}{36},\ x,\ y = 1,\ 2,\ ...,\ 6$$

또한, X와 Y의 동시확률분포함수는

$$F_{XY}(x,\ y) = \sum_{i=-1}^{x} \sum_{j=1} \frac{1}{36},\ \ x,\ y = 1,\ 2,\ ...,\ 6$$

이다. 여기서,

$$F_{XY}(2,\ 3) = P(X \leq 2,\ Y \leq 3) = \sum_{i=1}^{2} \sum_{j=1}^{3} \frac{1}{36} = 6 \times \frac{1}{36} = \frac{1}{6}$$ ■

두 확률변수 $X,\ Y$가 주어졌을 때, 이들의 동시분포와 함께 $X,\ Y$ 각각의 개별적인 분포 즉, 각각의 주변분포(marginal distribution)를 생각할 수 있다.

정의 5.1.2

두 이산형 확률변수 X, Y의 joint pmf $p_{XY}(x,\ y)$가 주어졌을 때, 각 확률변수의 주변확률질량함수(marginal probability mass function) $p_X(x)$, $p_Y(y)$는 다음과 같이 정의된다.

$$p_X(x) = P(X=x) = \sum_{y=-\infty}^{\infty} p_{XY}(x,\ y) \tag{5-1.4}$$

$$p_Y(y) = P(Y=y) = \sum_{x=-\infty}^{\infty} p_{XY}(x,\ y) \tag{5-1.5}$$

두 이산형 확률변수 X, Y의 joint pmf $p_{XY}(x,\ y)$가 주어졌을 때, X와 Y 각각의 주변평균(marginal mean)과 주변분산(marginal variance)을 구할 수 있다. X의 주변평균과 주변분산은 다음과 같다. 물론, Y에 대해서도 같은 방법으로 구할 수 있다.

$$\mu_x = E(X) = \sum_{x=-\infty}^{\infty} x\left[\sum_{y=-\infty}^{\infty} p_{XY}(x,\ y)\right] = \sum_{x=-\infty}^{\infty} x p_x(x) \tag{5-1.6}$$

$$\begin{aligned}\sigma_x^2 = V(X) &= \sum_{x=-\infty}^{\infty} (x-\mu_x)^2\left[\sum_{y=-\infty}^{\infty} p_{XY}(x,\ y)\right] \\ &= \sum_{x=-\infty}^{\infty} (x-\mu_x)^2 p_x(x)\end{aligned} \tag{5-1.7}$$

예제 5.1.2

[예제 5.1.1]의 두 개의 주사위를 굴리는 시행에서 X와 Y의 주변질량함수와 주변평균 및 주변분산을 구해보자.

풀이 $p_X(x) = P(X=x) = \sum_{y=1}^{6} \frac{1}{36} = \frac{1}{6},\ x = 1,\ 2,\ \ldots,\ 6$

$p_Y(y) = P(Y=y) = \sum_{x=1}^{6} \frac{1}{36} = \frac{1}{6},\ y = 1,\ 2,\ \ldots,\ 6$

X의 주변평균 및 주변분산을 구해보자.

$\mu_X = \sum_{x=1}^{6} x p_X(x) = \sum_{x=1}^{6} x\left(\frac{1}{6}\right) = \frac{21}{6} = 3.5$

$$\sigma_X^2 = \sum_{x=1}^{6} (x-\mu_X)^2 p_X(x) = \sum_{x=1}^{6} (x-3.5)^2 \left(\frac{1}{6}\right) = \frac{17.5}{6} \cong 2.917$$ ■

5.1.1 조건부 분포와 조건부 기대치

한 확률실험에서 두 확률변수 X, Y가 정의되었을 때, X의 결과를 알 때 Y의 확률, 혹은 Y의 결과를 알 때 X의 확률에 대해서 생각하여 보자. 즉, X를 가정한 Y의 조건부 확률질량함수 $p_{Y|x}(y)$, 혹은 Y를 가정한 X의 조건부 확률질량함수 $p_{X|y}(x)$은 다음과 같이 정의된다.

정의 5.1.3

두 이산형 확률변수 X, Y의 joint pmf $p_{XY}(x, y)$가 주어졌을 때, $X=x$를 가정한 Y의 조건부 확률질량함수(conditional probability mass function) $p_{Y|x}(y)$은

$$p_{Y|x}(y) = \frac{p_{XY}(x, y)}{p_x(x)}, \text{ 단 } p_x(x) > 0) \tag{5-1.8}$$

이며, $p_{Y|x}(y)$는 다음의 성질을 만족한다.

(1) $p_{Y|x}(y) = \dfrac{P(X=x,\ Y=y)}{P(X=x)}$

(2) $p_{Y|x}(y) \geq 0$

(3) $\sum_{R_x} p_{Y|x}(y) = 1$

여기서, $R_x = \{(X, Y)$의 치역에서 $X=x$를 만족하는 부분집합$\}$

예제 5.1.3

한 제품에서 결함이 없을 확률이 0.90, 경미한 결함이 있을 확률이 0.08, 그리고 중대한 결함이 있을 확률이 0.02인 것으로 알려진 어떤 제품의 로트에서 제품 한 개씩을 차례로 임의 추출하여 품질검사를 실시하고 있다. 연속 4개의 제품을 검사했을 때, 이들 4개 중 결함이 발견되지 않은 제품의 수를 확률변수 X, 경미한 결함이 발견된 제품의 수를 확률변수 Y라 하면, X와 Y의 joint pmf $p_{XY}(xy)$와 각각의 주변질량함수 $p_X(x)$, $p_Y(y)$는 다음과 같다.

$p_{XY}(x, y)$		y					$p_X(x)$
		0	1	2	3	4	
x	0	0.00000	0.00000	0.00002	0.00004	0.00004	0.0001
	1	0.00003	0.00035	0.00138	0.00184	*	0.0036
	2	0.00194	0.0156	0.0311	*	*	0.0486
	3	0.0583	0.2333	*	*	*	0.2916
	4	0.6561	*	*	*	*	0.6561
$p_Y(y)$		0.7164	0.24925	0.0325	0.00184	0.00004	1.0000

$X=3$일 때 Y의 조건부 분포를 구해보자. $X=3$일 때 Y의 가능한 값은 0, 1뿐이다. 즉, $R_x=\{(x, y): x=3\}=\{(3, 0), (3, 1)\}$이다.

$$p_{Y|3}(0)=P(Y=0 \mid X=3)=\frac{P(X=3, Y=0)}{P(X=3)}=\frac{0.0583}{0.2916}=0.1999$$

$$p_{Y|3}(1)=P(Y=1 \mid X=3)=\frac{P(X=3, Y=1)}{P(X=3)}=\frac{0.2333}{0.2916}=0.8001$$

따라서,

$$\sum_{y=0}^{1} p_{Y|3}(y)=p_{Y|3}(0)+p_{Y|3}(1)=0.19999+0.8001=1.0$$

임을 알 수 있다. ■

확률변수에 대한 일반적인 성질은 조건부 확률분포에서도 그대로 성립되므로 조건부 평균 및 조건부 분산을 다음과 같이 정의할 수 있다.

정의 5.1.4

$X=x$를 가정한 Y의 조건부 확률질량함수(conditional probability mass function) $p_{Y|x}(y)$가 주어졌을 때, $X=x$를 가정한 Y의 조건부 평균 $\mu_{Y|x}$과 조건부 분산 $\sigma^2_{Y|x}$은 다음과 같이 정의된다.

$$\mu_{Y|x}=E(Y|X=x)=\sum_y y p_{Y|x}(y) \tag{5-1.9}$$

$$\sigma^2_{Y|x}=V(Y|X=x)=\sum_y (y-\mu_{Y|x})^2 p_{Y|x}(y) \tag{5-1.10}$$

예제 5.1.4

앞의 [예제 5.1.3]에서

$$\mu_{Y|3} = E(Y|X=3) = \sum_{y=0}^{1} y p_{Y|3}(y) = (0)p_{Y|3}(0) + (1)p_{Y|3}(1)$$

$$= (0)(0.1999) + (1)(0.8001) = 0.8001$$

$$\sigma_{Y|3} = V(Y|X=3) = \sum_{y=0}^{1} (y-\mu_{Y|3})^2 p_{Y|3}(y)$$

$$= (0-0.8001)^2 + (0.1999) + (1-0.8001)^2(0.8001) = 0.1599$$

■

5.1.2 확률변수의 독립성

앞에서 우리는 두 개의 사상 A, B가 주어졌을 경우 $P(A \cap B) = P(A)\,P(B)$이며 따라서 $P(A|B) = P(A)$, $P(B|A) = P(B)$가 성립하면 A와 B는 서로 독립이라고 정의하였다. 사상의 독립과 마찬가지로 확률변수의 독립성을 정의할 수 있다. 즉, 어떤 확률실험에서 두 확률변수 X, Y가 정의 되었을 때, X의 확률분포와 Y의 확률분포가 상호 아무런 영향을 주고 받지 않는 경우 X와 Y는 서로 독립이라고 한다.

정의 5.1.5

두 이산형 확률변수 X, Y에 대해서, 다음 중 어느 하나가 성립하면 X와 Y는 서로 독립이다.

(1) 가능한 실수값 x, y에 대해서, $p_{XY}(x,\ y) = p_X(x)p_Y(y)$

(2) $p_X(x) > 0$인 모든 x, y에 대해, $p_{Y|x}(y) = p_Y(y)$

(3) $p_Y(y) > 0$인 모든 x, y에 대해, $p_{X|y}(x) = p_X(x)$

예제 5.1.5

앞의 [예제 5.1.1]에서

$$p_X(x,\ y) = P(X=x) = \frac{1}{36},\ x = 1,\ 2,\ \ldots,\ 6$$

$$p_X(x) = P(X=x) = \sum_{x=1}^{6} \frac{1}{36} = \frac{1}{6},\ x = 1,\ 2,\ \ldots,\ 6$$

$$p_Y(y) = P(Y = y) = \sum_{x=1}^{6} \frac{1}{36} = \frac{1}{6},\ y = 1,\ 2,\ \ldots,\ 6$$

따라서, $p_{XY}(x,\ y) = p_X(x) p_Y(y) = \left(\frac{1}{6}\right)\left(\frac{1}{6}\right) = \left(\frac{1}{36}\right)$이므로 X, Y는 서로 독립이다.

또한, $p_{X|y}(x) = \frac{P_{XY}(x\ ,y)}{P_Y(y)} = \frac{p_X(x) p_Y(y)}{P_Y(y)} = p_X(x)$이 성립된다.

따라서, [정의 5.1.5]의 세 조건 중 어느 하나가 성립되면 나머지 둘도 당연히 성립됨을 알 수 있다. ■

5.2 연속형 확률변수의 동시분포

연속형 확률변수의 동시분포도 앞에서 설명한 두 이산형 확률변수의 동시분포와 유사하다. 한 연속형 확률변수의 확률밀도함수 $f(x)$가 실수 값의 선 상에서 정의 되듯이 두 연속형 확률변수 X와 Y의 동시 확률밀도함수(joint probability density function) $f_{XY}(x,\ y)$는 2-차원 평면 상에서 정의되어야 한다.

정의 5.2.1

두 연속형 확률변수 X와 Y의 동시 확률밀도함수(joint probability density function) $f_{XY}(x,\ y)$는 2-차원 평면 상에서 정의되며, 다음의 성질을 만족한다.

(1) 가능한 모든 실수 값 x, y에 대해, $f_{XY}(x,\ y) \ge 0$

(2) $\int_{-\infty}^{\infty} \int_{-\infty}^{\infty} f_{XY}(x,\ y)\, dx dy = 1$

(3) 2-차원 평면 상의 임의의 영역 R에 대해서,

$$P\{[X,\ Y] \in R\} = \iint_R f_{XY}(x,\ y)\, dx dy$$

2-차원 평면 상에서 정의되는 두 연속형 확률변수 X와 Y의 동시 확률밀도함수(joint probability density function) $f_{XY}(x,\ y)$의 전형적인 형태를 [그림 5-2.1]에 도시하였다. [그림 5-2.1]에서 영역 R에 대한 확률이 $f_{XY}(x,\ y)$에 의한 R상의 체적이 됨을 보여주고 있다.

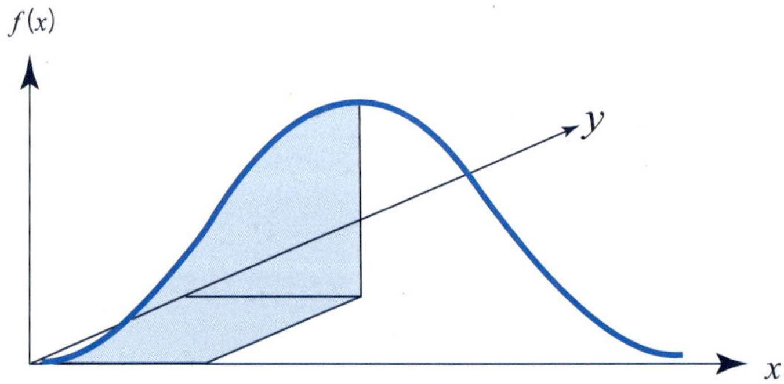

[그림 5-2.1] 두 연속형 확률변수 X와 Y의 동시확률밀도함수

두 연속형 확률변수 X, Y의 joint pdf $f_{XY}(x, y)$가 주어지면 그 동시 확률분포함수는 다음과 같이 정의 된다.

$$F_{XY}(x, y) = P(X \leq x, \ Y \leq y) = \int_{-\infty}^{y}\int_{-\infty}^{x} f_{XY}(u, v)\, du dv \tag{5-2.1}$$

반대로, 주어진 동시 확률분포함수 $F_{XY}(x, y)$가 연속이며 2차 편미분을 갖는다면 XY의 동시 확률밀도함수(joint pdf)를 다음과 같이 구할 수 있다.

$$f_{XY}(x, y) = \frac{\partial^2 F_{XY}(x, y)}{\partial x \partial y} \tag{5-2.2}$$

이산형 동시분포의 경우와 마찬가지로 두 연속형 확률변수 X, Y가 주어졌을 때, 이들의 동시분포와 함께 X, Y 각각의 개별적인 분포 즉, 각각의 주변분포(marginal distribution)를 생각할 수 있다.

정의 5.2.2

두 연속형 확률변수 X, Y의 joint pdf $f_{XY}(x, y)$가 주어졌을 때, 각 확률변수의 주변확률밀도함수(marginal probability density function) $f_X(x)$, $f_Y(y)$는 다음과 같이 정의된다.

$$f_x(x) = \int_{-\infty}^{\infty} f_{XY}(x, y) dy \tag{5-2.3}$$

$$f_y(y) = \int_{-\infty}^{\infty} f_{XY}(x, y) dx \tag{5-2.4}$$

마찬가지로 두 연속형 확률변수 X와 Y 각각의 주변평균(marginal mean)과 주변분산(marginal variance)도 구할 수 있다. X의 주변평균과 주변분산은 다음과 같다. 물론, Y에 대해서도 같은 방법으로 구할 수 있다.

$$\mu_x = E(X) = \int_{-\infty}^{\infty}\left(\int_{-\infty}^{\infty} f_{XY}(x,\ y)\,dy\right)dx = \int_{-\infty}^{\infty} x f_X(x)\,dx \tag{5-2.5}$$

$$\begin{aligned}\sigma_x^2 = V(X) &= \int_{-\infty}^{\infty}(x-\mu_X)^2\left(\int_{-\infty}^{\infty} f_{XY}(x,\ y)\,dy\right)dx \\ &= \int_{-\infty}^{\infty}(x-\mu_X)^2 f_X(x)\,dx\end{aligned} \tag{5-2.6}$$

예제 5.2.1

두 연속형 확률변수 X, Y의 joint pdf가 다음과 같이 주어졌다.

$$f_{XY}(x,\ y) = axy,\ 1<x<3,\ 2<y<4,\ a \ : \text{상수}$$

먼저 $\int_{-\infty}^{\infty}\int_{-\infty}^{\infty} f_{XY}(x,\ y)\,dx\,dy = 1$로부터 상수 a의 값을 구해보자.

$$\int_2^4\int_1^3 axydxdy = a\int_2^4 4ydy = 24a = 1 \qquad \therefore\ a = \frac{1}{24}$$

즉, $f(x,\ y) = \frac{1}{24}xy,\ 1<x<3,\ 2<y<4$

X의 주변밀도함수를 구해보면,

$$f_X(x) = \int_4^2 \frac{1}{24}xydy = \frac{1}{4}x,\ 1<x<3$$ ■

이산형 동시분포의 경우와 마찬가지로 연속형 동시분포에서도 조건부 분포를 정의할 수 있다. 즉, 두 연속형 확률변수 X, Y의 joint pdf $f_{XY}(x,\ y)$가 주어졌을 때, X를 가정한 Y의 조건부 확률밀도함수(conditional probability density function) $f_{X|x}(y)$, 혹은 Y를 가정한 X의 조건부 확률밀도함수 $f_{X|y}(x)$은 다음과 같이 정의된다.

정의 5.2.3

두 연속형 확률변수 X, Y의 joint pdf $f_{XY}(x, y)$가 주어졌을 때, $X=x$를 가정한 Y의 조건부 확률밀도함수(conditional probability density function) $f_{Y|x}(y)$은

$$f_{Y|x}(y) = \frac{f_{XY}(x, y)}{f_X(x)}, \text{ 단 } f_X(x) > 0 \tag{5-2.7}$$

이며, $f_{Y|x}(y)$는 다음의 성질을 만족한다.

(1) $f_{Y|x}(y) \geq 0$

(2) $\int_{R_x} f_{Y|x}(y)\,dy = 1$, $\{R_x = \{(X, Y)$의 치역에서 $X=x$를 만족하는 부분집합$\}$

(3) Y의 치역 내의 임의의 집합 B에 대해서,
$P(Y \in B \mid X=x) = \int_B f_{Y|x}(y)\,dy$

예제 5.2.2

두 연속형 확률변수 X, Y의 joint pdf가 다음과 같다.

$$f(x, y) = \frac{1}{3}(x+y),\ 0 < x < 1,\ 0 < y < 2$$

$Y=y$를 가정한 X의 조건부 확률밀도함수는

$$f_{X|y}(x) = \frac{f_{XY}(x, y)}{f_Y(y)} = \frac{\frac{1}{3}(x+y)}{\frac{1}{3}\int_0^1 (x+y)\,dx}$$

$$= \frac{2(x+y)}{2y+1},\ 0 < x < 1,\ 0 < y < 2$$

■

조건부 확률분포로부터 조건부 평균 및 조건부 분산이 다음과 같이 정의된다.

정의 5.2.4

$X=x$를 가정한 Y의 조건부 확률밀도함수 $f_{Y|x}(y)$가 주어졌을 때, $X=x$를 가정한 Y의 조건부 평균 $\mu_{Y|x}$과 조건부 분산 $\sigma^2_{Y|x}$은 다음과 같이 정의된다.

$$\mu_{Y|x} = E(Y|X=x) = \int_{R_x} y f_{Y|x}(y)dy \qquad (5\text{-}2.8)$$

$$\sigma^2_{Y|x} = V(Y|X=x) = \int (y-\mu_Y)^2 f_{Y|x}(y)dy \qquad (5\text{-}2.9)$$

이산형 확률변수의 경우와 유사하게 연속형 확률변수에 대해서도 확률변수의 독립성을 정의할 수 있다. 어떤 확률실험에서 두 연속형 확률변수 X, Y가 정의 되었을 때, X의 확률분포와 Y의 확률분포가 상호 아무런 영향을 주고 받지 않는 경우 X와 Y는 서로 독립된 확률분포를 갖는다고 한다.

정리 5.2.1

두 이산형 확률변수 X, Y에 대해서, 다음 중 어느 하나가 성립하면 X와 Y는 서로 독립이다.

(1) 가능한 실수값 x, y에 대해서, $f_{XY}(x, y) = f_X(x)f_Y(y)$

(2) $f_X(x) > 0$인 모든 x, y에 대해, $f_{Y|x}(y) = f_Y(y)$

(3) $f_Y(y) > 0$인 모든 x, y에 대해, $f_{X|y}(x) = f_X(x)$

5.3 공분산과 상관계수

한 확률공간 내에서 두 개 이상의 확률변수들이 동시분포를 이루는 경우, 이들의 값이 서로 어떤 관계를 가지며 변하는 가를 알아보는 것도 자료분석에서 매우 중요한 일이다. 두 확률변수 X와 Y가 동시분포를 하는 경우 X의 값이 증가 (혹은 감소)함에 따라 Y의 값은 어떠한 경향에 따라 변하는가, 혹은 두 변수 간의 관련성은 얼마나 밀접한가를 조사하는 것은 실제적인 자료분석에서 자주 접하게 되는 문제이다. 두 변수 사이의 관계를 나타내는 가장 보편적인 측도가 공분산(covariance)이다.

정의 5.3.1

두 확률변수 X와 Y의 공분산, σ_{XY}은

$$\sigma_{XY} = Cov(X, Y) = E[(X-\mu_X)(Y-\mu_Y)] = E(XY) - \mu_X\mu_Y \qquad (5\text{-}3.1)$$

공분산 σ_{XY}은 두 변수 사이의 선형적 관계를 나타내는 측도로서 X와 Y 간에 선형적 관계의 강도가 강할수록 σ_{XY}의 값은 커지고, 선형적 관계의 강도가 낮을수록 σ_{XY}은 0에 가까운 값을 가지게 된다. [그림 5-3.1]의 (b), (d)에서 보듯이 X와 Y가 비선형 관계의 경우에도 σ_{XY}는 0의 값을 갖게 된다. 따라서 σ_{XY}는 비선형 관계는 설명해 주지 못한다는 것을 알 수 있다.

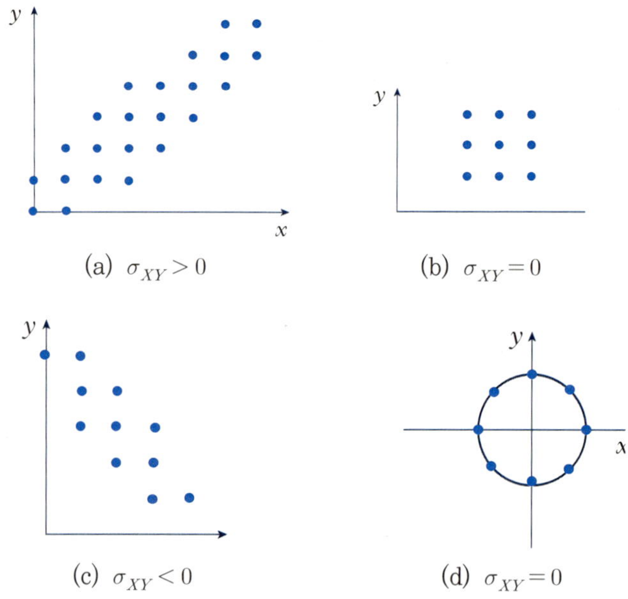

[그림 5-3.1] X와 Y의 관계와 공분산

공분산 σ_{XY}는 X와 Y의 단위에 따라 그 크기 달라지므로 관련의 밀접성을 평가하는데 곤란이 있다. 예로서 신장과 체중의 관계를 조사하는 경우 각각의 단위를 Kg과 m로 하느냐 gm과 cm로 하느냐에 따라 공분산의 값이 달라지게 된다. 이러한 문제를 해결하기 위하여 공분산을 각각의 표준편차로 표준화시킨 상관계수(correlation coefficient)가 두 변수의 관련성의 척도로서 더 널리 사용된다. 두 확률변수 X와 Y의 상관계수(correlation coefficient) ρ_{XY}는 다음과 같이 정의된다.

$$\rho_{XY} = \frac{Cov(X,\ Y)}{\sqrt{V(X)}\ \sqrt{V(Y)}} = \frac{\sigma_{XY}}{\sigma_X \sigma_Y} \tag{5-3.2}$$

(5-3.2)의 상관계수 ρ_{XY}는 X와 Y의 단위에 무관한 척도로서 -1에서 $+1$ 사이의 값을 갖는

다. 즉,

$$-1 \le \rho_{XY} \le 1 \tag{5-3.3}$$

a, b가 임의의 양의 상수라 할 때, 만일 $\rho_{XY}=1$이면 X와 Y의 분포가 직선 $y=a+bx$ 주위에 완전히 밀집된 상태([그림 5-3.1]의 (a))를 나타내며, $\rho_{XY}=-1$이면 직선 $y=a-bx$ 주위에 완전히 밀집된 상태([그림 5-3.1]의 (b))를 나타낸다. 또한 X와 Y의 분포가 [그림 5-3.1]의 (c)나 (d)와 같은 상태라면 ρ_{XY}는 0에 가까운 값을 갖게 될 것이다.

X와 Y에 대하여 n쌍의 표본자료 (x_i, y_i), $i=1, 2, ..., n$가 주어졌다면, 이 표본자료로부터 다음과 같이 표본 공분산(sample covariance) S_{xy}과 표본 상관계수(sample correlation co-efficient) r_{xy}를 계산할 수 있을 것이다.

$$S_{xy} = \frac{1}{n-1}\sum_{n}^{i=1}(x_i-\bar{x})(y_i-\bar{y}) = \frac{1}{n-1}\left[\sum_{i=1}^{n} x_i y_i - n\bar{x}\,\bar{y}\right] \tag{5-3.4}$$

$$r_{xy} = \frac{S_{xy}}{S_x S_y} = \frac{\sum_{i=1}^{n}(x_i-\bar{x})(y_i-\bar{y})}{\sqrt{\sum_{i=1}^{n}(x_i-\bar{x})^2}\sqrt{\sum_{i=1}^{n}(y_i-\bar{y})^2}} \tag{5-3.5}$$

5.4 확률변수의 함수의 분포(Distribution of Functions of Random Variables)

확률변수의 함수의 분포는 통계 이론에서나 실제적인 응용 문제에서 매우 중요한 주제이다. 확률변수의 함수의 분포와 관련된 문제는 매우 다양하고 일부는 이 책의 수준을 벗어나므로 여기서는 실제 문제에서 자주 접하게 되는 독립된 확률변수들의 선형결합에 대해서만 다루기로 한다.

먼저 가장 단순한 경우로 하나의 확률변수에 임의 상수를 더하거나 곱하는 경우에 대해서 알아보자. X가 평균 μ, 분산 σ^2을 갖는 확률변수라 하고, c를 임의의 상수라 할 때, X의 함수로써 새로운 확률변수를 $Y=X+c$라 정의하면, 평균과 분산의 정의로부터 Y의 평균과 분산은 다음과 같이 된다.

$$E(Y)=E(X)+c=\mu+c,\ \ V(Y)=V(X)+0=\sigma^2 \tag{5-4.1}$$

또한, 새로운 확률변수를 $Y=cX$라 정의하면

$$E(Y)=E(cX)=cE(X)=c\mu$$

$$V(Y)=V(cX)=E\{[cX-E(cX)]^2\}=E[c^2(X-\mu)^2] \tag{5-4.2}$$
$$=c^2E[(X-\mu)^2]=c^2V(X)=c^2\sigma^2$$

이 된다. 이번에는 확률변수의 함수의 특별한 경우로써 두 개 이상의 서로 독립된 확률변수들의 선형결합에 대해서 생각하여 보자.

정리 5.4.1

독립된 확률변수들의 선형결합(Linear Functions of Independent Random Variables)
$X_1,\ X_2,\ \ldots,\ X_n$은 각각 평균 $E(X_i)=\mu_i,\ i=1,\ 2,\ \ldots,\ n$, 분산 $V(X_i)=\sigma_i^2,\ i=1,\ 2,\ \ldots,\ n$을 갖는 서로 독립인 확률변수라 할 때, 임의의 상수 $c_0,\ c_1,\ c_2,\ \ldots,\ c_n$에 대해, 이들의 선형결합 $Y=c_0+c_1X_1+c_2X_2+\ldots+c_nX_n$의 평균과 분산은 다음과 같다.

$$E(Y)=c_0+c_1\mu_1+c_2\mu_2+\ldots+c_n\mu_n \tag{5-4.3}$$

$$V(Y)=c_1^2\sigma_1^2+c_2^2\sigma_2^2+\ldots+c_n^2\ \sigma_n^2 \tag{5-4.4}$$

예제 5.4.1

어떤 공작기계에서 가공한 직사각형 형태의 부품의 세로 길이를 확률변수 X_1, 가로 폭을 확률변수 X_2라 하자. X_1과 X_2는 서로 독립이며 각각의 평균이 $\mu_1=2.0\text{cm}$, $\mu_2=5.0\text{cm}$이고, 표준편차는 $\sigma_1=0.1\text{cm}$, $\sigma_2=0.2\text{cm}$라고 한다. 이 부품의 둘레를 확률변수 Y라 하면 $Y=2X_1+2X_2$이다. Y의 평균과 표준편차를 구해보자.

풀이 $E(Y)=2E(X_1)+2E(X_2)=2(\mu_1+\mu_2)=2(2.0+5.0)=14.0\text{cm}$
$V(Y)=2^2V(X_1)+2^2V(X_2)=4(0.1^2+0.2^2)=0.2\text{cm2}$
따라서, Y의 표준편차는 $\sigma_Y=\sqrt{0.2}=0.447\text{cm}$ ■

[정리 5.4.1]은 확률변수 $X_1,\ X_2,\ \ldots,\ X_n$이 어떠한 확률분포에 따르든 간에 각각의 평균과 분산이 주어지고 이들의 분포가 서로 독립이라는 사실을 알고 있을 때, 이들의 선형결합으로

정의된 새로운 확률변수 Y의 평균과 분산을 구하는 공식을 제공하고 있다. 그러나 확률변수 $X_1, X_2, \ldots, X_n$이 서로 독립된 정규분포에 따를 때는 이들의 선형결합도 역시 정규분포에 따르는 것으로 알려져 있다. 다음에 소개하는 [정리 5.4.2]는 앞의 4장의 [정리 4.3.2]의 내용과 동일한 것이지만, 정규확률변수의 선형결합 문제는 실제 응용문제에서 많이 나타나므로 잘 기억해 두기를 바는 뜻에서 다시 한번 소개하기로 한다.

정리 5.4.2

n개의 확률변수 $X_1, X_2, \ldots, X_n$은 각각의 평균이 $E(X_i)=\mu_i,\ i=1, 2, \ldots, n$이고 분산이 $V(X_i)=\sigma_i^2,\ i=1, 2, \ldots, n$인 정규분포에 따르며 서로 독립이라고 할 때, 임의의 상수 $c_0, c_1, c_2, \ldots, c_n$에 대해, 선형결합 $Y=c_0+c_1X_1+c_2X_2+\ldots+c_nX_n$은 정규분포에 따르며 그 평균과 분산은 다음과 같다.

$$E(Y)=c_0+c_1\mu_1+c_2\mu_2+\ldots+c_n\mu_n \qquad \text{(5-4.3)}$$

$$V(Y)=c_1^2\sigma_1^2+c_2\sigma_2^2+\ldots+c_n^2\sigma_n^2 \qquad \text{(5-4.4)}$$

예제 5.4.2

앞의 [예제 5.4.1]에서 $X_1 \sim N(\mu_1=2.0,\ \sigma_1=0.1)$, $X_2 \sim N(\mu_2=5.0,\ \sigma_2=0.2)$이며 서로 독립이라고 한다. 둘레 $Y=2X_1+2X_2$가 14.5보다 클 확률을 계산하여 보자.

[예제 5.4.1]의 결과와 [정리 5.4.1]로부터 $Y \sim N(\mu_Y=14.0,\ \sigma_Y=0.2)$이므로,

$$P(Y>14.5)=P\left(Z>\frac{14.5-14.0}{\sqrt{0.2}}\right)=P(Z>1.12)=0.13$$

■

연습문제

1. 두 이산형 확률변수 X와 Y의 동시확률질량함수 $p_{XY}(x, y)$가 다음과 같다.

		Y		
		0	1	2
X	1	0.2	0	0.1
	2	0.1	0.1	0.2
	3	0	0.3	0

a) X와 Y 각각의 주변분포를 구하시오.

b) $P(Y=2 \mid X=3) =$?

2. 두 이산형 확률변수 X와 Y의 동시확률질량함수가 다음과 같다.

$$p_{XY}(x, y) = \frac{1}{21}(x+y), \text{ for } x=1, 2, 3, y=1, 2$$

a) X의 주변평균 $E(X)$과 Y의 주변평균 $E(Y)$를 구하시오.

b) $E(XY) =$?

3. 두 이산형 확률변수 X와 Y의 동시확률질량함수 $p_{XY}(x, y)$가 다음과 같다.

		Y	
		0	1
X	0	$\frac{1}{18}$	$\frac{3}{18}$
	1	$\frac{4}{18}$	$\frac{3}{18}$
	2	$\frac{6}{18}$	$\frac{1}{18}$

a) $E(X \mid Y=0) =$?

b) $E(X) =$?

4. 두 이산형 확률변수 X, Y의 동시확률질량함수가 다음과 같다.

$$p_{XY}(x, y) = \frac{1}{16}, \ i=j=1, 2, 3, 4$$

X와 Y가 서로 독립임을 보여라.

5. 확률변수 X는 $n=3$, $p=\frac{2}{3}$의 이항분포, 확률변수 Y는 $n=4$, $p=\frac{1}{2}$의 이항분포에 따르며, X와 Y는 서로 독립이라고 한다. $P(X=Y)=$?

6. 흰 공 3개, 붉은 공 2개, 검은 공 4개가 들어 있는 주머니에서 무작위로 2개의 공을 추출하는 시행에서 추출된 2개의 공 중에 포함되어 있는 흰 공의 개수를 X, 붉은 공의 개수를 Y라 할 때,

a) X와 Y의 동시확률분포와 각각의 주변확률분포를 구하라.

b) $P(X \geq 1 \mid Y=1)=$?

c) X와 Y는 서로 독립이 아님을 보여라.

d) X와 Y의 공분산 $Cov(X, Y)=$?

7. 두 이산형 확률변수 X와 Y의 동시확률질량함수가 다음과 같다.

		Y		
		2	4	6
X	1	$\frac{1}{10}$	$\frac{3}{20}$	$\frac{1}{10}$
	2	$\frac{1}{20}$	$\frac{1}{20}$	$\frac{3}{20}$
	3	$\frac{3}{20}$	$\frac{1}{5}$	$\frac{1}{20}$

a) X와 Y의 주변분포를 구하시오.

b) X의 주변평균 $E(X)$와 주변분산 $V(X)$를 구하시오.

c) X와 Y가 서로 독립인지 여부를 밝히시오.

8. 두 연속형 확률변수 X, Y의 동시확률밀도함수가 다음과 같다.

$$f_{XY}(x, y)=21x^2y^3,\ 0<x<y<1$$

a) $Y=y$일 때 X의 조건부 기대치 $E(X \mid Y=y)=$?

b) $Y=y$일 때 X의 조건부 분산 $V(X \mid Y=y)=$?

9. 두 연속형 확률변수 X와 Y의 동시확률밀도함수가 다음과 같다.

$$f_{XY}(x, y)=x+y,\ 0<x<1,\ 0<x<1$$

a) $X=0.5$일 때 Y의 조건부 기대치 $E(Y \mid X=0.5)=$?

b) $X=0.5$일 때 Y의 조건부 분산 $V(Y \mid X=0.5)=$?

10. 두 연속형 확률변수 X와 Y의 동시확률밀도함수가 다음과 같다.

$$f(x,\ y) = \frac{1}{8}(6 - x - y,\ \text{for}\ 0 < x < 2,\ 2 < y < 4$$

조건부 확률 $P(2 < Y < 3 \mid X = 2) =$?

11. 두 이산형 확률변수 X와 Y의 동시확률질량함수가 다음과 같다. 상관계수 ρ_{XY}를 구하시오.

		Y		
		1	2	3
X	1	$\frac{2}{15}$	$\frac{4}{15}$	$\frac{3}{15}$
	2	$\frac{1}{15}$	$\frac{1}{15}$	$\frac{4}{15}$

12. 두 확률변수 X, Y는 서로 독립이며 정규분포에 따른다. X는 평균 $E(X)=0$, 분산 $V(X)=4$이고, Y는 평균 $E(Y)=10$, 분산 $V(Y)=9$이다.

$P(2X+3Y < 30) =$?

13. 어떤 가구공장에서 문틀과 문짝을 대량생산하고 있다. 이 공장에서 생산되는 문틀의 폭 X는 평균 24, 표준편차 0.125의 정규분포, 문짝의 폭 Y는 평균 23.875, 표준편차 0.0625의 정규분포에 따르며, 이 들은 서로 독립이라고 한다.

$P(X - Y > 0.25) =$?

6 확률표본과 표본분포
(Random Sample and Sampling Distribution)

6.1 통계량과 표본분포(Statistics and Sampling Distribution)

관심 대상의 모집단에 대하여 그 특성이나 어떤 정보를 알고자 하는 경우 모집단 전체를 조사한다는 것은 불가능하거나, 가능하다 하더라도 현실적으로 너무나 많은 시간과 경비가 소요되게 된다. 따라서, 모집단에서 표본을 추출하여 그 표본에서 얻는 정보에 의거하여 모집단의 특성을 알아 보는 것이 현명한 방법일 것이다. 그러나 표본은 어디까지나 모집단의 일부에 지나지 않으므로 표본으로부터 얻어진 정보가 모집단의 특성을 정확히 반영하는 것이 아니어서, 항상 오차가 수반되기 마련이다. 이러한 오차를 줄이기 위해서는 모집단을 가능한 정확하게 대표할 수 있는 표본을 얻는 것이 매우 중요하다. 모집단을 정확하게 대표할 수 있는 표본을 추출 할 수 있는 방법과 이러한 표본으로부터 얻어지는 정보의 통계적 특성을 안다면 관심 대상 모집단에 대해서 통계적 추론을 수행하는데 큰 도움이 될 것이다. 이 장에서는 표본의 추출과 표본의 특성에 관한 기본적 개념과 방법에 대해 알아보기로 한다.

정의 6.1.1

모집단의 모든 원소가 표본으로 선택될 가능성이 동등하도록 표본을 추출하는 것을 임의 **추출**(random sampling)이라 하고, 임의 추출에 의하여 얻어진 표본을 **확률표본**(random sample)이라 한다.

여기서 "모집단의 모든 원소가 표본으로 선택될 가능성이 동등하다"는 말은 "표본 하나하나가 모두 독립적으로 추출된다"는 말과 같은 뜻이다. 통계적 추론에서 모집단에 대한 우리의 구체적인 관심대상은 모집단의 어떤 특성치 X이다. 모집단의 특성치 X는 확률변수로서 확률밀도함수 $f(x)$ [혹은, 확률질량함수 $p(x)$]를 갖는다고 가정한다. 이때 우리는 모집단의 확률분포를 $X \sim f(x)$로 표기한다. 예를 들어 어떤 제철공장에서 생산된 철강재의 인장강도가 규격을 충족하는가에 관심이 있다고 하자. 이 때 대상 모집단은 이 공장에서 생산되는 철강재 전체이고, 이들 철강재의 인장강도가 모집단의 특성치 X이다. 만약 X가 정규분포에 따른다면, $X \sim N(\mu, \sigma^2)$으로 표기한다.

지금 인장강도 $X \sim N(\mu, \sigma^2)$의 모집단에서 한 번에 한 개씩 n개의 철강재 표본을 임의 추출하여 인장강도를 측정할 때, $i-$번째로 추출된 철강재의 인장강도를 확률변수 $X_i (i = 1, 2, ..., n)$라고 표기하면, $X_1, X_2, ..., X_n$ 각각은 서로 독립이며 모두 모집단과 동일한 확률분포 $N(\mu, \sigma^2)$에 따르게 될 것이다. 이 경우 $X_1, X_2, ..., X_n$이 서로 독립이며 동일한 확률분포(independent and identical distribution, iid) $N(\mu, \sigma^2)$에 따는 확률변수라고 하며, $X_1, X_2, ..., X_n \sim iid\ N(\mu, \sigma^2)$으로 표기하기도 한다. 여기서 확률표본으로 추출되는 철강재의 개수 n을 표본의 크기(sample size)라고 하며, $X_1, X_2, ..., X_n$을 크기 n의 확률표본이라고 부른다. 표본으로 추출된 n개의 특정 철강재 표본의 인장강도 측정값 즉, 확률표본 $X_1, X_2, ..., X_n$의 실제 측정값은 관례적으로 소문자 $x_1, x_2, ..., x_n$으로 표기한다.

정리 6.1.1

$\{X \sim f(x)\}$의 모집단에서 임의 추출한 크기 n의 확률표본 $X_1, X_2, ..., X_n$은 서로 독립이며 모집단과 동일한 확률분포 $f(x)$에 따른다.
즉, $X_1, X_2, ..., X_n$은 $iid\ f(x)$이며, 이들의 동시확률분포는

$$f_{X_1 X_2 \ldots X_n}(X_1, X_2, ..., X_n) = f(x_1) \cdot f(x_2) \ldots f(x_n) \qquad X: \text{ 연속형}$$

혹은,

$$\begin{aligned} p_{X_1 X_2 \ldots X_n}(X_1, X_2, ..., X_n) &= P(X_1 = x_1, X_2 = x_2, ..., X_n = x_n) \\ &= P(X_1 = x_1)\, P(X_2 = x_2) \ ..., \ P(X_n = x_n) \\ &= p(x_1)\, p(x_2) \ldots p(x_n) \qquad X: \text{ 이산형} \end{aligned} \tag{6-1.1}$$

이다.

일반적으로 확률표본을 추출하는 주 목적은 모집단의 분포의 모수에 관한 정보를 얻기 위함이다. 예로서 우리나라 국민들의 흰색 자동차에 대한 선호도가 얼마나 되는지를 알고 싶다고 한다면, 전체 국민 중 흰색 자동차를 선호하는 사람의 비율을 p라 하고 p의 참값을 알아내면 될 것이다. 이 경우 전체 국민이 모집단이고 p는 모비율이라고 하는 하나의 모수이다. 모수 p의 참값을 알아내기 위하여 모집단(전체 국민) 한 사람 한 사람에게 흰색 자동차에 대한 선호 여부를 물어 본다는 것은 현실적으로 불가능한 일이다. 보다 현실적인 방법은 전체 국민들 중에서 적절한 크기(n)의 확률표본을 추출하고, 이 표본으로부터 흰색 자동차를 선호하는 사람 수(X)를 조사하여 이들의 비율인 $\hat{p}=\frac{X}{n}$를 p의 추정치로 하는 것이 합당할 것이다. 여기서 모비율의 추정치인 표본비율 $\hat{p}=\frac{X}{n}$는 확률변수 X의 함수이므로, 이 역시 어떤 확률분포에 따르는 또 하나의 확률변수로 볼 수 있다. 즉, 모집단으로부터 크기 n의 확률표본을 여러 번 추출할 수 있으며, 매 표본마다 X의 값은 달라질 수 있으므로 X를 확률변수로 보게 되는 것이다(사실, 이 예에서 X는 이항확률변수이다). 또한, 표본비율 $\hat{p}$는 X의 함수이므로 역시 어떤 확률분포에 따라 그 값이 달라지는 또 하나의 확률변수가 되게 된다. $\hat{p}$와 같이 모수의 참값을 추정해주는 확률표본의 함수를 통계량(statistic)이라 하며, 통계량의 확률분포를 표본분포(sampling distribution)라고 한다.

정의 6.1.2

모수를 추정할 수 있는 확률표본 $X_1, X_2, \ldots, X_n$의 함수를 **통계량**(statistic)이라 하고, 통계량의 확률분포를 **표본분포**(sampling distribution)라 한다.

정리 6.1.2

정규분포 $N(\mu, \sigma^2)$의 모집단에서 추출한 크기 n의 확률표본 $X_1, X_2, \ldots, X_n$의 표본평균 $\overline{X}=\frac{1}{n}\sum_{i=1}^{n}X_i$는 모평균 μ를 추정해 주는 하나의 통계량이다.

여기서, 확률표본 $X_1, X_2, \ldots, X_n$ iid $N(\mu, \sigma^2)$이고, $\overline{X}$는 $X_1, X_2, \ldots, X_n$의 선형결합 $\left(c_0=0,\ c_1=c_2=\ldots=c_n=\frac{1}{n}\right)$이므로 [정리 5.4.2]에 의해 $\overline{X}$는 정규분포에 따른다. 또한, $\overline{X}$의 평균과 분산은

$$\mu_{\overline{X}} = E(\overline{X}) = \frac{1}{n}\sum_{i=1}^{n} E(X_i) = \mu$$

$$\sigma_{\overline{X}}^2 = V(\overline{X}) = \frac{1}{n^2}\sum_{i=1}^{n} V(X_i) = \frac{\sigma^2}{n}$$

이다. 즉, 통계량 $\overline{X}$ 의 표본분포는 $\overline{X} \sim N\left(\mu,\ \frac{\sigma^2}{n}\right)$ 임을 알 수 있다.

표본평균 $\overline{X}$ 외에도 통계분석에서 자주 접하게 되는 통계량은 여러 가지가 있다. 표본분산 $S^2 = \frac{1}{n-1}\sum_{i=1}^{n}(X_i - \overline{X})^2$ 은 모분산 σ^2 을 추정하는 통계량이고, 표본의 범위 $R = \max\{X_i,\ X_2,\ \sim,\ X_n\} - \min\{X_i,\ X_2,\ \sim,\ X_n\}$ 도 모집단의 산포의 정도를 추정하여주는 통계량이다.

예제 6.1.1

어떤 합성세제 제조공장에서 자동 주입기를 이용하여 생산된 세제를 포장용기에 주입하고 있다. 이 주입기의 포장용기 당 주입량은 평균 14.0gm, 표준편차 0.12gm의 정규분포에 따르는 것으로 알려져 있다. 이 주입기에서 주입된 세제 9개를 임의 추출하였을 때, 그 표본평균이 14.1보다 클 확률을 구해보자.

풀이 임의 추출된 9개의 세제의 주입량을 확률변수 $X_1,\ X_2,\ \ldots,\ X_9$ 이라 하면 $X_1,\ X_2,\ \ldots,\ X_9$ 은 크기 $n=9$ 의 확률표본이며, 그 표본평균 $\overline{X}$ 는 평균 $E(\overline{X}) = 14.1$, 표준편차 $\sigma_{\overline{X}} = \frac{0.12}{\sqrt{9}} = 0.04$ 의 정규분포에 따르게 되므로

$$P(\overline{X} > 14.1) = P\left(Z > \frac{14.1 - 14.0}{0.04}\right) = P(Z > 2.5) = 0.0062$$ ■

앞의 [정리 6.1.2]에서 모집단의 분포가 정규분포일 때 표본평균의 분포 역시 정규분포에 따른다는 사실을 알았다. 모집단이 정규분포가 아닌 경우에는 어떠하겠는가? 물론 모집단이 어떤 분포인가에 따라 다르다. 그러나 표본의 크기 n 이 충분히 큰 경우에는 모집단이 어떤 분포에 따르던 상관없이 표본평균은 근사적으로 정규분포에 따른다는 사실이 밝혀졌다. 이것을 **중심극한 정리**(Central Limit Theorem)라고 한다.

정리 6.1.3

중심극한 정리(Central Limit Theorem)

평균 μ, 분산 σ^2인 모집단에서 임의 추출한 크기 n의 확률표본 $X_1, X_2, \ldots, X_n$의 표본평균 $\overline{X}$는 표본의 크기 n이 커짐에 따라 $N\left(\mu, \frac{\sigma^2}{n}\right)$로 수렴한다. 따라서, $\overline{X}$를 표준화하여 $Z=\frac{\overline{X}-\mu}{\sigma/\sqrt{n}}$는 표준정규분포 $N(0, 1)$에 수렴한다.

일반적으로 표본의 크기 n이 30 이상이면 모집단의 분포에 상관없이 중심극한 정리의 적용에 무리가 없다고 본다. 중심극한 정리의 중요성은 모집단의 분포가 어떤 형태이던 간에 표본의 크기가 충분히 크다면 그 표본평균 $\overline{X}$는 근사적으로 정규분포에 따르게 된다는 사실이다. 이런 까닭에 통계적 추론에서 정규분포가 중추적인 역할을 하게 된다고 볼 수 있다. 중심극한 정리의 수리적 증명은 이 책의 수준을 벗어나므로 생략한다.

예제 6.1.2

어떤 전기부품 생산공장에서 생산하는 저항기의 저항값은 [4, 6Ω] 구간에서 균등분포를 한다고 한다. 이 공장 생산되는 저항기에서 $n=40$개를 임의 추출했을 때 그 표본평균이 5.1보다 클 확률을 구해보자.

풀이 이 공장에서 생산하는 저항기의 저항값을 확률변수 X라 하면, X의 pdf는

$$f(x)=\frac{1}{2},\ 4 \le x \le 6$$

따라서, $\mu=E(X)=\frac{4+6}{2}=5$, $\sigma^2=V(X)=\frac{(6-4)^2}{12}=\frac{1}{3}$이다.

또한, 중심극한 정리에 의해 $n=40$의 확률표본 $X_1, X_2, \ldots, X_{40}$의 표본평균 $\overline{X}$는 근사적으로 $\overline{X}\sim N(\mu_{\overline{X}}, \sigma^2_{\overline{X}})$이며, 여기서 $\mu_{\overline{X}}$, $\sigma^2_{\overline{X}}=\frac{\frac{1}{3}}{40}=\frac{1}{120}$이다.

따라서,

$$P(\overline{X}>5.1)=P\left(Z>\frac{5.1-5.0}{\sqrt{\frac{1}{120}}}\right)=P(Z>1.10)=0.1357$$ ■

6.2 정규분포와 관련된 표본의 분포(Sampling Distribution Related to Normal Distribution)

모집단의 모수에 관한 통계적 추론은 통계량을 이용하여 수행하게 된다. 이를 위해서는 통계량의 표본분포를 알아야 한다. 우리가 접하는 표본자료들은 정규분포 모집단으로부터 얻어지는 경우가 대부분이고, 모집단이 정규분포가 아니더라도 표본자료의 개수가 많으면 중심극한 정리에 의하여 정규분포를 이용할 수가 있다. 따라서 대부분의 통계분석은 모집단이 정규분포에 따른다고 가정하여 모수에 대한 통계적 추론을 수행한다. 여기서는 정규분포의 모집단에서 추출한 표본과 관련되는 분포로써 가장 널리 사용되고 있는 χ^2–분포, t–분포, 그리고 F–분포에 대해 알아본다.

6.2.1 χ^2–분포

$Z_1, Z_2, \ldots, Z_\nu$를 표준정규분포 $N(0,\ 1)$에 따르는 ν개의 독립된 확률변수라 할 때, 이들의 제곱합 $\chi^2 = \sum_{i=1}^{n} Z_i^2 = Z_1^2 + Z_2^2 + \ldots + Z_\nu^2$은 자유도 ν인 χ^2–분포에 따른다. 즉,

$$\chi^2 = \sum_{i=1}^{n} Z_i^2 = Z_1^2 + Z_2^2 + \ldots + Z_\nu^2 \sim \chi_\nu^2 \qquad (6\text{–}2.1)$$

이다. 자유도 ν인 χ^2–분포의 pdf는

$$f(\chi^2) = \frac{1}{2^{\frac{\nu}{2}}\Gamma\left(\frac{\nu}{2}\right)} (\chi^2)^{\frac{1}{2}-1} e^{-\frac{\chi^2}{2}},\ \chi^2 \le 0 \qquad (6\text{–}2.2)$$

이고, 그 평균은 $E(\chi^2) = \nu$, 분산은 $V(\chi^2) = 2\nu$로서, 자유도 ν가 이 분포의 모수가 된다. 특히, 자유도 $\nu = 2$인 χ^2–분포는 평균치 2인 지수분포와 동일하다.

χ^2–분포는 자유도에 따라 그 형태가 달라지는데, 다음 [그림 6–2.1]에서 보는 바와 같이 대체적으로 오른쪽으로 긴 꼬리를 가지는 형태이다.

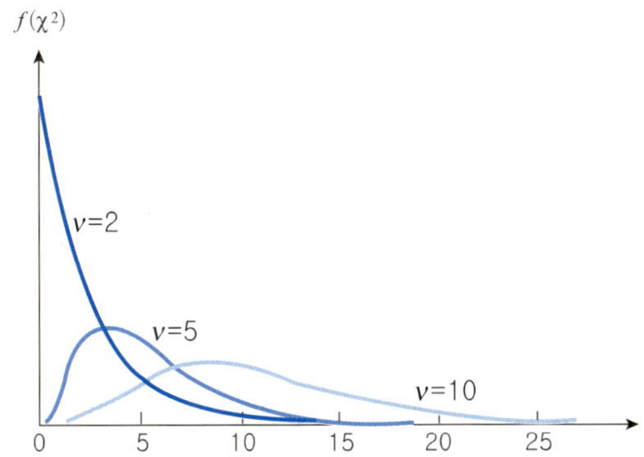

[그림 6-2.1] χ^2 **-분포의 모양**

$X_1, X_2, ..., X_n$을 정규분포 $N(\mu, \sigma^2)$에서 추출한 확률표본이라 할 때, 각각을 표준화하여 제곱합을 한 결과는 앞의 χ^2-분포 정의에 따라 자유도 n의 χ^2-분포가 된다. 즉,

$$\sum_{i=1}^{n}\left(\frac{X_i-\mu}{\sigma}\right)^2 = \frac{1}{\sigma^2}\sum_{i=1}^{n}(X_i-\mu)^2 \sim \chi_n^2 \tag{6-2.3}$$

위 식에서 모평균 μ 대신 표본평균 $\overline{X}$를 사용하면 자유도 $n-1$의 χ^2-분포가 된다.

정리 6.2.1

$X_1, X_2, ..., X_n$을 정규분포 $N(\mu, \sigma^2)$에서 추출한 크기 n의 확률표본이라 할 때,

$$\sum_{i=1}^{n}\left(\frac{X_i-\overline{X}}{\sigma}\right)^2 = \frac{1}{\sigma^2}\sum_{i=1}^{n}(X_i-\overline{X})^2 = \frac{(n-1)S^2}{\sigma^2} \sim \chi_{n-1}^2 \tag{6-2.4}$$

위의 결과는 정규분포의 모분산에 관한 검정, 적합도 검정, 그리고 비모수 검정 등에서 중요한 역할을 한다.

자유도 ν의 χ^2-분포에서 오른쪽 꼬리확률이 p가 되는 χ^2확률변수의 값을 $\chi_{p;\nu}^2$ 로 나타내면,

$$P(\chi_\nu^2 > \chi_{p;\nu}^2) = \int_{\chi_{p;\nu}^2}^{\infty} f(\chi_\nu^2)d\chi^2 = p \tag{6-2.5}$$

로부터 $\chi_{p;\nu}^2$값을 구할 수 있을 것이다([그림 6-2.2] 참조). 부록의 χ^2 분포표에 여러 가지 ν와 p에 대한 $\chi_{p;\nu}^2$값이 실려 있다.

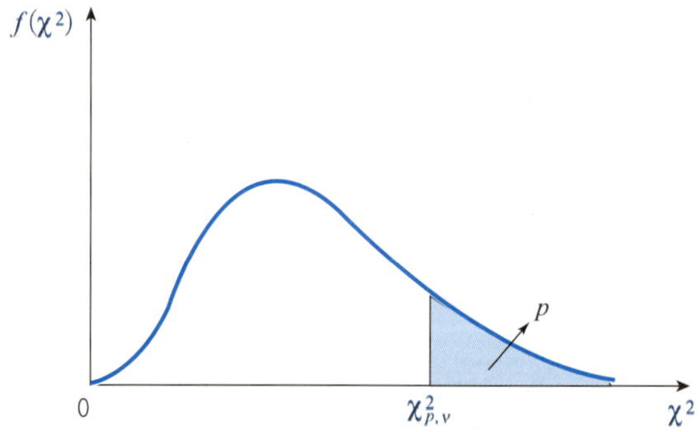

[그림 6-2.2] χ^2-분포의 상위 백분위수(upper percentage point)

실제로 자유도 10의 χ^2-분포에서 오른쪽 꼬리확률이 0.05되는 χ^2확률변수의 값 $\chi^2_{0.05;10} = 18.31$ 임을 부록의 χ^2-분포표로부터 확인해 보기 바란다. 즉,

$$P(\chi^2_{10} > \chi^2_{0.05;10}) = P(\chi^2_{10} > 18.31) = 0.05$$

예제 6.2.1

어떤 철강재의 인장강도는 정규분포 $N(\mu, \sigma^2)$에 따른다고 한다. 이 철강재의 모집단에서 $n = 10$개의 표본을 추출하여 표본분산 S2을 산출할 때, $P(\sigma^2 < kS^2) = 0.90$ 되는 k값을 구해 보자.

풀이 $P(\sigma^2 < kS^2) = 0.90$ 에서

$$P\left(S^2 > \frac{\sigma^2}{k}\right) = 0.90 \rightarrow P\left(\frac{(n-1)S^2}{\sigma^2} > \frac{n-1}{k}\right) = 0.90$$

즉,

$$P\left(\chi^2_9 > \frac{9}{k}\right) = 0.90 \rightarrow \chi^2_{0.90;9} = \frac{9}{k}$$

부록의 χ^2-분포표로부터 $\chi^2_{0.90;9} = 4.17$

$$\therefore\ k = \frac{9}{4.17} \cong 2.1583$$

■

6.2.2 t-분포

t-분포는 표준정규확률변수와 χ^2확률변수의 제곱근의 비율로 정의된다. 표준정규분포 $N(0,\ 1)$에 따르는 확률변수 Z와 자유도 ν의 χ^2분포에 따르는 확률변수 χ^2가 서로 독립일 때, $T=\dfrac{Z}{\sqrt{\dfrac{\chi^2}{\nu}}}$는 자유도 ν의 t-분포에 따른다고 한다. 보통 $T \sim t_\nu$로 표기한다. 즉,

$$T=\frac{Z}{\sqrt{\frac{\chi^2}{\nu}}} \sim t_\nu \tag{6-2.6}$$

확률변수 T의 확률밀도함수(pdf)는 다음과 같다.

$$f(t)=\frac{\Gamma\left(\frac{\nu+1}{2}\right)}{\sqrt{\pi\nu}\,\Gamma\left(\frac{\nu}{2}\right)}\left(1+\frac{t^2}{\nu}\right)^{-\frac{\nu+1}{2}},\quad -\infty<t<\infty \tag{6-2.7}$$

t-분포는 프랑스의 수학자 W. S. Gosset에 의해 소개된 것으로, Student라는 필명으로 발표되었으므로 흔히 Student t-분포라고 불리우기도 한다. t-분포의 평균치와 분산은 다음과 같다.

$$E(T)=0,\quad V(T)=\frac{\nu}{\nu-2},\quad \nu>2 \tag{6-2.8}$$

t-분포는 $t=0$를 중심으로 좌우 대칭으로 표준정규분포의 형태와 비슷하나 좌우 꼬리부분의 확률이 좀 더 두텁다. 다음의 [그림 6-2.3]에서 보는 바와 같이 자유도 ν가 커짐에 따라 표준정규분포에 접근함을 알 수 있다.

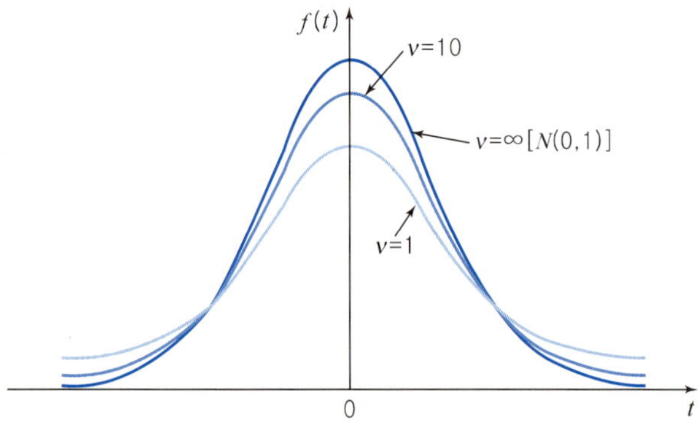

[그림 6-2.3] t-분포의 모양

부록의 t-분포표는 $T \sim t_\nu$에서 오른쪽 꼬리부분의 확률([그림 6-2.4] 참조) 즉,

$$P(T > t_{p;\nu}) = p$$

를 만족하는 $t_{p;\nu}$값을 여러 가지 ν와 p에 대해 산출하여 정리한 것이다.

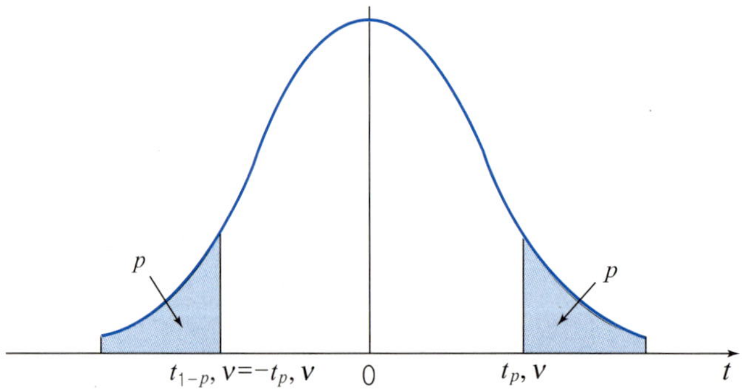

[그림 6-2.4] t-분포의 백분위수(percentage point)

자유도 $\nu = 10$일 때, 부록의 t-분포표로부터, $P(T_{10} > t_{0.}\ 05,\ 10) = P(T_{10} > 1.812) = 0.05$임을 확인하여 보자. 또한 t-분포는 $t = 0$을 중심으로 좌우 대칭이므로, $P(T_{10} \leftarrow 1.812) = P(T_{10} > 1.812) = 0.05$이고 임을 알 수 있다. 즉, $t_{1-\alpha,\,\nu} = t_{\alpha,\,\nu}$이다.

t-분포는 정규분포 모집단의 평균 μ에 관한 추론에서 모분산 σ^2을 모르는 경우 이용된다. $X_1,\ X_2,\ \ldots,\ X_n$을 정규분포 $N(\mu,\ \sigma^2)$에서 추출한 확률표본이라 할 때, 그 표본평균 $\overline{X} \sim N\left(\mu,\ \dfrac{\sigma^2}{n}\right)$이고 $\overline{X}$를 표준화한 $Z = \dfrac{\overline{X} - \mu}{\sigma / \sqrt{n}}$은 표준정규분포 N(0, 1)에 따른다. 그러나 모

분산 σ^2을 모르는 경우 모표준편차 σ를 표본표준편차 S로 대체하면 $T=\dfrac{\overline{X}-\mu}{S/\sqrt{n}}$은 자유도 $n-1$의 $t-$분포에 따르게 된다.

정리 6.2.2

$X_1, X_2, \ldots, X_n$을 정규분포 $N(\mu, \sigma^2)$에서 추출한 크기 n의 확률표본이라 할 때,

$$T=\frac{\overline{X}-\mu}{S/\sqrt{n}} \sim t_{n-1} \tag{6-2.9}$$

증명 $Z=\dfrac{\overline{X}-\mu}{\sigma/\sqrt{n}} \sim N(0, 1)$이고, $\dfrac{(n-1)S^2}{\sigma^2} \sim x^2_{n-1}$이므로

$t-$분포의 정의로부터

$$T=\frac{\dfrac{\overline{X}-\mu}{\sigma/\sqrt{n}}}{\sqrt{\dfrac{\dfrac{(n-1)S^2}{\sigma^2}}{n-1}}}=\frac{\overline{X}-\mu}{S/\sqrt{n}}$$

■

6.2.3 $F-$분포

$F-$분포는 서로 독립인 두 χ^2확률변수의 비율로 정의된다. χ^2_1은 자유도 ν_1의 χ^2-분포를 하는 확률변수, χ^2_2은 자유도 v2의 χ^2-분포를 하는 확률변수라고 하고, 또한 이 두 확률변수가 서로 독립일 때, $F=\dfrac{\chi^2_1/\nu_1}{\chi^2_2/\nu_2}$는 분자의 자유도 ν_1, 분모의 자유도 ν_2의 $F-$분포에 따른다. 보통 $F(\nu_1, \nu_2)$로 표기한다. 즉,

$$F=\frac{\chi^2_1/\nu_1}{\chi^2_2/\nu_2} \sim F(\nu_1, \nu_2) \tag{6-2.10}$$

$F-$분포의 pdf는 다음과 같다.

$$f(x)=\frac{\Gamma\left(\dfrac{\nu_1+\nu_2}{2}\right)\left(\dfrac{\nu_1}{\nu_2}\right)^{\frac{\nu_1}{2}} x^{\frac{\nu+\nu_2}{2}-1}}{\Gamma\left(\dfrac{\nu_1}{2}\right)\Gamma\left(\dfrac{\nu_2}{2}\right)\left[\Gamma\left(\dfrac{\nu_1}{\nu_2}\right)x+1\right]^{\frac{\nu+\nu_2}{2}}},\quad 0<x<\infty \tag{6-2.11}$$

또한, 평균과 분산은 각각 다음과 같다.

$$\mu = \frac{\nu_2}{\nu_2 - 2}, \quad \text{for } \nu_2 > 2$$

$$\sigma^2 = \frac{2\nu_2^2(\nu_1 + \nu_2 - 2)}{\nu_1(\nu_2 - 2)^2(\nu_2 - 4)}, \quad \nu_2 > 4 \tag{6-2.12}$$

F-분포는 χ^2-분포와 매우 비슷한 모양을 한다 ([그림 6-2.5] 참조).

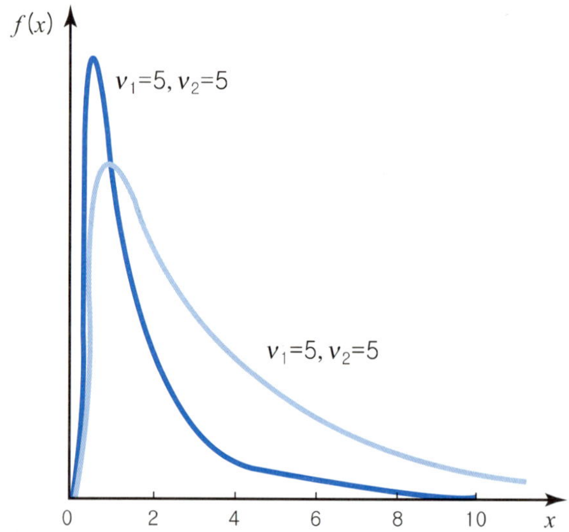

[그림 6-2.5] F-분포의 모양

부록의 F-분포표는 $F \sim F(\nu_1,\ \nu_2)$에서 오른쪽 꼬리부분 확률,

$$P[F > f_p(\nu_1,\ \nu_2)] = \int_{f_p(\nu_1,\ \nu_2)}^{\infty} f(x)dx = p \tag{6-2.13}$$

을 만족하는 $f_{p(\nu_1,\ \nu_2)}$를 여러 가지 p값에 대해 정리한 것이다.

$\nu_1 = 7,\ \nu_2 = 8$인 F-분포에 대해 $P[F > f_{0.005}(7,\ 8)] = P(F > 3.50) = 0.05$임을 부록의 F-분포표로부터 확인하여 보기 바란다([그림 6-2.6] 참조).

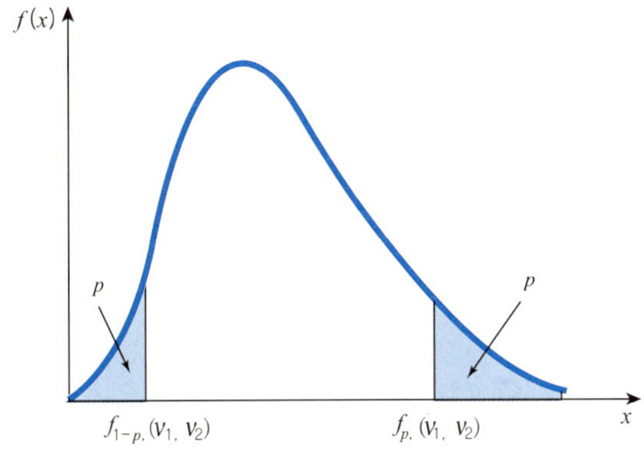

[그림 6-2.6] F−분포의 백분위수(percentage point)

(6-2.10)의 F−분포의 정의로부터,

$\frac{1}{F}=\frac{\chi_2^2/\nu_2}{\chi_1^2/\nu_2} \sim F(\nu_2, \nu_1)$이 됨을 알 수 있다. 따라서,

$P[F(\nu_1, \nu_2) > f_p(\nu_1, \nu_2)] = P\left[\frac{1}{F(\nu_1, \nu_2)}\right] < \frac{1}{f_p(\nu_1, \nu_2)} = p$에서

$P\left[\frac{1}{F(\nu_1, \nu_2)} = F(\nu_1, \nu_2) > \frac{1}{f_p(\nu_1, \nu_2)}\right] = 1-p$이고

$P[F(\nu_2, \nu_1) > f_{1-p}(\nu_2, \nu_1)] = 1-p$이므로

$$f_{1-p}(\nu_2, \nu_1) = \frac{1}{f_p(\nu_1, \nu_2)} \quad (6\text{–}14)$$

임을 알 수 있다.

예를 들어보면, $P[F(5, 10) > f_{0.05}(5, 10) = 0.05$에서

$f_{0.05}(5, 10) = 3.33$이고, 따라서

$f_{0.95}(10, 5) = \frac{1}{f_{0.05}(5, 10)} = \frac{1}{3.33} = 0.30$이다.

F−분포는 서로 독립인 두 정규분포의 모집단의 모분산의 크기를 비교는 경우에 이용된다. 모집단 1 $N(\mu_1, \sigma_1^2)$에서 추출한 크기 n_1의 확률표본 $X_{11}, X_{12}, \dots, X_{1n_1}$으로부터 산출된 표본분산을 S_1^2이라 하고, 모집단 2 $N(\mu_2, \sigma_2^2)$에서 추출한 크기 n_2의 확률표본 $X_{21}, X_{22}, \dots, X_{2n_2}$으로부터 산출된 표본분산을 S_1^2이라 할 때, 두 표본분산 S_1^2과 S_2^2의 비율은 분자의 자유도 n_1-1, 분모의

자유도 n_2-1의 $F-$분포에 따르게 된다.

정리 6.2.3

서로 독립이며 정규분포에 따르는 두 모집단 $\{X_1 \sim N(\mu_1, \sigma_1^2)\}$과 $\{X_2 \sim N(\mu_2, \sigma_2^2)\}$에서, 각각 크기 n_1, n_2의 확률표본을 추출하여 각각의 표본분산을 S_1^2, S_2^2이라 할 때, $\dfrac{S_1^2/\sigma_1^2}{S_2^2/\sigma_2^2}$은 $F(n_1-1, n_2-1)$에 따른다. 즉,

$$F=\frac{S_1^2/\sigma_1^2}{S_2^2/\sigma_2^2} \sim F(n_1-1, n_2-1) \tag{6-2.15}$$

증명 $\{X_1 \sim N(\mu_1, \sigma_1^2)\}$에서 추출한 크기 n_1의 확률표본으로부터

$$S_1^2 \Rightarrow \frac{(n_1-1)S_1^2}{\sigma_1^2} \sim x_{n_1-1}^2$$

$\{X_2 \sim N(\mu_2, \sigma_2^2)\}$에서 추출한 크기 (n_2)의 확률표본으로부터

$$S_2^2 \Rightarrow \frac{(n_2-1)S_2^2}{\sigma_2^2} \sim x_{n_2-1}^2$$

또한, 모집단 1과 모집단 2는 서로 독립이므로

$$\frac{\dfrac{(n_1-1)S_1^2}{\sigma_1^2}\Big/(n_1-1)}{\dfrac{(n_2-1)S_2^2}{\sigma_2^2}\Big/(n_2-1)}=\frac{S_1^2/\sigma_1^2}{S_2^2/\sigma_2^2} \sim F(n_1-1, n_2-1)$$

■

연습문제

1. 평균 $\mu=100$, 분산 $\sigma^2=81$의 정규분포 모집단으로부터 추출한 크기 $n=16$의 확률표본의 표본평균을 $\overline{X}$라 할 때,

a) 표본평균 $\overline{X}$의 평균과 분산을 구하라.

b) $P(96 \le \overline{X} \le 102)=$?

2. 평균 20, 표준편차 0.5의 정규분포 모집단에서 얻은 크기 $n=40$의 확률표본의 표본평균을 $\overline{X}$라 할 때,

a) 표본평균 $\overline{X}$ 의 평균과 표준편차를 구하라.

b) $P(\overline{X} \geq 20.1) = ?$

3. 평균 20, 표준편차 3의 정규분포 모집단에서 얻은 크기 $n = 15$의 확률표본의 표본분산을 S^2이라 할 때, $P(S^2 > 11.6685) = ?$

4. 확률변수 χ^2는 자유도 10의 χ^2-분포에 따른다.

a) $P(\chi^2 < 4.87) = ?$

b) $P(\chi^2 > \chi^2_{0.07;10}) = 0.05$를 만족하는 χ^2-백분위수 $\chi^2_{0.07;10} = ?$

5. $N(\mu, \sigma^2)$의 모집단에서 얻은 크기 n의 확률표본의 표본분산을 S^2이라 할 때, $P\left(\dfrac{S^2}{\sigma^2} < 1.8\right) \geq 0.95$를 만족하는 표본의 크기 $n = ?$

6. $N(\mu, \sigma^2)$의 모집단에서 얻은 크기 $n = 9$의 확률표본의 표본평균을 $\overline{X}$, 표본분산을 S^2이라 할 때, $P\left(-0.62 \leq \dfrac{\overline{X} - \mu}{S} \leq 0.62\right) = ?$

7. 확률변수 T는 자유도 13의 t-분포에 따른다.

a) $P(|T| < 2.65) = ?$

b) $P(T > t_{0.05;13}) = 0.05$를 만족하는 t-백분위수 $t_{0.05;13} = ?$

8. 확률변수 F는 $\nu_1 = 8$, $\nu_2 = 10$의 F-분포에 따를 때,

a) $P(F < 2.38) = ?$

b) F-백분위수 $F_{0.05;8,10} = ?$

9. 모분산 $\sigma_1^2 = 1.6667$인 모집단1에서 얻은 크기 $n_1 = 10$의 확률표본의 표본분산을 S_1^2이라 하고, 이와는 독립적으로 모분산 $\sigma_2^2 = 10$인 모집단2에서 얻은 크기 $n_2 = 5$의 확률표본의 표본분산을 S_2^2이라 할 때, $P(S_2^2 > S_1^2) = ?$

10. 서로 독립인 두 정규분포 $N(1, 2^2)$과 $N(2, 3^2)$의 모집단에서 추출한 각각 크기 $n_1 = n_2 = 10$의 확률표본의 표본분산을 각각 S_1^2, S_2^2이라 할 때, $P(S_1^2 < kS_2^2) = 0.95$를 만족하는 $k = ?$

7 통계적 추론

Industrial statistics

7.1 서 론

통계적 추론이란 모집단으로부터 추출한 확률표본에 의거하여 모집단에 관해 어떤 결론을 유도해 내는 과정을 말한다. 여기에는 모집단 전체를 조사하는 것이 불가능하거나 시간적 경제적으로 너무나 많은 노력이 필요하여 모집단의 일부인 표본에 의거할 수밖에 없다는 사실이 전제되고 있다. 따라서 모집단에 대해 정확한 의사결정을 내리기 위해서는 모집단을 제대로 대표할 수 있는 확률표본을 추출하는 것이 매우 중요하다. [그림 7-1.1]은 모집단과 거기서 추출한 확률표본의 관계를 도시한 것으로 모집단을 정확하게 대변하는 확률표본의 중요성을 보여주고 있다. 본 장에서는 먼저 통계적 추론 혹은 통계적 의사결정의 기본적인 개념과 방법에 대해서 설명하고, 하나의 모집단에 대한 가설검정과 신뢰구간 추정에 대해 공부하기로 한다.

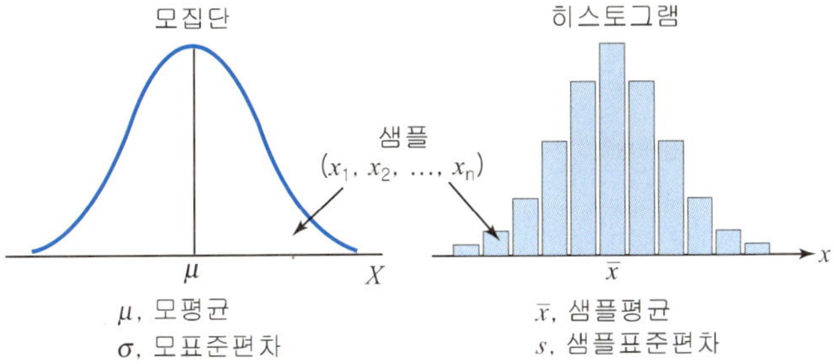

[그림 7-1.1] 모집단과 표본

통계적 추론은 크게 모수 추정과 가설검정이라는 두 분야로 구분될 수 있다. 추정(estimation)은 모집단에서 추출한 표본에 기초하여 모평균, 모분산, 모비율과 같은 모집단의 확률분포의 모수가 어떤 값을 갖는가를 추측하는 과정을 말하는데, 모수의 참값이 얼마인지를 하나의 수치로 추측하는 것을 점추정(point estimation)이라 하고, 모수의 참값이 그 안에 포함되리라고 기대되는 범위를 추측하는 것을 구간추정(interval estimation)이라 한다. 한편, 모집단의 분포의 특성, 혹은 모수의 참값에 대하여 어떤 가설을 수립하고 모집단에서 추출한 표본에 기초하여 가설의 채택이나 기각을 결정하는 통계적 방법을 가설검정(hypothesis testing)이라 한다. 가설검정을 수행하기 위해서는 점추정에 대해 알아야 하므로 먼저 점추정에 대해서 설명하기로 한다.

7.2 점추정(Point Estimation)

모평균이나 모분산 같은 확률분포의 모수를 추정하는 문제는 통계적 추론의 기초이며 통계학의 주요 분야 중 하나이다. 점추정의 목적은 모집단으로부터 얻은 표본에 기초하여 모수의 가장 그럴듯한 값을 하나의 수치로 구해내는 것이다.

예를 들어 확률변수 X가 미지의 모평균 μ와 모분산 σ^2을 갖는 정규분포에 따른다고 가정하자. 표본평균 $\overline{X}$는 모평균 μ의 하나의 점추정치 이다. 이것을 보통 $\hat{\mu}=\overline{X}$로 표시한다. 또한 표본분산 S^2은 모분산 σ^2의 점추정치 이다. 즉, $\hat{\sigma}^2=S^2$이다. X의 모집단에서 다섯 개의 확률표본을 추출하여 $x_1=25$, $x_2=30$, $x_3=29$, $x_4=31$, $x_5=28$을 얻었다고 가정할 때, μ의 점추정치는

$$\bar{x}=\frac{25+30+29+31+28}{5}=28.6$$

이다. 마찬가지로 σ^2의 점추정치는

$$S^2=\frac{(25-28.6)^2+(30-28.6)^2+(29-28.6)^2+(31-28.6)^2+(28-28.6)^2}{5-1}=5.3$$

이다. 일반적으로 확률변수 X가 미지의 모수 θ를 갖는 확률분포 $f(x)$에 따를 때, $X\sim f(x;\theta)$라고 표시한다. X_1, X_2, ..., X_n을 분포 $f(x;\theta)$에서 얻은 크기 n의 확률표본이라 할 때, 확률표본

$X_1, X_2, \ldots, X_n$의 함수 $\hat{\Theta}=h(X_1, X_2, \ldots, X_n)$을 모수 θ의 점추정량(point estimator)이라고 한다. 여기서 $\hat{\Theta}$는 하나의 통계량(statistic)으로서 이 역시 확률변수임에 유의하기 바란다. **점추정량** $\hat{\Theta}$에 관측값 $x_1, x_2, \ldots, x_n$을 대입하여 얻은 $\hat{\Theta}$의 값을 모수 θ의 **점추정치**(point estimate)라 하고 $\hat{\theta}$로 표기 한다. 결국, 추정량 $\hat{\Theta}$은 모수의 추정 공식이고, 추정치 $\hat{\theta}$는 공식에서 계산된 값으로 볼 수 있다.

공업통계에서 자주 사용되는 추정량들을 [표 7-2.1]에 정리하였다.

[표 7-2.1] 자주 사용되는 추정량의 예

모수θ	추정량 $\hat{\Theta}$
μ	$\overline{X}=\frac{1}{n}\sum_{i=1}^{n}X_i$
σ^2	$S^2=\frac{1}{n-1}\sum_{i=1}^{n}(X_i-\overline{X})^2$
p	$\hat{p}=\frac{X}{n}$

한 모수에 대한 추정량은 여러 가지가 있을 수 있다. 예를 들어 모평균에 대해서 앞에서 사용한 표본평균 외에도 표본 중앙값, 혹은 표본의 최댓값과 최솟값의 평균 등을 모평균의 추정량으로 생각할 수 있다. 이와 같이 가능한 여러 가지 추정량들 중에서 어느 추정량을 사용하는 것이 좋은 지를 결정하기 위해 추정량의 통계적 특성에 대해서 알아볼 필요가 있다. 추정량의 바람직한 성질 중 하나는 그 추정치의 기댓값이 모수의 참값과 일치하는 것이다. 이러한 성질을 가진 추정량을 **불편 추정량**(unbiased estimator)이라고 한다.

정의 7.2.1

$E(\hat{\Theta})=\theta$이면, $\hat{\Theta}$는 모수 θ의 불편 추정량(unbiased estimator)이다.

예제 7.2.1

X는 평균 μ, 분산 σ^2의 확률변수라 하자. X의 모집단에서 얻은 크기 n의 확률표본 $X_1, X_2, \ldots, X_n$의 표본평균 $\overline{X}=\frac{1}{n}\sum_{i=1}^{n}X_i$와 표본분산 $S^2=\frac{1}{n-1}\sum_{i=1}^{n}(X_i-\overline{X})^2$은 μ와 σ^2의 불편 추정량 임을 증명하여 보자.

증명 $E(\overline{X}) = E\left(\frac{1}{n}\sum_{i=1}^{n} X_i\right) = \frac{1}{n}\sum_{i=1}^{n} E(X_i) = \frac{1}{n}\sum_{i=1}^{n}\mu = \mu$

$$E(S^2) = E\left[\frac{1}{n-1}\sum_{i=1}^{n}(X_i - \overline{X})^2\right] = \frac{1}{n-1}E\left[\sum_{i=1}^{n}(X_i - \overline{X})^2\right]$$

$$= \frac{1}{n-1}E\left[\sum_{i=1}^{n}(X_i^2 - 2\overline{X}X_i + \overline{X}^2)\right] = \frac{1}{n-1}\left[\sum_{i=1}^{n}E(X_i^2) - nE(\overline{X}^2)\right]$$

$$= \frac{1}{n-1}\left[\sum(\mu^2 + \sigma^2) - n\left(\mu^2 + \frac{\sigma^2}{n}\right)\right] = \sigma^2$$

■

[예제 7.2.1]에서 보듯이 표본평균과 표본분산은 모평균과 모분산의 불편 추정량이다. 그러나, 표본표준편차 $S = \sqrt{\frac{1}{n-1}\sum_{i=1}^{n}(X_i - \overline{X})^2}$ 은 모표준편차 σ의 불편 추정량이 아님에 유의하기 바란다.

추정량의 우열을 가리는 데는 불편성만으로는 충분치가 않다. 우리는 그 기대치가 미지 모수의 참값과 일치하는 성질을 만족하면서 동시에 산출된 추정값의 변동성이 가능한 작은 추정량을 원한다. 즉, 불편성을 만족하면서 동시에 추정량의 확률분포의 분산이 작은 추정량을 원한다. 다음의 [그림 7-2.1]에서 독자들은 $\widehat{\Theta}_1$이 $\widehat{\Theta}_2$보다 미지 모수 θ의 더 좋은 추정량이 된다는 것을 쉽게 알 수 있을 것이다.

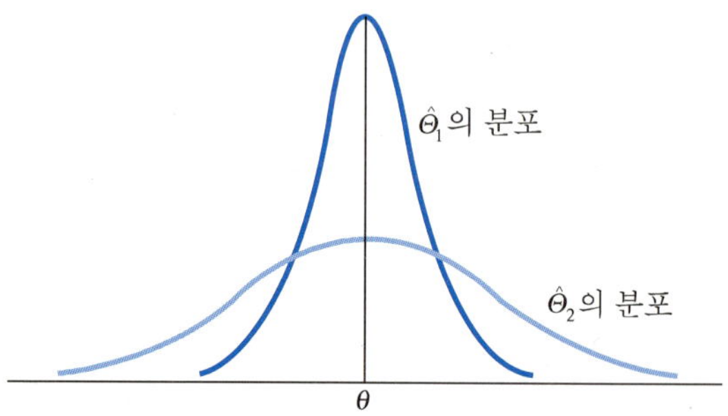

[그림 7-2.1] 좋은 추정량

통계학자들은 어떤 미지 모수 θ의 모든 불편추정량 중에서 그 분산이 가장 작은 추정량을 최소분산 불편추정량(minimum variance unbiased estimator)이라고 부르며, 이를 미지 모수 θ의 가장 좋은 추정량으로 생각한다.

정의 7.2.2

미지 모수 θ의 불편추정량 중에서 분산이 최소인 추정량을 θ의 최소분산 불편추정량(MVUE, Minimum Variance Unbiased Estimator)이라 한다.

불편성과 최소 분산성은 추정량이 갖추어야 할 가장 중요한 통계적 성질이다. 그러나 불행하게도 이 두 성질을 동시에 만족하는 추정량을 구하는 방법은 잘 알려져 있지 않다. 확률분포의 모수를 점추정하는 방법으로 여러 가지 방법이 개발되어 있는데, 이들 중 가장 흔히 이용되는 것이 **최우추정법**(maximum likelihood method)이다. 최우추정법에 의한 추정량(최우추정량)은 표본의 크기가 작을 때 불편성을 만족하지 못하는 경우도 있으나 최소분산성은 근사적으로 만족하는 것으로 알려져 있다.

추정량 $\hat{\Theta}$의 분산, $Var(\hat{\Theta})$의 제곱근, $\sqrt{Var(\hat{\Theta})}$을 $\hat{\Theta}$의 **표준오차**(standard error)라고 부른다. 표준오차 $\sqrt{Var(\hat{\Theta})}$는 $\hat{\Theta}$의 표본분포(sampling distribution)의 표준편차이므로 추정의 정밀도를 나타내는 측도로 볼 수 있다. 정규분포의 모평균 μ의 추정량인 표본평균 $\overline{X}$를 예로 들어보자. $\overline{X}$의 분산은 $Var(\overline{X})=\hat{\sigma}^2_{\overline{X}}=\dfrac{\sigma^2}{n}$이고, 표준오차는 $\sqrt{Var(\overline{X})}=\sigma_{\overline{X}}=\dfrac{\sigma}{\sqrt{n}}$이다. 표준오차 $\sigma_{\overline{X}}$는 $\overline{X}$의 표본분포의 표준편차이므로 $\sigma_{\overline{X}}$가 작을수록 $\overline{X}$의 정밀도는 좋다고 할 수 있다. σ가 미지인 경우 표준오차의 추정치는 $\hat{\sigma}_{\overline{X}}=\dfrac{\hat{\sigma}}{\sqrt{n}}=\dfrac{S}{\sqrt{n}}$이 된다.

예제 7.2.2

어떤 알루미늄 합금의 열전도도 X는 평균 μ, 표준편차 σ의 정규분포에 따르는 것으로 알려져 있다. μ를 추정하기 위하여 $n=10$번의 열전도도 측정실험을 실시한 결과 42.26, 41.72, 42.18, 41.86, 41.81, 42.04, 41.60, 41.95, 42.34, 41.48를 얻었다. 이로부터 산출된 표본평균이 $\overline{x}=41.924$이며, 표본표준편차가 $s=0.284$이다. 표본평균의 표준오차를 추정하여 보자.

풀이 표본평균 $\overline{X}$의 표준오차의 추정치 $\hat{\sigma}_{\overline{X}}=\dfrac{S}{\sqrt{n}}=\dfrac{0.284}{\sqrt{10}}=0.0898$이다.

여기서, $\overline{X}$의 변동계수를 구해보면, $\nu_{\overline{X}}=\dfrac{S_{\overline{X}}}{\overline{x}}=\dfrac{0.0898}{41.924}\cong 0.0021$로 아주 작으므로 $\overline{X}=41.924$는 비교적 정밀한 μ의 추정치가 된다고 할 수 있다. ■

7.3 가설검정(Hypothesis Testing)

7.3.1 통계적 가설(Statistical Hypotheses)

앞 절에서 우리는 샘플데이터로부터 모수를 하나의 수치로 점추정하는 문제를 알아보았다. 그러나 때로는 모수에 관한 어떤 주장 혹은 요구조건이 충족되는지 아닌지를 확인해야 하는 문제에 직면하게 되는 경우도 있다. 이러한 경우 우리는 주장이나 요구조건을 하나의 가설로 수립하고, 이 가설이 맞는지 틀리는지를 통계적으로 입증해 나가는 과정을 가설검정이라고 한다. 가설검정은 특히 공학적 의사결정 과정에서 흔히 발생하는 중요한 문제이다. 예로서, 대규모 교량건설에 사용되는 특수 콘크리트의 강도가 설계에서 요구하는 강도를 만족하는지 여부는 교량건설의 비용과 성패에 중요한 요소가 된다. 가설검정 문제는 그 자체로서도 많은 활용성을 가지고 있지만, 공학적 의사결정 문제에 자주 이용되는 더 복잡하고 고급한 통계적 방법을 공부하는데 이론적 기초가 되므로 그 중요성이 더욱 크다고 할 수 있다. 우선 먼저 통계적 가설에 대한 정확한 정의를 내려보자.

정의 7.3.1

> 모집단의 확률분포, 혹은 그의 모수에 관한 주장 혹은 가정을 **통계적 가설**(statistical hypothesis)이라 한다.

우리가 어떤 특수 철강재의 인장강도에 관심이 있다고 하자. 이 철강재의 인장강도 X는 평균 μ, 분산 σ^2의 정규분포에 따른다고 가정한다. 특히, 우리의 관심이 인장강도의 모평균 μ가 50과 일치하는지 여부에 있다면, 다음과 같은 가설을 수립할 수 있을 것이다.

$$H_0 : \mu = 50, \quad H_1 : \mu \neq 50 \tag{7-3.1}$$

가설 (7-3.1)은 분명히 우리의 관심사를 적절히 표현해주는 가설이 될 것이다. 여기서 $H_0 : \mu = 50$을 **귀무가설**(null hypothesis)이라 하고, $H_1 : \mu \neq 50$을 **대립가설**(alternative hypothesis)라고 한다. 특히, 대립가설 H_1은 평균강도 μ가 50보다 클 수도($\mu > 50$) 작을 수도($\mu < 50$)있다는 내용을 담고 있으므로, 이러한 형태의 대립가설을 **양측 대립가설**(two-sided alternative hypothesis)이라 부른다. 또한, 이와 같이 양측 대립가설을 갖는 (7-3.1)과 같은

형태의 가설을 검정하는 것을 **양측검정**(two-sided test)이라고 한다.

때로는 우리의 관심 내용에 따라 다음과 같이 **단측 대립가설**(one-sided alternative hypothesis)을 수립할 수도 있다.

$$H_0 : \mu = 50,\ H_1 : \mu > 50 \quad \text{혹은} \quad H_0 : \mu = 50,\ H_1 : \mu < 50 \tag{7-3.2}$$

단측 대립가설을 갖는 (7-3.2)와 같은 형태의 가설을 검정하는 것을 단측검정(one-sided test)이라고 한다.

귀무가설 H_0에 규정되는 모수의 값은 과거의 경험, 기존의 학설, 설계 혹은 계약 상의 요건 등을 반영하여 결정되는 것이고, 대립가설의 내용은 귀무가설에 대립되는 것으로 한다. 가설검정은 모집단에서 임의 추출하여 얻은 표본자료에 기초하여 수행된다. 만약 표본자료의 정보가 대립가설 H_1의 내용과 부합된다면 H_0는 거짓이고 H_1이 옳다는 판단을 내리게 되는데, 이때 우리는 "귀무가설 H_0를 기각(reject H_0)한다."고 표현한다. 반면에, 표본의 정보가 대립가설 H1의 내용과 부합되지 않는다면 H_1이 거짓이라는 판단을 내리고, "귀무가설 H_0를 기각하지 못한다(not reject H_0)."고 표현 한다. 가설검정의 목적은 귀무가설 H_0의 내용이 되는 과거의 경험, 기존의 학설, 혹은 설계나 계약 상의 요건 등을 부정할 수 있는 확실한 증거가 표본자료에 나타나는 지를 확인하여 보는 것으로, 확실한 증거가 표본자료에 나타나지 않으면 귀무가설 H_0의 내용이 그대로 인정되는 것이므로 귀무가설 H_0를 중심으로 하는 표현 방식을 사용하는 것이다. 또한, 때로는 H_0를 기각하지 못할 때 H_0를 채택(accept)한다는 표현을 사용하기도 하는데, 이것은 잘못된 표현이다. 왜냐하면 H_1이 거짓이라고 해서 반드시 H_0가 옳은 것은 아니기 때문이다.

사실, H_0와 H_1중 어느 가설이 옳고 그른지는 대상 모집단 전체를 조사하지 않는 한 결코 알 수가 없을 것이다. 그러나 모집단 전체를 조사한다는 것은 현실적으로 불가능하거나 비경제적이기 때문에 확률표본에 의거하여 가설검정을 수행하게 되는 것이다. 따라서, 가설검정을 수행할 때는 항상 그릇된 판단을 내리게 될 확률, 즉 실수 혹은 오차를 범하게 될 확률을 염두에 두는 것이 중요하다.

가설의 수립 및 검정 수행의 기본적인 절차는 대부분의 경우 거의 동일하다고 볼 수 있다. 거의 모든 가설검정에서 귀무가설 H_0는 항상 관심 모수의 어떤 특정 값을 지정하고(예에서 $H_0 : \mu = 50$), 대립가설은 모수가 어떤 범위의 값을 취하게 되는 형태($H_1 : \mu \neq 50,\ H_1 : \mu > 50$, 혹은 $H_1 : \mu < 50$)로 하는 것이 일반적이다. 가설검정의 수행절차는 – 랜덤 샘플링에 의한 표본

의 추출, 표본 데이터로부터 검정통계량의 계산, 그리고 검정통계량의 값과 허용되는 오차의 범위에 의거한 귀무가설 H_0의 기각 여부 결정 등의 일련의 작업들로 이루어진다.

7.3.2 통계적 가설검정

앞 절의 특수 철강재의 인장강도에 대한 가설검정 문제를 다시 예로 들어 보자.

$$H_0 : \mu = 50, \quad H_1 : \mu \neq 50$$

철강재의 생산공정으로부터 크기 $n = 10$개의 표본을 추출하여 인장강도를 시험하여 모평균 μ의 추정치로서 표본평균 $\overline{X}$를 계산하였다고 하자. $\overline{X}$의 값이 50에 가까운 값이면 μ의 참값이 50이라는, 즉, 귀무가설 H_0가 진실이라는 증거가 될 것이다. 반대로 $\overline{X}$의 값이 50과 상당히 차이가 나는 값이라면 H_0는 거짓이고 대립가설 H_1이 진실이라는 증거가 될 것이다. 여기서, 표본평균 $\overline{X}$는 가설 $H_0 : \mu = 50$, $H_1 : \mu \neq 50$의 진위를 결정해주는 통계량 즉, 검정통계량(test statistic)이 되는 것이다. 좀 더 구체적으로 귀무가설 H_0에서 가정된 인장강도의 평균값 50으로부터 ±1.5의 오차를 인정하여, $\{48.5 \leq \overline{X} \leq 51.5\}$이면 귀무가설 H_0가 진실이고, 반대로 $\{\overline{X} < 48.5$ 혹은 $\overline{X} > 51.5\}$이면 H_0가 거짓이고 대립가설 H_1이 진실이라고 결론을 내린다고 가정하자. 다음의 [그림 7-3.1]을 참조하기 바란다.

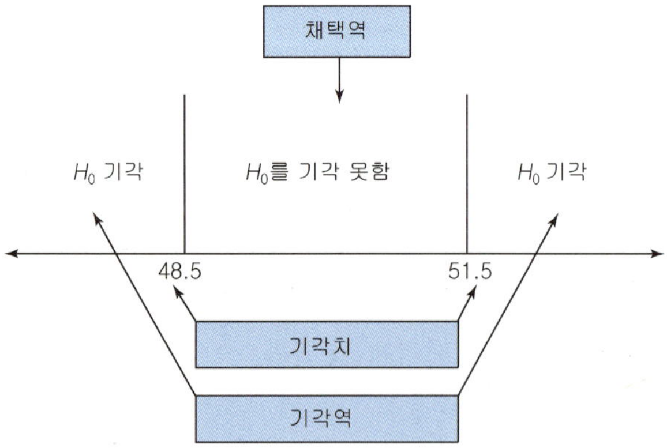

[그림 7-3.1] 가설검정의 기각역

여기서, $\{\overline{X} < 48.5$ 혹은 $\overline{X} > 51.5\}$를 기각역(critical region)이라고 부르며, 기각역의 경계값 48.5와 51.5를 기각치(critical value)라 한다. 표본평균 $\overline{X}$가 기각역에 속하면 우리는 H_0를

기각한다고 하며, 반대로 기각역의 보집합인 $\{48.5 \le \overline{X} \le 51.5\}$에 속하면 우리는 H_0를 기각하지 못한다고 표현한다. 앞에서 언급한 바와 같이 가설검정에서의 대부분의 표현은 귀무가설 H_0를 기준으로 하는 것이 관례이다.

가설검정의 의사결정 과정에는 두 유형의 잘못된 결정 즉, 오차를 수반하게 된다. 앞의 철강재 인장강도 예에서, μ의 참값이 실제로는 50인데, 표본자료로부터 표본평균 $\overline{X}$가 기각역 $\{\overline{X} < 48.5$ 혹은 $\overline{X} > 51.5\}$에 속하는 값이 얻어진다면 우리는 H_0를 기각하게 되어 μ가 50이 아니라는 잘못된 결정을 내리게 된다. 이와 같이 H_0가 진실인데 거짓이라고 잘못된 의사결정을 내리게 되는 것을 제1종 오류(type Ⅰ error)라고 부른다. 이와는 반대로 실제로는 μ의 참값이 50이 아닌데, 즉 H_0가 거짓이고 H_1이 진실일 때 표본평균 $\overline{X}$가 기각역의 보집합 $\{48.5 \le \overline{X} \le 51.5\}$에 속하는 값이 얻어지게 되면 우리는 H_0를 기각하지 못하고 μ는 50이라는 잘못된 결정을 내리게 된다. 이와 같이 H_0가 거짓인데도 불구하고 H_0를 기각하지 못하는 잘못을 제2종 오류(type Ⅱ error)라고 부른다. 가설검정에 수반되는 오류를 다음의 [표 7-3.1]과 같이 정리할 수 있다.

[표 7-3.1] 가설검정에 수반되는 오류

의사결정	H_0가 진실	H_0가 거짓
H_0를 기각	제1종 오류	옳은 결정
H_0를 기각하지 못함	옳은 결정	제2종 오류

가설검정은 모집단에서 임의 추출한 표본에 기초하여 이루어짐으로, 이에 수반하는 제1종 오류와 제2종 오류는 검정통계량의 표본분포에 따라 확률적 현상으로 발생하게 된다. 따라서 우리는 제1종 및 제2종 오류를 범할 확률을 검정통계량의 표본분포로부터 계산할 수 있다. 보통 제1종 오류를 범할 확률을 그리스 문자 α로 나타낸다. 즉,

$$\alpha = P(\text{제1종 오류}) = P(H_0\text{를 기각} \mid H_0\text{가 진실}) \quad (7\text{-}3.3)$$

때로는 제1종 오류를 범할 확률 α를 검정의 유의수준(significance level)이라 부르기도 한다. 철강재의 인장강도에 관한 예에 대해 제1종 오류를 범할 확률을 계산하여 보자.

예제 7.3.1

어떤 특수 철강재의 인장강도 X는 평균 μ, 표준편차 σ의 정규분포에 따르며, 표준편차 $\sigma = 2.5$로 알려져 있다. 모평균 μ에 관한 가설 $H_0 : \mu = 50$, $H_1 : \mu \neq 50$을 검정하고자 한다. 표본의 크기 $n = 10$, 기각역은 $\{\overline{X} < 48.5$ 혹은 $\overline{X} > 51.5\}$로 하기로 하였다. 이 검정의 제1종 오류를 범할 확률 α를 구해 보자.

풀이 $\alpha = P$(제1종 오류) $= P(H_0$를 기각 | H_0가 진실)로서, H_0가 진실 즉, μ의 참값이 50일 때 표본평균 $\overline{X}$가 기각역 $\{\overline{X} < 48.5$ 혹은 $\overline{X} > 51.5\}$에 속하는 확률이다. H_0가 진실일 때 $\overline{X}$는 평균 $\mu = 50$, 표준편차 $\sigma_{\overline{X}} = \dfrac{\sigma}{\sqrt{n}} = \dfrac{2.5}{\sqrt{10}}$의 정규분포에 따르므로,

$$\begin{aligned}\alpha &= P(\overline{X} < 48.5 \text{ 혹은 } \overline{X} > 51.5 \mid \mu = 50)\\ &= P(\overline{X} < 48.5 \mid \mu = 50) + P(\overline{X} > 51.5 \mid \mu = 50)\\ &= P\left(Z < \frac{48.5 - 50}{2.5/\sqrt{10}}\right) + P\left(Z > \frac{51.5 - 50}{2.5/\sqrt{10}}\right)\\ &= P(Z < -1.90) + P(Z > 1.90) = 2(0.0287) = 0.0574\end{aligned}$$

■

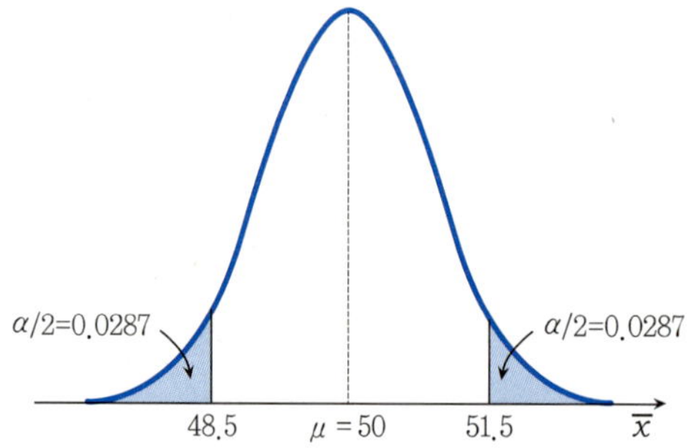

[그림 7-3.2] $H_0 : \mu = 50$, $H_1 : \mu \neq 50$**에 대한 기각역**

즉, 이 검정에서, H_0가 진실($\mu = 50$)일 때 얻어진 표본평균 $\overline{X}$의 5.74%는 기각역에 속하는 값을 갖게 될 수 있음을 의미한다.

제1종 오류를 범할 확률 α는 기각역과 표본의 크기 n을 변경시키면 그 값이 달라지게 된다. $n = 10$으로 그대로 놔두고, [그림7-3.2]에서 기각역을 양쪽 꼬리 쪽으로 더 밀어내서 $\{\overline{X} < 48.0$

혹은 $\overline{X} > 52.0\}$ 으로 축소하면 제1종 오류를 범할 확률 α값은 작아질 것이다. 즉,

$$\begin{aligned}\alpha &= P(\overline{X} < 48.0 \text{ 혹은 } \overline{X} > 52.0 \mid \mu = 50) \\ &= P(\overline{X} < 48.0 \mid \mu = 50) + P(\overline{X} > 52.0 \mid \mu = 50) \\ &= P\left(Z < \frac{48.0 - 50}{2.5 / \sqrt{10}}\right) + P\left(Z > \frac{52.0 - 50}{2.5 / \sqrt{10}}\right) \\ &= P(Z < -2.53) + P(Z > 2.53) = 2(0.0057) = 0.0114\end{aligned}$$

이번에는 기각역은 $\{\overline{X} < 48.5$ 혹은 $\overline{X} > 51.5\}$ 으로 본래대로 놔두고 표본의 크기 $n = 16$ 으로 증가시키면 α값이 작아지게 된다. 즉,

$$\begin{aligned}\alpha &= P(\overline{X} < 48.5 \text{ 혹은 } \overline{X} > 51.5 \mid \mu = 50) \\ &= P(\overline{X} < 48.5 \mid \mu = 50) + P(\overline{X} > 51.5 \mid \mu = 50) \\ &= P\left(Z < \frac{48.5 - 50}{2.5 / \sqrt{16}}\right) + P\left(Z > \frac{51.5 - 50}{2.5 / \sqrt{16}}\right) \\ &= P(Z < -2.40) + P(Z > 2.40) = 2(0.0082) = 0.0164\end{aligned}$$

이와 같이 기각역이 축소되든가 표본의 크기가 증가하면 제1종 오류를 범할 확률 α값은 작아지게 된다.

이번에는 제2종 오류를 범할 확률에 대해서 알아 보자. 제2종 오류를 범할 확률은 그리스 문자 β로 나타낸다. 즉,

$$\beta = P(\text{제2종 오류}) = P(H_0\text{를 기각하지 못함} \mid H_0\text{가 거짓}) \tag{7-3.4}$$

제2종 오류를 범할 확률 β를 계산하기 위해서는 대립가설 H_1의 영역에서 모수의 값을 지정해 주어야 한다.

예제 7.3.2

앞의 철강재의 인장강도에 관한 [예제 7.3.1]에서 제2종 오류를 범할 확률 β를 구해 보자. 인장강도, $X \sim N(\mu, \sigma^2)$, $\sigma = 2.5$ 이고, $H_0 : \mu = 50$, $H_1 = \mu \neq 50$ 에서 $n = 10$ 이고, 기각역 $= \{\overline{X} < 48.5, \overline{X} > 51.5\}$ 이다. 귀무가설 H_0에서 지정한 $\mu = 50$ 이 아닌 모든 μ의 값이 대립가설 H_1의 영역이므로, $\mu = 52$ 에서의 제2종 오류를 범할 확률 β (52)를 계산하여 보자([그림 7-3.3] 참조).

풀이 $\beta(52) = P(H_0$ 를 기각하지 못함 $\mid \mu = 52)$

$$= P(48.5 \le \overline{X} \le 51.5 \mid \mu = 52)$$

$$= P\left(\frac{48.5-52}{2.5/\sqrt{10}} \le Z \le \frac{51.5-52}{2.5/\sqrt{10}}\right)$$

$$= P(-4.43 \le Z \le -0.63) = 0.2643 - 0 = 0.2643$$

$$= \beta(48) = P(48.5 \le \overline{X} \le 51.5 \mid \mu = 48)$$

■

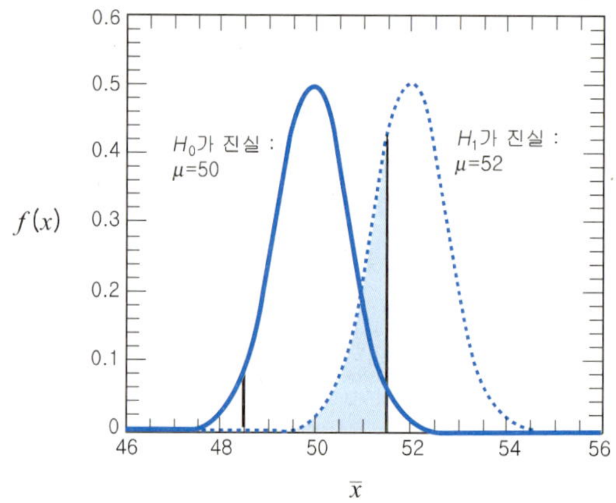

[그림 7-3.3] 제2종 오류를 범할 확률 $\beta(52)$

이 예에서와 같이 양측검정에서는 H_0에서 지정한 $\mu = 50$이 아닌 모든 μ의 값이 대립가설 H_1의 영역이며, 정규분포는 평균치를 중심으로 좌우 대칭이므로, $\mu = 50$에서 같은 크기($\pm\delta$)의 차이는 동일한 β 값을 갖는다. 즉, $\delta = 2$로 하면 $\mu = 52$에서의 β값 β (52)와 $\mu = 48$에서의 β값 β (48)은 동일하다.

제2종 오류를 범할 확률 β는 μ가 H_0에서 지정된 값 50에 가까이 접근해 감에 따라 급격히 증가 한다. $\mu = 50.5$에서의 제2종 오류를 범할 확률 β (50.5)를 계산하여 보자.

$\beta(50.5) = P(H_0$ 를 기각하지 못함 $\mid \mu = 50.5)$

$$= P(48.5 \le \overline{X} \le 51.5 \mid \mu = 50.5)$$

$$= P\left(\frac{48.5-50.5}{2.5/\sqrt{10}} \le Z \le \frac{51.5-50.5}{2.5/\sqrt{10}}\right)$$

$$= P(-2.53 \le Z \le -1.27) = 0.8980 - 0.0057 = 0.8953$$

제1종 오류를 범할 확률 α와 마찬가지로 제2종 오류를 범할 확률 β도 표본의 크기 n이 커지면 작아지게 된다. $n=16$일 때 $\beta(52)$를 계산하여 보자.

$$\begin{aligned}\beta(52) &= P(48.5 \le \overline{X} \le 51.5 \mid \mu = 52) \\ &= P\left(\frac{48.5-52}{2.5/\sqrt{16}} \le Z \le \frac{51.5-52}{2.5/\sqrt{16}}\right) \\ &= P(-5.60 \le Z \le -0.80) = 0.2119 - 0 = 0.2119\end{aligned}$$

아래의 [표 7-3.2]에 정리된 계산 결과로부터 기각역과 표본의 크기의 변화에 따른 제1종 오류를 범할 확률 α와 제2종 오류를 범할 확률 β의 영향을 이해하기를 바란다.

[표 7-3.2] 기각역과 표본의 크기가 제1종 오류를 범할 확률 α와 제2종 오류를 범할 확률 β에 미치는 영향

기각역	표본의 크기(n)	α	$\alpha(52)$	$\alpha(50.5)$
$\{\overline{X} < 48.5$ 혹은 $\overline{X} > 51.5\}$	10	0.0574	0.2643	0.8923
$\{\overline{X} < 48.0$ 혹은 $\overline{X} > 52.0\}$	10	0.0114	0.5000	0.9705
$\{\overline{X} < 48.5$ 혹은 $\overline{X} > 51.5\}$	16	0.0164	0.2119	0.9445
$\{\overline{X} < 48.0$ 혹은 $\overline{X} > 52.0\}$	16	0.0014	0.5000	0.9918

일반적으로 분석자들은 귀무가설 H_0를 기각했을 때 강한 의사결정(strong conclusion)을 내렸다고 생각한다. 왜냐하면 H_0는 기존의 이론 혹은 설계나 계약 상의 요구조건을 담고 있어서 H_0를 기각하는 것은 기존의 사실을 부정하는 의미를 갖기 때문이다. 따라서 제1종 오류를 범할 확률 α는 가능한 작게 하고자 한다. α값의 결정은 제1종 오류를 범했을 때 초래될 수 있는 위험, 혹은 경제성 등을 고려하는 데 사실 이 결정은 그리 쉬운 일은 아니다. 공학적 의사결정에서는 α값을 0.05로 하는 것이 거의 관례적이다. 때로는 0.01 혹은 0.10을 사용하기도 한다. 일반적으로 기각역은 α값을 고려하여 결정된다. 반면에 제2종 오류를 범할 확률 β는 H_0가 진실이 아닐 때의 모수의 값과 표본의 크기에 따라서 결정된다. 일반적으로 분석자들은 H_0를 기각하지 못하는 것을 H_0를 기각하는 것에 비하여 약한 의사결정(weak conclusion)이라고 생각한다. 독자들은 H_0를 기각하지 못했다고 해서 이것이 곧 H_0를 채택한다는 의미가 아니고, 단지 현재의 표본 자료만으로는 H_0를 기각할 만한 충분한 증거가 되지 못한다는 의미로 해석됨을 유의해 주기 바란다.

가설검정과 관련하여 자주 사용되는 개념으로 검정력(power of the test)이 있다.

정의 7.3.2

검정력이란 귀무가설 H_0가 진실이 아닐 때 H_0를 기각하는 확률, 즉 $1-\beta$이다.

앞의 [예제 7.3.2]의 철강재 인장강도 예에서 $\beta(52) = 0.2643$이었다. 따라서, $\mu=52$일 때 $H_0 : \mu=50$을 기각하여 옳은 결정을 내릴 확률, 즉 $\mu=52$일 때의 검정력 $1-\beta(52) = 1-0.2643 = 0.7357$이 된다. 이것은 모평균 μ가 50에서2만큼 커서 52일 때 이 차이를 탐지해 내는 확률이 0.7357이 된다는 의미이다. 검정력 $1-\beta$는 가설검정의 분해능을 나타내는 한 척도로 볼 수 있다. 검정력이 예상보다 작다면 포본의 크기 n을 더 크게 늘려야 한다.

7.3.3 양측검정과 단측검정

가설검정은 대립가설에 나타내는 모수값의 영역에 따라 양측검정과 단측검정으로 구분된다. 양측검정은 $H_0 : \theta = \theta_0$, $H_1 : \theta \neq \theta_0$와 같이 특정 값 θ_0가 아닌 모든 θ의 값이 모두 대립가설의 영역이 된다. 양측검정은 앞 절의 철강재의 인장강도 예에서와 마찬가지로 모수의 값이 특정한 값 θ_0와 일치하는가의 여부가 중요한 경우의 통계적 가설이다. 양측검정의 기각역은 앞 절 [그림 7-3.1]에서 본 바와 같이 검정통계량의 양쪽 영역에 나타난다. 한편, 때로는 문제에서 요구하는 내용에 따라 다음과 같은 단측검정의 가설이 필요한 경우도 있을 수 있다.

$$H_0 : \theta = \theta_0,\ H_1 : \theta > \theta_0 \tag{7-3.5}$$

혹은,

$$H_0 : \theta = \theta_0,\ H_1 : \theta < \theta_0 \tag{7-3.6}$$

대립가설의 형태는 문제에서 중요시 하는 내용에 따라 결정된다. 모수 θ의 값이 가정된 값 θ_0보다 크다는 사실을 탐지해 내는 것이 중요하다면 (7-3.5)처럼 $H_1 : \theta > \theta_0$로 하고, 그 반대의 경우라면 (7-3.6)처럼 $H_1 : \theta > \theta_0$로 할 수 있다. 또한, 단측검정의 기각역은 대립가설의 부등호에 대응되는 검정통계량의 영역에 따라 설정하면 될 것이다. 가설을 수립할 때, 귀무가설에서는 언제나 $H_0 : \theta = \theta_0$처럼 등호(=)를 사용하는데, 이렇게 함으로써 제1종 오류를 범할 확률을 하나의 특정 값으로 지정할 수 있는 편리함이 있다.

예제 7.3.3

앞의 철강재의 인장강도 문제에서 평균 강도가 50보다 작은 경우는 문제가 없으나 50보다 크다면 사용 상에 큰 문제를 야기시킬 소지가 있다면 다음과 같은 단측검정의 가설을 수립하게 된다.

$$H_0 : \mu = 50, \quad H_1 : \mu > 50$$

대립가설 $H_1 : \mu > 50$을 참고하여 기각역을 $\{\overline{X} > 51.5\}$로 정하고([그림 7-3.4] 참조), 제1종 오류를 범할 확률을 계산하여 보자.

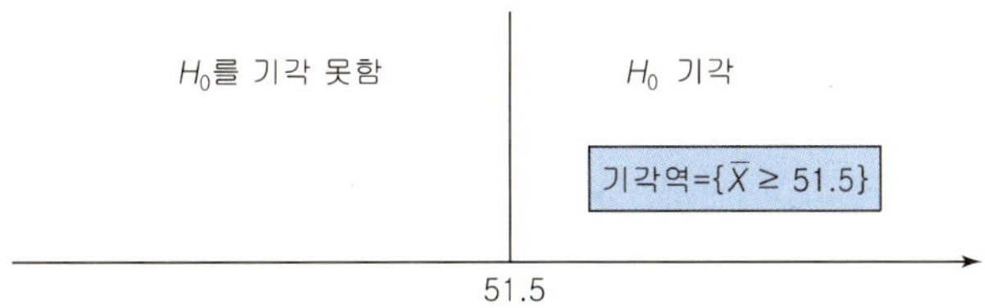

[그림 7-3.4] 단측검정 $H_0 : \mu = 50, \quad H_1 : \mu > 50$의 기각역

앞 절에서와 마찬가지로 검정통계량 $\overline{X} = \frac{1}{n}\sum_{i=1}^{n} x_i$는 $N\left(\mu, \frac{\sigma^2}{n}\right)$의 분포에 따르며, 여기서 $\alpha = 2.5$이다.

$$\begin{aligned} \alpha &= P(H_0\text{를 기각} \mid H_0\text{가 진실}) \\ &= P(\overline{X} > 51.5 \mid \mu = 50) \\ &= P(Z > 1.90) = 0.0287 \end{aligned}$$

이고, $\mu = 52$일 때 제2종 오류를 범할 확률은

$$\beta(52) = P(\overline{X} \le 51.5 \mid = 52) = P(Z \le -0.63) = 0.2643$$

이 된다. ■

현실문제에서 단측검정을 적용하는 경우, 어떤 형태의 대립가설을 사용하는 것이 타당한지 판단하기가 곤란한 경우가 흔히 있다. 예로서 음료수 캔의 파열강도에 대한 가설검정 문제를 생각하여 보자. 더운 여름날에는 캔의 내부 압력이 증가하여 파열할 염려가 있음으로 설계규격에서 최소의 파열강도를 규정하고 있다. 설계규격에서 평균 파열강도가 최소 200psi 이상으로 규정되어 있는 캔을 납품 받고 있는 음료수 회사의 구매담당자가 현재의 공급자가

납품하고 있는 캔이 요구되는 최소 파열강도를 만족하는지 여부를 확인하기 위한 가설검정을 실시한 한다고 하자. 이 검정을 위하여 다음의 두 가지 가설을 생각할 수 있다.

$$H_0 : \mu = 200,\ \ H_1 : \mu > 200 \tag{7-3.6}$$

$$H_0 : \mu = 200,\ \ H_1 : \mu < 200 \tag{7-3.7}$$

가설 (7-3.6)의 우측검정에서 H_0가 기각된다면, 현재 납품되고 있는 캔들은 설계에서 요구하는 최소 파열강도를 만족하는 것으로 판단될 것이고, 가설 (7-3.7)의 좌측검정에서는 H_0가 기각되지 않아야 요구되는 평균강도를 만족하는 것으로 판단하게 될 것이다. 어느 대립가설을 사용하는 것이 옳은가? 답은 경우마다 다르다고 할 수 있다. (7-3.6)의 우측검정에서는 평균강도가 실제로 200보다 약간 큰 경우라도 H_0를 기각하지 못하는 확률이 존재할 수 있으며, 평균강도가 200보다 충분히 커야만 확실히 H_0가 기각될 수 있다. 즉, 현재의 공급자는 실제 평균강도가 200보다 충분히 커야만 현재의 캔이 규격을 만족한다는 판정을 받을 수 있다. 따라서, 현재의 공급자의 품질이 의심되는 경우에는 (7-3.6)의 우측검정이 타당하다고 볼 수 있다. 반면에 (7-3.7)의 좌측검정에서는 실제 평균강도가 200보다 약간 작은 경우라도 H_0가 기각되지 않을 확률이 존재하며, 실제 평균강도가 200보다 충분히 작은 경우에 H_0가 확실히 기각될 수가 있다. 따라서 현재의 공급자의 품질을 신뢰하고 있는 경우라면 (7-3.7)의 좌측검정을 사용하는 것이 타당할 것이다.

가설검정에서는 항상 H_0를 기각하는 것을 강한 의사결정으로 여긴다는 것을 유의하자. 따라서, H_0를 기각함으로써 분석자가 증명해 보이고 싶은 사실을 지지하는 의사결정(즉, 강한 의사결정)이 내려질 수 있도록 대립가설을 세우는 것이 타당할 것이다.

참고

OC 곡선과 검정능력 곡선

가설검정의 목적은 내세운 가설이 옳은가 그른가를 판단하는데 있다. 그러나 검정은 모집단으로부터 추출한 확률표본에 의거하여 수행되므로 검정의 결과로 100% 옳은 판단을 기대할 수는 없으며, [표 7-3.1]에 적시된 바와 같이 제1종 오류와 제2종 오류가 항상 수반되게 된다. 또한 제2종 오류를 범할 확률 β는 [예제 7.3.1]과 [예제 7.3.2]에서 설명된 바와 같이 모집단의 평균치 μ의 값에 따라 달라진다. 즉, β는 μ의 함수 $\beta(\mu)$로 볼 수 있다.

우리는 이러한 사실로부터 주어진 가설검정 절차의 '옳은 판단을 할 수 있는 능력'을 평가할 수 있다. 즉, 여러 가지 μ값에 대해 $\beta(\mu)$를 계산하여 '$\mu-\beta(\mu)$'의 그라프를 그려보는 것이다. 흔히 이 '$\mu-\beta(\mu)$'의 그라프를 OC 곡선(Operating Characteristic Curve)라고 부른다. 여기서 $\beta(\mu)$는 평균치 μ에서의 제2종 오류를 범할 확률이므로 '$1-\beta(\mu)$'는 '옳은 판단을 할 확률'이 된다. 따라서 '$1-\beta(\mu)$'를 주어진 검정절차의 검정능력(power of test)이라고 부른다. OC곡선과 마찬가지로 여러 가지 μ값에 대한 '$1-\beta(\mu)$'의 그라프를 그릴 수 있는데 이 그라프를 검정능력곡선이라고 한다.

하나의 검정절차에는 하나의 OC곡선 혹은 검정능력곡선이 반듯이 존재하므로, OC곡선과 검정능력곡선은 하나의 가설검정절차의 적절성을 평가하거나 혹은 여러 개의 검정절차의 상대적 우수성을 비교하는데 많이 사용된다.

예제 7.3.4

OC곡선과 검정능력곡선

한 소프트웨어 개발회사에서는 이 회사에서 새로 개발한 특정 소프트웨어의 시장점유율(p)이 20%를 초과할 것으로 예상하고 있다. 이를 확인하기 위해 가설 H0: $p=0.2$, H1: $p>0.2$를 수립하고, 이 소프트웨어의 예상 잠재고객 중에서 임의로 $n=10$명을 선택하여 제품의 구매 여부를 조사하였다. 조사 결과 이 회사제품 구매자 수(X)가 4명 이상이면 귀무가설 H0를 기각하기로 하였다. 즉, 기각역은 $\{X \geq 4\}$ 이고, $X \sim b(x;\, n=10,\, p)$이므로

제1종 오류를 범할 확률

$$\alpha = P(X \geq 4 \mid p=0.2) = \sum_{x=4}^{10} \binom{10}{x} (0.2)^x (0.8)^{10-x} = 0.1209$$

제2종 오류를 범할 확률

$$\beta(p) = 1 - P(X \geq 4 \mid p) = 1 - \sum_{x=4}^{10} \binom{10}{x} p^x (1-p)^{10-x}$$

에서 여러 가지 p값에 대해 $\beta(p)$와 $1-\beta(p)$를 계산한 결과가 [표 7-3.3]이고, [표 7-3.3]으로부터 얻은 OC곡선과 검정능력곡선이 [그림 7-3.5]의 (a)와 (b)이다. [그림 7-3.5]에서 참고선은 $p=0.2$에서 $\alpha=0.1209$가 됨을 나타내고 있다. ■

[표 7-3.3] [예제 7.3.4]의 $\beta(p)$ 값과 $1-\beta(p)$ 값

p	$\beta(p)$	$1-\beta(p)$
0.05	0.998972	0.001028
0.10	0.987205	0.012795
0.15	0.950030	0.049970
0.20	0.879126	0.120874
0.25	0.775875	0.224125
0.30	0.649611	0.350389
0.35	0.513827	0.486173
0.40	0.382281	0.617719
0.45	0.266038	0.733962
0.50	0.171875	0.828125
0.55	0.101995	0.898005
0.60	0.054762	0.945238
0.65	0.026024	0.973976
0.70	0.010592	0.989408

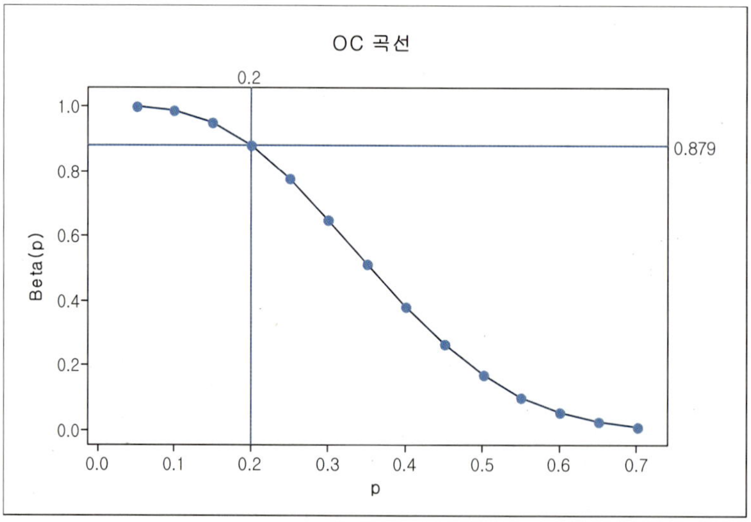

[그림 7-3.5] (a) [예제 7.3.4]의 OC 곡선

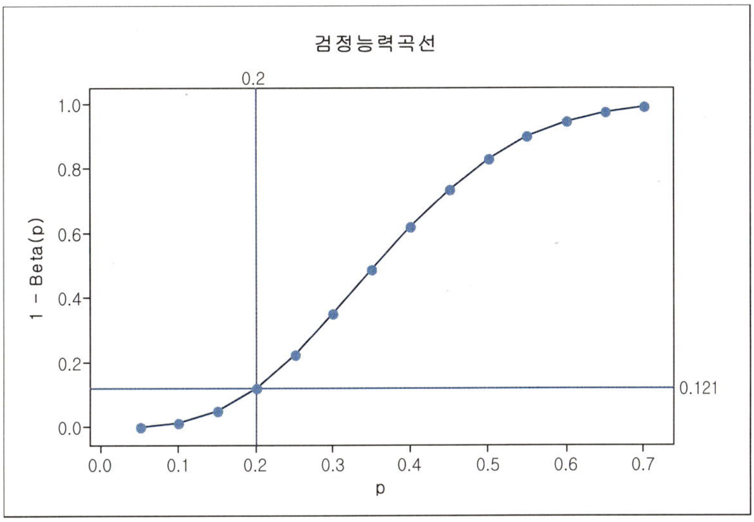

[그림 7-3.5] (b) [예제 7.3.4]의 검정능력곡선

7.3.4 $P-$값

가설검정에서 먼저 결정해야 할 중요 사항 중 하나가 유의수준 α이다. 앞 절에서 본 바와 같이 유의수준이란 제1종 오류를 범할 확률 – 즉, H_0가 진실일 때 잘못 판단하여 H_0를 기각하게 되는 확률을 말한다. 유의수준을 결정하는 일은 진실인 H_0를 기각하는 오류를 분석자가 얼마나 심각하게 생각하는가에 달려 있는 만큼 다분히 주관적인 문제로 볼 수 있다. 보통 0.05, 0.01, 혹은 0.10이 흔히 사용된다. 동일한 가설과 자료를 가지고도 유의수준을 얼마로 하느냐에 따라 정 반대의 결론을 내리게 되는 수가 많다. 이러한 문제를 해결하기 위해 제시된 것이 $P-$값(P-value)이다. 귀무가설 H_0가 진실일 때, 검정통계량의 실제 관측값으로 H_0를 기각하게 되는 확률을 $P-$값이라 하는데, 이것은 H_0가 진실일 때 검정통계량이 특정 분포에 따른다는 사실로부터 쉽게 구할 수 있다.

정의 7.3.3

$P-$값(P-value)이란 H_0가 진실일 때 검정통계량이 표본으로부터 계산된 실제 관측값보다 더 극단적인 기각역의 값을 가질 확률이다. 즉,

$P-$값 $=$ P(검정통계량이 관측값보다 더 극단적인 기각역의 값 | H_0 진실)

$=$ P(검정통계량의 관측값으로 H_0를 기각 | H_0 진실)

$=$ 검정통계량의 관측값으로 제1종 오류를 범하게 될 확률

앞 절 [예제 7.3.1]의 철강재 인장강도 예를 다시 생각하여 보자.

인장강도, $X \sim N(\mu,\ \sigma^2)$, $\sigma = 2.5$이며, 가설 $H_0 : \mu = 50$, $H_1 : \mu \neq 50$을 표본의 크기 $n = 10$, 기각역$= \{\overline{X} < 48.2,\ \overline{X} > 51.8\}$으로 하여 검정하고자 한다.

지금 $n = 10$의 표본으로부터 표본평균 $\overline{X} = 51.8$을 얻었다고 하면, 귀무가설 H_0가 진실일 때 표본평균 $\overline{X} \sim N\left(50,\ \frac{2.5^2}{10}\right)$이므로

$$
\begin{aligned}
P-\text{값} &= P(\overline{X} < 48.2 \mid \mu = 50) + P(\overline{X} > 51.8 \mid \mu = 50) \\
&= P\left(Z < \frac{48.2 - 50}{2.5 / \sqrt{10}}\right) + P\left(Z > \frac{51.8 - 50}{2.5 / \sqrt{10}}\right) \\
&= P(Z < -2.28) + P(Z > 2.28) = 2(0.0113) = 0.0226
\end{aligned}
$$

여기서는 양측검정이므로 H_0에서 지정된 값 50을 중심으로 양쪽 영역에 기각역이 나타나므로, $\overline{X}$의 실제 관측값 51.8보다 클 확률과 함께 이에 대응되는 관측값 48.2보다 작을 확률도 함께 $P-$값 계산에 고려되어야 할 것이다. 다음의 [그림 7-3.6]을 참고하기 바란다.

이 예에서 기각역은 $\{\overline{X} < 48.5,\ \overline{X} > 51.5\}$이고 $\overline{X}$의 실제 관측값은 51.8이므로 H_0를 기각하게 된다. 또한 $\overline{X}$의 실제 관측값 51.8로 H_0를 기각했을 때 제1종 오류를 범하게 될 확률인 $P-$값도 0.0226으로 비교적 작은 값이므로 H_0를 기각할 수 있다. 이와 같이 $P-$값이 작을수록 H_0를 기각하는 확실한 증거가 된다고 할 수 있다.

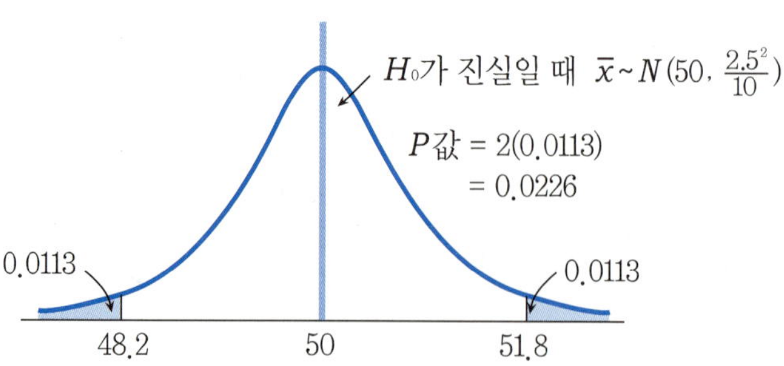

[그림 7-3.6] P-값의 계산

요즈음에는 지정된 유의수준으로부터 기각역을 설정하여 H_0의 기각 여부를 판정하는 방법보다 실험 결과에 따른 $P-$값을 계산하여 제시하는 것이 더 선호되는 경향이 있다. 왜냐하면 분석자는 P-값을 제시하는데 그치고, 실질적인 의사결정권자가 $P-$값의 크기를 고려하여 판단하는 것이 더 합리적일 수 있기 때문이다. 대부분의 통계분석용 소프트웨어는 $P-$값에 의한 의사결정 방법을 채택하고 있다.

연습문제

1. $X_1, X_2, \ldots, X_{10}$은 평균 μ, 분산, σ^2의 모집단에서 얻은 확률표본이다. 평균 μ의 추정량으로 다음의 $\hat{\Theta}_1$와 $\hat{\Theta}_2$을 고려하고 있다.

$$\hat{\Theta}_1 = \frac{X_1 + X_2 + \ldots + X-10}{10}$$

$$\hat{\Theta}_2 = \frac{5X_2 + 2X_4 - X_7}{3}$$

a) 어느 것이 불편 추정량인가? 또한, 분산이 더 작은 추정량은 어느 것인가?

b) 각각의 MSE를 구하라.

2. 평균 μ, 분산 σ^2의 모집단에서 추출한 확률표본 $X_1, X_2, \ldots, X_n$으로부터 분산 σ^2의 추정량을 $\hat{\sigma}^2 = \frac{1}{n}\sum_{i=1}^{n}(X_i - \overline{X})^2$이라 할 때, 이것은 σ^2의 편기된 추정량(biased estimator)임을 밝혀라.

3. $X_1, X_2, \ldots, X_n$은 평균 μ, 분산 σ^2의 모집단으로부터 추출한 확률표본이다. 표본평균의 제곱 $\overline{X}^2$은 μ^2의 편기된(biased) 추정량임을 보이고, 표본의 크기 n이 증가함에 따라 편기의 크기는 어떻게 되는지 설명하라.

4. $N(\mu, \sigma^2)$, $\sigma = 3$의 모집단에서 추출한 크기 n의 확률표본의 표본평균을 $\overline{X}$라 할 때, $P(\overline{X}-1 < \mu \overline{X}+1) = 0.975$를 만족하는 표본의 크기 $n=$?

5. 어떤 전력공급장치의 출력전압은 표준편차 $0.25\,V$의 정규분포에 따른다고 한다. 출력전압의 평균치에 대한 가설, $H_0 : \mu = 5\,V$, $H_1 : \mu \neq 5\,V$을 검정하고자 한다. 크기 $n=16$의 확률표본의 표본평균 $\overline{X}$를 검정통계량으로 하여 가설의 기각역을 $\{\overline{x} < 4.85,\ \overline{x} > 5.15\}$로 하였다.

a) 제1종 오류를 범할 확률 $\alpha=$?

b) $\mu = 5.1\,V$일 때, 제2종 오류를 범할 확률 $\beta=$?

6. 확률변수 X는 평균 λ의 포아송 분포에 따른다. 가설 $H_0 : \lambda = 0.5$, $H_1 : \lambda < 0.5$을 크기 $n=12$의 확률표본 $X_1, X_2, \ldots, X_{12}$에 의하여 검정하고자 한다.

기각역을 $\left\{\sum_{i=1}^{12} X_i \leq 2.0\right\}$으로 할 때 제1종 오류를 범할 확률은?

7. $P(S) = p$인 베르누이 시행을 반복 실시할 때 성공(S)이 처음으로 발생할 때까지의 시행회수 X는 확률질량함수 $f(x) = p(1-p)x-1$, $x = 1, 2, \ldots$인 기하분포에 따른다. 가설 $H_0 : p = 0.2$, $H_1 : p > 0.2$을 검정하고자 한다. 기각역을 $\{X \leq 3\}$이라 할 때

a) 제1종 오류를 범할 확률 $\alpha=$?

b) p=0.3 일 때 제2종 오류를 범할 확률 $\beta=$?

8. $N(\mu, \sigma^2)$, $\sigma = 0.0015$인 모집단에 대해 μ에 대한 가설 $H_0 : \mu = 0.25$, $H_1 : \mu < 0.25$을 유의수준 $\alpha = 0.01$에서 검정하고자 한다. 단, 표본의 크기 $n=10$이다

a) 표본평균 $\overline{X}$가 얼마 이하일 때 귀무가설이 기각되겠는가?

b) $\mu = 0.248$일 때의 $\beta=$?

9. 표준편차 $\sigma = 500$인 정규분포 모집단의 평균치에 대한 가설 $H_0 : \mu = 13{,}500$, $H_1 : \mu \neq 13{,}500$을 유의수준 $\alpha = 0.05$에서 검정하고자 한다. 모집단에서 크기 $n=9$의 확률표본을 추출하여 표본평균 $\overline{X} = 12{,}260$을 얻었다.

a) 가설검정을 수행하라.

b) 모집단의 평균치 $\mu = 13{,}000$일 때 제2종 오류를 범할 확률 $\beta=$?

8 정규분포 모집단에 관한 추론

Industrial statistics

8.1 정규분포 모집단의 평균치에 관한 추론 - 모분산 값이 알려진 경우

자연과학이나 공학적 실험자료 또는 사회 현상에 대한 조사 자료들은 대부분 정규분포에 따르거나 정규분포와 비슷한 좌우대칭 형태의 분포에 따르는 경우가 많아서 중심극한의 정리에 의해 정규분포로 근사해도 무방한 경우가 많다. 이 절에서는 모분산의 값을 알고 있다는 가정 아래 정규분포 모집단의 모평균 μ에 관한 가설검정과 신뢰구간 추정에 대해 알아보기로 한다.

$X_1, X_2, \ldots, X_n$을 평균 μ, 분산 σ^2의 정규분포 모집단으로부터 랜덤 샘플링한 크기 n의 표본이라 할 때, 표본평균 $\overline{X}$는 모평균 μ의 불편추정량이다. 또한 $\overline{X}$는 $N\left(\mu, \dfrac{\sigma^2}{n}\right)$의 분포에 따르며, 따라서 $Z=\dfrac{\overline{X}-\mu}{\sigma/\sqrt{n}}$은 $N(0, 1)$의 표준정규분포에 따른다는 사실을 우리는 이미 알고 있다.

8.1.1 평균치에 관한 가설검정

평균 μ, 분산 σ^2의 정규분포에 따르는 모집단에 대해 다음의 (8-1.1)의 양측검정의 가설을 유의수준 α에서 검정하는 경우를 생각하여 보자. 여기서 분산 σ^2의 값은 이미 알고 있는 것으로 가정한다.

$$H_0 : \mu=\mu_0, \quad H_1 : \mu \neq \mu_0 \tag{8-1.1}$$

여기서 μ_0는 지정된 상수이다. 모집단에서 추출한 크기 n의 확률표본 $X_1,\ X_2,\ \ldots,\ X_n$의 표본평균 $\overline{X}$는 귀무가설 $H_0: \mu = \mu_0$이 진실일 때 평균 μ_0, 분산 $\dfrac{\sigma^2}{n}$의 정규분포에 따르게 되므로 $\overline{X}$를 검정통계량으로 하여 (8-1.1)의 가설을 검정할 수 있다. 그러나, $\overline{X}$를 표준화하여 아래의 (8-1.2)를 검정통계량으로 하는 것이 더 편리하다.

$$Z_0 = \frac{\overline{X} - \mu_0}{\sigma / \sqrt{n}} \tag{8-1.2}$$

검정통계량 (8-1.2)는 귀무가설 $H_0: \mu = \mu_0$가 진실일 때 평균 0, 분산 1의 표준정규분포에 따르게 된다. 따라서, 귀무가설 $H_0: \mu = \mu_0$이 진실일 때 $P(-z_{\alpha/2} \le Z_0 \le z_{\alpha/2} \mid H_0) = 1 - \alpha$이므로, 기각역은

$$\{z_0 < -z_{\alpha/2},\ z_0 > z_{\alpha/2}\} \tag{8-1.3}$$

이 된다. 다음 [그림 8-1.1 (a)]를 참고하기 바란다.

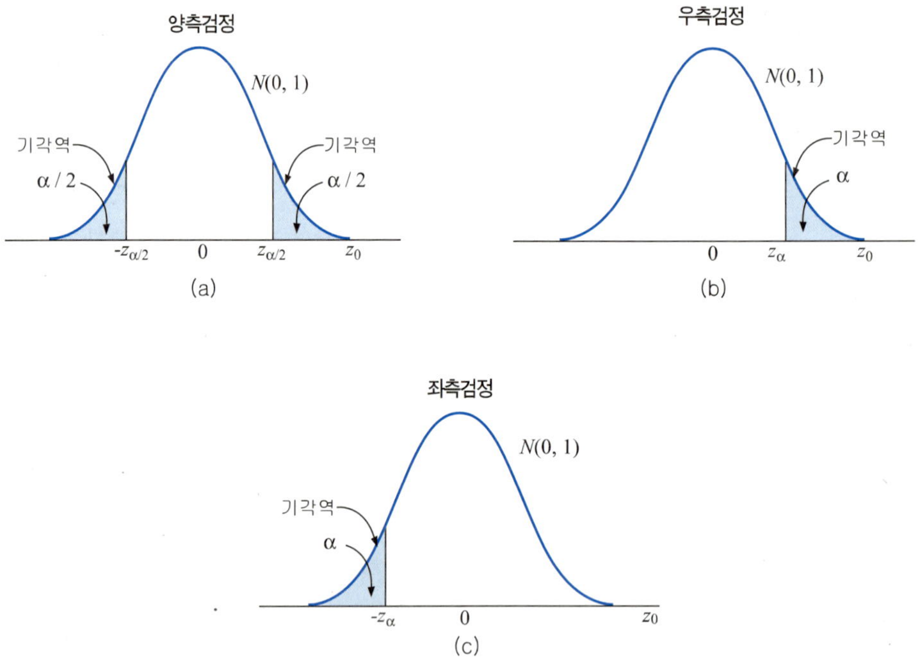

[그림 8-1.1] 양측검정과 단측검정의 기각역

즉, 검정통계량 (8-1.2)의 관측값 z_0가 $z_0 < -z_{\alpha/2}$이거나 $z_0 > z_{\alpha/2}$이면 H_0를 기각하게 된다. 앞 절의 [예제 7.3.1]의 철강재 인장강도 예 에서처럼 $\overline{X}$를 직접 검정통계량으로 하면 기각역은

$$\left\{\overline{X} < \mu_0 - z_{\alpha/2}\frac{\sigma}{\sqrt{n}},\ \overline{X} > \mu_0 + z_{\alpha/2}\frac{\sigma}{\sqrt{n}}\right\} \tag{8-1.4}$$

로 될 것이다. 물론 Z_0를 검정통계량으로 하거나 $\overline{X}$를 직접 검정통계량으로 하거나 동일한 것이지만 Z_0를 사용하는 것이 더 편리하므로 Z_0를 검정통계량으로 하는 것이 관례이다.

$P-$값의 계산도 Z_0를 검정통계량으로 함으로써 더욱 쉽게 할 수 있다. 아래의 [그림 8-1.2 (a)]를 참고하기 바란다.

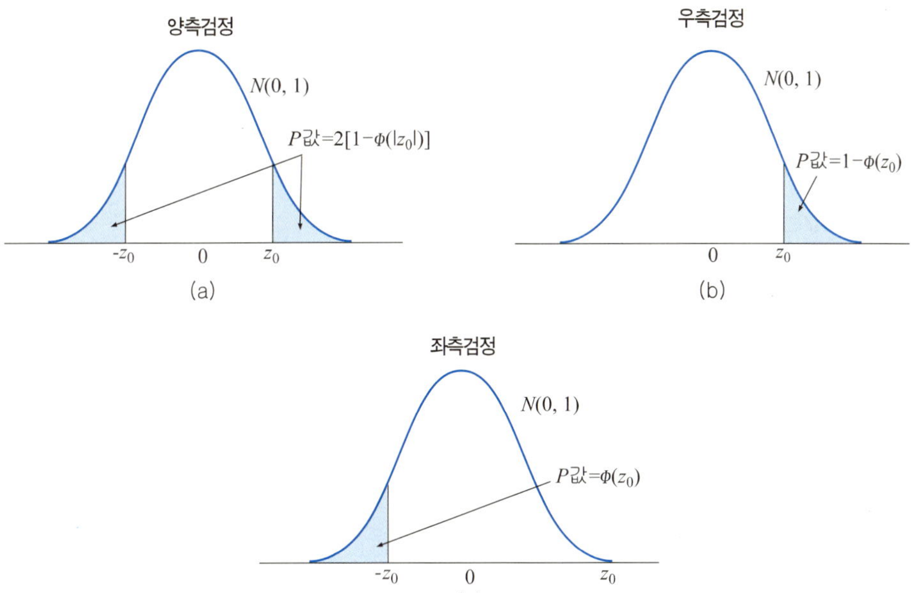

[그림8-1.2] 양측검정과 단측검정의 $P-$값

$$\begin{aligned} P-\text{값} &= P(\text{검정통계량이 관측값보다 더 극단적인 기각역의 값} \mid H_0 \text{ 진실}) \\ &= P(\text{검정통계량의 관측값으로 } H_0\text{를 기각} \mid H_0 \text{ 진실}) \\ &= P(Z < -z_0,\ \text{혹은 } Z > z_0) = P(Z < -z_0) + P(Z > z_0) \\ &= 2P(Z > z_0) = 2[1 - \Phi(z_0)] \end{aligned} \tag{8-1.5}$$

단측검정의 경우도 마찬가지이다.

$$H_0: \mu = \mu_0, \quad H: \mu > \mu_0 \tag{8-1.6}$$

$$H_0: \mu = \mu_0, \quad H: \mu < \mu_0 \tag{8-1.7}$$

양측검정에서와 같이 검정통계량 $Z_0 = \dfrac{\overline{X} - \mu_0}{\sigma / \sqrt{n}}$ 은 귀무가설 $H_0: \mu = \mu_0$이 진실일 때 표준정규분포에 따르게 되고, 따라서 (8-1.6)의 우측검정의 기각역은

$$\{Z_0 > Z_\alpha\} \tag{8-1.8}$$

이고([그림 8-1.1] (b) 참조), (8-1.7)의 좌측검정의 기각역은

$$\{Z_0 < -Z_\alpha\} \tag{8-1.9}$$

가 된다([그림 8-1.1] (c) 참조).

$P-$값 역시 (8-1.8)의 우측검정의 경우

$$P-\text{값} = P(Z > z_0) = 1 - \Phi(z_0) \tag{8-1.10}$$

이 되고([그림 8-1.2] (b) 참조), (8-1.9)의 좌측검정의 경우

$$P-\text{값} = P(Z < -z_0) = \Phi(z_0) \tag{8-1.11}$$

이 된다([그림 8-1.2] (c) 참조).

앞 절에서 설명한 바와 같이 $P-$값은 작을수록 H_0를 기각하는 더 확실한 증거가 됨을 잊지 말자.

이상의 검정절차를 정리 요약하면 다음과 같다.

[σ^2값이 알려진 경우, 정규분포 모집단의 평균치에 관한 가설검정 요약]

양측검정 $H_0: \mu = \mu_0$, $H_1: \mu \neq \mu_0$ 유의수준 α

검정통계량 $Z_0 = \dfrac{\overline{X} - \mu_0}{\sigma / \sqrt{n}} \sim N(0,\ 1)\ under\ H_0$

기각역 $\{Z_0 < -z_{a/2},\ Z_0 > z_{a/2}\}$

$P-value = 2\,(Z > |z_0|)$

단측검정

1) $H_0 : \mu = \mu_0$, $H_1 : \mu > \mu_0$

기각역= $\{Z_0 > z_\alpha\}$

$P-value = P(Z > z_0)$

2) $H_0 : \mu = \mu_0$, $H_1 : \mu < \mu_0$

기각역= $\{Z_0 < z_\alpha\}$

$P-value = P(Z < z_0)$

예제 8.1.1

교량건설에 사용되는 특수 철강재의 인장강도 X는 평균 μ, 표준편차 σ의 정규분포에 따르는 것으로 알려져 있다. 평균 μ가 기준치 50과 일치하는지 여부를 검정하기 위한 가설 $H_0 : \mu = 50$, $H_1 : \mu \neq 50$을 유의수준 $\alpha = 0.05$에서 검정하고자 한다. 이 철강재의 생산공정으로부터 임의 추출한 크기 $n = 25$의 표본으로부터 표본평균 $\bar{x} = 51.3$을 얻었다. 어떤 결론을 내리겠는가? 단, $\sigma = 2.0$

풀이 $\alpha = 0.05 \Rightarrow$ 기각역 : $\{Z_0 < -z_{0.025} = -1.96,\ Z_0 > z_{0.025} = 1.96\}$

$n = 25 \rightarrow \bar{X} = 51.3$

$$Z_0 = \frac{\bar{X} - \mu_0}{\sigma / \sqrt{n}} = \frac{51.3 - 50}{2.0 / \sqrt{25}} = 3.25 > 1.96$$

검정통계량의 관측값이 3.25로 $\alpha = 0.05$의 기각역에 속하므로 H_0를 기각할 수 있다. 따라서 유의수준 5%에서 평균 인장강도는 기준치 50과 차이가 있다고 할 수 있다.

$$P-값 = 2P(Z > z_0) = 2P(Z > 3.25) = 2(0.000577) = 0.001154$$

검정통계량의 관측값 3.25로 H_0를 기각했을 때 이 결정이 제1종 오류가 될 확률인 $P-$값이 0.001154로 미리 지정한 유의수준 0.05보다 훨씬 작은 값이므로 H_0기각함이 타당하다고 볼 수 있다. ■

참고

모집단 $\{N(\mu, \sigma^2),\ \sigma = 13.3\}$에 대해

○ $H_0 : \mu = 72$, $H_1 : \mu > 72$을 $\alpha = 0.10$으로 검정

$\Rightarrow$ 기각역= $\{Z_0 > z_{0.10} = 1.28\}$

* $n = 50$의 표본에서 $\bar{x} = 74.1$을 얻었다면 $z_0 = 1.12$이므로 H_0를 기각할 수 없다.
  이때 $P-$값 $= P(\bar{X} > 74.1 \mid \mu = 72) = P(Z > 1.12) = 0.1314$
* 같은 표본에서 $\bar{x} = 72.1$을 얻었다면 $z_0 = 0.053$이므로 역시 H_0를 기각할 수 없다.
  이때 $P-$값 $= P(\bar{X} > 72.1 \mid \mu = 72) = P(Z > 0.053) = 0.4801$

○ $H_0 : \mu = 72,\ H_1 : \mu \neq 72$을 $\alpha = 0.10$으로 검정한다면
  $\Rightarrow$ 기각역$= \{Z_0 < -z_{0.05} = -1.645,\ z_0 > z_{0.005} = 1.645\}$
  * 역시 $n = 50$의 표본에서 $\bar{x} = 74.1$을 얻었다면 $z_0 = 1.12$이므로 H_0를 기각할 수 없다.
    이때 $P-$값 $= P(\bar{X} < 69.9 \mid \mu = 72) + P(\bar{X} > 74.1 \mid \mu = 72)$
    $= P(Z < -1.12) + P(Z > 1.12) = 2(0.1314) = 0.2628$

8.1.2 제2종 오류를 범할 확률과 표본의 크기의 결정

가설검정에서 제1종 오류를 범할 확률 α는 분석자가 직접 주관적인 판단에 의해 결정한다. 그러나 제2종 오류를 범할 확률 β는 표본의 크기 n와 관련하여 결정된다. 여기서 우리는 제2종 오류를 범할 확률 β의 계산과, 지정된 β값을 만족하는 표본의 크기 n을 결정하는 문제에 대해 알아 본다.

[제2종 오류를 범할 확률 β의 계산]

모집단 $\{N(\mu, \sigma^2),\ \sigma-$기지$\}$에 대해 $H_0 : \mu = \mu_0,\ H_1 : \mu \neq \mu_0$을 유의수준 α에서 검정한다고 하자. 귀무가설 H_0가 거짓이어서 평균 μ의 참값이 $\mu_0 + \delta$라고 할 때 (단, $\delta > 0$), 검정통계량 Z_0의 기대값은

$$E(Z_0) = E\left(\frac{\bar{X} - \mu_0}{\sigma / \sqrt{n}}\right) = \frac{E(\bar{X}) - \mu_0}{\sigma / \sqrt{n}} = \frac{(\mu_0 + \delta) - \mu_0}{\sigma / \sqrt{n}} = \frac{\delta}{\sigma / \sqrt{n}}$$

이고, Z_0의 분산은 1이다. 즉, H_0가 거짓이어서 평균 μ의 참값이 $\mu_0 + \delta$일 때, $Z_0 \sim N\left(\frac{\delta}{\sigma / \sqrt{n}},\ 1\right)$이다. 아래의 [그림 8-1.3]을 참고하여 $\beta(\mu_0 + \delta)$를 계산하여 보자.

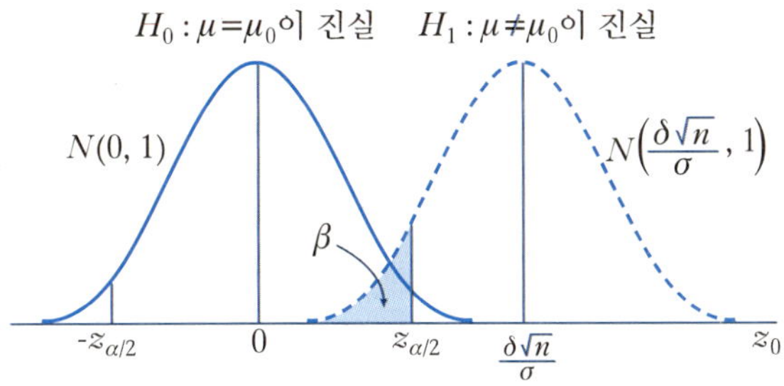

[그림 8-1.3] 제2종 오류를 범할 확률 β의 계산

$$\begin{aligned}\beta(\mu_0+\delta) &= Pr[H_0\text{를 기각하지 못함} \mid \mu=\mu_0+\delta]\\ &= P(-z_{\alpha/2} < Z_0 < z_{\alpha/2} \mid \mu=\mu_0+\delta)\\ &= P\left(-z_{\alpha/2}-\frac{\delta}{\sigma/\sqrt{n}} < Z_0 < z_{\alpha/2}-\frac{\delta}{\sigma/\sqrt{n}}\right)\\ &= \Phi\left(z_{\alpha/2}-\frac{\delta}{\sigma/\sqrt{n}}\right)-\Phi\left(-z_{\alpha/2}-\frac{\delta}{\sigma/\sqrt{n}}\right)\\ &\cong \Phi\left(z_{\alpha/2}-\frac{\delta}{\sigma/\sqrt{n}}\right)\end{aligned} \tag{8-1.12}$$

[표본의 크기, n]

주어진 $\beta(\mu_0+\delta)=\beta$를 만족하는 표본의 크기 n을 구해보자.

$\beta=\Phi\left(z_{\alpha/2}-\frac{\delta}{\sigma/\sqrt{n}}\right)-\Phi\left(-z_{\alpha/2}-\frac{\delta}{\sigma/\sqrt{n}}\right)\cong\Phi\left(z_{\alpha/2}-\frac{\delta}{\sigma/\sqrt{n}}\right)$에서

$z_{\alpha/2}-\frac{\delta}{\sigma/\sqrt{n}}\cong -z_\beta$을 n에 관해 정리하면

$$n \cong \frac{(z_{\alpha/2}+z_\beta)^2}{\delta^2}\delta^2 \tag{8-1.13}$$

단, $\delta=\mu-\mu_0$

단측검정 $H_0 : \mu=\mu_0$, $H_1 : >\mu_0$ 혹은 $H_0 : \mu=\mu_0$, $H_1 : <\mu_0$에 대해서도 마찬가지의 방법으로 평균 μ의 참값이 $\mu_0+\delta$일 때 주어진 값을 만족하는 표본의 크기를 구할 수 있다.

$$n = \frac{(z_\alpha + z_\beta)^2}{\sigma^2}\sigma^2 \qquad (8\text{-}1.14)$$

단, $\delta = \mu - \mu_0$

예제 8.1.2

앞의 [예제 8.1.1]의 교량용 철강재의 인장강도에 대한 예를 다시 생각하여 보자. 가설 $H_0 : \mu = 50$, $H_1 : \mu \neq 50$에서 평균치의 참값이 50에서 ±1.0만큼 차이가 날 때, 이를 탐지(H_0를 기각)할 확률이 0.90이 되는 표본의 크기 n을 구해보자.

$\sigma = 2.0$, $\alpha = 0.05$, 그리고 $\delta = 1$일 때 $\beta = 0.10$이므로

$$n \cong \frac{(z_{\alpha/2} + z_\beta)^2}{\delta^2} = \frac{(1.96 + 1.28)^2}{1} \times 2^2 = 42$$

■

이제까지 우리는 모집단의 정규분포의 모집단에 대해 표준편차 σ^2의 값을 알고 있다는 가정하에 평균 μ에 관한 가설의 검정절차를 알아 보았다. 그러나 현실의 문제에서는 σ^2의 값이 미리 알려져 있는 경우는 그리 흔하지 않고, σ^2의 값을 알지 못하는 경우 더 일반적이라 할 수 있다. σ^2의 값을 알지 못하는 경우에 대한 가설검정 절차는 다음의 8-2절에서 배우게 될 t-검정을 이용하게 된다. 그러나 표본의 크기 n이 충분히 크다면($n > 30$), 본 절의 표준정규분포에 의한 검정절차를 그대로 사용할 수 있다. 왜냐하면 크기 30 이상의 표본에서 계산된 표본표준편차 S는 모표준편차 σ^2과 같은 것으로 보아도 큰 오차가 없기 때문이다. 더구나 모집단의 확률적 분포가 정규분포에서 좀 벗어나더라도 표본의 크기가 30 이상이 되면 중심극한의 정리에 의해 정규분포로 근사할 수 있기 때문에 모집단에 대한 정규분포의 가정이 의심스러운 경우에도 n이 30이상이면 본 8-1절의 방법을 그대로 이용할 수가 있다.

8.1.3 정규분포 모집단의 평균치에 관한 신뢰구간 추정

구간추정은 점추정과 마찬가지로 표본의 함수인 점추정량을 이용하여 모수의 참값이 포함될 것으로 추측되는 구간을 구하는 것이다. 이때 점추정량의 표본분포를 이용하여 그 구간이 얼마나 믿을만한 것인지를 가늠해 주는 구간의 신뢰도도 함께 나타내 준다. 평균치 μ의 신뢰구간은 μ의 불편 추정량인 $\overline{X}$를 이용하여 μ의 참값이 포함될 것으로 추측되는 구간을 신뢰도와 함께

구할 수 있다. 평균 μ, 분산 σ^2의 정규분포 모집단으로부터 크기 n의 확률표본 $X_1, X_2, \ldots, X_n$을 얻었을 때, 그 표본평균 $\overline{X}$는 평균 μ, 분산 $\frac{\sigma^2}{n}$의 정규분포에 따른다. 따라서 통계량 $Z=\frac{\overline{X}-\mu}{\sigma/\sqrt{n}}$는 표준정규확률변수이다. 따라서

$P\left(-z_{\alpha/2} \le \frac{\overline{X}-\mu}{\sigma/\sqrt{n}} \le z_{\alpha/2}\right)=1-\alpha$이므로 이를 μ에 관해 정리하면

$$P\left(\overline{X}-z_{\alpha/2}\frac{\sigma}{\sqrt{n}} \le \mu \le \overline{X}+z_{\alpha/2}\frac{\sigma}{\sqrt{n}}\right)=1-\alpha \tag{8-1.15}$$

이 된다. 여기서, $\overline{X}-z_{\alpha/2}\frac{\sigma}{\sqrt{n}}$와 $\overline{X}+z_{\alpha/2}\frac{\sigma}{\sqrt{n}}$은 확률표본 $X_1, X_2, \ldots, X_n$의 함수로서 모평균 μ의 참값이 이 구간 안에 존재할 확률이 $1-\alpha$가 되는 신뢰구간의 하한과 상한을 구해 주는 통계량이다. 여기서, 확률 $1-\alpha$를 신뢰구간의 신뢰계수(혹은 신뢰도, confidence coefficient)라고 부른다. $\overline{X}$가 특정 확률표본의 관측값 $x_1, x_2, \ldots, x_n$에 의해 계산된 표본평균의 관측값 $\overline{x}$로 대치되었을 때, 즉, $\left[\overline{x}-z_{\alpha/2}\frac{\sigma}{\sqrt{n}},\ \overline{x}+z_{\alpha/2}\frac{\sigma}{\sqrt{n}}\right]$을 평균치 μ의 $100(1-\alpha)\%$ 신뢰구간이라고 말한다.

정의 8.1.1

평균 μ, 분산 σ^2의 정규분포 모집단(단, σ^2-기지)으로부터 추출한 크기 n의 확률표본으로부터 계산된 표본평균의 관측값을 $\overline{x}$라 할 때, 평균치 μ의 $100(1-\alpha)\%$ 신뢰구간(confidence interval)은 다음과 같다.

$$\left[\overline{x}-z_{\alpha/2}\frac{\sigma}{\sqrt{n}},\ \overline{x}+z_{\alpha/2}\frac{\sigma}{\sqrt{n}}\right] \tag{8-1.16}$$

여기서, $\overline{x}-z_{\alpha/2}\frac{\sigma}{\sqrt{n}}$을 신뢰구간의 하한, $\overline{x}+z_{\alpha/2}\frac{\sigma}{\sqrt{n}}$을 신뢰구간의 상한, 그리고 $1-\alpha$를 신뢰계수(confidence coefficient)라고 부른다.

표본의 크기 n이 30 이상이면 σ^2이 미지이거나 모집단의 정규분포 가정이 의심스러운 경우라 하더라도 (8-1.16)의 신뢰구간은 오차가 무시될 수 있을 만큼 미미한 것으로 알려져 있다. 그러나, 표본의 크기 n이 30보다 작으면 모집단이 정규분포가 아니거나 정규분포이더라도 σ^2을 모르는 경우, 앞의 6장에서 배운 t-분포의 통계량을 이용하여야 한다.

예제 8.1.3

앞의 [예제 8.1.1]의 철강재 인장강도 문제에서 μ의 95% 신뢰구간을 구해 보자.

풀이 모집단 $\{N(\mu,\ \sigma^2),\ \sigma = 2.0\}$에서 추출한 $n = 25$의 확률표본으로부터 표본평균의 관측값 $\bar{x} = 51.3$을 얻었고, $\alpha = 0.05$이므로

μ의 95% 신뢰구간 :

$$\bar{x} \pm z_{\alpha/2}\frac{\sigma}{\sqrt{n}} = 51.3 \pm (1.96)\frac{2}{\sqrt{25}} = [50.52,\ 52.08]$$ ■

여기서 신뢰구간 추정의 의미를 생각하여 보자. 식 (4-28)에 의해 정의된 신뢰구간 추정량 $\left[\bar{X} - z_{\alpha/2}\frac{\sigma}{\sqrt{n}},\ \bar{X} + z_{\alpha/2}\frac{\sigma}{\sqrt{n}}\right]$은 신뢰구간 추정치 $\left[\bar{x} - z_{\alpha/2}\frac{\sigma}{\sqrt{n}},\ \bar{x} + z_{\alpha/2}\frac{\sigma}{\sqrt{n}}\right]$을 구하는 일종의 공식으로서, 무수히 여러 번 크기 n의 확률표본을 추출하여 이 공식으로 신뢰구간을 추정해 보면 전체의 $100(1-\alpha)$%는 μ의 참값이 포함되고 나머지 100α%는 참값이 포함되지 못하는, 그래서 신뢰도가 $1-\alpha$가 되는 구간추정의 방법으로 해석될 수 있다([그림 8-1.4] 참조).

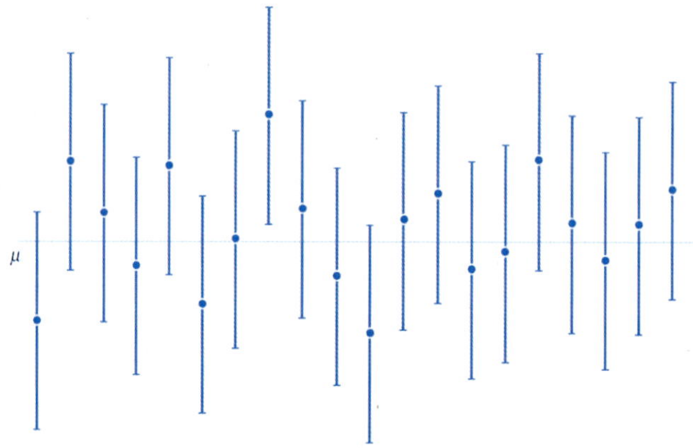

[그림 8-1.4] 신뢰구간 추정의 의미

결국, [예제 8.1.3]의 95% 신뢰구간 추정치 [50.52, 52.08]에 μ의 참값이 포함되는지 여부는 알 수가 없고, 다만 100번 정도 추정했을 때 95번 정도는 참값이 포함될 수 있는 추정 방법으로 구한 결과 중의 하나일 뿐이다. 이런 의미를 흔히 신뢰도 95%의 신뢰구간이라고 간단히 표현하고 있다.

[신뢰구간과 가설검정의 관계]

신뢰구간의 신뢰계수 $1-\alpha$와 가설검정의 유의수준 α가 서로 대응될 때, 신뢰구간은 가설검정의 채택역(=기각역의 보집합)으로 볼 수 있다. 즉, 모수 θ의 $100(1-\alpha)\%$ 신뢰구간을 $[l,\ u]$라 하고, 가설 $H_0 : \theta=\theta_0$, $H_1 : \theta \neq \theta_0$을 유의수준 α에서 검정하고자 한다면, 신뢰구간 $[l,\ u]$에 θ_0가 포함되지 않을 때 H_0를 기각할 수 있다. 예로서, 앞의 철강재 인장강도 문제에서 가설 $H_0 : \mu=50$, $H_1 : \mu \neq 50$을 유의수준 $\alpha=0.05$에서 검정한다고 하자. [예제 8.1.3]에서 구한 μ의 95% 신뢰구간 [50.52, 52.08]에 50이 포함되지 않으므로 $H_0 : \mu=50$을 기각할 수 있다. 이것은 [예제8-1.1]의 결과와 일치하는 것이다.

[신뢰구간의 정밀도(precision)와 표본의 크기]

μ의 $100(1-\alpha)\%$ 신뢰구간 $\left[\bar{x}-z_{\alpha/2}\dfrac{\sigma}{\sqrt{n}},\ \bar{x}+z_{\alpha/2}\dfrac{\sigma}{\sqrt{n}}\right]$의 정밀도는 $z_{\alpha/2}\dfrac{\sigma}{\sqrt{n}}$이다. 이것은 신뢰구간의 오차 $|\bar{x}-\mu| \leq z_{\alpha/2}\dfrac{\sigma}{\sqrt{n}}$임을 의미한다([그림8-3.2] 참조).

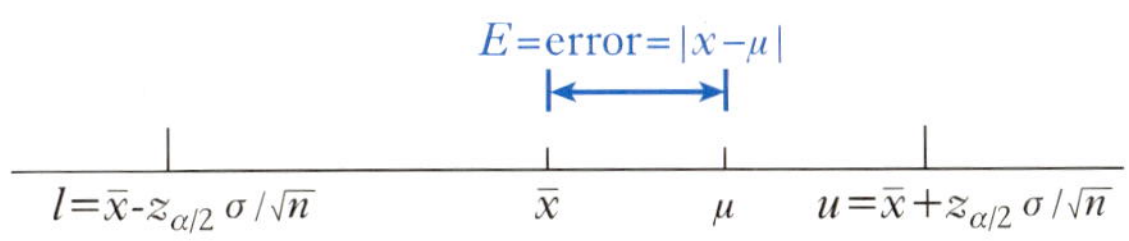

[그림 8-1.5] 신뢰구간의 정밀도

우리는 표본의 크기 n을 조정하여 주어진 신뢰도 $1-\alpha$에서 오차 $|\bar{x}-\mu|$가 지정된 값 E 이하가 되도록 할 수 있다. 즉, $z_{\alpha/2}\dfrac{\sigma}{\sqrt{n}}=E$로부터,

$$n=\left(\frac{z_{\alpha/2}}{E}\right)^2\sigma^2 \tag{8-1.17}$$

을 구할 수 있다.

예제 8.1.4

앞의 [예제 8.1.3]에서 95% 신뢰구간의 오차를 $E=1.5$이하로 하는 표본의 크기 n을 구해보자.

$$n=\left(\frac{z_{\alpha/2}}{E}\right)^2\sigma^2=\left(\frac{1.96}{1.5}\right)^2 2^2=6.83 \cong 7$$

■

8.2 정규분포 모집단의 평균치에 관한 추론 – 모분산 값이 알려지지 않은 경우

여기서는 모분산 σ^2이 미지인 경우에 모평균 μ에 관한 가설검정과 신뢰구간 추정을 알아보기로 한다. 표본의 크기 n이 30 이상으로 충분히 크다면, 모분산 σ^2의 값을 모른다 하더라도 앞의 8-1절의 방법을 그대로 사용할 수 있다. 더구나 모집단의 분포가 정규분포가 아닌 경우에도 표본의 크기 n이 30 이상으로 충분히 크다면 중심극한의 정리에 의해 앞의 8-1절의 방법을 사용할 수 있다. 그러나 표본의 크기가 30 미만으로 작은 경우에는, 모집단의 분포가 정규분포에 따른다는 가정 하에 여기서 소개하는 t-분포를 이용하여 μ에 관한 가설검정과 신뢰구간 추정을 수행하게 된다.

대부분의 공학 실험자료나 사회현상 조사자료들은 정규분포에 따르고 있으므로, 모집단의 정규분포 가정을 기초로 하는 t-통계량의 활용성은 매우 높다고 할 수 있다. 정규분포 가정이 성립하지 않는 경우에는 비모수적 방법(nonparametric methods)을 대안으로 이용할 수 있다.

8.2.1 평균치에 관한 가설검정

모분산 σ^2의 값을 모르는 상황에서 정규분포 모집단의 평균치 μ에 관한 가설검정 절차를 알아 보자. $X_1, X_2, \ldots, X_n$을 모집단에서 추출한 크기 n의 확률표본이라 하고 그 표본평균을 $\overline{X}$, 표본분산을 S^2이라 하자. 이를 기초로 가설

$$H_0 : \mu = \mu_0, \quad H_1 : \mu \neq \mu_0 \tag{8-2.1}$$

을 검정하는 절차를 살펴보자. σ-기지의 경우인 앞의 8.1절에서는 검정통계량 $Z_0 = \dfrac{\overline{X} - \mu_0}{\sigma / \sqrt{n}}$이 귀무가설 H_0가 진실일 때 평균 0, 표준편차 1의 표준정규분포이었다. 그러나 여기서는 모표준편차 σ가 미지이므로 위의 Z_0에서 σ를 표본표준편차 S로 대치하여

$$T_0 = \frac{\overline{X} - \mu_0}{S / \sqrt{n}} \tag{8-2.2}$$

을 검정통계량으로 사용한다. T_0는 어떤 분포를 할까? 만약 표본의 크기 n이 30 이상으로 충분히 크다면 앞에서 언급한대로 표준정규분포에 따른다고 볼 수 있을 것이다. 그러나 n이

30 미만으로 작은 경우에는 앞의 6-2.2절에서 소개한 t-분포에 따르게 된다.

6-2.2절의 [정리 6-2.2]로부터 (8-2.2)의 검정통계량은 귀무가설 $H_0 : \mu = \mu_0$가 진실일 때 자유도 $n-1$의 t-분포에 따른다는 사실을 알 수 있다. 나머지 검정절차는 앞의 8-1절의 절차와 대동소이하다. 즉, (8-2.2)의 검정통계량 t_0의 값을 표본으로부터 계산하고, 유의수준 α에 의해 설정된 기각역과 비교하여 귀무가설 $H_0 : \mu = \mu_0$의 기각여부를 결정하면 된다.

가설 (8-2.1)의 양측검정의 기각역은 $\{t_0 > t_{\alpha/2, n-1}, t_0 < -t_{\alpha/2, n-1}\}$이고 ([그림 8-2.1 (a)] 참조), 단측검정에서 우측검정($H_1 : \mu > \mu_0$)의 기각역은 $\{t_0 > t_{\alpha, n-1}\}$이며([그림 8-2.1 (b)] 참조), 좌측검정($H_1 : \mu < \mu_0$)의 기각역은 $\{t_0 < -t_{\alpha, n-1}\}$로 될 것이다([그림 8-2.1 (c)] 참조).

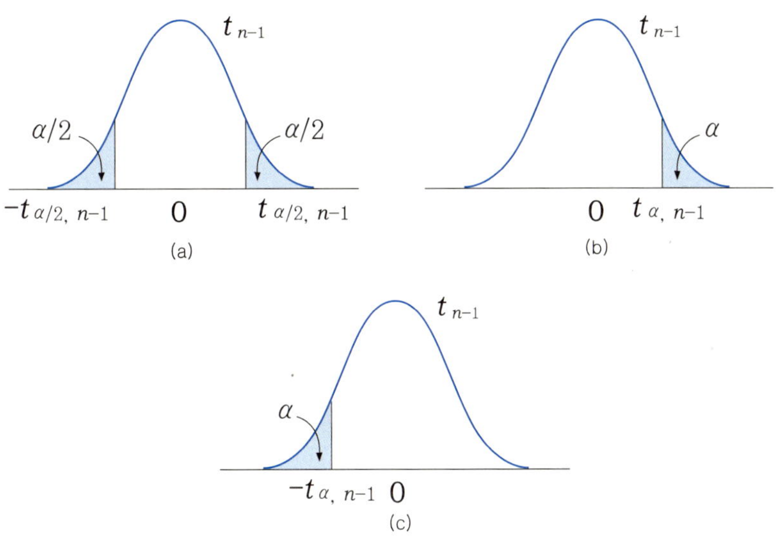

[그림 8-2.1] t-검정의 기각역

P-값은 자유도 $n-1$의 t-분포로부터 산출한다. 양측검정의 경우 P-값은 양쪽 꼬리확률의 합으로 계산된다([그림 8-2.2 (a)] 참조). t_0가 양의 값이면 P-값 $= P(T_{n-1} > t_0) + P(T_{n-1} < -t_0)$이고, t_0가 음의 값이면 P-값 $= P(T_{n-1} > -t_0) + P(T_{n-1} < t_0)$로 계산되겠지만, t-분포는 0을 중심으로 좌우 대칭이므로 간단히 P-값$= 2P(T_{n-1} > |t_0|)$로 계산될 수 있다([그림 8-2.2 (a)] 참조).

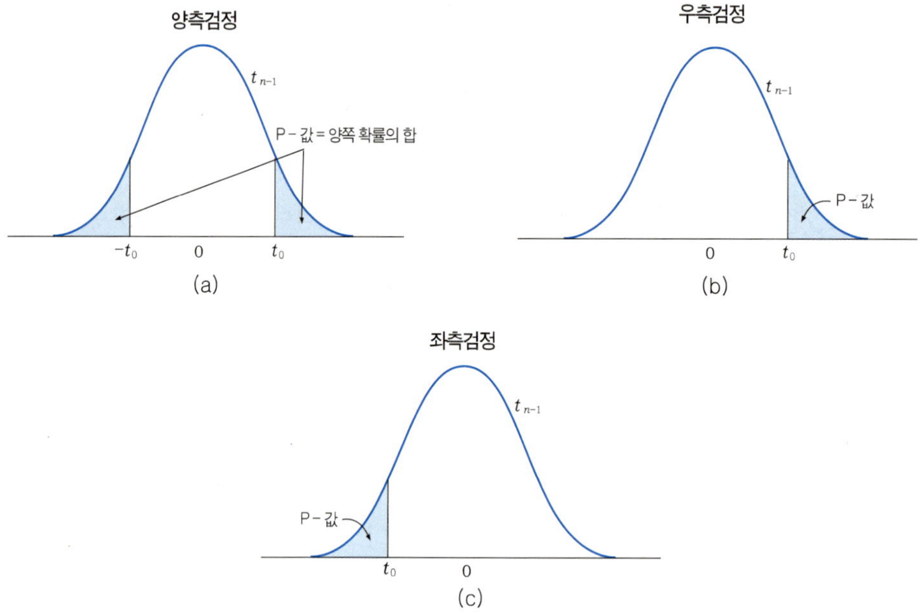

[그림 8-2.2] t-검정의 $P-$값

단측검정에서 우측검정($H_1 : \mu > \mu_0$)의 경우 $P-$값$= P(T_{n-1} > t_0)$이 되고([그림 8-2.2 (b)] 참조), 좌측검정($H_1 : \mu < \mu_0$)의 경우에는 $P-$값$= P(T_{n-1} < t_0)$로 될 것이다([그림 8-2.2 (c)] 참조). $P-$값이 작을수록 H_0를 기각하는 강력한 증거가 되므로 $P-$값이 예상한 유의수준보다 작은 값이면 H_0를 기각하게 된다. 이상의 절차를 요약하면 다음과 같다.

[σ^2 값을 알지 못하는 경우, 정규분포 모집단의 평균치에 관한 가설검정 요약]

귀무가설 $H_0 : \mu = \mu_0$

검정통계량 $T_0 = \dfrac{\overline{X} - \mu_0}{S / \sqrt{n}}$

대립가설 $H_1 : \mu \neq \mu_1$

$P-$값$= 2P(T_{n-1} > |t_0|)$, 기각역$= \{t_0 > t_{\alpha/2,\, n-1},\ t_0 < -t_{\alpha/2,\, n-1}\}$

대립가설 $H_1 : \mu > \mu_0$

$P-$값$= P(T_{n-1} > t_0)$, 기각역$= \{t_0 > t_{\alpha,\, n-1}\}$

대립가설 $H_1 : \mu < \mu_0$

$P-$값$= P(T_{n-1} < t_0)$, 기각역$= \{t_0 < -t_{\alpha,\, n-1}\}$

예제 8.2.1

새로이 개발된 특수 소재의 복원율은 규격의 기준치 0.82를 초과하여야 신물질 등록 검사에 합격될 수 있다고 한다. 개발자는 이를 확인하기 위해 $n=15$ 회의 실험을 실시하여 표본평균 $\bar{x}=0.837$, 표본표준편차 $s=0.025$를 얻었다. 이 소재의 평균 복원율이 0.82를 초과하는지 $\alpha=0.01$에서 검정하여 보자. 단, 복원율은 정규분포에 따른다고 한다.

$$H_0: \mu=0.82,\ \ H_1: \mu>0.82,\ \ \alpha=0.01$$

검정통계량 $t_0=\dfrac{\bar{x}-\mu_0}{s/\sqrt{n}}=\dfrac{0.837-0.82}{0.025/\sqrt{15}}\cong 2.633$

$P-$값$=P(T_{14}>2.633)=0.0098$은 $\alpha=0.01$보다 작으므로 H_0를 기각할 수 있다.
참고로 기각역을 구해보면 $\{t_0>t_{\alpha,\,n-1},\ t_{0.01,\,14}=2.624\}$로 $t_0=2.633$은 기각역에 속하므로 H_0를 기각할 수 있다. 따라서 이 소재의 평균 복원율은 기준치 0.82보다 크다고 할 수 있다. ■

8.2.2 신뢰구간 추정

앞의 [정리 6.2.2]에서 우리는 $T=\dfrac{\bar{X}-\mu}{S/\sqrt{n}}$는 자유도 $n-1$의 $t-$분포에 따름을 알았다. 따라서,

$P\left(-t_{\alpha/2,\,n-1}\le\dfrac{\bar{X}-\mu}{S/\sqrt{n}}\le t_{\alpha/2;\,n-1}\right)=1-\alpha$에서 μ에 관해 정리하면

$$P\left(\bar{X}-t_{\alpha/2,\,n-1}\frac{S}{\sqrt{n}}\le\mu\le\bar{X}+t_{\alpha/2,\,n-1}\frac{S}{\sqrt{n}}\right)=1-\alpha \qquad \text{(8-2.3)}$$

이 된다. 따라서, 모분산 미지의 정규분포 모집단의 평균치 μ의 $100(1-\alpha)\%$ 신뢰구간은

$$\left[\bar{X}-t_{\alpha/2,\,n-1}\frac{S}{\sqrt{n}},\ \bar{X}+t_{\alpha/2,\,n-1}\frac{S}{\sqrt{n}}\right] \qquad \text{(8-2.4)}$$

이다.

예제 8.2.2

앞의 [예제 8.2.1]에 대해서 μ의 95% 신뢰구간을 구해보자.

$n=15$, $\bar{x}=0.837$, $s=0.025$이고, $\alpha=0.05$, $t_{\alpha/2,\, n-1}=t_{0.025,\, 14}=2.145$이므로

$$\left[\bar{x}-t_{\alpha/2,\, n-1}\frac{S}{\sqrt{n}},\ \bar{x}+t_{\alpha/2,\, n-1}\frac{S}{\sqrt{n}}\right]$$

$$=\left[0.837-2.145\frac{0.025}{\sqrt{15}},\ 0.837+2.145\frac{0.025}{\sqrt{15}}\right]$$

$$=[0.837-0.0138,\ 0.837+0.0138]=[0.8232,\ 0.8508]$$

8.3 정규분포 모집단의 분산에 관한 추론

주어진 모집단의 평균치에 대해 관심을 갖는 것이 일차적인 관심사이겠으나, 때로는 확률분포의 분산 혹은 표준편차가 얼마나 되는지가 중요한 관심사가 되는 경우도 흔히 있다. 특수목적으로 도포한 피막의 두께의 균일성 검증 문제나 측정시스템의 정밀도 분석 문제 등이 대표적인 예라 할 수 있다. 정규분포 모집단의 분산에 관한 추론은 앞의 6-2.1절에서 설명한 χ^2-분포를 이용하게 된다.

8.3.1 정규분포 모집단의 분산에 관한 검정

모분산 σ^2의 점추정량은 표본분산 S^2이므로 σ^2의 검정에는 S^2을 이용한다. [정리 6-2.1]에서 배운 바와 같이, 정규분포 $N(\mu,\, \sigma^2)$의 모집단에서 추출한 크기 n의 확률표본 $X_1,\ X_2,\ \ldots,\ X_n$으로부터 산출된 표본분산을 S^2이라 할 때, $\frac{(n-1)S^2}{\sigma^2}$은 자유도 $n-1$의 χ^2-분포에 따른다. 따라서, 가설

$$H_0: \sigma=\sigma_0,\ H_1: \sigma\neq\sigma_0 \tag{8-3.1}$$

의 검정에 사용되는 검정통계량은 다음과 같다.

$$\chi_0^2 = \frac{(n-1)S^2}{\sigma_0^2} \tag{8-3.2}$$

검정통계량 (8-3.2)는 귀무가설 $H_0 : \sigma = \sigma_0$가 진실일 때 자유도 n-1의 χ^2-분포에 따른다. 가설 (8-3.1)은 양측검정의 가설이므로 지정된 유의수준 α에 대응되는 기각역은 $\{\chi_0^2 < \chi^2_{1-\alpha/2;\, n-1},\ \chi_0^2 > \chi^2_{\alpha/2,\, n-1}\}$이 된다([그림 8-3.1 (a)] 참조). 단측검정의 경우도 (8-3.2)의 검정통계량은 그대로 사용되며, 우측검정($H_1 : \sigma > \sigma_0$)에 대한 기각역은 $\{\chi_0^2 > \chi^2_{\alpha,\, n-1}\}$이고 ([그림 8-3.1 (b)] 참조), 좌측검정($H_1 : \sigma < \sigma_0$)에 대한 기각역은 $\{\chi_0^2 < \chi^2_{1-\alpha,\, n-1}\}$이다([그림 8-3.1 (c)] 참조).

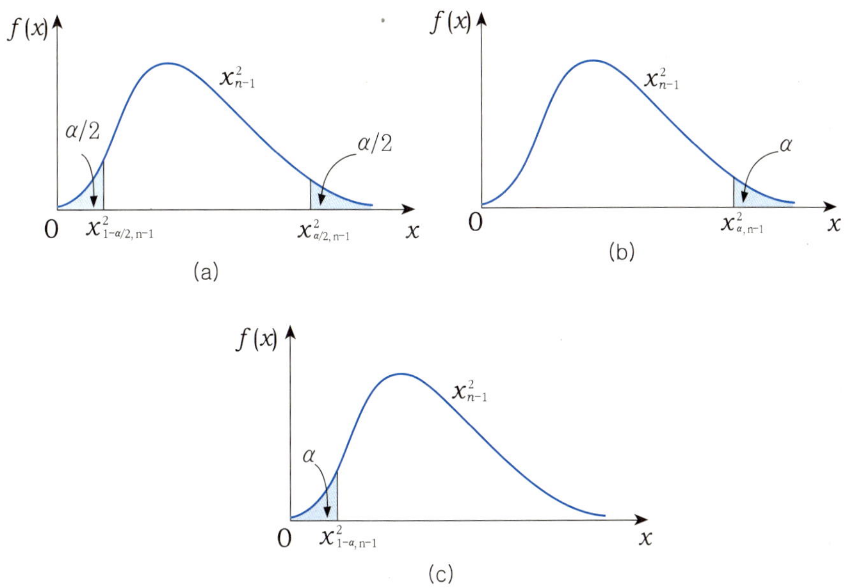

[그림 8-3.1] χ^2-검정의 기각역

이상의 절차를 정리하면 다음과 같다.

[모분산에 관한 검정요약]

귀무가설 $H_0 : \sigma = \sigma_0$

검정통계량 $\chi_0^2 = \dfrac{(n-1)S^2}{\sigma_0^2}$

대립가설

양측 대립가설 $H_1: \sigma \neq \sigma_0$에 대한 기각역 $\left\{\chi_0^2 < \chi_{1-\alpha/2,\, n-1}^2,\ \chi_0^2 > \chi_{\alpha/2,\, n-1}^2\right\}$

단측 대립가설 $H_1: \sigma > \sigma_0$에 대한 기각역 $\left\{\chi_0^2 > \chi_{\alpha,\, n-1}^2\right\}$

단측 대립가설 $H_1: \sigma < \sigma_0$에 대한 기각역 $\left\{\chi_0^2 < \chi_{1-\alpha,\, n-1}^2\right\}$

예제 8.3.1

합성세제를 생산하고 있는 공장에서 자동 주입기를 이용하여 세제를 $1l$들이 병에 주입하고 있다. 매 병당 주입량은 정규분포에 따른다고 한다. 병당 주입량의 분산이 0.01보다 크면 과대주입 혹 과소주입의 불량이 자주 발생할 수 있으므로 이 공장의 품질담당자는 주입량의 분산이 0.01을 초과하는지 여부를 검정하고자 한다. 자동 주입기로부터 $n=20$개 표본을 추출하여 병당 주입량을 조사한 결과 표본분산 $S^2=0.0153$을 얻었다.

가설 $H_0: \sigma^2 = 0.01$, $H_1: \sigma^2 > 0.01$을 $\alpha = 0.05$에서 검정하여 보자.

$$\text{검정통계량 } \chi_0^2 = \frac{(n-1)S^2}{\sigma_0^2} = \frac{(19)(0.0153)}{0.01} = 29.07$$

$\chi_0^2 = 29.07 < \chi_{\alpha,\, n-1}^2 = \chi_{0.05,\, 19}^2 = 30.14$이므로, H_0를 기각할 수 없다. 즉, 유의수준 5%에서 주입량의 분산이 0.01을 초과한다는 충분한 증거가 없다고 볼 수 있다. ■

8.3.2 정규분포 모집단의 분산에 대한 신뢰구간 추정

[정리 6-2.1]로부터 정규분포 $N(\mu,\, \sigma^2)$의 모집단에서 추출한 크기 n의 확률표본에 의해 산출된 표본분산을 S^2이라 할 때, $\dfrac{(n-1)S^2}{\sigma^2}$은 자유도 $n-1$의 χ^2-분포에 따른다는 사실을 알 수 있다.

$$P\left(\chi_{1-\alpha/2,\, n-1}^2 \le \frac{(n-1)S^2}{\sigma^2} \le \chi_{\alpha/2,\, n-1}^2\right) = 1-\alpha \text{로부터}$$

$$P\left(\frac{(n-1)S^2}{\chi_{\alpha/2,\, n-1}^2} \le \sigma^2 \le \frac{(n-1)S^2}{\chi_{1-\alpha/2,\, n-1}^2}\right) = 1-\alpha \tag{8-3.3}$$

따라서, 정규분포 모집단의 모분산 σ^2의 $100(1-\alpha)\%$ 신뢰구간은

$$\left[\frac{(n-1)S^2}{\chi^2_{\alpha/2,\,n-1}},\ \frac{(n-1)S^2}{\chi^2_{1-\alpha/2,\,n-1}}\right] \tag{8-3.4}$$

예제 8.3.2

앞의 [예제 8.3.1]에 대해 σ^2의 95% 신뢰구간을 구해 보자.

풀이 $n=20,\ S^2=0.0153,\ \chi^2_{1-\alpha/2,\,n-1}=\chi^2_{0.975,\,19}=8.91,\ \chi^2_{\alpha/2,\,n-1}=\chi^2_{0.025,\,19}=32.85$이므로

$$\left[\frac{(n-1)S^2}{\chi^2_{\alpha/2,\,n-1}},\ \frac{(n-1)S^2}{\chi^2_{1-\alpha/2,\,n-1}}\right]=\left[\frac{(19)(0.0153)}{32.85},\ \frac{(19)(0.0153)}{8.91}\right]$$
$$=[0.0089,\ 0.0326]$$ ■

8.4 모비율에 관한 추론

중심극한의 정리로부터 모집단의 분포가 연속형이든 이산형이든 표본의 크기 n이 충분히 크면 표본평균의 분포는 근사적으로 정규분포에 수렴한다는 사실을 알고 있다.

특히, 4-3.3절에서 모수 n, p의 이항분포에 따르는 확률변수 X는 n이 충분히 클 때 평균 np, 분산 $np(1-p)$의 정규분포에 수렴한다는 사실을 배웠다. 따라서, $\hat{p}=\frac{X}{n}$ 역시 근사적으로 평균 p, 분산 $\frac{p(1-p)}{n}$의 정규분포에 따른다는 사실을 알 수 있다.

8.4.1 이항분포의 모비율 p에 대한 가설검정

공학문제에서 이항분포에 따르는 확률변수를 자주 접하게 된다. 어떤 생산공정에서 생산된 제품의 로트에서 발견되는 불량품의 수 X는 품질관리에서 자주 접하게 되는 이항분포 확률변수의 대표적인 예라 할 수 있다. 본 절에서는 이항분포의 모비율 즉, 성공확률 p에 대한 가설검정을 알아보기로 한다.

$$H_0 : p=p_0,\ H_1 : p\neq p_0 \tag{8-4.1}$$

$X \sim b(n,\ p)$일 때, X의 평균 $E(X)=np$, 분산 $V(X)=np(1-p)$이다. 시행회수 n이 충분히 크다면(보통, $np>5,\ n(1-p)>5$)가 성립되면, $\hat{p}=\frac{X}{n}$는 근사적으로 평균 p, 분산 $\frac{p(1-p)}{n}$의 정규분포에 따른다는 사실을 알고 있다. 따라서, $\hat{p}=\frac{X}{n}$를 표준화하면 $\frac{\frac{X}{n}-p}{\sqrt{\frac{p(1-p)}{n}}}$은 표준정규분포에 따를 것이다. 따라서, 가설 (8-4.1)의 검정통계량은 다음과 같다.

$$Z_0=\frac{\frac{X}{n}-p_0}{\sqrt{\frac{p_0(1-p_0)}{n}}} \tag{8-4.2}$$

검정통계량 (8-4.2)는 귀무가설 $H_0: p=p_0$이 진실일 때 표준정규분포에 따르게 되므로, 검정 방법은 앞의 8-1절의 모분산을 아는 경우의 모평균에 관한 가설검정과 대동소이 하다.

[모비율 p에 대한 가설검정 절차]

귀무가설 $H_0: p=p_0$

검정통계량 $Z_0=\frac{\frac{X}{n}-p_0}{\sqrt{\frac{p_0(1-p_0)}{n}}}$

대립가설 $H_1: p \neq p_0$

기각역 $=\{z_0<-z_{\alpha/2},\ z_0>z_{\alpha/2}\}$, $P-$값$=2P\{Z>|z_0|)=2[1-\Phi(|z_0|)]$

대립가설 $H_1: p>p_0$

기각역 $=\{z_0>z_\alpha\}$, $P-$값$=P(Z>z_0)=1-\Phi(z_0)$

대립가설 $H_1: p<p_0$

기각역 $=\{z_0<-z_\alpha\}$, $P-$값$=P(Z<z_0)=\Phi(z_0)$

예제 8.4.1

어떤 자동차 부품 생산공장에서 부품의 불량률은 0.02 이하라고 주장하고 있다. 이 주장을 확인하여 보기 위해 생산된 부품 로트에서 500개를 랜덤 샘플링하여 품질검사를 실시한 결과 8개가 불량품이었다. 이 공장의 주장이 맞는지 유의수준 5%에서 검정하여 보자.

풀이 먼저 문제에 합당한 가설은 다음과 같다.

$$H_0: p=0.02,\ H_1: p<0.02,\ \alpha=5\%$$

$\hat{p}=\dfrac{X}{n}=\dfrac{8}{500}=0.016$

검정통계량 $Z_0=\dfrac{\dfrac{X}{n}-p_0}{\sqrt{\dfrac{p_0(1-p_0)}{n}}}=\dfrac{0.016-0.02}{\sqrt{\dfrac{0.02(0.98)}{500}}}=-0.6389$

기각역 $=\{z_0<-z_\alpha=-z_{0.05}=-1.645\}$, $z_0=-0.6389$는 기각역에 속하지 않으므로 H_0를 기각할 수 없다. 이 공장의 주장이 옳다는 충분한 증거가 없다.

참고로 $P-$값을 구해보자.

$P-$값$=P(Z<z_0)=P(Z<-0.6389)=0.2611$은 $\alpha=0.05$보다 크므로 H_0를 기각할 수 없다. ■

8.4.2 제2종 오류와 표본의 크기

귀무가설 $H_0: p=p_0$이 진실이 아닐 때 제2종 오류를 범할 확률 β를 계산하여 보자.
양측검정의 가설 $H_0: p=p_0$, $H_1: p=p_0$에서 모비율 p의 참값이 $p_1(\neq p_0)$일 때

$\dfrac{X}{n}\sim N\left(p_1,\ \dfrac{p_1(1-p_1)}{n}\right)$이므로

$$\beta(p_1)=P\left(-z_{\alpha/2}\le\dfrac{\dfrac{X}{n}-p_0}{\sqrt{\dfrac{p_0(1-p_0)}{n}}}\le z_{\alpha/2}\right)$$

$$=P\left(p_0-z_{\alpha/2}\sqrt{\dfrac{p_0(1-p_0)}{n}}\le\dfrac{X}{n}\le p_0+z_{\alpha/2}\sqrt{\dfrac{p_0(1-p_0)}{n}}\right)$$

$$=P\left(\dfrac{(p_0-p_1)-z_{\alpha/2}\sqrt{\dfrac{p_0(1-p_0)}{n}}}{\sqrt{\dfrac{p_1(1-p_1)}{n}}}\le Z\le\dfrac{(p_0-p_1)+z_{\alpha/2}\sqrt{\dfrac{p_0(1-p_0)}{n}}}{\sqrt{\dfrac{p_1(1-p_1)}{n}}}\right)$$

$$\cong P\left(Z\le\dfrac{(p_0-p_1)+z_{\alpha/2}\sqrt{\dfrac{p_0(1-p_0)}{n}}}{\sqrt{\dfrac{p_1(1-p_1)}{n}}}\right)\qquad(8\text{-}4.3)$$

또한, 단측검정에서 대립가설 $H_1: p>p_0$ 경우는

$$\beta(p_1) = P\left(Z \le \frac{(p_0 - p_1) + z_\alpha \sqrt{\frac{p_0(1-p_0)}{n}}}{\sqrt{\frac{p_1(1-p_1)}{n}}}\right) \tag{8-4.4}$$

단측 대립가설 $H_1 : p < p_0$ 경우는

$$\beta(p_1) = P\left(Z > \frac{(p_0 - p_1) - z_\alpha \sqrt{\frac{p_0(1-p_0)}{n}}}{\sqrt{\frac{p_1(1-p_1)}{n}}}\right) \tag{8-4.5}$$

이 된다.

제2종 오류를 구하는 식 (8-4.3), (8-4.4), 그리고 (8-4.5)로부터 지정된 β를 만족하는 표본의 크기 n을 구하는 식을 쉽게 구할 수 있다. 양측검정의 경우 식 (8-4.3)에서

$$P\left(Z \le \frac{(p_0 - p_1) + z_{\alpha/2} \sqrt{\frac{p_0(1-p_0)}{n}}}{\sqrt{\frac{p_1(1-p_1)}{n}}}\right) \cong \beta \text{로부터}$$

$$n \cong \left(\frac{z_{\alpha/2}\sqrt{p_0(1-p_0)} + z_\beta \sqrt{p_1(1-p_1)}}{p_1 - p_0}\right)^2 \tag{8-4.6}$$

단측 대립가설 $H_1 : p > p_0$와 $H_1 : p < p_0$에 대해서는 (8-4.4) 혹은 (8-4.5)로부터

$$n = \left(\frac{z_\alpha \sqrt{p_0(1-p_0)} + z_\beta \sqrt{p_1(1-p_1)}}{p_1 - p_0}\right)^2 \tag{8-4.7}$$

이 된다.

예제 8.4.2

앞의 [예제 8.4.1]에서 $p = 0.01$일 때 $\beta(0.01) = 0.10$으로 하는 표본의 크기 n을 구해보자. 식 (8-4.7)로부터

$$n = \left(\frac{z_{0.05}\sqrt{(0.02)(0.98)} + z_{0.10}\sqrt{0.01)(0.99)}}{0.01 - 0.02}\right)^2 = 1281$$

여기서, $z_{0.05} = 1.645$, $z_{0.10} = 1.282$이다. ■

8.4.3 모비율 p에 대한 신뢰구간 추정

$$\frac{\hat{P}-p}{\sqrt{\dfrac{p(1-p)}{n}}} \sim N(0,\,1)\text{이므로}\quad P\left(-z_{\alpha/2} \le \frac{\hat{P}-p}{\sqrt{\dfrac{p(1-p)}{n}}} \le z_{\alpha/2}\right)=1-\alpha\text{에서}$$

$$P\left(\hat{P}-z_{\alpha/2}\sqrt{\frac{p(1-p)}{n}} \le p \le \hat{P}+z_{\alpha/2}\sqrt{\frac{p(1-p)}{n}}\right)=1-\alpha \tag{8-4.8}$$

(8-4.8)에서 부등호 양변의 p를 $\hat{p}=\dfrac{X}{n}$로 대체하여 모비율 p의 $100(1-\alpha)\%$ 신뢰구간을 다음과 같이 구할 수 있다.

$$\left[\hat{p}-z_{\alpha/2}\sqrt{\frac{\hat{p}(1-\hat{p})}{n}},\ \hat{p}+z_{\alpha/2}\sqrt{\frac{\hat{p}(1-\hat{p})}{n}}\right] \tag{8-4.9}$$

예제 8.4.3

불량률 p를 모르는 어떤 제품의 로트에서 $n=100$개의 제품을 랜덤 샘플링하여 조사한 결과 $X=12$개의 불량품이 발견되었다. 따라서 불량률 p의 점 추정치 $\hat{p}=\dfrac{x}{n}=\dfrac{12}{100}=0.12$가 된다. 불량률 p의 95% 신뢰구간을 구해 보자.

풀이

$$\left[\hat{p}-z_{0.025}\sqrt{\frac{\hat{p}(1-\hat{p})}{n}},\ \hat{p}+z_{0.025}\sqrt{\frac{\hat{p}(1-\hat{p})}{n}}\right]$$
$$=\left[0.12-1.96\sqrt{\frac{0.12(0.88)}{100}},\ 0.12+1.96\sqrt{\frac{0.12(0.88)}{100}}\right]$$
$$=[0.056,\ 0.184]$$

■

모비율 p의 신뢰구간에서지정된 오차 E를 만족하는 표본의 크기 n을 구해 보자.

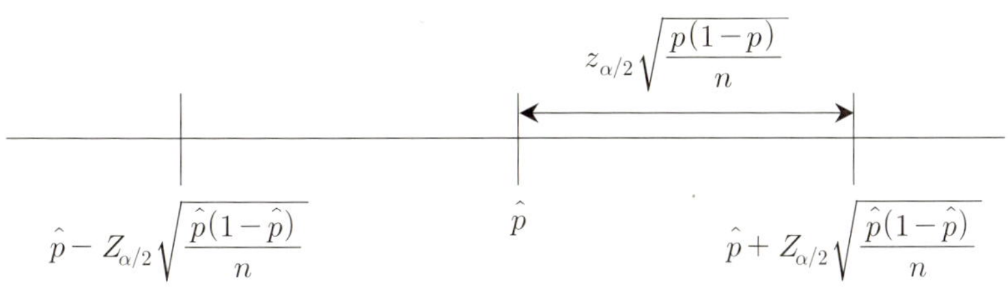

[그림 8-4.1] 모비율 p의 신뢰구간의 정밀도

[그림 8-4.1]에서 $z_{\alpha/2}\sqrt{\frac{p(1-p)}{n}}=E$ 이다. 따라서,

$$n=\left(\frac{z_{\alpha/2}}{E}\right)^2 p(1-p) \tag{8-4.10}$$

이 된다. 식 (8-4.10)을 이용하기 위해서는 p 값을 과거 자료로부터 추정하거나 혹은 주관적 판단으로 지정하여 줄 수 있다. 과거 자료가 없거나 주관적 판단이 여의치 않는 경우, 식 (8-4.10)은 $p=0.5$일 때 n의 값이 최대가 된다. 이를 이용하여 지정된 E를 만족하는 표본의 크기의 상한값을 아래의 식 (8-4.11)로부터 구할 수 있다.

$$n=\left(\frac{z_{\alpha/2}}{E}\right)^2 (0.25) \tag{8-4.11}$$

예제 8.4.4

앞의 [예제 8.4.3]에서 $\hat{p}=0.12$를 사용하여 95% 신뢰구간의 오차 $E=0.05$로 하는 표본의 크기를 구해 보자. 식 (8-4.10)으로부터

$$n=\left(\frac{z_{0.025}}{E}\right)^2 p(1-p)=\left(\frac{1.96}{0.05}\right)^2(0.12)(0.88)=163$$

만약 $\hat{p}$에 대한 정보가 전혀 없다면, 식 (8-4.11)로부터 $E=0.05$를 만족하는 표본의 크기의 상한값은

$$n=\left(\frac{z_{0.025}}{E}\right)^2(0.25)=\left(\frac{1.96}{0.05}\right)^2(0.25)=385$$

이다. ■

8.5 적합도 검정

이제까지 우리는 모집단의 확률분포를 알고 있다는 가정 하에 분포의 모수에 관한 가설검정 및 신뢰구간 추정 문제를 다루어 왔다. 그러나 때로는 모집단이 어떤 확률분포에 따르는지

모르는 경우가 있다. 여기서는 모집단이 어떤 특정 확률분포에 따르는지를 검정하는 소위 적합도 검정(goodness of fit test)에 대해서 알아 보기로 한다. 앞에서 우리는 모집단이 정규분포에 따르는지 여부를 확인 하는 방법으로 정규확률도(normal probability plot)를 다룬 바 있다. 확률도는 분포를 확인하는 간이 방법임에 비해, 여기서 다루는 적합도 검정은 χ^2-분포에 기초한 정식의 검정 방법이라 할 수 있겠다. 일반적으로 실험 또는 관찰 결과가 이론과 일치하는 정도를 적합도(goodness of fit)라고 하며, 적합도 검정이란 관측값들이 어떤 특정의 분포에 따르는지를 검정하는 것을 의미한다. 적합도 검정을 수행하기 위해서는 먼저 모집단이 따를 것으로 생각되는 특정 확률분포를 귀무가설 H_0에 가정하고, 모집단에서 크기 n의 확률표본을 추출하여 이들을 k개의 범주로 구분한다. O_i를 범주 i에 속하는 관측치의 개수, E_i를 H_0가 진실일 때 범주 i의 기대도수라 하면, 실제 관측도수 O_i와 기대도수 E_i의 차이가 적을수록 H_0가 진실이라는 증거가 될 것이다. 보통 관측도수 O_i와 기대도수 E_i를 [표 8-5.1]과 같이 정리한다.

[표 8-5.1] 적합도 검정 자료표

범주	1	2	…	k	합계
관측치	O_1	O_2	…	O_K	n
기대치(under H_0)	E_1	E_2	…	E_k	n

적합도 검정에서는 다음의 χ^2-통계량을 검정통계량으로 사용한다.

$$\chi_0^2 = \sum_{i=1}^{n} \frac{(O_i - E_i)^2}{E_i} \tag{8-5.1}$$

(8-5.1)의 검정통계량은 귀무가설 H_0가 진실일 때 근사적으로 자유도 $k-p-1$의 χ^2-분포에 따르며, 표본의 크기 n이 커질수록 근사성이 개선되는 것으로 알려져 있다. 여기서, p는 H_0에서 가정된 특정 확률분포의 표본으로부터 추정되는 모수의 개수이다. 검정통계량 χ_0^2의 값이 클수록 H_0를 기각하는 확실한 증거가 될 것이다. 실제로 기각역은

$$\{\chi_0^2 > \chi_{\alpha,\, k-p-1}^2\} \tag{8-5.2}$$

이며,

$$P\text{-값} = P(\chi_{k-p-1}^2 > \chi_0^2) \tag{8-5.3}$$

이다. 보통 기대도수 E_i의 값이 5 이하가 되는 범주는 인접 범주에 통합시키는 것이 관례이다. 이때 관측도수도 함께 통합된다.

예제 8.5.1

PCB 기판에서 발견되는 결함의 개수는 Poisson 분포에 따를 것으로 생각된다. 이를 확인하기 위해 $n=60$개의 PCB 기판을 검사한 결과가 다음과 같다.

결함 수	0	1	2	3	합계
기판 수	32	15	9	4	60

한 PCB 기판에서 발견되는 결함의 개수가 Poisson 분포에 따르는지를 확인하기 위한 적합도 검정을 유의수준 0.05에서 수행하여 보자.

풀이 PCB 기판당 결함 수를 X라 하고, 다음과 같이 가설을 수립한다.

$H_0: X \sim Poisson(\lambda)$, 단, λ는 미지

먼저 수집된 자료로부터 미지의 모수 λ값을 추정한다.

$$\hat{\lambda}=\frac{0(32)+1(15)+2(9)+3(4)}{60}=0.75$$

따라서, H_0가 진실일 때 X의 확률분포는 $P(X=x)=\frac{0.75^x e^{-0.75}}{x!}$, $x+0, 1, 2, 3$이다. 이 확률분포로부터 각 범주의 확률과 기대도수를 구할 수 있다. 즉, $p_1=P(X=0)=0.472$, $p_2=P(X=1)=0.354$, $p_3=P(X=2)=0.133$, $p_4=P(X=3)=0.041$이다. 이 확률로부터 각 범주의 기대도수는 $E_i=np_i=60(p_i)$로 구할 수 있다.

범주	$X=0$	$X=1$	$X=2$	$X=3$	합계
관측도수(O_i)	32	15	9	4	60
기대도수(E_i)	28.32	21.24	7.98	2.46	60

여기서, $X=3$ 범주의 기대도수가 2.46으로 5보다 작으므로 인접 구간에 통합시킨다.

범주	$X=0$	$X=1$	$X=2$	합계
관측도수(O_i)	32	15	9+4=13	60
기대도수(E_i)	28.32	21.24	7.98+2.46=10.44	60

검정통계량 $\chi_0^2=\sum_{i=1}^{3}\frac{(O_i-E_i)^2}{E_i}=2.94$

기각역 $\{\chi_0^2>\chi_{0.05,3-1-1}^2=3.84\}$, 검정통계량 $\chi_0^2=2.94$로 기각역에 속하지 않는다. 따라서, H_0를 기각할 수 없다. 즉, 기판 당 결함 수는 Poisson 분포에 따른다고 볼 수 있다. ■

연습문제

1. 새로 개발된 신소재 섬유의 신장도(伸長度)는 평균 μ, 표준편차 $\sigma = 0.3$의 정규분포에 따른다고 한다. 평균 μ에 대한 가설 $H_0 : \mu = 14$, $H_1 : \mu < 14$를 유의수준 $\alpha = 0.05$에서 검정하고자 한다. 이를 위하여 공정으로부터 $n = 16$의 확률표본을 추출하여 표본평균 $\bar{x} = 13.7$을 얻었다.
   a) 기각역을 구하여 검정을 수행하라.
   b) $P-$값을 구하여 검정을 수행하라.
   c) $\mu = 13.8$일 때 제2종 오류를 구할 확률 β를 구하라. 또한, 이 때의 검정능력(power of the test)은 얼마인가?
   d) μ의 95% 신뢰구간을 구하라.

2. 특성치 X는 $N(\mu, \sigma^2)$에 따르며, $\sigma = 20$임을 알고 있다. 가설 $H_0 : \mu = 175$, $H_1 : \mu > 175$를 $\alpha = 0.05$에서 검정하기 위해 $n = 10$의 표본을 추출하여 표본평균 $\bar{x} = 185$를 얻었다.
   a) 기각역을 구하여 가설검정을 수행하라.
   b) P-value를 구하여 검정을 수행하라.
   c) $\mu = 200$일 때 제2종오류를 범할 확률을 구하라.
   d) μ의 95% 신뢰구간을 구하라.

3. 가설 $H_0 : \mu = 20$, $H_1 : \mu > 20$을 유의수준 $\alpha = 0.05$에서 검정하고자 한다. $\mu = 22$일 때 제2종 오류를 범할 확률 $\beta = 0.10$으로 하는 표본의 크기 n을 구하라. 단, 표준편차 $\sigma = 2.0$임을 알고 있다.

4. 어떤 특수 콘크리트의 압축강도 X는 평균 μ, 분산 $\sigma^2 = 1000$의 정규분포에 따른다고 한다. 평균 압축강도에 대한 가설 $H_0 : \mu = 3500$, $H_1 : \mu \neq 3500$을 유의수준 $\alpha = 0.01$에서 검정하고자 한다. $n = 12$개의 콘크리트 시편에 대한 실험으로부터 압축강도의 표본평균 $\bar{x} = 3255.42$를 얻었다.
   a) 기각역을 구하여 가설검정을 수행하라.
   b) $P-$값을 구하라.
   c) 평균압축강도 μ의 99% 신뢰구간을 구하라.
   d) μ의 99% 신뢰구간의 오차(E)가 15 이하 되는 표본의 크기 n을 구하라.

5. 평균 μ, 표준편차 σ의 정규분포 모집단의 평균에 대한 가설 $H_0 : \mu = 0.5$, $H_1 : \mu < 0.5$을 유의수준 $\alpha = 0.05$에서 검정하고자 한다. 모집단에서 크기 $n = 10$의 확률표본을 추출하여 표본평균 $\overline{X} = 0.452$, 표본표준편차 $S = 0.37$을 얻었다. 가설검정을 수행하라.

6. 보험협회에서는 자동차 범퍼의 성능특성 중 하나로 시속 20km 충돌 시 수리비가 30,000원 미만일 것을 요구하고 있다. 한 자동차 부품회사에서는 자기들이 생산하고 있는 범퍼는 보험협회의 요구를 충족시킨다고 주장하고 있다. 이 회사의 주장을 확인하기 위해 이 회사 범퍼를 장착한 자동차 16대를 랜덤으로 선택하여 20km 충돌시험을 실시한 결과 평균 26,845원, 표준편차 4,850원을 얻었다. 단, 수리비는 정규분포에 따른다고 가정한다.

a) 문제에 적합한 가설을 수립하고, $\alpha = 0.05$에서 검정하여 회사의 주장이 옳은지 여부를 판정하시오.

b) P-value = ?

7. 식물성 마가린에 포함되어 있는 지방질의 성분비는 정규분포에 따르는 것으로 알려져 있다. 성분비의 평균치에 대한 가설, $H_0 : \mu = 17.0$, $H_1 : \mu \neq 17.0$을 검정하기 위해 생산된 제품에서 $n = 9$개의 제품을 샘플링 하여 성분비를 조사한 즉, 표본평균 $\overline{x} = 16.82$, 표본표준편차 $s = 0.29$를 얻었다.

a) 유의수준 $\alpha = 0.01$에서 검정 하시오.

b) P-값 = ?

c) μ의 99% 신뢰구간을 구하시오.

8. 어느 공장에서 생산되는 강철선의 인장강도 X는 $N(\mu, \sigma^2)$의 분포에 따르며, 모표준편차 σ의 값을 알지 못한다고 한다. 지금 이 강철선의 생산공정에서 $n = 36$개의 표본을 추출하여 그 인장강도를 측정한 결과 표본평균 $\overline{X} = 60.5$, 표본표준편차 $S = 3.5$를 얻었다.

a) 가설 $H_0 : \mu = 60.0$, $H_1 : \mu > 60.0$을 유의수준 $\alpha = 0.05$에서 검정하시오.

b) P-값 = ?

c) μ의 95% 하측 신뢰구간을 구하시오.

9. 평균 μ, 분산 σ^2의 정규분포 모집단으로부터 크기 $n = 9$의 확률표본을 추출하여 표본분산 $S^2 = 0.0049$를 얻었다. 모분산에 대한 가설 $H_0 : \sigma^2 = 0.0025$, $H_1 : \sigma^2 > 0.0025$을 유의수준 $\alpha = 0.05$에서 검정하라.

10. $N(\mu, \sigma^2)$의 모집단에서 얻은 크기 $n=11$의 확률표본의 표본평균을 $\overline{X}$, 표본분산을 $S^2 = \frac{1}{10}\sum_{11}^{i=1}(X_i - \overline{X})^2$이라 할 때, $P\left(\frac{S^2}{2.5188} < \sigma^2 < \frac{S^2}{0.394}\right) = ?$

11. 항공기 부품 제작에 사용되는 합금 소재에 포함되어 있는 티타늄 함량 비율은 정규분포에 따르는 것으로 알려져 있다. 생산된 합금 소재 제품 중에서 $n=25$개를 random sampling하여 티타늄 함량 비율을 조사한 결과 표본표준편차 $s=0.31$을 얻었다.

a) 함량 비율의 분산에 관한 가설 $H_0 : \sigma^2 = (0.25)^2$, $H_1 : \sigma^2 \neq (0.25)^2$를 $\alpha = 0.05$에서 검정하시오.

b) P−value = ?

c) σ^2의 95% 신뢰구간을 구하시오.

12. 모집단 $N(0, \sigma^2)$의 분산에 대한 가설 $H_0 : \sigma^2 = 0.01$, $H_1 : \sigma^2 > 0.01$을 검정하기 위하여 모집단으로부터 $n=26$개의 random sample을 추출하여 $s^2 = 0.01626$를 얻었다.

a) 유의수준 $\alpha = 0.01$에서 검정하시오.

b) : P−value = ?

c) σ^2의 99% 하측 신뢰구간을 구하시오.

13. 어떤 생산공정의 공정불량률에 대한 가설 $H_0 : p = 0.1$, $H_1 : p > 0.1$을 유의수준 $\alpha = 0.05$에서 검정하기 위하여, 공정으로부터 random sampling한 $n=25$개의 제품을 검사한 결과 불량품이 4개 발견되었다.

a) 정규분포로 근사하여 검정하고 $P-$값을 구하시오.

b) 이항분포를 이용하여 $P-$값를 구하시오

14. 어떤 공정의 공정불량률 p를 추정하기 위하여 공정으로부터 $n=50$개의 제품을 랜덤샘플링하여 검사한 결과 $x=18$개의 제품이 불량품이었다.

a) p의 95% 양측 신뢰구간을 추정하라.

b) 위 자료를 이용하여 95% 신뢰구간의 오차를 0.05 이내로 하는 샘플의 크기 n를 구하라.

15. 지난 100년간의 기상자료로부터 년간 태풍발생횟수(X)를 조사한 결과가 다음과 같다.

X	0	1	2	3	4 이상	합계
년 수	10	30	28	17	15	100

가설 $H_0 : X$는 평균 $\lambda = 2.0$의 Poisson 분포 임, $H_1 : not\, H_0$을 유의수준 $\alpha = 0.05$에서 검정하시오.

16. 생산되는 제품을 품질 등급에 따라 1급품, 2급품, 3급품으로 분류하고 있으며, 각각의 생산비율은 $p_1 = 0.6,\ p_2 = 0.2.\ p_3 = 0.2$ 인 어떤 공장에서 제품의 품질 향상을 위해 공정 개선 작업을 실시하였다. 공정 개선 후에도 품질 등급의 비율이 종전과 같은지를 확인하기 위해 공정에서 200개의 제품을 임의 추출하여 검사하여 본 결과 1급품 150개, 2급품 40개, 3급품 10개 이었다. 이 자료를 이용하여 공정개선에 의해 품질등급의 비율이 변했는지 여부를 유의수준 0.05에서 검정하라.

17. 학과 사무실에 오전 10시에서 11시의 한 시간 동안에 걸려오는 전화 통화 수를 100일간 조사한 결과가 다음과 같다.

통화 수	3 이하	4	5	6	7 이상	합계
일 수	20	32	22	16	10	100

오전 10시~11시의 한 시간 동안의 전화통화 수가 평균 4.2의 포아송 분포에 따르는지를 유의수준 $\alpha = 0.01$ 에서 검정하라.

9 두 모집단의 비교에 관한 추론

Industrial statistics

9.1 서 론

앞 장에서는 하나의 모집단에 대하여 모수(평균 μ, 분산 σ^2, 그리고 모비율 p)에 관한 가설검정과 신뢰구간을 설명하였다. 본 9장에서는 앞 장에서 소개한 내용을 서로 독립의 관계를 갖는 두 모집단의 모수를 비교하는 문제로 확장해 보기로 한다. 기본적인 상황을 [그림 9-1.1]에 나타내었다. 본 장에서 소개하는 통계적 추론은 다음과 같은 조건이 성립한다는 가정 하에서 수행된다.

1. X_1으로 나타내는 모집단 1은 평균 μ_1, 분산 σ_1^2을, X_2로 나타내는 모집단 2는 평균 μ_2, 분산 σ_2^2을 갖는 정규분포에 따른다.
2. 두 모집단 X_1과 X_2는 서로 독립이다 (단, 9-4절 짝이 지어진 관측치에 관 t-검정에서는 예외).

두 모집단을 비교하는 통계적 추론은 두 모집단에서 얻은 각각 크기 n_1과 n_2의 두 확률표본에 기초하여 수행된다. 모집단 1에서 얻는 확률표본을 X_{11}, X_{12}, $\cdots$, X_{1n_1}, 모집단 2에서 얻는 확률표본을 X_{21}, X_{22}, $\cdots$, X_{2n_2}로 나타내기로 한다.

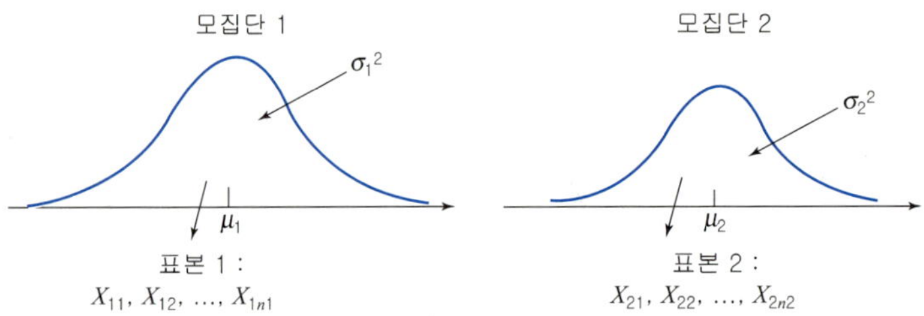

[그림 9-1.1] 두 모집단의 비교

9.2 두 모집단의 평균치의 차이에 관한 추론 - 모분산을 아는 경우

여기서는 [그림 9-1.1]의 두 모집단에 대해 각각의 모분산 σ_1^2과 σ_2^2의 값을 이미 알고 있는 경우 평균치의 차이 $\mu_1 - \mu_2$에 관한 통계적 추론에 대해 생각하여 보자. $\mu_1 - \mu_2$의 점 추정량은 표본평균의 차이 $\overline{X_1} - \overline{X_2}$ 이며, 그 기대치와 분산은 앞의 [정리 5-4.2]로부터 다음과 같이 됨을 알 수 있다.

$$E(\overline{X_1} - \overline{X_2}) = E(\overline{X_1}) - (\overline{X_2}) = \mu_1 - \mu_2$$

$$V(\overline{X_1} - \overline{X_2}) = V(\overline{X_1}) + (\overline{X_2}) = \frac{\sigma_1^2}{n_1} + \frac{\sigma_2^2}{n_2}$$

위의 결과를 다음과 같이 요약할 수 있다.

정리 9.2.1

$\{N(\mu_1, \sigma_1^2), \sigma_1\text{-}$기지$\}$의 모집단에서 얻은 크기 n_1의 확률표본 $X_{11}, X_{12}, \ldots, X_{1n1}$의 표본평균 $\overline{X_1}$는 $N\left(\mu_1, \dfrac{\sigma_1^2}{n_1}\right)$에 따르며, 또 다른 모집단 $\{N(\mu_2, \sigma_2^2), \sigma_2\text{-}$기지$\}$에서 추출한 크기 n_2의 확률표본 $X_{21}, X_{22}, \ldots, X_{2n1}$의 표본평균 $\overline{X_2}$는 $N\left(\mu_2, \dfrac{\sigma_2^2}{n_2}\right)$의 분포에 따른다. 또한 두 확률표본이 서로 독립($\mathrm{Cov}(X_1, X_2) = 0$)이면, 두 표본평균의 차는 $\overline{X_1} - \overline{X_2} \sim N\left(\mu_1 - \mu_2, \dfrac{\sigma_1^2}{n_1} + \dfrac{\sigma_2^2}{n_2}\right)$이 된다.

따라서,

$$\frac{(\overline{X_1}-\overline{X_2})-(\mu_1-\mu_2)}{\sqrt{\frac{\sigma_1^2}{n_1}+\frac{\sigma_2^2}{n_2}}} \sim N(0,\ 1) \tag{9-2.1}$$

[정리 9.2.1]은 두 모집단의 모평균의 차이 $\mu_1-\mu_2$에 대한 가설 검정과 신뢰구간 추정의 기초가 된다. 즉, $\mu_1-\mu_2$를 하나의 모수 θ로 간주되어, 그 추정량은 $\hat{\Theta}=\overline{X_1}-\overline{X_2}$이고, 분산은 $\hat{\sigma}_{\hat{\Theta}}{}^2$이 된다.

또한, 우리는 θ에 대한 귀무가설에서 지정된 값이 θ_0일 때, 그 검정통계량은 $\frac{\hat{\Theta}-\theta_0}{\sigma_{\hat{\Theta}}}$임을 알고 있다. 앞의 8장에서 설명한 정규분포 모집단에 대한 가설검정의 검정통계량과 기본적으로 그 형태가 동일하다는 사실을 알 수 있다.

9.2.1 평균치의 차이에 대한 가설검정 – 모분산 σ^2을 아는 경우

모분산의 값이 알려져 있는 두 모집단에 대해 그 평균치의 차이 $\mu_1-\mu_2$에 관한 가설검정을 논의해 보자. 우리의 관심이 두 모평균의 차이 $\mu_1-\mu_2$가 Δ_0만큼 되는지 여부를 확인하는데 있다면, 귀무가설은

$$H_0: \mu_1-\mu_2 = \triangle_0 \tag{9-2.2}$$

이 될 것이다. 만일 $\triangle_0=0$으로 하면 이 가설은 두 모평균이 같은 값인가 여부를 확인하는 가설(즉, $H_0: \mu_1=\mu_2$)이 될 것이다.

이 귀무가설에 대한 검정통계량은 식 (9-2.1)에서 $\mu_1-\mu_2$를 Δ_0로 대치함으로써 얻어질 수 있으며, 이 검정통계량은 귀무가설이 진실일 때 표준정규분포에 따르게 될 것이다. 대립가설을 $H_1: \mu_1-\mu_2 \neq \triangle_0$로 하여 양측검정을 생각해 보자. 표본으로부터 얻어진 $\bar{x}_1-\bar{x}_2$이 Δ_0로부터 크게 차이가 난다면 이것은 대립가설 H_1이 진실이라는 증거가 될 것이다. 검정통계량 Z_0는 귀무가설 H_0가 진실일 때 표준정규분포 $N(0,\ 1)$에 따르게 되므로, $P-$값은 표본으로부터 계산된 검정통계량의 값 z_0와 $-z_0$를 표준정규분포의 좌우 꼬리부분으로 초과하는 확률의 합으로 계산될 수 있다. 즉,

$$P-\text{값} = P(Z > z_0) + P(Z < -z_0) = 2P(Z > z_0) = 2[1 - \Phi(z_0)] \tag{9-2.3}$$

이것은 8-1절의 정규분포 모집단의 모평균에 대한 z-검정의 경우와 동일한 것이다.

유의수준 α값을 미리 지정하는 고정 유의수준 검정(fixed-significance-level test)의 경우도 한 모집단에 대한 z-검정에서와 같이 기각역을 $\{-z_{\alpha/2},\ z_{\alpha/2}\}$로 하면 된다.

검정의 기각역과 P-value를 요약하면 다음과 같다.

[귀무가설] $H_0 : \mu_1 - \mu_2 = \triangle_0$

검정통계량 $Z_0 = \dfrac{(\overline{X}_1 - \overline{X}_2) - \Delta_0}{\sqrt{\dfrac{\sigma_1^2}{n_1} + \dfrac{\sigma_2^2}{n_2}}} \sim N(0,\ 1)\ under\ H_0$

* 유의수준, α = P(type 1 error) = P(reject $H_0 \mid H_0$ is true)

[양측검정]

$H_1 : \mu_1 - \mu_2 \neq \triangle_0$

기각역 : $\{Z_0 < -z_{\alpha/2},\ Z_0 > z_{\alpha/2}\}$ $\Rightarrow$ reject H_0

P-value $= P(Z > z_0) + P(Z < -z_0) = 2P(Z > z_0) = 2[1 - \Phi(z_0)]$

[단측검정]

$H_1 : \mu_1 - \mu_2 > \triangle_0$

기각역 : $\{Z_0 > z_\alpha\}$ $\Rightarrow$ reject H_0

P-value $= P(Z > z_\alpha) = 1 - \Phi(z_0)$

$H_1 : \mu_1 - \mu_2 < \triangle_0$

기각역 : $\{Z_0 < -z_\alpha\}$ $\Rightarrow$ reject H_0

P-value $= P(Z < z_0) = \Phi(z_0)$

예제 9.2.1

페인트의 건조시간을 단축하기 위한 새로운 건조제가 개발되었다. 새로 개발된 건조제가 건조시간을 실제로 단축시키는지를 확인하기 위한 가설검정을 수행하고자 한다. 과거 경험에 의하면 건조시간의 표준편차는 8분으로 알려져 있으며 이 값은 건조제 첨가에 영향을 받지 않는다고 한다. 10개의 시편에 건조제를 첨가하지 않은 표준 페인트를 칠하고, 다른 10개의 시편에는 건조제를 첨가한 개량 페인트를 칠하여 건조시간을 측정한 결과, 건조제를 첨가하지 않은 표준

페인트의 평균 건조시간 $\bar{x}_1 = 121$이었으며, 건조제를 첨가한 개량페인트의 평균 건조시간은 $\bar{x}_2 = 112$이였다. 물론 20개의 시편의 칠은 랜덤한 순서로 실시되었다. 이 결과로부터 건조제의 효과에 대하여 어떠한 결론을 내리겠는가? $\alpha = 0.05$에서 검정하여 보자.

풀이 가설 $H_0 : \mu_1 - \mu_2 = 0,\ H_1 : \mu_1 - \mu_2 > 0,\ \alpha = 0.05$

{표준페인트 : $X_1 \sim N(\mu_1, \sigma_1^2),\ \sigma_1 = 8$분} $\rightarrow$ $(n_1 = 10)$ $\Rightarrow$ $\overline{X}_1 = 121$분

{개량페인트 : $X_2 \sim N(\mu_2, \sigma_2^2),\ \sigma_2 = 8$분} $\rightarrow$ $(n_2 = 10)$ $\Rightarrow$ $\overline{X}_2 = 112$분

검정통계량 $z_0 = \dfrac{(121-112)-0}{\sqrt{\dfrac{8^2+8^2}{10}}} \cong 2.516$

기각역 : $\{Z_0 > z_{0.05} = 1.645\}$ $\Rightarrow$ reject H_0

P-value $= P(Z_0 > 2.516) = 0.0059$ ■

검정통계량의 값이 2.516으로 유의수준 0.05에 대한 기각치 1.645보다 크고, 또한 P-value 역시 0.0059로서 유의수준 0.05보다 작은 값이므로 귀무가설 H_0를 기각하여 첨가제는 건조시간을 단축시키는 효과가 있다고 결론지을 수 있다. 물론 이 결론에 수반되는 제1종 오류를 범할 확률은 0.05 이하가 된다.

9.2.2 제2종 오류와 표본의 크기

귀무가설 $H_0 : \mu_1 - \mu_2 = \triangle_0$이 진실이 아닐 때, 즉 $\mu_1 - \mu_2 = \triangle$인 경우(단, $\Delta > \Delta_0$), 이 사실을 탐지 못하는 확률이 제2종 오류를 범할 확률 β가 된다. 양측검정의 가설 $H_0 : \mu_1 - \mu_2 = \triangle_0,\ H_1 : \mu_1 - \mu_2 \neq \triangle_0$에 대해 β를 계산해 보자. 유의수준을 α라 하면,

$$\beta = P(-z_{\alpha/2} \le Z_0 \le z_{\alpha/2} \mid \mu_1 - \mu_2 = \Delta)$$

$$= P\left(-z_{\alpha/2} \le \frac{\overline{X}_1 - \overline{X}_2 - \Delta_0}{\sqrt{\dfrac{\sigma_1^2}{n_1} + \dfrac{\sigma_2^2}{n_2}}} \le z_{\alpha/2} \mid \mu_1 - \mu_2 = \Delta\right)$$

$$= P\left(-z_{\alpha/2} \le \frac{\overline{X}_1 - \overline{X}_2 - \Delta}{\sqrt{\dfrac{\sigma_1^2}{n_1} + \dfrac{\sigma_2^2}{n_2}}} + \frac{\Delta - \Delta_0}{\sqrt{\dfrac{\sigma_1^2}{n_1} + \dfrac{\sigma_2^2}{n_2}}} \le z_{\alpha/2} \mid \mu_1 - \mu_2 = \Delta\right)$$

$$= P\left(-Z_{\alpha/2} - \frac{\Delta - \Delta_0}{\sqrt{\frac{\sigma_1^2}{n_1} + \frac{\sigma_2^2}{n_2}}} \le Z \le z_{\alpha/2} - \frac{\Delta - \Delta_0}{\sqrt{\frac{\sigma_1^2}{n_1} + \frac{\sigma_2^2}{n_2}}} \right)$$

여기서 Δ_0는 귀무가설에서 지정된 값이며, Δ는 우리가 $1-\beta$의 확률로 탐지해 내고자 하는 모평균의 차이임을 유의하라.

표본의 크기 $n_1 = n_2 = n$으로 가정한다면,

$$\beta = P\left(-z_{\alpha/2} - \frac{\Delta - \Delta_0}{\sqrt{\frac{\sigma_1^2 + \sigma_2^2}{n}}} \le Z \le z_{\alpha/2} - \frac{\Delta - \Delta_0}{\sqrt{\frac{\sigma_1^2 + \sigma_2^2}{n}}} \right)$$

$$\cong P\left(Z \le z_{\alpha/2} - \frac{\Delta - \Delta_0}{\sqrt{\frac{\sigma_1^2 + \sigma_2^2}{n}}} \right) \tag{9-2.4}$$

로 근사할 수 있으므로, 평균치의 차이가 Δ일 때 이를 $1-\beta$의 확률로 탐지해내는데 필요한 표본의 크기는

$$n \cong \frac{(z_{\alpha/2} + z_\beta)^2 (\sigma_1^2 + \sigma_2^2)}{(\Delta - \Delta_0)^2} \tag{9-2.5}$$

마찬가지로 단측검정 $H_1 : \mu_1 - \mu_2 > \triangle_0$의 경우에는

$$\beta = P(Z_0 \le \mid \mu_1 - \mu_2 = \triangle) = P\left(Z_0 \le z_\alpha - \frac{\Delta - \Delta_0}{\sqrt{\frac{\sigma_1^2 + \sigma_2^2}{n}}} \right) \text{ 에서}$$

$$n = \frac{(z_\alpha + z_\beta)^2 (\sigma_1^2 + \sigma_2^2)}{(\Delta - \Delta_0)^2} \tag{9-2.6}$$

$H_1 : \mu_1 - \mu_2 < \triangle_0$의 경우에도 $\beta = P(Z_0 > -z_\alpha \mid \mu_1 - \mu_2 = \triangle)$로부터 동일한 표본의 크기 공식 $n = \frac{(z_\alpha + z_\beta)^2 (\sigma_1^2 + \sigma_2^2)}{(\Delta - \Delta_0)^2}$을 얻을 수 있다.

예제 9.2.2

앞의 [예제 9.2.1]에서, $n_1 = n_2 = 10$, $\triangle = \mu_1 - \mu_2 = 10$이라 할 때,

제2종 오류를 범할 확률 $\beta = P\left(Z \le z_{0.05} - \dfrac{10-0}{\sqrt{\dfrac{8^2+8^2}{10}}} \right) \fallingdotseq 0.1251$

또한, $\triangle = \mu_1 - \mu_2 = 10$일 때, $\beta = 0.10$으로 하는 표본의 크기

$$n = \frac{(z_{0.05}+z_{0.10})^2(8^2+8^2)}{(10-0)^2} \fallingdotseq 11$$

■

9.2.3 두 모평균의 차이에 대한 신뢰구간, 모분산을 아는 경우

모분산을 아는 경우 두 모평균의 차이 $\mu_1 - \mu_2$에 대한 $100(1-\alpha)\%$ 신뢰구간 추정은 식 (9-2.1)로부터 직접 유도해 낼 수 있다. $X_{11}, X_{12}, \ldots, X_{1n_1}$은 모집단 1에서 얻은 크기 n_1의 확률표본이고, $X_{21}, X_{22}, \ldots, X_{2n_2}$는 모집단 2에서 얻은 크기 n_2의 확률표본이라 할 때, 이들의 표본평균의 차이 $\overline{X}_1 - \overline{X}_2$는 $\mu_1 - \mu_2$의 점 추정량 이다.

$$\overline{X}_1 - \overline{X}_2 \sim N\left(\mu_1 - \mu_2,\ \frac{\sigma_1^2}{n_1} + \frac{\sigma_2^2}{n_2}\right) \Rightarrow \frac{(\overline{X}_1 - \overline{X}_2) - (\mu_1 - \mu_2)}{\sqrt{\dfrac{\sigma_1^2}{n_1} + \dfrac{\sigma_2^2}{n_2}}} \sim N(0, 1)$$

$$\Rightarrow P\left(-z_{\alpha/2} \le \frac{(\overline{X}_1 - \overline{X}_2) - (\mu_1 - \mu_2)}{\sqrt{\dfrac{\sigma_1^2}{n_1} + \dfrac{\sigma_2^2}{n_2}}} \le z_{\alpha/2} \right) = 1 - \alpha$$

$\therefore$ $(\mu_1 - \mu_2)$의 $100(1-\alpha)\%$ 신뢰구간 :

$$(\overline{X}_1 - \overline{X}_2) \pm z_{\alpha/2}\sqrt{\frac{\sigma_1^2}{n_1} + \frac{\sigma_2^2}{n_2}} \qquad \textbf{(9-2.7)}$$

(9-2.7)의 신뢰구간은 모집단이 정규분포에 따를 때 신뢰수준은 정확히 $1-\alpha$가 된다.

예제 9.2.3

두 종류의 알루미늄 막대의 인장강도를 비교하고자 한다. 종류1(모평균 μ_1)에서 $n_1 = 10$개, 종류2(모평균 μ_2)에서 $n_2 = 10$개를 랜덤 추출하여 그 강도를 측정한 결과, 종류 1의 표본평균 $\overline{X}_1 = 87.6$, 종류2의 표본평균 $\overline{X}_2 = 74.5$를 얻었다. 인장강도의 모평균의 차이 $\mu_1 - \mu_2$의 90% 신뢰구간을 추정하라. 단, 인장강도의 모표준편차는 과거 자료로부터 $\sigma_1 = 1.0$, $\sigma_2 = 1.5$로 이미 알고 있는 것으로 한다.

풀이 {공정 1 : $X_1 \sim N(\mu_1, \sigma_1^2)$, $\sigma_1 = 1.0$} → $(n_1 = 10) \Rightarrow \overline{X}_1 = 87.6$

{공정 2 : $X_2 \sim N(\mu_2, \sigma_2^2)$, $\sigma_2 = 1.5$} → $(n_2 = 12) \Rightarrow \overline{X}_2 = 74.5$

$(\mu_1 - \mu_2)$의 90% 신뢰구간 : $(87.6 - 74.5) \pm z_{0.05}\sqrt{\dfrac{\sigma_1^2}{n_1} + \dfrac{\sigma_2^2}{n_2}} = 13.1 \pm 0.88$ ■

다음의 [그림 9-2.1]을 참고하여 $n_1 = n_2 = n$일 때, 지정된 오차범위 E를 만족하는 표본의 크기 n를 구해보자.

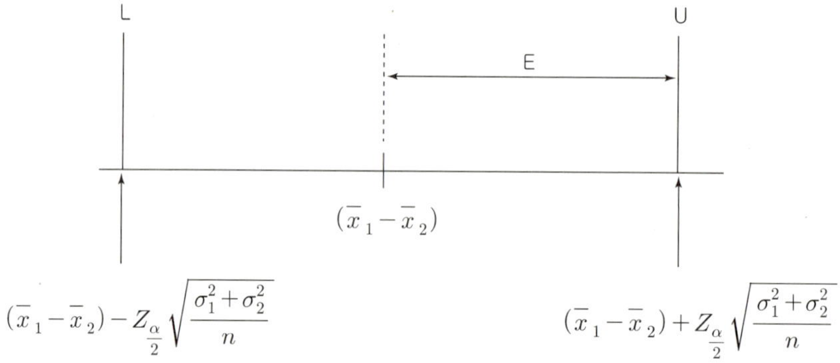

[그림 9-2.1] 신뢰구간의 오차범위

[그림 9-2.1]에서 오차범위 $E = z_{\alpha/2}\dfrac{\sqrt{\sigma_1^2 + \sigma_2^2}}{n}$를 만족해야 한다. 이것을 n에 관해 정리하면,

$$n = \left(\frac{z_{\alpha/2}}{E}\right)^2 (\sigma_1^2 + \sigma_2^2) \qquad \text{(9-2.8)}$$

이 된다.

단측신뢰구간(One-Sided Confidence Bounds)

- $(\mu_1 - \mu_2)$의 $100(1-\alpha)$% 상측신뢰구간(upper confidence bound)

$$: \ (\mu_1 - \mu_2) \ \leq (\overline{X}_1 - \overline{X}_2) + z_\alpha \sqrt{\frac{\sigma_1^2}{n_1} + \frac{\sigma_2^2}{n_2}} \tag{9-2.9}$$

- $(\mu_1 - \mu_2)$의 $100(1-\alpha)$% 하측신뢰구간(lower confidence bound)

$$: \ (\mu_1 - \mu_2) \ \leq (\overline{X}_1 - \overline{X}_2) - z_\alpha \sqrt{\frac{\sigma_1^2}{n_1} + \frac{\sigma_2^2}{n_2}} \tag{9-2.10}$$

9.3 두 모집단의 평균치에 관한 추론, 모분산을 모르는 경우

이번에는 [그림 9-1.1]의 두 모집단에서 모분산 σ_1^2과 σ_2^2을 알지 못하는 경우 두 모평균의 차이 $\mu_1 - \mu_2$에 대한 통계적 추론을 알아보자.

한 개의 모집단에 대한 추론에서 언급한 바와 마찬가지로, 만약 표본의 크기 n_1과 n_2가 30보다 크다면 앞의 9-2절의 모분산을 아는 경우의 방법을 그대로 이용할 수 있다. 이것은 크기 30이상의 대표본으로부터 계산된 표본분산은 믿을만한 것이어서 모분산으로 보아도 무방하기 때문이다.

그러나, 크기 30 이하의 소표본의 경우에는, 가설검정이나 신뢰구간 추정을 위해 모집단이 정규분포에 따른다는 가정이 필요하다. 이것은 한 개의 모집단에 대한 추론에서도 마찬가지이다.

9.3.1 두 모평균의 차이에 대한 가설검정, σ-미지

모분산 σ_1^2과 σ_2^2을 모르는 두 정규분포의 모평균의 차이 $\mu_1 - \mu_2$에 대한 가설

$$H_0 : \mu_1 - \mu_2 = \triangle_0$$

의 검정에 대해 알아보자. 이 경우 검정통계량이 t-분포를 따르게 되므로 이 검정절차를 t-검정

이라 칭한다. 이 검정절차는 두 가지 경우로 나누어 다루게 된다. 첫 번째는 그 값은 모르지만 두 모분산이 서로 같은 값을 갖는 경우이고, 두 번째는 두 모분산의 값이 서로 다르며 그 값도 알지 못하는 경우이다.

■ 경우 1 : $\sigma_1^2 = \sigma_2^2 = \sigma^2$

서로 독립이며 모분산이 서로 같은 그러나 그 값은 모르는 두 정규분포의 모집단에 대해서 각각 크기 n_1과 n_2의 확률표본을 추출한다.

$$\{X_1 \sim N(\mu_1,\ \sigma_2 - \text{미지})\} \to (n_1) : X_{11},\ X_{12},\ \ldots,\ X_{1n1} \Rightarrow \overline{X}_1 \sim N\left(\mu_1, \frac{\sigma^2}{n_1}\right),\ S_1^2$$

$$\{X_2 \sim N(\mu_2,\ \sigma_2 - \text{미지})\} \to (n_2) : X_{21},\ X_{22},\ \ldots,\ X_{2n2} \Rightarrow \overline{X}_2 \sim N\left(\mu_2, \frac{\sigma^2}{n_2}\right),\ S_2^2$$

$$\Rightarrow \overline{X}_1 - \overline{X}_2 \sim N\left(\mu_1 - \mu_2,\ \sigma^2\left(\frac{1}{n_1} + \frac{1}{n_2}\right)\right)$$

$$\Rightarrow \frac{(\overline{X}_1 - \overline{X}_2) - (\mu_1 - \mu_2)}{\sigma\sqrt{\frac{1}{n_1} + \frac{1}{n_2}}} \sim N(0,\ 1) \tag{9-3.1}$$

모분산 σ^2의 추정량은 두 표본분산을 결합하여 구하는 것이 타당할 것이다. 두 표본분산 S_1^2과 S_2^2을 결합한 추정량을 σ^2의 결합추정량 S_p^2이라 하며 이를 구하는 공식은 다음과 같다.

$$\hat{\sigma}^2 = S_p^2 = \frac{(n_1 - 1)S_1^2 + (n_2 - 1)S_2^2}{n_1 + n_2 - 2} \tag{9-3.2}$$

한편, [정리 6-2.1]로부터

$$\frac{(n_1 + n_2 - 2)S_p^2}{\sigma^2} \sim x^2_{(n_1 + n_2 - 2)} \tag{9-3.3}$$

이다. 식 (9-3.1)과 (9-3.3), 그리고 t-분포의 정의로부터

$$\therefore \quad T = \frac{Z}{\sqrt{x^2/\nu}} \Rightarrow \frac{\dfrac{(\overline{X}_1 - \overline{X}_2) - (\mu_1 - \mu_2)}{\sigma\sqrt{\frac{1}{n_1} + \frac{1}{n_2}}}}{\sqrt{\dfrac{(n_1 + n_2 - 2)S_p^2}{\sigma^2} / (n_1 + n_2 - 2)}}$$

$$= \frac{(\overline{X}_1 - \overline{X}_2) - (\mu_1 - \mu_2)}{S_p\sqrt{\frac{1}{n_1} + \frac{1}{n_2}}} \sim t_{n_1+n_2-2} \tag{9-3.4}$$

식 (9-3.4)로부터 가설 $H_0: \mu_1 - \mu_2 = \triangle_0$에 대한 검정통계량을 쉽게 만들어 낼 수 있다. 즉, (9-3.4)에서 $\mu_1 - \mu_2$를 $\triangle_0$로 대치하면 된다. 즉, 따라서 검정통계량은

$$t_0 = \frac{(\overline{X}_1 - \overline{X}_2) - \Delta_0}{S_p\sqrt{\frac{1}{n_1} + \frac{1}{n_2}}} \tag{9-3.5}$$

(9-3.5)의 검정통계량은 H_0가 진실일 때 $t_{n_1+n_2-2}$의 분포에 따르게 된다. 유의수준 α 에서 대립가설에 대한 기각역과 P-value를 요약하면 다음과 같다.

$H_0: \mu_1 - \mu_2 \neq \triangle_0 \rightarrow \{t_0 < -t_{\alpha/2:n_1+n_2-2},\ t_0 > t_{\alpha/2:n_1+n_2-2}\} \Rightarrow \text{reject } H_0$

$P-value = P(T_{n_1+n_2-2} < -t_0) + P(T_{n_1+n_2-2} > t_0) = 2P(T_{n_1+n_2-2} > t_0)$

$H_0: \mu_1 - \mu_2 > \triangle_0 \rightarrow \{t_0 > t_{\alpha:n_1+n_2-2}\} \Rightarrow \text{reject } H_0$

$P-value = P(T_{n_1+n_2-2} > t_0)$

$H_0: \mu_1 - \mu_2 < \triangle_0 \rightarrow \{t_0 < -t_{\alpha:n_1+n_2-2}\} \Rightarrow \text{reject } H_0$

$P-value = P(T_{n_1+n_2-2} < t_0)$

경우 1($\sigma_1^2 = \sigma_2^2 = \sigma^2$)의 검정절차를 흔히 독립 두 표본 t-검정이라고 부른다.

예제 9.3.1

두 종류의 촉매가 어떤 화학반응의 수율에 미치는 영향을 비교하고자 한다. 촉매1이 현재 사용되고 있는 것이며, 촉매2는 신제품으로 가격이 더 저렴하다고 한다. 두 촉매에 대한 실험 결과는 [표 9-3.1]과 같다. 두 촉매의 평균수율에 차이가 있다고 할 수 있는가? 두 촉매의 수율은 각각 평균 μ_1, μ_2, 분산 σ_1^2, σ_2^2의 정규분포에 따르며, $\sigma_1^2 = \sigma_2^2 = \sigma^2$이라고 한다.

[표 9-3.1] 촉매의 수율 데이터

관측번호	촉매1	촉매2
1	91.50	89.19
2	94.18	90.95
3	92.18	90.46
4	95.39	93.21
5	91.79	97.19
6	89.07	97.04
7	94.72	91.07
8	89.21	92.75

{촉매 1 : $X_1 \sim N(\mu_{1,}\ \sigma_2)$ } $\rightarrow$ $(n_1 = 8) \Rightarrow \overline{X}_1 = 92.25,\ s_1 = 2.39$

{촉매 2 : $X_2 \sim N(\mu_{2,}\ \sigma_2)$ } $\rightarrow$ $(n_2 = 8) \Rightarrow \overline{X}_2 = 92.733,\ s_2 = 2.98$

$$\rightarrow \hat{\sigma}^2 = S_p^2 = \frac{7(2.39)^2 + 7(2.98)^2}{8+8-2} = 7.30$$

$H_0 : \mu_1 - \mu_2 = 0,\ H_1 : \mu_1 - \mu_2 \neq 0,\ \alpha = 0.05$에서 검정

$$t_0 = \frac{(92.255 - 92.733) - 0}{\sqrt{7.30}\ \sqrt{\dfrac{2}{8}}} \fallingdotseq -0.35$$

기각역: $\{t_0 < -t_{0.025:14} = -2.145,\ t_0 > t_{0.025:14} = 2.145\} \Rightarrow$ not reject H_0

P-value $= P(t_{14} < -0.35) + P(t_{14} > 0.35) = 2P(t_{14} > 0.35) = 0.731548$

즉, 유의수준 0.05에서, 촉매1과 촉매2의 평균수율은 차이가 있다고 할 수 없다.

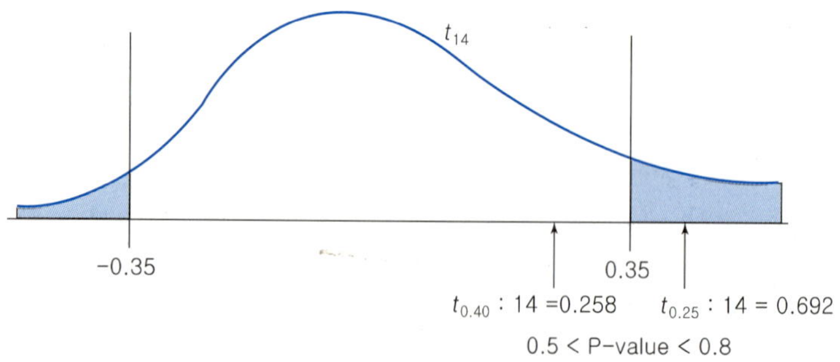

[그림 9-3.1] P-값의 계산

참고

```
DATA p_value;
   q = 2*PROBT(-0.35, 14);
PUT 'p_value = 2Pr[T(14) > 0.35] = ' q;
RUN;
```

■ 경우 2: $\sigma_1^2 \neq \sigma_2^2$

때로는 미지의 두 분산 σ_1^2, σ_2^2이 같다는 가정을 할 수 없는 경우가 있다. 이 경우 가설 $H_0 : \mu_1 - \mu_2 = \triangle_0$을 검정하기 위한 정확한 t-통계량은 존재하지 않는다. 그렇지만 다음의 검정통계량을 이용할 수 있다.

$$T_0^* = \frac{(\overline{X}_1 - \overline{X}_2) - \Delta_0}{S_p\sqrt{\frac{S_1^2}{n_1} + \frac{S_2^2}{n_2}}} \tag{9-3.6}$$

검정통계량 (9-3.6)은 $H_0 : \mu_1 - \mu_2 = \triangle_0$가 진실일 때 t_ν의 분포에 따른다.

여기서, 자유도 ν는 다음과 같다.

$$\nu = \frac{\left(\frac{S_1^2}{n_1} + \frac{S_2^2}{n_2}\right)^2}{\frac{(S_1^2/n_1)^2}{n_1 - 1} + \frac{(S_2^2/n_2)^2}{n_2 - 1}} \tag{9-3.7}$$

결국, 두 모분산이 서로 다른 경우에도 위의 검정통계량 T_0^*와 자유도 ν를 이용하여 Case 1의 경우와 같은 절차로 $H_0 : \mu_1 - \mu_2 = \triangle_0$에 대한 가설검정을 수행할 수 있다.

예제 9.3.2

A시와 B시의 상수도 용수에 포함되어 있는 미세 고형입자의 농도를 비교하기 위해 두 도시 각각에서 10개 지점을 임으로 선정하여 조사한 결과가 다음과 같다.

A 시		B 시	
관측지점	입자농도(ppb)	관측지점	입자농도(ppb)
1	3	1	48
2	7	2	44
3	25	3	40
4	10	4	38
5	15	5	33
6	6	6	21
7	12	7	20
8	25	8	12
9	15	9	1
10	7	10	18

두 도시간에 미세고형입자의 평균농도에 차이가 있는가? 유의수준 0.05로 검정하여 보자.

풀이 $H_0 : \mu_1 = \mu_2,\ H_1 : \mu_1 \neq \mu_2,\ \alpha = 0.05$

A시 : $X_1 \sim N(\mu_1, \sigma_1^2) \to (n_1 = 10) \to \overline{x}_1 = 12.5,\ S_1 = 7.63$

B시 : $X_2 \sim N(\mu_2, \sigma_2^2) \to (n_2 = 10) \to \overline{x}_2 = 27.5,\ S_2 = 15.3$

$$T_0^* = \frac{(\overline{X}_1 - \overline{X}_2) - \Delta_0}{S_p\sqrt{\dfrac{S_1^2}{n_1} + \dfrac{S_2^2}{n_2}}} = -2.77$$

$$\nu = \frac{\left(\dfrac{S_1^2}{n_1} + \dfrac{S_2^2}{n_2}\right)^2}{\dfrac{(S_1^2/n_1)^2}{n_1 - 1} + \dfrac{(S_2^2/n_2)^2}{n_2 - 1}} = \frac{\left[\dfrac{(7.63)^2}{10} + \dfrac{(15.3)^2}{10}\right]^2}{\dfrac{[(7.63)^2/10]^2}{10-1} + \dfrac{[(15.3)^2/10]^2}{10-1}} \cong 13$$

기각역: $\{t_0^* < -t_{0.025:13} = -2.16,\ t_0^* > t_{0.025:13} = 2.16\}$

P-value $= 2P(T_{13} < -2.77) \fallingdotseq 0.016$

⇒ reject H_0 즉, 유의수준 0.05에서 두 도시간에 미세입자의 평균농도가 차이가 있다고 할 수 있다. ■

9.3.2 두 모평균의 차이에 대한 신뢰구간

■ Case 1: $\sigma_1^2 = \sigma_2^2 = \sigma^2$의 경우

$$T = \frac{(\overline{X}_1 - \overline{X}_2) - (\mu_1 - \mu_2)}{S_p\sqrt{\dfrac{1}{n_1} + \dfrac{1}{n_2}}} \sim t_{n_1 + n_2 - 2}\text{이므로}$$

$$P\left(-t_{\alpha/2,\, n_1+n_2-2} \le \frac{(\overline{X}_1-\overline{X}_2)-(\mu_1-\mu_2)}{S_p\sqrt{\dfrac{1}{n_1}+\dfrac{1}{n_2}}} \le t_{\alpha/2,\, n_1+n_2-2}\right)=1-\alpha \text{로부터}$$

$(\mu_1-\mu_2)$의 $100(1-\alpha)\%$ 신뢰구간 : $(\overline{X}_1-\overline{X}_2) \pm t_{\alpha/2,\, n_1+n_2-2} \cdot S_p\sqrt{\dfrac{1}{n_1}+\dfrac{1}{n_2}}$

이 된다. 단, $S_p^2=\dfrac{(n_1-1)S_1^2+(n_2-1)S_2^2}{n_1+n_2-2}$

■ Case 2: $\sigma_1^2 \ne \sigma_2^2$의 경우

$$T^*=\frac{(\overline{X}_1-\overline{X}_2)-(\mu_1-\mu_2)}{\sqrt{\dfrac{S_1^2}{n_1}+\dfrac{S_2^2}{n_2}}} \sim t_\nu \text{로부터}$$

$(\mu_1-\mu_2)$의 $100(1-\alpha)\%$ 신뢰구간 : $(\overline{X}_1-\overline{X}_2) \pm t_{\alpha/2:\nu} \cdot \sqrt{\dfrac{S_1^2}{n_1}+\dfrac{S_2^2}{n_2}}$

이 된다. 단, $\nu=\dfrac{\left(\dfrac{S_1^2}{n_1}+\dfrac{S_2^2}{n_2}\right)^2}{\dfrac{(S_1^2/n_1)^2}{n_1-1}+\dfrac{(S_2^2/n_2)^2}{n_2-1}}$

예제 9.3.3

두 종류의 시멘트에 대해 칼슘 함유량을 비교하고자 한다. 시멘트1의 칼슘함유량 $X_1 \sim N(\mu_1,\ \sigma_1^2)$이고, 시멘트2의 칼슘함유량 $X_2 \sim N(\mu_2,\ \sigma_2^2)$이며, $\sigma_1=\sigma_2=\sigma$라고 한다. 양쪽에서 각각 10개 씩의 시료를 추출하여 칼슘 함량을 조사한 결과가 다음과 같다.

{시멘트 1 : $X_1 \sim N(\mu_1,\ \sigma_1^2),\ \sigma_1$ } → $(n_1=10) \Rightarrow \overline{X}_1 = 90.0,\ s_1 = 5.0$

{시멘트 2 : $X_2 \sim N(\mu_2,\ \sigma_2^2),\ \sigma_2$ } → $(n_2=15) \Rightarrow \overline{X}_2 = 87.0,\ s_2 = 4.0$

따라서

$$S_p^2=\frac{(n_1-1)S_1^2+(n_2-1)S_2^2}{n_1+n_2-2}=\frac{9(5)^2+9(4)^2}{18}=19.52 \rightarrow S_p=4.4$$

$(\mu_1-\mu_2)$의 95% 신뢰구간 : $(90 - 87) \pm t_{0.025:23} \cdot S_p\sqrt{\dfrac{1}{10}+\dfrac{1}{15}}=3.0 \pm 3.72$ ■

9.4 대응표본 $t-$검정

앞의 9-3절의 독립된 두 모집단에 대한 $t-$검정의 특별한 경우로서 두 모집단으로부터 쌍(pair)을 이루어 관측치를 얻는 경우(대응표본)를 생각해 보자. 대응표본에서 각 쌍의 내의 두 관측치(X_{1j}, X_{2j})는 동질적인 조건에서 얻어져야 하지만, 이 조건은 쌍마다 변화될 수 있다.

예로서, 금속 경도 측정기에 사용되는 두 종류의 측정침의 차이를 알아보는 실험을 생각해 보자. 이 경도 측정기는 금속 시편에 일정 힘을 가하여 측정침을 찔러서 박히는 깊이를 측정하여 금속의 경도를 결정하는 것이다. 여러 개의 금속시편을 랜덤하게 선택하여, 그 중 반에는 측정침1을 적용하고 나머지 반에는 측정침2를 적용하는 실험을 한다면 이 실험은 9-3절의 독립된 두 모집단에 대한 $t-$검정의 실험이 된다. 이 경우 실험에 사용된 금속시편들의 동질성이 보장되지 않는다면 잘못된 결과를 낳게 된다. 왜냐하면 측정침의 특성의 차이와 함께 금속시편의 재질의 차이가 결과로 얻어진 경도 측정치에 함께 반영되어 있기 때문에 측정침의 특성의 차이를 정확히 알아낼 수 없게 된다. 이 문제를 극복하는 방법이 대응표본이다. 각 금속시편에 측정침1과 2를 함께 적용하여 쌍을 이루는 경도 측정치 X_{1j}와 X_{2j}를 얻어 그 차이 $d_j = X_{1j}-X_{2j}$를 이용함으로써 시편의 재질 차이를 배제할 수 있고, 따라서 순수한 측정침 특성의 차이를 알아낼 수 있게 된다. 즉, d_j의 평균이 0에 가까운 값이 되면 측정침 1과 2는 차이가 없다고 판단하게 된다. 이와 같이 대응표본을 이용하는 검정방법을 쌍체 $t-$검정(paired $t-$test)이라고 부른다.

X_1으로 나타내는 모집단 1은 평균 μ_1 분산 σ_1^2의 정규분포에, X_2로 나타내는 모집단 2는 평균 μ_2 분산 σ_2^2의 정규분포에 따른다고 가정하고, 이 두 모집단으로부터 얻는 n개의 대응표본을 $(X_{11}, X_{21}), (X_{12}, X_{22}), \ldots, (X_{1n}, X_{2n})$이라 하고, 각 대응표본의 차이 $D_j = X_{1j} - X_{2j}, j = 1, 2, \ldots, n$라고 하면, 대응표본의 차이 D는 평균 $\mu_D = E(X_1 - X_2) = E(X_1) - E(X_2) = \mu_1 - \mu_2$, 분산 σ_D^2의 정규분포를 하게 된다.

결국, μ_1과 μ_2의 차이를 알아보기 위한 검정은 μ_D에 관한 일표본 $t-$검정으로 대체할 수 있게 된다. 즉, 가설 $H_0 : \mu_1 - \mu_2 = \Delta_0$, $H_1 : \mu_1 - \mu_2 \neq \Delta_0$은 가설

$$H_0 : \mu_D = \Delta_0,\ H_1 : \mu_D \neq \Delta_0 \tag{9-4.1}$$

와 동일한 것이다. 이제까지 설명한 내용을 경도 측정침의 예에 적용하여 보자.

n개의 시편을 각각 2등분하여 각각에 tip 1, tip 2를 random하게 적용하고,

X_{1j} = tip 1에 의한 측정치 $\sim N(\mu_1, \sigma_1^2)$

X_{2j} = tip 2에 의한 측정치 $\sim N(\mu_2, \sigma_2^2)$

이므로, 두 측정치의 차이는

$$D_j = X_{1j} - X_{2j} \sim N(\mu_D, \sigma_D^2) \tag{9-4.2}$$

여기서, $\mu_D = \mu_1 - \mu_2$, $\sigma_D^2 = \sigma_1^2 + \sigma_2^2 - 2\sigma_{12}$, $j = 1, 2 ..., n$

표본자료로부터 계산된 표본평균과 표본표준편차를 $\overline{D}$, S_D라 하면

$$\frac{\overline{D} - \mu_D}{S_D / \sqrt{n}} \sim t_{n-1} \tag{9-4.3}$$

이 된다. 따라서, (9-4.1)의 쌍체 t-검정에 대한 검정통계량, 그리고 유의수준을 α라 할 때 기각역은 다음과 같다.

$$t_0 = \frac{\overline{D} - \mu_D}{S_D / \sqrt{n}} \tag{9-4.4}$$

검정통계량 (9-4.4)는 $H_0 : \mu_D = \Delta_0$이 진실일 때 t_{n-1}의 분포에 따른다.
기각역과 P-값은 다음과 같다.

$H_1 : \mu_D \neq \triangle_0$

기각역: $\{t_0 < -t_{\alpha/2:n-1},\ t_0 > t_{\alpha/2:n-1}\}$

$P-value = P(T_{n-1} < -t_0) + P(T_{n-1} > t_0) = 2P(T_{n-1} > t_0)$

$H_1 : \mu_D > \triangle_0$

기각역 : $\{t_0 > t_{\alpha:n-1}\}$, $P-value = P(T_{n-1} > t_0)$

$H_1 : \mu_D < \triangle_0$

기각역 : $\{t_0 < -t_{\alpha:n-1}\}$, $P-value = P(T_{n-1} < t_0)$

예제 9.4.1

강철보의 전단강도를 측정하는 두 가지 방법이 있는데, 두 측정방법이 차이가 있는지 여부를 알아보고자 한다. $n=9$개의 강철보를 랜덤하게 선택하여, 각각의 강철보에 방법1과 방법2를 랜덤하게 적용하여 얻은 대응표본의 전단강도 측정치가 다음과 같다.

표본번호	방법1	방법2	차이$(d_j=x_{1j}-x_{2j})$
1	1.186	1.061	0.125
2	1.151	0.992	0.159
3	1.322	1.063	0.259
4	1.339	1.062	0.277
5	1.200	1.065	0.135
6	1.402	1.178	0.224
7	1.365	1.037	0.328
8	1.537	1.086	0.451
9	1.559	1.052	0.507

$\bar{d}=0.2736,\ S_d=0.1356$

$H_0:\mu_D=0,\ H_0:\mu_D\neq 0,\ \alpha=0.05\quad (\text{where, } \mu_D=\mu_1-\mu_2)$

$t_0=\dfrac{0.2736}{0.1356/\sqrt{9}}=6.05>(t_{0.025:8}=2.306)\Rightarrow \text{reject } H_0$

즉, 유의수준 0.05에서 두 측정방법은 동일한 측정치를 얻지 못한다고 볼 수 있다. ■

[μ_d에 관한 $100(1-\alpha)\%$ 신뢰구간 추정]

식 (9-4.3)의 $\dfrac{\bar{d}-\mu_d}{S_d/\sqrt{n}}$은 자유도 $n-1$의 t-분포(t_{n-1})에 따르므로 μ_d의 $100(1-\alpha)\%$ 신뢰구간은 다음과 같이 구할 수 있다.

$$\bar{d}\pm t_{\alpha/2:n-1}\cdot\frac{S_d}{\sqrt{n}} \tag{9-4.5}$$

예제 9.4.2

랜덤하게 선택된 14명의 운전자 각자에게 두 모델의 승용차(모델 1, 모델 2)로 평행주차를 실시하여 주차에 걸리는 시간을 측정한 결과가 다음과 같다.

운전자 번호	주차에 걸리는 시간(X)		차이($D=X_1-X_2$)
	모델 1(X_1)	모델 2(X_2)	
1	37.0	17.8	19.2
2	25.8	20.2	5.6
3	16.2	16.8	-0.6
4	24.2	41.4	-17.2
5	22.0	21.4	0.6
6	33.4	38.4	-5.0
7	23.8	16.8	7.0
8	58.2	32.2	26.0
9	33.6	27.8	5.8
10	24.4	23.2	1.2
11	23.4	29.6	-6.2
12	21.2	20.6	0.6
13	36.2	32.2	4.0
14	29.8	53.8	-24.0

승용차 모형에 따른 주차 소요시간의 차이의 평균(μ_D) 의 90% 신뢰구간을 구해보자.

풀이 $x_{1j}: j-th$ 운전자의 type 1 car parking 소요시간

$x_{2j}: j-th$ 운전자의 type 2 car parking 소요시간

$d_j = x_{1j} - x_{2j} \sim N(\mu_d, {\sigma_d}^2),\ j = 1,\ 2,\ \ldots,\ 14$

$\bar{d} = 1.21,\ \ S_d = 12.68$

μ_d의 90% 신뢰구간 : $\bar{d} \pm t_{0.05:13} \cdot \dfrac{S_d}{\sqrt{14}} = 1.21 \pm 6.002$

$\Rightarrow [-4.79,\ 7.21] \rightarrow \mu_1 = \mu_2$로 볼 수 없다. ■

9.5 두 정규분포 모집단의 분산의 비율에 관한 추론

이번에는 두 모집단의 모분산의 비율에 대한 가설검정과 신뢰구간 추정에 대해 알아 보자. 두 모집단은 정규분포에 따른다고 가정한다. 가설검정과 신뢰구간 추정 절차는 정규분포 가정에 매우 민감한 편이다. 두 모집단의 모분산을 비교하는 검정과 추정은 6-2.3절에서 소개한 F-분포를 이용하여 수행된다. 6-2.3에서 소개한 바와 같이 F-통계량은 서로 독립인 두 χ^2 확률변수의 비율로 정의된다. 즉, 자유도 ν_1의 χ^2 확률변수를 $\chi^2_{\nu 1}$, 자유도 ν_2의 χ^2 확률변수를

$\chi^2_{\nu 2}$라 하고, 이 두 확률변수가 서로 독립일 때, $\dfrac{\chi^2_{\nu 1}/\nu_1}{\chi^2_{\nu 2}/\nu_2}$이 분자의 자유도 ν_1 분모의 자유도 ν_2인 $F-$분포로 정의되며, 보통 $F(\nu_1,\ \nu_2)$로 표현한다.

9.5.1 두 모분산의 비율에 대한 가설검정

서로 독립이며 정규분포에 따르는 두 모집단의 분산이 같은가를 검정하고자 한다. 즉, 모집단 1은 평균 μ_1, 분산 σ_1^2의 정규분포, 모집단 2는 평균 μ_2, 분산 σ_2^2의 정규분포이며 이 두 모집단은 서로 독립이라 할 때, 가설 $H_0 : \sigma_1^2 = \sigma_2^2$, $H_1 : \sigma_1^2 \neq \sigma_2^2$을 검정하고자 한다. 이 가설검정은 표본분산의 분포와 관련된 다음의 사실에 기초하여 수행된다.

모집단 1에서 얻은 크기 n_1의 확률표본 $X_{11},\ X_{12},\ \ldots,\ X_{1n_1}$에서 계산된 표본분산을 S_1^2이라 하고, 모집단 2에서 얻은 크기 n_2의 확률표본 $X_{21},\ X_{22},\ \ldots,\ X_{2n_2}$에서 계산된 표본분산을 S_2^2이라 할 때, 두 표본분산 S_1^2과 S_2^2의 비율은 분자의 자유도 n_1-1, 분모의 자유도 n_2-1의 $F-$분포에 따르게 된다. 즉,

$$\{X_1 \sim N(\mu_1,\ \sigma_1^2)\} \ \rightarrow\ (n_1)\ \rightarrow\ S_1^2 \ \Rightarrow\ \frac{(n_1-1)\,S_1^2}{\sigma_1^2} \sim x^2_{n_1-1}$$

$$\{X_2 \sim N(\mu_2,\ \sigma_2^2)\} \ \rightarrow\ (n_2)\ \rightarrow\ S_2^2 \ \Rightarrow\ \frac{(n_2-1)\,S_2^2}{\sigma_2^2} \sim x^2_{n_2-1}$$

$$\Rightarrow \frac{\dfrac{(n_1-1)\,S_1^2}{\sigma_1^2}/(n_1-1)}{\dfrac{(n_2-1)\,S_2^2}{\sigma_2^2}/(n_2-1)} = \frac{S_1^2/\sigma_1^2}{S_2^2/\sigma_2^2} \sim F(n_1-1,\ n_2-1)$$

위의 사실에 기초하여 두 모분산의 비율에 관한 가설

$$H_0 : \sigma_1^2 = \sigma_2^2 \qquad (9\text{–}5.1)$$

에 대한 검정통계량은 다음과 같다.

$$F_0 = \frac{S_1^2}{S_2^2} \qquad (9\text{–}5.2)$$

검정통계량 (9–5.2)는 $H_0 : \sigma_1^2 = \sigma_2^2$이 진실일 때 $F(n_1 - 1,\ n_2 - 1)$의 분포에 따른다. 유의수준 α에서 검정 절차를 다음과 같이 정리할 수 있다.

[두 모분산의 비율에 대한 가설검정 요약]

$H_0 : \sigma_1^2 \neq \sigma_2^2$

기각역 : $\{f_0 > f_{(\alpha/2 : n_1 - 1,\ n_2 - 1)},\ f_0 < f_{(1-\alpha/2 : n_1 - 1,\ n_2 - 1)}\}$

$P-value = 2P\{F(n_1 - 1,\ n_2 - 1) \le f_0\}$

$H_0 : \sigma_1^2 > \sigma_2^2$

기각역 : $\{f_0 > f_{(\alpha : n_1 - 1,\ n_2 - 1)}\}$, $P-value = P\{F(n_1 - 1,\ n_2 - 1) \ge f_0\}$

$H_0 : \sigma_1^2 < \sigma_2^2$

기각역 : $\{f_0 < f_{(1-\alpha/2 : n_1 - 1,\ n_2 - 1)}\}$, $P-value = P\{F(n_1 - 1,\ n_2 - 1) \le f_0\}$

예제 9.5.1

유리 코팅용 수지의 중요 품질특성 중 하나는 그 두께의 균일성 이다. 코팅수지를 제조하는 두 공정에 대해 수지의 두께의 균일성이 같은지를 검정하고자 한다. 공정1에서 생산되는 수지의 두께 X_1은 평균 μ_1, 분산 σ_1^2의 정규분포이며, 공정 2에서 생산되는 수지의 두께 X_2은 평균 μ_2, 분산 σ_2^2의 정규분포에 따른다고 할 때, 가설 $H_0 : \sigma_1^2 = \sigma_2^2$, $H_1 : \sigma_1^2 \neq \sigma_2^2$을 유의수준 $\alpha = 0.05$에서 검정해 보자.

풀이 공정 1과 공정 2에서 각각 $n_1 = n_2 = 20$개의 제품을 랜덤으로 추출하여 그 두께를 측정한 결과가 다음과 같다.

{공정 1 : $X_1 \sim N(\mu_1,\ \sigma_1^2)$, σ_1 : unknown} → $(n_1 = 20)$ ⇒ $s_1 = 1.96$

{공정 2 : $X_2 \sim N(\mu_2,\ \sigma_2^2)$, σ_2 : unknown} → $(n_2 = 20)$ ⇒ $s_2 = 2.13$

검정통계량 $F_0 = \dfrac{S_1^2}{S_2^2} = 0.85$ (: ~ $F(19,\ 19)$ under H_0)

기각역 : $\left\{F_0 > f_{0.025 : 19,\ 19} = 2.53,\ F_0 < f_{0.975 : 19,\ 19} = \dfrac{1}{f_{0.025 : 19,\ 19}}\right\}$

$$\text{P-value} = P\left[F(19,\ 19) < \left(\frac{1.96}{2.13}\right)^2 = 0.85\right] + P\left[F(19,\ 19) > \left(\frac{2.13}{1.96}\right)^2\right.$$

$$\left. = \frac{1}{0.85} = 1.181\right]$$

$= 0.7268$

$\Rightarrow$ not reject H_0, 즉, 유의수준 0.05에서 수지의 두께의 균일성은 공정 1과 공정 2가 다르다고 할 수 없다. ■

9.5.2 두 모분산의 비율의 신뢰구간

서로 독립인 두 모집단에서 각각 크기 n_1, n_2의 확률표본을 추출하여 그 표본분산을 S_1^2, S_2^2이라 할 때, $\dfrac{S_2^2/\sigma_2^2}{S_1^2/\sigma_1^2} \sim F(n_2-1,\ n_1-1)$이다.

따라서, $P\left[f_{(1-\alpha/2:n_2-1,\ n_1-1)} \le \dfrac{S_2^2}{S_1^2} \cdot \dfrac{\sigma_1^2}{\sigma_2^2} \le f_{(\alpha/2:n_2-1,\ n_1-1)}\right] = 1-\alpha$이므로 $\dfrac{\sigma_1^2}{\sigma_2^2}$의 $100(1-\alpha)\%$ 신뢰구간은 다음과 같이 구해진다.

$$\left[\frac{S_1^2}{S_2^2} f_{(1-\alpha/2:n_2-1,\ n_1-1)},\ \frac{S_1^2}{S_2^2} f_{(\alpha/2:n_2-1,\ n_1-1)}\right] \tag{9-5.3}$$

예제 9.5.2

비행기 프로펠러에 사용되는 금속에서 표면처리의 균질성이 중요 품질특성 이다. 이 금속을 제조하는 두 공정에 대해 표면처리의 균질성을 알아보기 위해 두 공정에서 각각 $n_1 = 11$, $n_2 = 16$개의 제품을 랜덤 추출하여 표면처리를 검사한 결과가 다음과 같다.

공정 1: $\{X_1 \sim N(\mu_1,\ \sigma_1^2)\} \rightarrow (n_1 = 11) \rightarrow S_1 = 5.1$
공정 2: $\{X_2 \sim N(\mu_2,\ \sigma_2^2)\} \rightarrow (n_2 = 16) \rightarrow S_2 = 4.7$

이 자료로부터 표면처리의 분산비의 90% 신뢰구간을 구해 보자.

풀이 $\dfrac{\sigma_1^2}{\sigma_2^2}$의 90% 신뢰구간 :

$$\left[\frac{S_1^2}{S_2^2} f_{(0.95:15,\ 10)},\ \frac{S_1^2}{S_2^2} f_{(0.05:15,\ 10)}\right] = \left[\frac{5.1^2}{4.7^2}\left(\frac{1}{2.54}\right),\ \frac{5.1^2}{4.7^2}(2.85)\right]$$
$$= [0.463,\ 3.356]$$

여기서, $f_{(0.95:15,\ 10)} = \dfrac{1}{f_{(0.05:10,\ 15)}} = \dfrac{1}{2.54}$

■

9.6 두 모비율에 관한 추론

서로 독립인 두 이항분포의 모수 p_1과 p_2를 비교하는 통계적 추론에 대해 알아보자. 여기서는 두 이항분포의 모집단에서 추출한 표본의 크기가 충분히 커서 정규분포로 근사할 수 있다고 가정한다.

9.6.1 두 이항분포의 모비율을 비교하는 가설검정

각각 성공의 확률이 p_1, p_2이며 서로 독립인 두 이항분포의 모집단에 대해서 가설

$$H_0 : p_1 = p_2,\ H_1 : p_1 \neq p_2 \tag{9-6.1}$$

를 검정하고자 한다. 두 모집단에서 각각 크기 n_1, n_2의 확률표본을 독립적으로 추출하여 각 표본에서 발견되는 성공의 개수를 X_1, X_2라 하자. 또한, n_1과 n_2는 충분히 커서 이항분포의 확률을 정규분포로 근사하여 계산할 수 있다고 가정하다. 즉,

$$\{\text{모집단 1},\ \ P(\text{성공}) = p_1\} \ \rightarrow\ (n_1)\ \rightarrow X_1 \sim b(x : n_1,\ p_1)$$

$$\xrightarrow{n_1 p_1 > 5 \text{ and } n_1(1-p_1) > 5} X_1 \sim N(n_1 p_1,\ n_1 p_1 q_1)$$

$$\rightarrow \hat{p}_1 = \frac{X_1}{n_1} \sim N\left(p_1,\ \frac{p_1 q_1}{n_1}\right)$$

$$\{\text{모집단 2},\ \ P(\text{성공}) = p_2\} \ \rightarrow\ (n_2)\ \rightarrow X_2 \sim b(x : n_2,\ p_2)$$

$$\xrightarrow{n_2 p_2 > 5 \text{ and } n_2(1-p_2) > 5} X_2 \sim N(n_2 p_2,\ n_2 p_2 q_2)$$

$$\rightarrow \hat{p}_2 = \frac{X_2}{n_2} \sim N\left(p_2,\ \frac{p_2 q_2}{n_2}\right)$$

$$\Rightarrow \hat{p}_1 - \hat{p}_2 = \frac{X_1}{n_1} - \frac{X_2}{n_2} \sim N\left(p_1 - p_2,\ \frac{p_1 q_1}{n_1} + \frac{p_2 q_2}{n_2}\right)$$

$$\Rightarrow \frac{(\hat{p}_1 - (\hat{p}_2) - (p_1 - p_2)}{\sqrt{\frac{p_1 q_1}{n_1} + \frac{p_2 q_2}{n_2}}} \sim N(0,\ 1) \tag{9-6.2}$$

위의 결과로부터 우리는 가설 $H_0 : p_1 = p_2$를 검정할 수 있다. 특히, $H_0 : p_1 = p_2$이 사실일 때 $p_1 = p_2 = p$이므로 $\hat{p} = \dfrac{X_1 + X_2}{n_1 + n_2}$로 추정되고, 따라서

$$\frac{\hat{p}_1 - \hat{p}_2}{\sqrt{\hat{p}\hat{q}\left(\dfrac{1}{n_1} + \dfrac{1}{n_2}\right)}} \sim N(0,\ 1) \tag{9-6.3}$$

이 된다.

(9-6.3)으로부터 가설 $H_0 : p_1 = p_2$의 검정통계량이 다음과 같이 됨을 알 수 있다.

$$Z_0 = \frac{\hat{p}_1 - \hat{p}_2}{\sqrt{\hat{p}\hat{q}\left(\dfrac{1}{n_1} + \dfrac{1}{n_2}\right)}} \tag{9-6.4}$$

검정통계량 (9-6.4)는 $H_0 : p_1 = p_2$의이 진실일 때 $N(0,\ 1)$의 분포에 따른다.

유의수준을 α로 하여 검정절차를 다음과 같이 요약할 수 있다.

$H_1 : p_1 - p_2 \neq 0$

기각역 : $\{Z_0 < -z_{\alpha/2},\ Z_0 > z_{\alpha/2}\}$

P-value $= P(Z > z_0) + P(Z < -z_0) = 2P(Z > z_0) = 2[1 - \Phi(z_0)]$

$H_1 : p_1 - p_2 > 0$

기각역 : $\{Z_0 > z_\alpha\}$, P-value $= P(Z > z_0) = 1 - \Phi(z_0)$

$H_1 : p_1 - p_2 < 0$

기각역 : $\{Z_0 < -z_\alpha\}$, P-value $= P(Z < z_0) = \Phi(z_0)$

예제 9.6.1

스트레스 치료에 가짜 약이 효과가 있는지를 알아보는 실험을 하였다. 스트레스 환자 200명을 랜덤으로 선택하여, 그 중 $n_1 = 100$명에게 진짜 약을 투여하여 $X_1 = 27$명이 치료 효과를 보였다. 나머지 $n_2 = 100$명에게 가짜 약을 투여한 결과 $X_2 = 19$명이 치료 효과를 보였다. p_1을 진짜 약의 치료율이라 하고, p_2는 가짜 약의 치료율이라 할 때, 가설 $H_0 : p_1 = p_2$, $H_1 : p_1 \neq p_2$를 유의수준 $\alpha = 0.05$에서 검정하여 보자.

풀이 실험 결과로부터 $\hat{p}_1 = \frac{27}{100}$, $\hat{p}_2 = \frac{19}{100}$, 그리고 $\hat{p} = \frac{27+19}{100+100} = 0.23$이므로

검정통계량 $Z_0 = \frac{\hat{p}_1 - \hat{p}_2}{\sqrt{\hat{p}(1-\hat{p})\left(\frac{1}{n_1}+\frac{1}{n_2}\right)}} = \frac{0.27-0.19}{\sqrt{(0.23)(0.77)\left(\frac{2}{100}\right)}} = 1.35$

기각역 : $Z_0 > |z_{0.025}| = 1.96$이고, P-value $= 2P(Z > 1.35) = 2(0.0885) = 0.177$이므로 H_0를 기각할 수 없다. 즉, 유의수준 0.05에서 가짜 약과 진짜 약의 효과가 다르다고 할 수 있는 증거가 없다. ■

9.6.2 제2종 오류를 범할 확률과 표본의 크기

두 모집단의 모비율을 비교 검정하는 경우의 제2종 오류를 범할 확률(β)의 계산은 한 모집단의 모비율에 관한 검정에서와 약간 다른 점이 있다.

검정통계량 $Z_0 = \frac{\hat{p}_1 - \hat{p}_2}{\sqrt{\hat{p}\hat{q}\left(\frac{1}{n_1}+\frac{1}{n_2}\right)}}$의 분자 $\sqrt{\hat{p}\hat{q}\left(\frac{1}{n_1}+\frac{1}{n_2}\right)}$는 $H_0 : p_1 = p_2$가 진실일 때, 즉, $p_1 = p_2 = p$일 때의 $p_1 - p_2$의 표준편차의 추정치 $\hat{\sigma}_{(\hat{P}_1 - \hat{P}_2)}$이다. $H_0 : p_1 = p_2$가 진실이 아닐 때는 $\hat{\sigma}_{(\hat{P}_1 - \hat{P}_2)} = \sqrt{\frac{p_1q_1}{n_1}+\frac{p_2q_2}{n_2}}$ 이다. 이 사실을 유의하여 β를 다음과 같이 계산할 수 있으며, β의 계산식으로부터 표본의 크기를 구하는 식을 유도해 낼 수 있다.

먼저 양측검정 $H_0 : p_1 = p_2$, $H_1 : p_1 \neq p_2$의 경우,

$\beta = P(H_0$를 기각하지 못함 | H_0가 허위)

$$= P\left(-Z_{\alpha/2} \le \frac{\hat{p}_1 - \hat{p}_2}{\sqrt{\hat{p}\hat{q}\left(\frac{1}{n_1}+\frac{1}{n_2}\right)}} \le Z_{\alpha/2} \mid H_1\right)$$

$$= P\left(-Z_{\alpha/2}\sqrt{\hat{p}\hat{q}\left(\frac{1}{n_1}+\frac{1}{n_2}\right)} \le \hat{p}_1 - \hat{p}_2 \le Z_{\alpha/2}\sqrt{\hat{p}\hat{q}\left(\frac{1}{n_1}+\frac{1}{n_2}\right)} \mid H_1\right)$$

$$= P\left(\frac{-Z_{\alpha/2}\sqrt{\hat{p}\hat{q}\left(\frac{1}{n_1}+\frac{1}{n_1}\right)}-(p_1-p_2)}{\sigma_{(\hat{p}_1-\hat{p}_2)}} \le Z \le \frac{-Z_{\alpha/2}\sqrt{\hat{p}\hat{q}\left(\frac{1}{n_1}+\frac{1}{n_1}\right)}-(p_1-p_2)}{\sigma_{(\hat{p}_1-\hat{p}_2)}}\right)$$

(9-6.5)

이고, 따라서 (9–6.5)로부터 β를 만족하는 표본의 크기는 다음과 같이 구해진다.

$$n \fallingdotseq \frac{\left(Z_{\alpha/2}\sqrt{\dfrac{(p_1+p_2)(q_1+q_2)}{2}} + Z_\beta\sqrt{p_1q_1+p_2q_2)}\right)^2}{(p_1+p_2)^2} \tag{9–6.6}$$

단측검정에서 대립가설 $H_1: p_1 > p_2$의 경우,

$$\beta = P\left(Z \le \frac{Z_\alpha\sqrt{\hat{p}\hat{q}\left(\dfrac{1}{n_1}+\dfrac{1}{n_1}\right)}-(p_1-p_2)}{\sigma_{(\hat{p}_1-\hat{p}_2)}}\right) \tag{9–6.7}$$

대립가설 $H_1: p_1 < p_2$의 경우,

$$\beta = P\left(Z \le \frac{-Z_\alpha\sqrt{\hat{p}\hat{q}\left(\dfrac{1}{n_1}+\dfrac{1}{n_1}\right)}-(p_1-p_2)}{\sigma_{(\hat{p}_1-\hat{p}_2)}}\right) \tag{9–6.8}$$

(9–6.7)과 (9–6.8)로부터 단측검정에서 β를 만족하는 표본의 크기는

$$n = \frac{\left(Z_\alpha\sqrt{\dfrac{(p_1+p_2)(q_1+q_2)}{2}} + Z_\beta\sqrt{p_1q_1+p_2q_2)}\right)^2}{(p_1+p_2)^2} \tag{9–6.9}$$

9.6.3 $p_1 - p_2$에 대한 신뢰구간

$$Z = \frac{(\hat{p}_1-\hat{p}_2)-(p_1-p_2)}{\sqrt{\dfrac{p_1q_1}{n_1}+\dfrac{p_2q_2}{n_2}}} \fallingdotseq \frac{(\hat{p}_1-\hat{p}_2)-(p_1-p_2)}{\sqrt{\dfrac{\hat{p}_1\hat{q}_1}{n_1}+\dfrac{\hat{p}_2\hat{q}_2}{n_2}}} \sim N(0,\ 1)$$ 이므로

$P(-z_{\alpha/2} \le Z \le z_{\alpha/2}) = 1-\alpha$로부터

(p_1-p_2)의 $100(1-\alpha)\%$ 신뢰구간은 다음과 같다.

$$(\hat{p}_1-\hat{p}_2) \pm Z_{\alpha/2}\cdot\sqrt{\frac{\hat{p}_1\hat{q}_1}{n_1}+\frac{\hat{p}_2\hat{q}_2}{n_2}} \tag{9–6.10}$$

예제 9.6.2

베아링의 표면처리 공정이 두 가지가 있다. 공정 1의 불량률 p_1, 공정 2의 불량률을 p_2라 할 때, $(p_1 - p_2)$의 95% 신뢰구간을 구해보자.

풀이 공정 1에서 $n_1 = 85$개의 베아링을 랜덤 샘플링 하여 검사한 결과 $X_1 = 10$개의 불량품이 발견되었다. 공정2에서 역시 $n_2 = 85$개를 랜덤 샘플링 하여 검사한 결과 $X_2 = 8$개가 불량품이었다. 즉,

{공정 1, 불량율 p_1} $\rightarrow$ $(n_1 = 85)$ $\rightarrow$ $X_1 = 10$개 불량 $\rightarrow$ $\hat{p}_1 = \dfrac{10}{85} = 0.12$

{공정 2, 불량율 p_2} $\rightarrow$ $(n_2 = 85)$ $\rightarrow$ $X_2 = 8$개 불량 $\rightarrow$ $\hat{p}_2 = \dfrac{8}{85} = 0.09$

로부터 $(p_1 - p_2)$의 95% 신뢰구간은

$$(0.12 - 0.09) \pm Z_{0.025}\sqrt{\frac{(0.12)(0.88)}{85} + \frac{(0.09)(0.91)}{85}} \Rightarrow 0.03 \pm 0.09 \quad (\text{단, } z_{0.025} = 1.96)$$

■

연습문제

1. $N(\mu, \sigma^2)$의 모집단에서 크기 n의 확률표본을 뽑아 그 표본평균을 $\overline{X}$라 하고 같은 모집단에서 이와는 독립으로 크기 $2n$의 확률표본을 뽑아 그 표본평균을 $\overline{Y}$라 할 때, $P(\overline{X} - \overline{Y} > \sigma) = 0.001$ 되는 n값을 구하라.

2. 두 종류의 고체연료의 평균연소율이 같은지 여부를 검정하고자 한다. 종류 1의 연소율은 $N(\mu_1, 3^2)$, 종류 2의 연소율은 $N(\mu_2, 3^2)$의 분포에 따르며 서로 독립이다. 두 모집단에서 각각 $n_1 = n_2 = 20$개의 확률표본을 독립적으로 추출하여 각각의 표본평균 $\overline{X}_1 = 22$, $\overline{X}_2 = 24$를 얻었다.

   a) $H_0 : \mu_1 - \mu_2 = 0$, $H_1 : \mu_1 - \mu_2 \neq 0$을 유의수준 $\alpha = 0.05$에서 검정하시오.

b) P-value = ?

c) $\mu_1 - \mu_2 = 2.5$일 때, 제2종 오류를 범할 확률 $\beta =$?

3. 두 종류의 땜납이 있다. 이 들의 융점(녹는 온도)은 정규분포에 따르며, 표준편차가 서로 같다는 것만 알뿐 그 값은 모른다. 두 모집단에서 각각 크기 $n_1 = n_2 = 21$의 확률표본을 독립적으로 추출하여 융점을 측정하여 표본평균과 표본표준편차 $\overline{X}_1 = 420$, $S_2 = 4$, $\overline{X}_2 = 426$, $S_2 = 3$을 얻었다. 유의수준 $\alpha = 0.05$에서 $H_0 : \mu_1 - \mu_2 = 0$, $H_1 : \mu_1 - \mu_2 \neq 0$을 검정하시오.

4. 레이저 프린터에 사용되는 부품을 두 공급자로부터 납품 받고 있다. 이 부품의 주요 품질특성은 강도인데, 공급자 A의 강도는 평균 μ_A, 표준편차 σ_A의 정규분포이고 공급자 B의 강도는 평균 μ_B, 표준편차 σ_B의 정규분포로서 이 두 분포는 서로 독립이며, 표준편차 σ_A와 σ_B의 값은 알지 못한다고 한다. 지금 두 공급자의 부품의 강도를 비교하기 위하여 공급자 A로부터 $n_A = 16$개의 부품을 임의 추출하여 강도를 측정한 결과 표본평균 $\overline{X}_A = 321$, 표본표준편차 $S_A = 22$를 얻고, 마찬가지로 공급자 B로부터 추출한 $n_B = 10$ 개의 부품에서 표본평균 $\overline{X}_B = 290$, 표본표준편차 $S_B = 12$를 얻었다.

a) $\sigma_A = \sigma_B$라는 가정하에 공급자 A의 평균강도가 공급자 B보다 더 크다고 할 수 있는지 유의수준 $\alpha = 0.05$에서 검정하고 검정의 $P-$값을 구하라.

b) $\sigma_A = \sigma_B$라는 가정하에 공급자 A의 평균강도가 공급자 B보다 25.0 만큼 더 크다고 할 수 있는지 유의수준 $\alpha = 0.05$에서 검정하라.

c) 실제로 두 공급자의 강도의 표준편차가 같은지($\sigma_A = \sigma_B$)를 유의수준 $\alpha = 0.05$에서 검정하고 검정의 $P-$값을 구하라.

5. 금속주물 제품을 생산하는 A, B 두 공정이 있다. A 공정에서 생산되는 제품의 강도 $X_A \sim N(\mu_A, \sigma_A^2)$이고, B 공정에서 생산되는 제품의 강도는 $X_B \sim N(\mu_B, \sigma_B^2)$으로, 이들은 서로 독립이며 $\sigma_A = \sigma_B$이지만 그 값은 모른다고 한다. 두 공정에서 각각 $n_A = 5$, $n_B = 6$개의 확률표본을 추출하여 표본평균 $\overline{X}_A = 17.7$, $\overline{X}_B = 18.7$, 그리고 표본분산 $S_A^2 = 0.115$, $S_B^2 = 0.093$을 얻었다. 가설 $H_0 : \mu_A = \mu_B$, $H_1 : \mu_A < \mu_B$를 유의수준 $\alpha = 0.05$에서 검정하고, 검정의 $P-$값을 구하라.

6. 기온을 측정하는 방법으로 $C-$방법과 $F-$방법의 두 가지가 있다. $C-$방법이 $F-$기온이 더 높게 측정되는 것으로 의심되어 이를 확인하기 위하여 임의로 5개 지점을 선정하여 두 방법으로 기온을 측정한 결과가 다음과 같다.

측정지점	1	2	3	4	5
$C-$방법	47.3	48.1	37.9	32.7	26.2
$F-$방법	46.9	45.4	36.3	31.0	24.7

두 측정방법의 기온 측정치는 동일한 분산을 갖는 정규분포에 따른다고 가정하고 다음 물음에 답하라.

a) $C-$방법이 $F-$방법보다 기온을 더 높게 측정하게 되는 지를 검정하기 위한 가설을 수립하고 유의수준 $\alpha=0.01$에서 검정하라.

b) 두 측정방법의 모평균의 차이의 99% 신뢰구간을 구하라.

c) 주어진 자료가 10개 지점을 임의로 선정하여 이중 5개 지점을 임의 택하여 $C-$방법으로 기온을 측정하고 나머지 5개 지점은 $F-$방법으로 측정하여 얻은 결과라고 할 때, a)의 물음에 합당한 가설을 수립하고 유의수준 $\alpha=0.05$에서 검정하라.

7. 왼손잡이는 왼손의 악력이 오른손의 악력보다 강하다고 한다. 이를 확인하기 위하여 임의로 선택한 왼손잡이 10명에 대해 왼손과 오른손의 악력을 측정한 결과가 다음과 같다.

사람	1	2	3	4	5	6	7	8	9	10	합계
왼손	97	95	85	140	130	90	110	125	121	97	1090
오른손	90	96	86	130	132	87	100	110	120	90	1041

왼손과 오른손의 악력은 동일한 분산을 갖는 정규분포에 따른다는 가정 하에 아래 물음에 답하시오.

a) 위의 자료로부터 왼손의 평균 악력이 오른손의 평균 악력보다 강하다고 할 수 있는지를 확인하는 가설을 수립하고 유의수준 0.05에서 검정하시오.

b) 위의 자료가 왼손잡이 10명을 임의로 선택하여 왼손의 악력을 측정하고, 또 다른 왼손 잡이 10명을 선택하여 오른손의 악력을 측정하여 얻은 결과라 가정한다면 a)의 검정과 어떤 차이가 있겠는가? 유의수준 0.05에서 검정하시오.

8. 모분산이 각각 $\sigma_1^2=10$, $\sigma_2^2=20$임을 알고 있는 두 정규분포의 모집단에서 각각 $n_1=7$, $n_2=13$의 확률표본을 독립적으로 추출하여 그 표본분산을 S_1^2, S_2^2이라 할 때, $P\left(\dfrac{S_1^2}{S_2^2}<1.5\right)=\ ?$

9. 두 종류의 액체 화공약품이 있다. 이 들의 농도는 정규분포로서 평균농도는 같으나, 분산은 서로 다를 것으로 생각된다. 두 제품의 로트로부터 각각 크기 $n_1 = 10$, $n_2 = 16$의 확률표본을 독립적으로 추출하여 농도를 측정한 결과, 표본표준편차 $S_1 = 4.7$, $S_2 = 5.8$을 얻었다. 유의수준 $\alpha = 0.05$에서 $H_0 : \sigma_1^2 = \sigma_2^2$, $H_1 : \sigma_1^2 \neq \sigma_2^2$을 검정하시오.

10. 서로 독립인 두 정규모집단 $N(\mu_1,\ \sigma_1^2)$과 $N(\mu_2,\ \sigma_2^2)$에서 추출한 각각 $n_1 = n_2 = 12$개의 확률표본으로부터 각각의 표본표준편차 $S_1 = 5000$, $S_2 = 6100$을 얻었다. $\dfrac{\sigma_1^2}{\sigma_2^2}$의 90% 신뢰구간을 구하라.

11. 임의로 선택된 당뇨환자 100명과 역시 임의로 선택된 건강한 사람 200명을 상대로 항생제에 대한 알레르기 반응을 조사한 결과 당뇨환지 중 22명 건강한 사람 중 38명이 알레르기 반응을 보였다. 이 결과로부터 당뇨환자의 알레르기 반응 비율(p_1)이 건강한 사람의 알레르기 반응 비율(p_2)보다 크다고 할 수 있는지 유의수준 $\alpha = 0.05$에서 검정하라.

12. 동일한 제품을 생산하고 있는 두 생산공정의 불량률에 차이가 있는지 알아보고자 한다. 공정 1에서 생산된 제품 중 200개를 임의 추출하여 검사한 결과 30개의 불량품이 발견되었고, 이와는 독립적으로 공정 2에서 300개의 제품을 임의 추출하여 검사한 결과 40개의 불량품이 발견되었다. 두 공정의 불량률의 차이에 대한 95% 신뢰구간을 구하라.

10 단순회귀분석과 상관분석

Industrial statistics

10.1 서론

두 개 혹은 그 이상의 변수들 간의 상호 관련성을 규명하는 문제는 공학이나 자연과학의 실험에서 또는 사회과학의 조사연구에서 자주 접하게 되는 문제 중 하나이다. 회귀분석은 이와 같은 여러 변수들 간의 관련성을 규명하는데 사용되는 가장 보편적인 통계적 기법 가운데 하나이다.

예로서 어떤 화학공정에서 공정의 수율이 공정온도에 영향을 받는다고 생각되는 경우, 회귀분석을 이용하여 수율 - 온도의 관계를 설명해 줄 수 있는 모형을 수립하여 관계를 분석할 수 있다. 또한, 이 모형을 이용하여 수율을 최대로 하는 이상적인 공정온도를 규명함으로써 공정 최적화 작업을 수행할 수도 있을 것이다. 좀 더 구체적으로 다음의 [표 10-1.1]의 자료를 생각하여 보자. [표 10-1.1]은 시험공정으로부터 얻은 20개의 표본자료이다. 여기서 y는 공정의 수율이며 x는 공정온도이다. [표 10-1]의 자료로부터 x와 y의 관계를 그래프로 표현하는 산점도(scatter diagram)를 그린 것이 [그림 10-1] 이다.

[그림 10-1.1]의 산점도에서 점들이 직선을 따라 랜덤하게 분포한다는 사실을 쉽게 알 수 있다. 이것은 정해진 공정온도(x)에서 수율(y)이 일정하지는 않지만 평균적으로 직선의 경향을 가지고 변한다는 것을 의미한다. 즉, 주어진 공정온도에 대해 수율을 확률변수 Y로 나타낼 수 있으며, Y의 평균치와 x 사이에는

$$E(Y \mid x) = \mu_{Y \mid x} = \beta_0 + \beta_1 x$$

의 선형의 함수 관계([그림 10-1.1]상에 나타난 직선)가 존재한다는 사실을 보여주고 있다.

[표 10-1.1] 수율과 공정온도

관측번호	1	2	3	4	5	6	7	8	9	10
공정온도(°C)	99	102	115	129	146	136	87	123	155	140
수율(%)	90.01	89.05	91.43	93.74	96.73	94.45	87.59	91.77	99.42	93.65
관측번호	11	12	13	14	15	16	17	18	19	20
공정온도(°C)	119	115	98	101	111	120	126	132	143	95
수율(%)	93.54	92.52	90.56	89.54	89.85	90.39	93.25	93.41	94.98	87.33

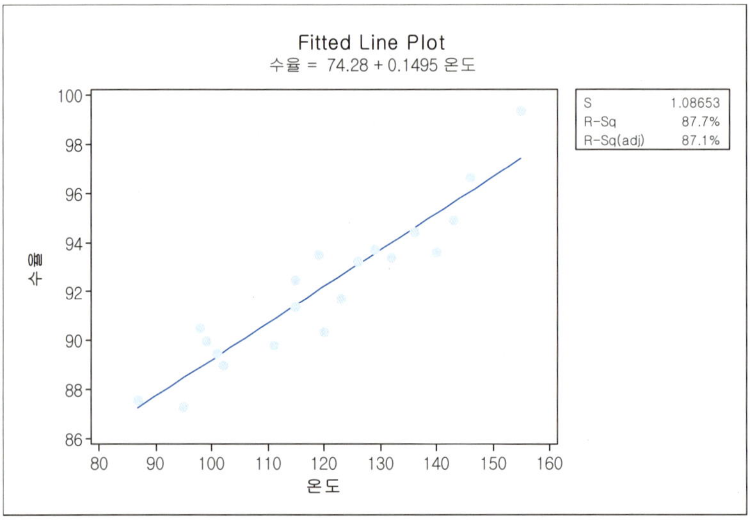

[그림 10-1.1] 수율(y)과 공정온도(x)의 산점도

또한, 주어진 x값에 대한 Y의 실제 관측치 y는 평균치 $\mu_{Y \mid x}$를 중심으로 어떤 확률분포에 따른다는 가정을 할 수 있을 것이다. 이와 같은 가정으로부터 우리는 다음과 같은 확률적 선형모형(probabilistic linear model)을 수립 할 수 있다.

$$Y = \mu_{Y \mid x} + \epsilon = \beta_0 + \beta_1 x + \epsilon \quad \textbf{(10-1.1)}$$

(10-1.1)의 모형을 우리는 단순선형회귀모형(simple linear regression model)이라고 부른다. 여기서, Y의 확률적 효과(random effect)를 나타내 주는 것이 오차항 ϵ인데, 이 오차항이 반응변수 Y의 통계적 성질을 결정해주는 중요한 역할을 하게 된다. Y는 x가 주어지면

(10-1.1)에 의해 그 값이 결정되므로 수학적 의미에서 종속변수가 되며, x는 실험자 혹은 조사자가 임의로 그 값을 정해줄 수 있는 독립변수가 될 것이다. 그러나 여기서의 종속변수와 독립변수의 의미는 앞에서 다룬 확률변수의 독립성의 개념과는 다른 것이므로 혼동을 피하기 위하여 회귀분석에서는 종속변수 Y를 반응변수(response variable), 독립변수 x를 회귀변수(regressor variable) 혹은 설명변수(explanatory variable)라고 부른다. 반응변수 Y는 확률변수이지만 회귀변수 x는 확률변수가 아님에 유의하기 바란다. 한편, 절편 β_0와 기울기 β_1을 회귀계수(regression coefficients)라고 한다. 기울기 β_1은 x가 한 단위 증가할 때 Y의 변화량의 평균을 의미하며, 절편 β_0는 $x=0$일 때의 Y값의 평균을 의미한다. 만일 회귀변수 x의 범위에 0이 포함되지 않는다면 β_0는 실질적인 의미가 없다고 볼 수 있다.

회귀모형의 통계적 성질을 알아보기 위해 모형 (10-1.1)에서 오차항 ϵ가 평균 0, 분산 σ_2을 갖는 임의의 확률분포에 따른다고 가정하고 주어진 x에 대한 Y의 평균과 분산을 구해보자.

$$E(Y|x) = E(\beta_0 + \beta_1 x + \epsilon) = \beta_0 + \beta_1 x + E(\epsilon) = \beta_{0+}\beta_1 x$$

$$V(Y|x) = V(\beta_0 + \beta_1 x + \epsilon) = V(\beta_0 + \beta_1 x) + V(\epsilon) = 0 + \sigma^2 = \sigma^2$$

즉, 주어진 x에 대해 Y는 평균 $\beta_0 + \beta_1 x$, 분산 σ^2을 갖는 임의의 확률분포에 따른다는 것을 알 수 있다([그림 10-1.2] 참조).

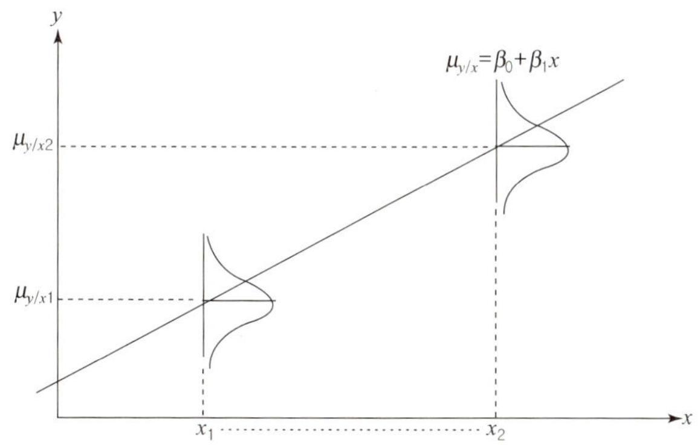

[그림 10-1.2] 주어진 x에 대한 Y의 분포

회귀분석(regression analysis)이라는 용어는 영국의 우생학자 Francis Galton(1822 ~1911)이 아버지와 아들의 신장의 관계를 조사한 연구에서 "아버지의 신장이 크면 아들의 신장도 크고 아버지의 신장이 작으면 아들의 신장도 작지만, 대체적으로는 전체 평균 신장에 회귀하는 경향이 있다."라는 결과를 발표 한데서 유래되었다고 한다.

본 장에서는 회귀분석 중 가장 간단한 형태로 회귀변수가 한 개뿐인 단순선형회귀모형(simple linear regression model)에 대해 알아보고, 다음 장에서 설명변수가 여러 개인 중회귀모형(multiple linear regression model)을 다루기로 한다.

10.2 단순선형회귀(Simple Linear Regression)

단 하나의 회귀변수와 하나의 반응변수만을 갖는 가장 단순한 회귀모형

$$Y = \beta_0 + \beta_1 x + \epsilon \qquad \text{(10-2.1)}$$

을 단순선형회귀모형(simple linear regression model)이라고 한다. 여기서 절편 β_0와 기울기 β_1은 회귀계수(regression coefficients)라고 하는 모형의 미지의 모수로서 회귀분석 수행 시 표본 관측자료로부터 추정해 주어야 한다. 앞에서 언급한 바와 같이 오차항 ϵ는 일반적으로 평균 0, 분산 σ^2을 갖는 임의의 확률분포에 따르며, 매 관측마다 서로 독립이라고 가정한다. 따라서, 회귀변수 x의 값이 주어졌을 때 반응변수 Y의 기대치는 $E(Y|x) = \mu_{Y|x} = \beta_0 + \beta_1 x$로 결정되며, 분산은 $V(Y|x) = \sigma^2$으로 회귀변수 x의 값에 무관하게 항상 일정하다는 사실(constant variance)에 유의하기 바란다.

실험이나 조사를 통해서 n개의 x값 각각에 대한 반응변수 Y의 관측값이 얻어졌을 때 우리는 n개의 관측자료 $(x_1, y_1), (x_2, y_2), \ldots, (x_n, y_n)$가 얻어졌다고 표현한다. 이 n개의 관측자료에 (10-2.1)의 단순선형회귀모형을 적용하여 회귀분석을 수행하게 된다. 우선 먼저 회귀계수 β_0와 β_1을 추정하기 위하여 n개의 관측자료에 (10-2.1)의 모형을 적용하면

$$Y_i = \beta_0 + \beta_1 x_i + \epsilon_i, \; i = 1, 2, \ldots, n \qquad \text{(10-2.2)}$$

이며, 여기서 오차항 ϵ_i들은 앞에서 언급한 대로 서로 독립이다. 우리는 x_i가 주어졌을 때 (10-2.2)에 의한 Y의 기대값 $E(Y|x_i)$와 실제 관측값 y_i의 차이 즉, 오차 ϵ_i를 최소화하는 방법으로 회귀계수 β_0와 β_1을 추정하고자 한다. 이러한 개념의 추정방법을 최소자승법(method of least square)이라고 한다. 최소자승법은 독일의 과학자 Karl Gauss (1777~1855)에 의해 제안된 방법으로, 오차의 제곱합(sum of square of errors) $\sum_{i=1}^{n}\varepsilon_i^2$을 최소화하는 β_0와 β_1을 추정한다. 최소자승법의 개념을 그림으로 표시하기 위하여 관측자료에 대한 전형적인 산포도와 추정 회귀직선을 [그림 10-2.1]에 도시하였다. [그림 10-2.1]에서 직선이 추정회귀직선이고 이 직선과 실제 관측점 간 수직편차가 Y의 기대값 $E(Y|x_i)$과 실제 관측값 y_i의 차이를 나타내는 것이다. 최소자승법은 [그림 10-2.1]의 수직편차의 제곱합을 최소화하는 β_0와 β_1을 추정하는 것이다.

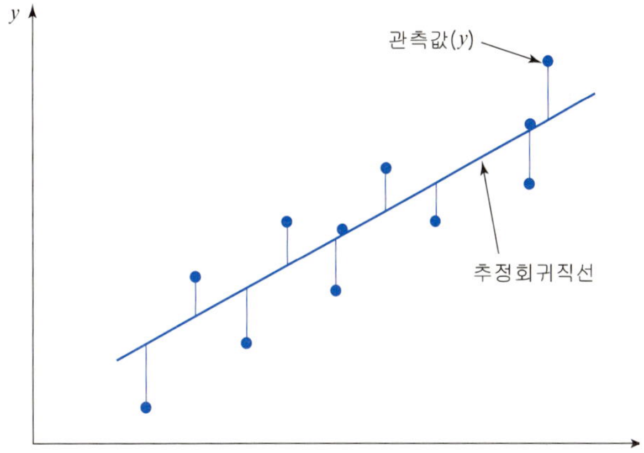

[그림10-2.1] 표본관측자료의 산포도와 추정회귀직선

즉, (10-2.2)에 의한 Y의 기대값 $E(Y|x_i)$와 실제 관측값 y_i의 차이의 제곱합은

$$L(\beta_0, \beta_1) = \sum_{i=1}^{n}\varepsilon_1^2 = \sum_{i=1}^{n}(y_i - \beta_0 - \beta_1 x_i)^2 \quad \textbf{(10-2.3)}$$

이고, (10-2.3)을 최소화하는 β_0와 β_1의 최소제곱 추정량(least square estimator), $\hat{\beta}_0$와 $\hat{\beta}_1$은 다음을 만족하여야 한다.

$$\frac{\partial L(\beta_0, \beta_1)}{\partial \beta_0}\Big|_{\hat{\beta}_0, \hat{\beta}_1} = -2\sum_{i=1}^{n}(y_i - \hat{\beta}_0, \hat{\beta}_1 x_i) = 0$$

$$\frac{\partial L(\beta_0, \beta_1)}{\partial \beta_1}\Big|_{\hat{\beta}_0, \hat{\beta}_1} = -2\sum_{i=1}^{n}(y_i - \hat{\beta}_0, \hat{\beta}_1)x_i = 0 \quad \textbf{(10-2.4)}$$

(10-2.4)를 정리하면

$$n\hat{\beta}_0 + \hat{\beta}_1 \sum_{i=1}^{n} x_i = \sum_{i=1}^{n} y_i$$

$$\hat{\beta}_0 \sum_{i=1}^{n} x_i + \hat{\beta}_1 \sum_{i=1}^{n} x_i^2 = \sum_{i=1}^{n} x_i y_i \qquad (10\text{-}2.5)$$

로 되고, (10-2.5)를 정규방정식(normal equations)이라고 부른다. 이 정규방정식으로부터 다음과 같은 단순회귀모형의 회귀계수의 최소제곱 추정량을 얻게 된다.

$$\hat{\beta}_0 = \bar{y} - \hat{\beta}_1 \bar{x} \qquad (10\text{-}2.6)$$

$$\hat{\beta}_1 = \frac{\sum_{i=1}^{n}(x_i - \bar{x})(y_i - \bar{y})}{\sum_{i=1}^{n}(x_i - \bar{x})^2} \qquad (10\text{-}2.7)$$

따라서, 추정회귀직선은

$$\hat{y} = \hat{\beta}_0 + \hat{\beta}_1 x \qquad (10\text{-}2.8)$$

이 된다. 여기서, 반응변수의 실제 관측값 y_i와 추정값 $\hat{y}_i$의 차이 $\epsilon_i = y_i = \hat{y}_i$를 잔차(residual)라고 한다. 잔차는 모형의 오차항 ϵ_i의 추정치로 볼 수 있으므로 오차항의 분산 σ_2의 추정이나 모형의 분포에 대한 가정의 타당성을 검증하는데 유용하게 활용된다.

예제 10.2.1

앞의 [표 10-1.1]의 자료에 대해 회귀계수를 추정하여 보자.

풀이 $n = 20,\ \bar{x} = 119.60,\ \bar{y} = 92.161$이고

$$S_{xx} = \sum_{i=1}^{n}(x_i - \overline{X})^2 = 6808.800,\quad S_{xy} = \sum_{i=1}^{n}(x_i - \bar{x})(y_i - \bar{y}) = 1017.744$$

$$\hat{\beta}_1 = \frac{S_{xy}}{S_{xx}} = \frac{1017.744}{6808.8} = 0.149$$

$$\hat{\beta}_0 = \bar{y} - \hat{\beta}_1 \bar{x} = 92.161 - (0.149)(119.60) = 74.341$$

■

따라서, 추정회귀직선은

$$\hat{y} = 74.341 + 0.149x \tag{10-2.9}$$

이다. 이 추정회귀직선이 [그림 10-1.1]에 그려져 있는 것이다.

(10-2.9)의 추정회귀직선으로부터 공정온도 $x = 100°\mathrm{C}$일 때의 공정 수율의 추정값 $\hat{y} = 74.341 + (0.149)(100) = 89.241$ = 74.341 + (0.149)(100) = 89.241%이다. 여기서, $\hat{y} = 89.241\%$는 공정온도 $x = 100°\mathrm{C}$일 때의 공정의 평균수율의 추정값으로 해석되기도 하고, 혹은 $x = 100°\mathrm{C}$일 때의 수율의 추정값($\hat{y}_{x=100}$)으로도 해석될 수도 있음에 유의하기 바란다.

10.2.1 오차분산 σ^2의 추정

앞에서 우리는 단순선형회귀모형 (10-2.1)에서 오차항 ϵ은 모형의 통계적 성질을 결정하는데 중요한 역할을 한다고 언급한 바 있으며, 또한 오차항 ϵ은 일반적으로 평균 0, 분산 σ^2을 갖는 임의의 확률분포에 따른다고 가정하였다. 따라서 오차분산 σ^2은 회귀계수 β_0, β_1과 마찬가지로 표본 자료로부터 추정해야 할 모형의 주요 모수 중 하나로 볼 수 있다. 오차분산 σ^2은 잔차 $e_i = y_i - \hat{y}_i$를 이용하여 추정한다. 잔차 제곱합 혹은 오차 제곱합(error sum of square, SSE)은

$$SS_E = \sum_{i=1}^{n} e_i^2 = \sum_{i=1}^{n} (y_i - \hat{y}_i)^2 \tag{10-2.10}$$

으로, 오차 제곱합의 기대치 $E(SS_E) = (n-2)\sigma^2$됨을 쉽게 증명할 수 있다. 따라서 오차분산 σ^2의 불편추정량은

$$\hat{\sigma}^2 = MS_E = \frac{SS_E}{n-2} = \frac{1}{n-2}\sum_{i=1}^{n}(y_i - \hat{y}_i)^2 \tag{10-2.11}$$

이 됨을 알 수 있다.

10.2.2 최소제곱 추정량 β_0과 β_1의 성질

단순선형회귀모형 $Y = \beta_0 + \beta_1 x + \epsilon$에서 오차항 ϵ는 평균 0, 분산 σ^2을 갖는 확률변수로 가정하였다. 따라서, 회귀변수 x가 주어졌을 때 반응변수 Y는 평균 $\mu_{Y|x} = \beta_0 + \beta_1 x$, 분산

$V(Y|x)=\sigma^2$의 확률변수가 될 것이다. 또한, (10-2.6)과 (10-2.7)의 최소제곱 추정량 $\hat{\beta}_0$와 $\hat{\beta}_1$은 반응변수 Y_i의 함수로서 역시 확률변수로 볼 수 있다. 여기서는 $\hat{\beta}_0$와 $\hat{\beta}_1$은 각각 β_0와 β_1의 불편 추정량임을 확인하여 보고, 이들의 분산을 구하여 보자. 먼저 식 (10-2.6)과 (10-2.7)로부터 $\hat{\beta}_0$와 $\hat{\beta}_1$을 Y_i의 함수로 표기하여 보자. 여기서는 반응변수가 확률변수임을 강조하기 위해 반응변수를 대문자 Y로 표기한다.

$$\hat{\beta}_1=\frac{\sum_{i=1}^{n}(x_i-\bar{x})(Y_i-\bar{Y})}{\sum_{i=1}^{n}(x_i-\bar{x})^2}=\sum_{i=1}^{n}\left(\frac{x_i-\bar{x}}{S_{xx}}\right)Y_i=\sum_{i=1}^{n}c_iY_i \tag{10-2.12}$$

$$\hat{\beta}_0=\bar{Y}-\hat{\beta}_0\bar{x}=\sum_{i=1}^{n}\left(\frac{1}{n}-\bar{x}\,c_i\right)Y_i=\sum_{i=1}^{n}d_iY_i \tag{10-2.13}$$

(10-2.12)와 (10-2.13)으로부터 $\hat{\beta}_0$와 $\hat{\beta}_1$은 각각 β_0와 β_1의 불편 추정량임을 알 수 있다. 즉,

$$E(\hat{\beta}_1)=\sum_{i=1}^{n}c_iE(Y_i)=\sum_{i=1}^{n}c_i(\beta_0+\beta_1x_i)=\beta_1 \tag{10-2.14}$$

$$E(\hat{\beta}_0)=\sum_{i=1}^{n}d_iE(Y_i)=\sum_{i=1}^{n}d_i(\beta_0+\beta_1x_i)=\beta_0 \tag{10-2.15}$$

또한, $\hat{\beta}_0$와 $\hat{\beta}_1$의 분산은 다음과 같다.

$$V(\hat{\beta}_1)=V(\sum_{i=1}^{n}c_iY_i)=\sum_{i=1}^{n}c_i^2V(Y_i)=\frac{\sigma^2}{S_{xx}} \tag{10-2.16}$$

$$V(\hat{\beta}_0)=V(\sum_{i=1}^{n}d_iY_i)=\sum_{i=1}^{n}d_i^2V(Y_i)=\left[\frac{1}{n}+\frac{\bar{x}^2}{S_{xx}}\right]\sigma^2 \tag{10-2.17}$$

여기서, (10-2.14)와 (10-2.15)에 오차분산 σ^2의 불편 추정량 (10-2.11)을 대입하면 $\hat{\beta}_0$와 $\hat{\beta}_1$의 분산의 추정치를 구할 수 있다. 즉,

$$\hat{V}(\hat{\beta}_1)=\frac{\hat{\sigma}^2}{S_{xx}}=\frac{MS_E}{S_{xx}} \tag{10-2.18}$$

$$\hat{V}(\hat{\beta}_0)=\left[\frac{1}{n}+\frac{\bar{x}^2}{S_{xx}}\right]\hat{\sigma}^2=\left[\frac{1}{n}+\frac{\bar{x}^2}{S_{xx}}\right]MS_E \tag{10-2.19}$$

10.3 단순회귀모형에 관한 추론

여기서는 앞 절에서 얻어진 결과를 바탕으로 회귀계수에 대한 가설검정 및 신뢰구간 추정, 회귀모형에 대한 유의성 검정, 평균 반응치 $E(Y|x)$에 대한 신뢰구간 추정, 그리고 반응치 Y에 대한 예측 등을 알아본다. 이제까지는 오차항 ϵ에 대해 특정한 분포를 지정하지 않고 단지 평균 0, 분산 σ^2을 갖는 임의의 독립된 확률변수로 가정하였으나, 회귀모형에 관한 추론을 하기 위해서는 오차항 ϵ_i이 정규분포에 따른다는 추가적인 가정이 필요하다. 따라서 이제부터는 오차항 ϵ_i는 iid $N(0, \sigma^2)$에 따르는 것으로 가정한다.

10.3.1 회귀계수에 관한 가설 검정 및 신뢰구간 추정

여기서는 단순회귀모형의 기울기 β_1과 절편 β_0에 대한 가설검정과 신뢰구간 추정에 대해 알아보자. 기울기 β_1이 특정값 β_{10}와 일치하는지 여부를 검정하고자 한다면, 다음과 같은 양측 검정의 가설을 수립하게 된다.

$$H_0 : \beta_1 = \beta_{10},\ H_1 : \beta_1 \neq \beta_{10} \tag{10-3.1}$$

앞에서 오차항 $\epsilon_i \sim$ iid $N(0, \sigma^2)$로 가정하였으므로, $Y_i \sim \text{NID}(\beta_0 + \beta_1 x_i,\ \sigma^2)$이 될 것이다. 여기서 NID는 서로 독립된 정규분포(Normal Independent Distribution)의 약자로 사용된 것으로, $i = 1, 2, \ldots, n$에 대해서 Y_i는 서로 독립이며 각각 $\beta_0 + \beta_1 x_i$의 평균과 일정한 분산 σ^2을 갖는 정규분포에 따른다는 것을 의미한다. 한편, (10-2.12), (10-2.14), 그리고 (10-2.16)으로부터 $\hat{\beta}_1 \sim N\left(\beta_1,\ \frac{\sigma^2}{S_{xx}}\right)$임을 알 수 있다. 또한, 오차분산 σ^2의 불편추정량이 MS_E이므로 $\frac{(n-2)\hat{\sigma}^2}{\sigma^2} = \frac{(n-2)MS_E}{\sigma^2} \sim x^2_{n-2}$이다. 더구나, $\hat{\beta}_1$와 MS_E는 서로 독립이므로, (6-2.6)의 t-분포의 정의로부터

$$T = \frac{\dfrac{\hat{\beta}_1 - \beta_1}{\sqrt{\sigma^2 / S_{xx}}}}{\sqrt{\dfrac{(n-2)MS_E}{\sigma^2} / (n-2)}} = \frac{\hat{\beta}_1 - \beta_1}{\sqrt{\dfrac{MS_E}{S_{xx}}}} \sim t_{n-2} \tag{10-3.2}$$

이고, 따라서 가설 (10-3.2)의 검정통계량은

$$T_0 = \frac{\hat{\beta}_1 - \beta_{10}}{\sqrt{\frac{MS_E}{S_{xx}}}} \tag{10-3.3}$$

$H_0 : \beta_1 = \beta_{10}$가 진실일 때 자유도 $n-2$의 t-분포에 따르게 된다. 또한 기각역은

$$|\,t_0\,| > t_{\alpha/2,\, n-2} \tag{10-3.4}$$

이다.

단측검정의 경우에도 검정통계량은 역시 (10-3.3)이 그대로 사용되고, 기각역은

$H_0 : \beta_1 = \beta_{10},\ H_1 : \beta_1 > \beta_{10}$의 경우, 기각역$= t_0 > t_{\alpha,\, n-2}$

$H_0 : \beta_1 = \beta_{10},\ H_1 : \beta_1 < \beta_{10}$의 경우, 기각역 $= t_0 < -t_{\alpha,\, n-2}$

이 된다.

식 (10-3.2)을 이용하여 기울기 β_1에 대한 $100(1-\alpha)\%$ 신뢰구간을 다음과 같이 구할 수 있다.

$$\hat{\beta}_1 \pm t_{\alpha/2 : n-2}\sqrt{\frac{MS_E}{S_{xx}}} \tag{10-3.5}$$

단순회귀모형의 절편 β_0에 대한 가설검정과 신뢰구간 추정도 β_1의 경우와 비슷한 방법으로 수행된다. 즉, 오차항 $\epsilon_i \sim \text{iid } N(0, \sigma^2)$의 가정에서 (10-2.13), (10-2.15), 그리고 (10-2.17)로부터 $\hat{\beta}_0 \sim N\left(\beta_0, \sigma^2\left(\frac{1}{n} + \frac{\bar{x}^2}{S_{xx}}\right)\right)$이 되고, $\hat{\sigma}^2 = MS_E$이라는 (10-2.11)의 결과와 $\frac{(n-2)\hat{\sigma}^2}{\sigma^2} = \frac{(n-2)MS_E}{\sigma^2} \sim x^2_{n-2}$, 그리고 (6-2.6)의 t-분포의 정의로부터,

$$T = \frac{\hat{\beta}_0 - \beta_0}{\sqrt{MS_E\left(\frac{1}{n} + \frac{\bar{x}^2}{S_{xx}}\right)}} \sim t_{n-2} \tag{10-3.6}$$

이 성립된다. 따라서, 절편 β_0에 대한 가설

$$H_0 : \beta_0 = \beta_{00},\ H_1 : \beta_0 \neq \beta_{00} \tag{10-3.7}$$

에 대한 검정통계량은

$$T_0 = \frac{\hat{\beta}_0 - \beta_{00}}{\sqrt{MS_E\left(\frac{1}{n} + \frac{\bar{x}^2}{S_{xx}}\right)}} \qquad (10\text{-}3.8)$$

이 되고, 이 역시 귀무가설 $H_0:\beta_0 = \beta_{00}$가 진실일 때 자유도 $n-2$의 t-분포에 따르게 되어 (10-3.4)의 기각역 $\{|t_0| > t_{\alpha/2,\,n-2}\}$을 그대로 사용하게 된다. 단측검정의 경우도 β_1에 대한 경우와 동일하다.

절편 β_0에 대한 신뢰구간 추정 역시 β_1의 경우와 유사하다. 식 (10-3.6)으로부터 단순회귀모형의 절편 β_0에 대한 $100(1-\alpha)\%$ 신뢰구간은 다음과 같이 구해진다.

$$\hat{\beta}_0 \pm t_{\alpha/2:n-2}\sqrt{MS_E\left(\frac{1}{n} + \frac{\bar{x}^2}{S_{xx}}\right)} \qquad (10\text{-}3.9)$$

단순회귀모형의 기울기 β_1에 대한 (10-3.1)의 가설에서 특별히 $\beta_{10}=0$인 경우는 단순회귀모형의 유의성(significance of regression) 검증과 관련이 있다. 즉, 가설

$$H_0:\beta_1 = 0,\; H_1:\beta_1 \neq 0 \qquad (10\text{-}3.10)$$

에서 귀무가설 $H_0:\beta_1=0$이 기각되면 단순선형회귀모형이 타당함을 의미하고, 귀무가설 $H_0:\beta_1=0$이 기각되지 못하면 타당하지 못함을 의미하게 된다. 귀무가설 $H_0:\beta_1=0$이 기각되지 못하는 경우 생각할 수 있는 x와 Y간의 관계를 그림으로 표현한 것이 [그림 10-3.1]이다. [그림 10-3.1]의 (a)와 (b)는 모두 단순선형회귀모형이 타당하지 않은 경우를 보여주는 것이지만 약간의 차이가 있다. (a)는 x와 Y간에 아무런 관련성이 없는 경우로 x는 Y의 변동을 설명하는데 전혀 도움이 되지 못한다.

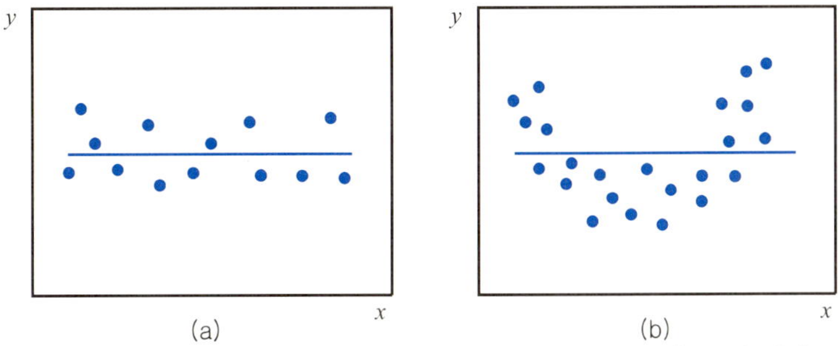

[그림 10-3.1] $H_0:\beta_1=0$이 기각되지 못하는 경우의 x와 Y의 관계

이 경우 정해진 x에 대한 Y의 최선의 추정량은 $\hat{y} = \overline{Y}$일 것이다. 그러나 (b)의 경우는 x와 Y는 선형관계가 아닌 비선형의 관계임을 보여주고 있다. 이와 같이 기울기 β_1이 0이라고 해서 x와 Y간에 아무런 관계가 없는 것만은 아니고 비선형의 관계가 있을 수도 있다는 사실에 유의하기 바란다.

다음의 [그림 10-3.2]는 $H_0 : \beta_1 = 0$이 기각되는 경우에 생각할 수 있는 x와 Y간의 관계를 나타낸 그림이다. [그림 10-3.2]에서 (a)는 단순선형회귀모형이 적절한 경우이고, (b)의 경우는 x와 Y간에 선형효과 외에 고차의 항을 추가한 다항회귀모형을 고려할 필요가 있음을 보여주고 있다.

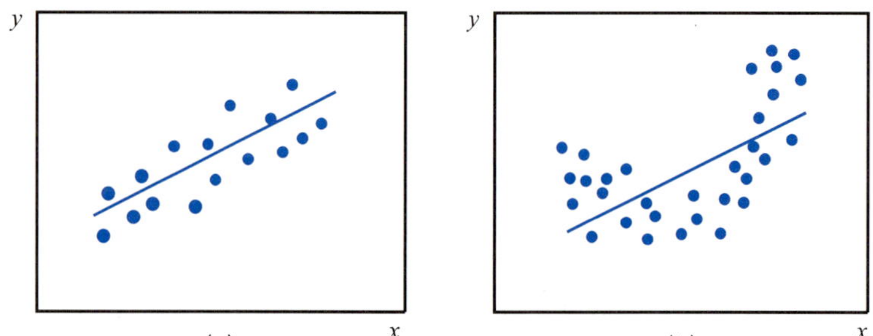

[그림 10-3.2] $H_0 : \beta_1 = 0$**이 기각되는 경우의** x**와** Y**의 관계**

예제 10.3.1

앞의 [표 10-1]의 자료에 대해서

$$H_0 : \beta_1 = 0, \ H_1 : \beta_1 \neq 0$$

을 $\alpha = 0.01$에서 검정하여 보자.

풀이 $n = 20$, $S_{xx} = 6808.800$, $\hat{\beta}_1 = 0.149$, $MSE = 1.18$이므로

$$t_0 = \frac{\hat{\beta}_1}{\sqrt{\frac{MS_E}{S_{xx}}}} = \frac{0.149}{\sqrt{\frac{1.18}{6808.8}}} = 11.318$$

$t_{0.005:18} = 2.88$, 또한 $P-$값 $\fallingdotseq 0$이므로 H_0를 기각한다.

여기서 β_1의 95% 신뢰구간을 구해보자. $t_{0.005:18} = 2.88$이므로

$$\hat{\beta}_1 \pm t_{\alpha/2:n-2}\sqrt{\frac{MS_E}{S_{xx}}} = 0.149 \pm (2.88)\sqrt{\frac{1.18}{6808.8}} = 0.149 \pm 0.038$$

$$= [0.111, \ 0.187]$$

■

10.3.2 단순선형회귀모형에 대한 유의성 검정(F-검정)

앞 절에서는 각 회귀계수 별로 유의성을 확인하는 t-검정에 대해 알아 보았는데, 때로는 전체 모형에 대해 종합적인 유의성 검정이 필요할 때도 있다. 회귀모형의 유의성을 검정한다 함은 회귀변수가 반응변수의 변동을 얼마나 잘 설명하여 줄 수 있는가를 알아 보는 것이다. 여러 개의 회귀변수를 가지고 있는 일반적인 중회귀모형에서는 각각의 회귀변수에 대응하는 회귀계수들의 값이 모두 통계적으로 0일 때 모형은 유의하지 않으며, 적어도 하나라도 0이 아닌 회귀계수가 존재하면 모형은 유의한 것이 된다. 일반적으로 중회귀모형에서 여러 개의 회귀계수들의 값이 모두 0인가 아닌가에 대한 검정을 분산분석의 F-검정을 통하여 수행한다. 단순회귀모형의 경우에는 회귀변수가 한 개이므로 기울기 β_1이 통계적으로 0인가 아닌가에 따라 모형의 유의성이 결정되므로 단순회귀모형의 유의성 검정은 앞 절의 (10-3.10)의 β_1에 대한 t-검정으로 충분하다. 그러나 여기서는 일반적인 중회귀모형의 F-검정에 대한 이해를 돕기 위해 단순회귀모형에 대한 F-검정 절차를 알아보기로 한다.

고려하고 있는 회귀모형 혹은 추정 회귀선이 표본자료의 변동성를 얼마나 잘 설명하여 주는가를 평가하기 위한 방법으로 [그림 10-3.3]을 생각하여 보자.

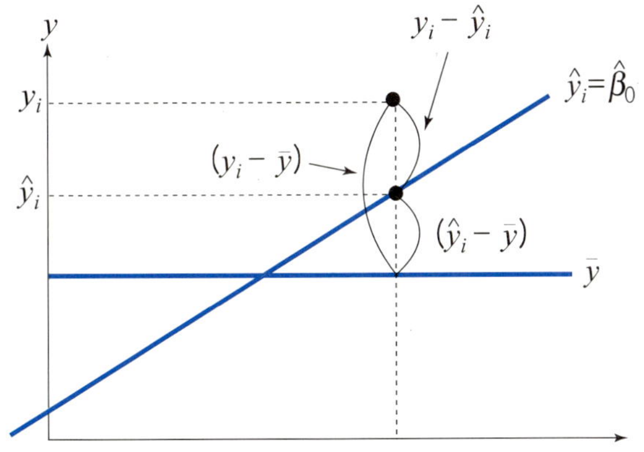

[그림 10-3.3] 총 편차의 분할

반응변수의 총 편차 $y_i - \bar{y}$는 [그림 10-3.3]에서 다음과 같이 분할됨을 알 수 있다.

$$y_i - \bar{y} = (y_i - \hat{y}_i) + (\hat{y}_i - \bar{y}) \tag{10-3.11}$$

식 (10-3.111)의 양변을 제곱하여 $i = 1, 2, \ldots, n$에 대해 더하여 정리하면 다음과 같은 제곱합의 분할식을 얻게 된다.

$$\sum_{i=1}^{n}(y_i-\bar{y})^2=\sum_{i=1}^{n}(y_i-\hat{y}_i)^2+\sum_{i=1}^{n}(\hat{y}_i-\bar{y})^2 \tag{10-3.12}$$

식 (10-3.12)에서 좌변을 반응변수 Y의 총 제곱합(total sum of squares, SS_T)이라 하는데 $\left[SS_T=\sum_{i=1}^{n}(y_i-\bar{y})^2\right]$, 이것은 반응변수 Y의 총 변동성을 나타내는 것으로 자료가 주어지면 모형에 관계없이 일정한 값을 갖는다. SS_T는 자유도 $df_T=n-1$을 갖는다.

우변의 첫 번째 항은 바로 앞 절의 (10-2.10)의 오차 제곱합(error sum of squares, SS_E)으로 $\left[SS_E=\sum_{i=1}^{n}(y_i-\hat{y}_i)^2\right]$, 이것은 Y의 총 변동 중 회귀모형에 의해 설명되지 않는 부분으로 해석된다. SS_E의 자유도는 $df_E=n-2$이다. 마지막으로 우변의 두 번째 항을 회귀제곱합(regression sum of squares, SS_R)이라고 하는데 $\left[SS_R=\sum_{i=1}^{n}(\hat{y}_i-\bar{y})^2\right]$, 이것은 Y의 총 변동 중 회귀모형에 의해 설명되는 부분으로 해석된다. SS_R의 자유도는 $df_R=1$이다. 결국, 제곱합의 분할식 (10-3.12)은

$$SS_T=SS_E+SS_R \tag{10-3.13}$$

로 분할되며, 그들의 자유도 역시

$$df_T=df_E+df_R \Rightarrow (n-1)=(n-2)+1 \tag{10-3.14}$$

로 분할됨을 알 수 있다. (10-3.13)과 (10-3.14)로부터 다음의 정리를 유도할 수 있다. 이 정리에 대한 이론적인 증명은 이 책의 수준을 벗어나므로 생략하고 결과만을 소개하기로 한다.

정리 10.3.1

$H_0:\beta_1=0$이 진실일 때,

$\dfrac{SS_T}{\sigma^2}=\sum_{i=1}^{n}\left(\dfrac{Y_i-\overline{Y}}{\sigma}\right)^2\sim\chi^2_{n-1}$이며, $SS_T=SS_E+SS_R$로 분할되면서 그들의 자유도 역시 $df_T=df_E+df_R \Rightarrow (n-1)=(n-2)+1$로 분할될 때,

$$\frac{SS_E}{\sigma^2}=\sum_{i=1}^{n}\left(\frac{Y_i-\widehat{Y}_i}{\sigma}\right)^2\sim\chi^2_{n-2}$$

$$\frac{SS_R}{\sigma^2}=\sum_{i=1}^{n}\left(\frac{\widehat{Y}_i-\overline{Y}}{\sigma}\right)^2\sim\chi^2_{1}$$

이며, 이 둘은 서로 독립이다.

위의 [정리 10.3.1]은 $F-$검정의 검정통계량의 유도에 이론적 기초가 되므로 잘 기억해 두기 바란다.

단순회귀모형의 유의성 검정을 위한 $F-$검정의 가설은 (10-3.10)에 주어진 바와 같이 $H_0 : \beta_1 = 0$, $H_1 : \beta_1 \neq 0$이다. $F-$검정에서는 $t-$검정과는 달리 오차분산의 추정량를 이용하여 검정을 수행한다. 즉, 앞 절의 (10-2.11)에서 본 바와 같이 $E(MS_E) = \sigma^2$으로서, MS_E는 $H_0 : \beta_1 = 0$의 진위 여부에 상관없이 항상 오차분산 σ^2의 추정량이 된다. 그러나, 회귀제곱합의 기대치는

$$E(SS_R) = E\left[\sum_{i=1}^{n}(\hat{y}_i - \bar{y})^2\right] = \sigma^2 + \beta_1^2 S_{xx} \tag{10-3.15}$$

로 되어(연습문제), SS_R(정확히는 $MS_R = \dfrac{SS_R}{df_R} = \dfrac{SS_R}{1}$)은 $H_0 : \beta_1 = 0$이 진실일 때는 σ^2의 불편추정량이 되지만, $H_0 : \beta_1 = 0$이 진실이 아닐 때는 σ^2을 실제보다 크게 추정해주는 편기된 추정량(biased estimator)이 됨을 알 수 있다. 이러한 사실로부터 우리는 MS_E와 MS_R의 크기를 비교하여 $H_0 : \beta_1 = 0$의 진실 여부를 검정할 수가 있다. 즉, MS_R/MS_E이 1에 가까운 값이 되면 $H_0 : \beta_1 = 0$이 진실이라고 판단하고 1보다 큰 값이 되면 $H_0 : \beta_1 = 0$는 진실이 아니라고 판단할 수 있을 것이다. 사실 이와 같은 검정방법은 [정리 10.3.1]로부터 유도된 것이다. 즉, SS_E/σ^2와 SS_R/σ^2은 서로 독립이며 각각 x_{n-2}^2와 x_1^2의 분포에 따르므로, $F-$분포의 정의에 의해 다음의 검정통계량을 유도할 수 있다.

$$F_0 = \frac{SS_R/1}{SS_E/(n-2)} = \frac{MS_R}{MS_E} \tag{10-3.16}$$

은 $H_0 : \beta_1 = 0$는 진실일 때 $F(1, n-2)$의 분포에 따르게 된다. 따라서,

$f_0 > f_{\alpha:1,n-2}$이면 $H_0 : \beta_1 = 0$를 기각한다.

일반적으로 $F-$검정의 결과를 다음의 [표 10-3.1]과 같은 분산분석표(ANOVA table)로 정리한다.

[표 10-3.1] 단순회귀모형의 분산분석표

요 인	제곱합	자유도	평균제곱합	F-값	P-값
모형	SS_R	1	MS_R	$f_0 = MS_R / MS_E$	$P(F_{1,n-2} > f_0)$
오차	SS_E	$n-2$	MS_E		
전체	SS_T	$n-1$			

이제까지 우리는 고려하고 있는 회귀모형이 얼마나 유의한 모형인가? 즉, 회귀변수가 반응변수의 변동을 잘 설명하여 주는가를 확인하여 보는 F-검정에 대해 알아보았다. F-검정과 비슷한 관점이지만 간편하게 추정된 회귀식이 표본자료의 변동성을 얼마나 잘 설명하여 주는가를 확인하여 보는 모형의 적합성을 평가방법이 있다. 회귀모형의 적합성 평가에 가장 흔히 사용되는 척도가 결정계수(coefficient of determination), R^2이다. 결정계수는 다음과 같이 정의된다.

$$R^2 = \frac{SS_R}{SS_T} = 1 - \frac{SS_E}{SS_T} \tag{10-3.17}$$

앞에서 언급한 바와 같이 SS_T는 반응변수 Y의 총 변동으로서 관측값이 주어지면 모형에 관계없이 일정한 값을 갖게 된다. $SS_T = SS_E + SS_R$로서, SS_R은 총 변동 중 회귀모형으로 설명되는 부분이고, SS_E는 모형으로 설명되지 않는 부분이다. SS_R과 SS_E는 모형에 따라 그 값이 달라지게 된다. 정의 (10-3.17)에서 알 수 있듯이 결정계수 R^2은 0과 1사이의 값을 갖게 되는데, 1에 가까울수록 모형의 적합도가 높을 것이고, 0에 가까우면 적합도가 약하다고 할 수 있다. 회귀변수가 한 개뿐인 단순회귀의 경우 결정계수는 회귀변수 x와 반응변수 Y의 상관계수 r의 제곱과 동일하다.

결정계수 R^2은 추정 회귀선에 의해 설명되는 변동이 총 변동에서 차지하는 비율을 나타내는 상대적인 수치이므로 그 값이 얼마 이상이어야 모형의 적합도가 좋다는 일반적인 기준을 말하기는 어렵고, 경험적인 판단에 의해 해석하여야 할 것이다. 특히, 중회귀분석에서는 R^2의 해석에 상당한 주의가 필요하다.

예제 *10.3.2*

[표 9-1]의 자료에 대해 단순회귀모형 $Y = \beta_0 + \beta_1 x + \epsilon$에 대한 유의성 검정을 $\alpha = 0.05$에서 수행하여 보자.

풀이 $H_0 : \beta_1 = 0,\ H_1 : \beta_1 \neq 0,\ \alpha = 0.05,\ n = 20$

[분산분석표]

요인	제곱합	df	평균제곱합	F값	P값
모형	152.13	1	152.13	$f_0 = 128.86$	$P(F_{1,\,n-2} > f_0) = 0.0$
오차	21.25	18	1.18		
전체	173.38	19			

$P-$값이 0에 가까운 값이므로 $H_0 : \beta_1 = 0$를 기각할 수 있다. 즉, 이 모형은 유의하다고 할 수 있다. 결정계수를 구해보자.

$$R^2 = \frac{SS_R}{SS_T} = \frac{152.13}{173.38} = 0.877$$

즉, 표본자료의 총 변동 중 87.7%가 추정회귀직선에 의해 설명되고 있다. ■

10.3.3 평균 반응값에 관한 신뢰구간 추정 (Confidence Interval on the Mean Response)

회귀변수 x의 특정값 x_0에서의 평균 반응값 $E(Y|x_0)$의 신뢰구간 추정을 하여 보자. $E(Y|x_0) = \mu_{Y|x_0} = \beta_0 + \beta_1 x_0$이므로, $E(Y|x_0)$의 신뢰구간 추정은 곧 회귀선에 대한 신뢰구간 추정이라고도 할 수 있다. $E(Y|x_0) = \mu_{Y|x_0}$의 점추정치는

$$\hat{\mu}_{Y|x_0} = \beta_0 + \beta_1 x_0$$

이다. $\hat{y} = \hat{\beta}_0 + \hat{\beta}_1 x$이고 $V(\hat{\beta}_1) = \sigma^2 / S_{xx}$이므로, $\mu_{Y|x_0}$의 분산은

$$\begin{aligned} V(\hat{\mu}_{Y|x_0}) &= V(\hat{\beta}_0 + \hat{\beta}_1 x_0) = V(\overline{Y} + \hat{\beta}_1 \overline{x} + \hat{\beta}_1 x_0) \\ &= V(\overline{Y}) + (x_0 - \overline{x})^2 V(\hat{\beta}_1) \\ &= \frac{\sigma^2}{n} + \frac{(x_0 - \overline{x})^2 \sigma^2}{S_{xx}} \\ &= \sigma^2 \left[\frac{1}{n} + \frac{(x_0 - \overline{x})^2}{S_{xx}} \right] \end{aligned}$$

단, $\text{Cov}\ (\overline{Y}, \hat{\beta}_1) = 0$ **(10-3.18)**

또한, $\epsilon_i \sim \text{iid } N(0, \sigma^2)$로 가정하였으므로

$$\hat{\mu}_{Y|x_0} = \hat{\beta}_0 + \hat{\beta}_1 x_0 \sim N\left(\beta_0 + \beta_1 x_0,\ \sigma^2 \left[\frac{1}{n} + \frac{(x_0 - \bar{x})^2}{S_{xx}}\right]\right) \tag{10-3.19}$$

이고, $\hat{\sigma}^2 = MS_E$이므로

$$\frac{\hat{\mu}_{Y|x_0} - \mu_{Y|x_0}}{\sqrt{MS_E\left[\frac{1}{n} + \frac{(x_0 - \bar{x})^2}{S_{xx}}\right]}} \sim t_{n-2} \tag{10-3.20}$$

따라서, $E(Y|x_0)$의 $100(1-\alpha)\%$ 신뢰구간은

$$(\hat{\beta}_0 + \hat{\beta}_1 x_0) \pm t_{\alpha/2:n-2}\sqrt{MS_E\left[\frac{1}{n} + \frac{(x_0 - \bar{x})^2}{S_{xx}}\right]} \tag{10-3.21}$$

이다.

(10-3.21)의 신뢰구간은 x_0의 값에 따라 달라지는데, $x_0 = \bar{x}$일 때 신뢰구간의 폭이 가장 좁고 x_0 값이 $\bar{x}$로부터 멀어질수록 구간의 폭이 넓어진다.

10.3.4 개별 반응값에 대한 예측(Prediction of Individual Response)

회귀모형의 주요 목적 중 하나는 회귀변수 x의 특정값에 대한 반응변수 Y의 값을 예측하는 것이다. 만약 우리가 x의 특정값 x_0에서의 반응변수 Y의 값 Y_0에 대해 관심을 갖고 있다면, $Y_0 = \beta_0 + \beta_1 x_0 + \epsilon$이고 Y_0의 점추정치는

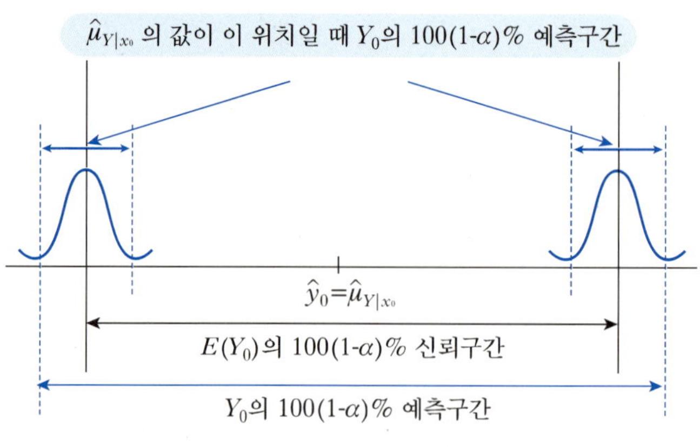

[그림 10-3.4] Y_0에 대한 예측오차

$$\hat{Y}_0 = \hat{\beta}_0 + \hat{\beta}_1 x_0 \qquad (10\text{–}3.22)$$

으로 $\mu_{Y|x_0}$와 동일하다. 여기서 개별 관측치 Y0는 $x = x_0$에서 한 번 실험하여 얻는 Y의 값이고, $\mu_{Y|x_0}$는 $x = x_0$에서 여러 차례 실험하여 얻은 Y값들의 평균치로 볼 수 있으므로, Y_0에 대한 예측오차 $\epsilon_P = Y_0 - \hat{Y}_0$는 평균 0, 분산 $V(\epsilon_P)$의 정규분포에 따르게 된다. 여기서, 분산 $V(\epsilon_P)$는 다음과 같다.

$$V(\epsilon_P) = V(Y_0 - \hat{Y}_0) = \sigma^2 \left[1 + \frac{1}{n} + \frac{(x_0 - \bar{x})^2}{S_{xx}}\right] \qquad (10\text{–}3.23)$$

(10–3.20)의 경우와 마찬가지로 $\hat{\sigma}^2 = MS_E$이므로

$$\frac{Y_0 - \hat{Y}_0}{\sqrt{MS_E\left[1 + \frac{1}{n} + \frac{(x_0 - \bar{x})^2}{S_{xx}}\right]}} \sim t_{n-2} \qquad (10\text{–}3.24)$$

따라서, $x = x_0$에서의 Y의 예측값 Y_0의 $100(1-\alpha)\%$ 신뢰구간은

$$\hat{Y}_0 \pm t_{\alpha/2:n-2}\sqrt{MS_E\left[1 + \frac{1}{n} + \frac{(x_0 - \bar{x})^2}{S_{xx}}\right]} \qquad (10\text{–}3.25)$$

이다.

(10–3.21)의 $\mu_{Y|x_0}$ 신뢰구간과 마찬가지로 (10–3.25)의 Y_0의 예측구간도 x_0의 값에 따라 달라지며, $x_0 = \bar{x}$일 때 신뢰구간의 폭이 가장 좁고 x_0값이 $\bar{x}$로부터 멀어질수록 구간의 폭이 넓어진다. 물론, (10–3.25)의 Y_0의 예측구간의 폭이 (10–3.21)의 $\mu_{Y|x_0}$ 신뢰구간의 폭보다 전반적으로 더 넓다.

10.4 단순선형회귀모형에 대한 적합성 검토

회귀분석에서는 모형의 통계적 특성에 대해 몇 가지 가정을 전제로 하고 있다. 앞의 10–1절에서 언급한 바와 같이 모형의 통계적 특성은 주로 오차항 ϵ에 대한 가정에 바탕을 두고 있다. 오차항에 대한 가정을 요약하면 다음과 같다.

(1) 오차항 ϵ_i는 평균 0, 등분산 σ^2의 확률분포에 따른다.

즉, 모든 $i=1,\ 2,\ ...,\ n$에 대하여, $E(\epsilon_i)=0$이고 $V(\epsilon_i)=\sigma^2$이다.

(2) 오차항 ϵ_i는 서로 독립이다.

즉, 모든 $i \neq j$에 대해서, $\mathrm{Cov}(\epsilon_i,\ \epsilon_j)\ =\ 0$ 이다.

(3) 오차항 ϵ_i는 정규분포에 따른다.

즉, 모든 $i=1,\ 2,\ ...,\ n$에 대하여, $\epsilon_i \sim \mathrm{iid}\ N(0,\ \sigma^2)$이다.

특히, 가정(3)는 회귀모형에 대한 통계적 추론 – 가설검정과 신뢰구간 추정 단계에서 필요한 것이다.

어떤 문제에 회귀모형을 적용하여 분석작업을 수행할 때 이러한 가정이 적절한지를 검증하는 일과, 또한 아울러 모형의 차수 즉, x와 Y의 선형관계가 타당한지를 검토하는 일을 모형의 적합성 검토라고 한다. 만약 주어진 문제에 대해 이러한 가정들이 타당하지 못하다면 회귀모형에 의한 분석작업은 의미가 없는 것이므로 회귀모형에 대한 적합성 평가는 꼭 필요하다 하겠다. 모형의 적합성 검증에 사용되는 방법으로 잔차분석과 결정계수가 있다, 결정계수에 대해서는 앞 절에서 설명하였으므로 여기서는 잔차분석에 대해서만 알아보기로 한다.

10.4.1 잔차분석(Residual Analysis)

앞 절에서 다룬 결정계수는 모형의 적합성을 수치로 간단히 요약할 수는 있지만 오차항의 등분산성(constant variance)이나 독립성(independence), 정규성(normality) 등을 제대로 반영하지 못한다. 잔차 $e_i = Y_i - \hat{Y}_i$는 오차항의 추정치로 볼 수 있으므로 오차항의 통계적 특성이 잘 반영된다고 할 수 있다. 우리는 잔차에 대한 몇 가지 그래프를 그려 봄으로서 오차항의 가정을 검토하여 볼 수 있다.

(1) 잔차에 대한 정규확률 그래프

오차항이 정규분포에서 많이 이탈된다면 가설검정이나 신뢰구간 추정의 결과는 믿을 수 없는 것이 된다. 오차항이 정규분포에 따르는지를 대략적으로 확인하여 보는 방법으로 잔차에 대한 정규확률그래프(normal probability plot) 혹은 히스토그램을 그려보는 것이다.

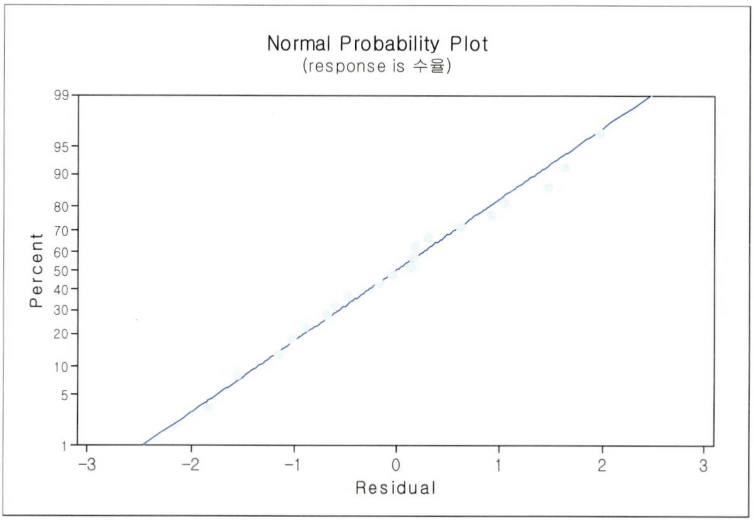

[그림 10-4.1] [예제 10.3.1]의 잔차에 대한 정규확률그래프

정규확률그래프를 그리는 방법은 여러 가지가 있는데, 가장 보편적인 방법은 x축에 잔차를 크기 순으로 나열하고, x축의 눈금에 대응되는 정규분포 누적확률을 y축으로 하여 자료를 타점하는 것이다. 정규확률그래프에서 점들이 대략 직선의 형태를 보이면 자료에 대한 정규분포 가정이 타당하다고 판단한다.

[그림 10-4.1]은 [예제 10.3.1]의 잔차에 대한 정규확률그래프이다. 이 그래프에서 점들이 대략 직선의 형태를 보이므로 오차항의 정규분포 가정이 타당함을 알 수 있다.

(2) 잔차 그래프

잔차 – 반응변수 추정값($\hat{y}_i$), 잔차–설명변수(x), 혹은 잔차의 시계열 그래프가 모형의 적합성을 평가하는데 자주 사용된다. [그림 10-4.2]는 이러한 잔차 그래프의 전형적인 패턴을 보여주고 있다. [그림 10-4.2]에서 (a)는 일정한 패턴이 나타나지 않는 경우로서 가정이 적절함을 의미한다. (b), (c), 그리고 (d)는 모두 가정이 위배되는 경우 나타나는 패턴이다. (b) 와 (C)는 등분산의 가정이 위배되는 경우이고, (d)는 x와 Y간에 선형관계가 아닌 비선형관계가 존재하는 경우에 나타나는 형태이다. (b), (c), 그리고 (d)와 같이 비 정상적인 패턴이 나타나는 경우 적절한 변수변환이나 새로운 설명변수의 도입 등을 통해 적절한 모형을 얻을 수 있다.

적절한 회귀모형을 얻기 위해서는 이상치(outlier)에 대한 검토도 매우 중요하다. 자료에 이상치가 존재하는 경우 추정 회귀식의 기울기($\hat{\beta}_1$)와 절편($\hat{\beta}_0$)가 크게 영향을 받게 된다. 이상치의 존재여부를 조사하는 데는 소위 표준화 잔차(standardized residual, d_i)가 흔히 이용된다.

$$d_i = \frac{e_i}{\sqrt{MS_E}},\ i = 1,\ 2,\ \ldots,\ n \tag{10-4.1}$$

일반적으로 표준화 잔차의 절대값($|\,d\,|$)이 2 이상인 경우 이상치의 존재가 의심되는 것으로 판단한다. 이상치의 존재 여부에 대한 조사는 본격적인 회귀분석을 수행하기 전에 먼저 수행되어야 할 것이다.

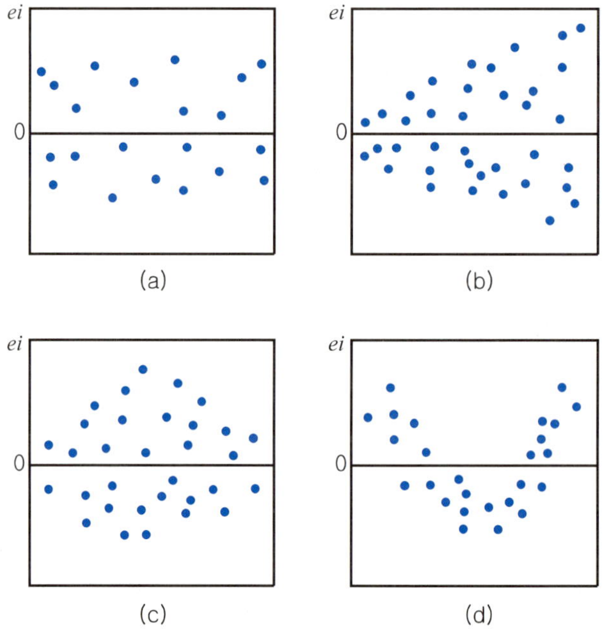

[그림 10-4.2] 잔차 그래프의 패턴:
(a) 정상적 패턴, (b) 와 (c) 오차분산이 일정하지 않은 경우의 패턴, (d) 비선형적 관계의 패턴

10.5 상관분석(Correlation Analysis)

상관분석은 두 변수 간의 선형적 관계가 있는지를 조사하는 통계적 방법이다. 두 변수 간의 선형적 관계의 판단은 산점도를 그려보아 대략적으로 판단하거나, 상관계수 ρ의 값을 추정하여

그 값의 대소에 따라 관련의 밀접성을 판단하는 게 보통이다. 그러나 상관계수의 값이 얼마나 커야 두 확률변수 간에 선형관계가 밀접하다고 판단할 수 있는지 에 대한 절대적 기준은 없고, 주어진 문제에 따라 경험적으로 판단하는 수 밖에 없다. 통계적으로는 상관계수 ρ가 0이냐 아니냐가 중요하다. 따라서 상관계수에 대한 가설 $H_0 : \rho = 0$을 검정하여 보는 것이 중요하다. 여기서는 회귀분석과 관련하여 가설 $H_0 : \rho = 0$의 검정 절차를 알아보기로 한다.

이제까지 설명한 회귀분석에서는 설명변수 x는 분석자가 그 값을 임의로 정할 수 있어 오차가 거의 없는 수학적 변수로 보고, 반응변수 Y는 확률변수로 가정하였다. 그러나 실제 문제에서는 x와 Y가 모두 확률변수인 경우가 많은데, x와 Y가 모두 확률변수인 상황에서는 관측치 (x_i, y_i), $i = 1, 2, ..., n$을 $f_{XY}(x, y)$의 모집단으로부터 얻은 크기 n의 확률표본으로 보아야 할 것이다. 이와 같이 설명변수와 반응변수를 확률변수 (X, Y)로 보는 경우, $X = x$를 가정한 Y의 조건부 기대값 $E(Y \mid X = x) = \beta_0 + \beta_1 x$이며, X와 Y의 동시 확률분포로는 $X \sim N(\mu_X, \sigma_X^2)$, $Y \sim N(\mu_Y, \sigma_Y^2)$이면서 상관계수 ρ인 이변량 정규분포(bivariate normal distribution)로 가정하는 것이 일반적이다. 이와 같이 (X, Y)의 동시분포가 이변량 정규분포(bivariate normal distribution)일 때 $X = x$를 가정한 Y의 조건부 확률밀도함수는

$$f_{Y|x}(y) = \frac{1}{\sqrt{2\pi}\,\sigma_{Y|x}} e^{-\frac{1}{2}\left(\frac{y - \beta_0 - \beta_1 x}{\sigma_{Y|x}}\right)^2} \tag{10-5.1}$$

이다. 여기서, 상관계수 $\rho = \dfrac{\sigma_{XY}}{\sigma_X \sigma_Y}$이며

$$\beta_0 = \mu_Y - \mu_X \rho \frac{\sigma_Y}{\sigma_X} \tag{10-5.2}$$

$$\beta_1 = \rho \frac{\sigma_Y}{\sigma_X} \tag{10-5.3}$$

$$\sigma_{Y|x}^2 = (1 - \rho^2)\sigma_Y^2 \tag{10-5.4}$$

이다. 즉, $X = x$를 가정한 Y의 조건부 분포는 평균 $E(Y \mid X = x) = \beta_0 + \beta_1 x$, 분산 $\sigma_{Y|x}^2$의 정규분포이다.

이와 같이 X와 Y가 이변량 정규분포에 따르는 것으로 생각되는 경우 분석자는 $E(Y \mid X = x) = \beta_0 + \beta_1 x$의 선형관계보다는 X와 Y가 통계적으로 독립인지 여부에 더 관심을

가질 수도 있다. X와 Y가 통계적으로 독립인지를 확인하기 위해서는 가설 $H_0: \rho = 0$를 검정하여야 할 것이다. 이와 같이 상관계수에 대한 가설 $H_0: \rho = 0$를 검정하는 것을 보통 상관분석이라고 부른다. 이제부터 가설 $H_0: \rho = 0$의 검정통계량을 유도하여 보자. 먼저 (10-5.3)의 β_1과 ρ의 관계로부터 $H_0: \rho = 0$을 검정하는 것은 $H_0: \beta_1 = 0$을 검정하는 것과 동일한 것이 됨을 알 수 있다. (10-3.3)으로부터 가설 $H_0: \beta_1 = 0$의 검정통계량은

$$T_0 = \frac{\hat{\beta}_1}{\sqrt{\dfrac{MS_E}{S_{xx}}}} \tag{10-5.5}$$

이다. 한편, 이변량 정규분포로부터 얻은 확률표본 $(X_1,\ Y_1),\ (X_2,\ Y_2),\ \ldots,\ (X_n,\ Y_n)$에 의한 ρ의 추정량인 표본상관계수 R은

$$R = \frac{\sum_{i=1}^{n}(X_i - \overline{X})(Y_i - \overline{Y})}{\sqrt{\sum_{i=1}^{n}(X_i - \overline{X})^2}\sqrt{\sum_{i=1}^{n}(Y_i - \overline{Y})^2}} = \frac{S_{XY}}{\sqrt{S_{xx}}\sqrt{SS_T}} \tag{10-5.6}$$

이고, (10-2.7)로부터

$$\begin{aligned}\hat{\beta}_1 &= \frac{S_{XY}}{S_{XX}} = \frac{S_{XY}}{\sqrt{S_{XX}}\sqrt{S_{XX}}}\sqrt{\frac{SS_T}{SS_T}} \\ &= \frac{S_{XY}}{\sqrt{S_{XX}}\sqrt{SS_T}}\sqrt{\frac{SS_T}{S_{XX}}} = R\sqrt{\frac{SS_T}{S_{XX}}}\end{aligned} \tag{10-5.7}$$

또한, (10-3.17)로부터

$$MS_E = \frac{SS_E}{(n-2)} = \frac{(1-R^2)}{(n-2)}SS_T \tag{10-5.8}$$

(10-5.7)과 (10-5.8)을 (10-5.5)에 대입하면 가설 $H_0: \rho = 0$의 검정통계량은

$$T_0 = \frac{R\sqrt{n-2}}{\sqrt{1-R^2}} \tag{10-5.9}$$

이 되며, 귀무가설 $H_0: \rho = 0$이 진실일 때 자유도 $n-2$의 t-분포에 따르게 된다.

가설 $H_0: \rho = 0$의 검정절차를 요약하면 다음과 같다.

검정통계량 $T_0 = \dfrac{R\sqrt{n-2}}{\sqrt{1-R^2}}$

기각역 : $|t_0| > t_{\alpha/2,\, n-2}$ for $H_1 : \rho \neq 0$

$t_0 > t_{\alpha,\, n-2}$ for $H+1 : \rho > 0$

$t_0 < -t_{\alpha,\, n-2}$ for $H_1 : \rho < 0$

예제 10.5.1

항공기 연료주유기의 성능을 파악하기 위해 주유량(X)과 주유시간(Y)의 관계를 조사하고자 한다. 25개의 주유기를 확률표본으로 선택하여 주유량과 주유시간을 조사한 결과가 [표 10-5.1]과 같다. 주유량(X)과 주유시간(Y)가 이변량 정규분포에 따른다고 가정하고 상관계수에 대한 가설 $H_0 : \rho = 0$, $H_1 : \rho \neq 0$을 $\alpha = 0.05$에서 검정하여 보자.

[표 10-5.1] 주유량(X)과 주유시간(Y) 자료

관측번호	주유량	주유시간	관측번호	주유량	주유시간	관측번호	주유량	주유시간
1	2	9.95	11	4	17.08	21	15	44.88
2	8	24.45	12	11	37.00	22	16	54.12
3	11	31.75	13	12	41.95	23	17	56.63
4	10	35.00	14	2	11.66	24	6	22.13
5	8	25.02	15	4	21.65	25	5	21.15
6	4	16.86	16	4	17.89			
7	2	14.38	17	20	69.00			
8	2	9.60	18	1	10.30			
9	9	24.35	19	10	34.93			
10	8	27.50	20	15	46.59			

풀이 먼저 단순회귀모형을 적합시켜 보면, $\hat{y} = 5.1145 + 2.9027x$이다.

또한, $S_{YY} = SS_T = 6105.947$, $S_{XX} = 698.56$, $S_{XY} = 2027.7132$에서

표본상관계수 $r = \dfrac{S_{XY}}{\sqrt{S_{XX}SS_T}} = \dfrac{2077.7132}{\sqrt{(698.56)(6105.9447)}} = 0.9818$

따라서, 결정계수 $R^2 = (0.9818)^2 = 0.9640$이다.

$H_0 : \rho = 0$, $H_1 : \rho \neq 0$

$$T_0 = \frac{R\sqrt{n-2}}{\sqrt{1-R^2}} = \frac{(0.9818)\sqrt{23}}{\sqrt{1-0.964}} = 24.80$$

$t_{0.025,\,23} = 2.069$ 이므로 H_0를 기각한다. 즉, 상관계수 ρ는 $\alpha = 0.05$에서 0이 아니라고 할 수 있다. ■

연습문제

1. 단순 선형회귀 모형 $y_i = \beta_0 + \beta_1 x_i + \epsilon_i,\ i = 1,\ 2,\ \ldots,\ n$ and $\epsilon_i \sim (0,\ \sigma^2)$ 에 대해 $E(MS_E) = E\left(\frac{SS_E}{n-2}\right) = \sigma^2$ 임을 증명하라.

2. 자동차의 무게(x)와 1km 주행하는데 필요한 연료 소비량(y)의 관계를 조사한 자료가 다음과 같다.

무게 (x)	0.9	1.3	2.1	2.5	2.4	1.7	-.7	1.2	1.6
Km당 연료소비량(Y)	2.0	2.6	4.3	5.8	5.1	3.2	1.8	2.3	3.0

a) 무게(x)를 회귀변수, km당 연료소비량(Y)을 반응변수로 하여 단순 회귀식을 추정하라.

b) 단순 회귀모형에 대한 유의성 검정($H_0 : \beta_1 = 0,\ H_1 : \beta_1 \neq 1.0$에 대한 $F-$검정)을 유의수준 $\alpha = 0.05$에서 수행하라.

c) 기울기에 대한 가설 $H_0 : \beta_1 = 0,\ H_1 : \beta_1 \neq 1.0$을 유의수준 $\alpha = 0.01$에서 검정하라.

d) $x = 2.0$일 때, Y의 평균 $\mu_{Y|X=2.0}$의 95% 신뢰구간을 구하라.

e) $x = 2.0$일 때, Y의 값 $Y_{X=2.0}$의 95% 예측구간을 구하라.

3. 특정 중고 승용차의 값이 사용연수에 따라 어떻게 달라지는가를 알아보기 위해 자료를 수집한 결과가 다음과 같다.

사용연수(x)	1	2	3	4	5	6	7	8	9	10
가격(Y, 백만원)	2.45	1.80	2.00	2.00	1.70	1.20	1.15	0.69	0.60	0.47

a) 추정회귀직선을 구하라.

b) 단순회귀모형에 대한 유의성검정($H_0 : \beta_1 = 0$, $H_1 : \beta_1 \neq 1.0$에 대한 $F-$검정)을 유의수준 $\alpha = 0.05$에서 수행하라.

c) 기울기 β_1에 관한 가설 $H_0 : \beta_1 = 0$, $H_1 : \beta_1 \neq 1.0$에 대하여 유의수준 $\alpha = 0.05$에서 $t-$검정을 수행하라.

d) 기울기 β_1의 95% 신뢰구간을 구하라.

e) 사용연수 5년일 때의 평균가격의 95% 신뢰구간을 구하라.

f) 사용연수 5년일 때의 가격의 95% 예측구간을 구하라.

4. 냉장고에서 보관시간이 길어짐에 따라 생선의 신선도가 얼마나 떨어지는가를 알아보기 위하여 10회의 조사실험을 실시한 결과 다음의 자료를 얻었다.

보관시간(x)	0.0	0.0	3.0	3.0	6.0	6.0	9.0	9.0	12.0	12.0
신선도(Y)	8.5	8.4	7.9	8.1	7.8	7.6	7.3	7.0	6.8	6.7

a) 보관시간을 회귀변수 x, 신선도를 반응변수 Y로 하여 단순선형회귀식을 추정하라.

b) 기울기 β_1의 의미를 설명하고, β_1의 95% 신뢰구간을 구하라.

c) 단순선형회귀모형에 대한 적합결여검정을 유의수준 $\alpha - 0.05$에서 수행하라.

5. 회귀분석을 위해 회귀변수 x와 반응변수 y에 대한 $n = 9$개의 표본자료로부터 $\bar{x} = 1.7567$, $\bar{y} = 0.4411$, $S_{xx} = 0.1850$, $S_{yy} = 0.3655$, $S_{xy} = 0.2583$, 그리고 $SS_E = 0.0049$를 얻었다.

a) 추정회귀직선을 구하라.

b) 오차분산의 추정치 $\hat{\sigma}^2$을 구하라.

c) 회귀관계의 유의성 검정을 위한 분산분석표를 작성하고 $\alpha = 0.05$에서 검정하라.

d) 기울기 β_1에 대한 90% 신뢰구간을 구하고 x와 y의 회귀관계의 유의성을 설명하라.

e) $x = 1.4$일 때 y의 기대치 $E(y_x = 1.4)$의 90% 신뢰구간을 구하고, 이 결과로부터 $E(y_x = 1.4) = 0.10$이라 할 수 있는지를 검정하라.

f) $x = 1.8$일 때 y의 예측치 $y_x = 1.8$의 90% 예측구간을 구하라.

g) x와 y의 상관계수를 구하라.

6. 단순 선형회귀 모형 $y_i = \beta_0 + \beta_1 x_1 + \epsilon_i$, $i = 1, 2, \ldots, n$ and $\epsilon_i \sim N(0, \sigma^2)$에 대해 $i-$번째 잔차 ϵ_i의 분산 $V(\epsilon_i) = \sigma^2 \left[1 - \left(\frac{1}{n} + \frac{(x_i - \bar{x})^2}{S_{xx}} \right) \right]$임을 증명하라.

7. 공업용 특수 접착제의 접착력이 접착 후 시간이 경과함에 따라 점차 약해지는 것으로 생각된다. 이를 확인하여 보는 회귀분석을 수행하기 위하여 아래와 같이 20개의 자료를 수집하였다.

관측번호	경과시간(x, 주)	접착력(y, ψ)
1	2.00	2654.20
2	2.50	2575.00
3	3.75	2399.55
4	5.00	2207.50
5	6.00	2414.40
6	7.50	2357.90
7	8.00	2316.00
8	9.75	2336.75
9	11.00	2277.70
10	12.50	2200.50
11	13.00	2165.20
12	15.50	2158.70
13	17.00	2061.30
14	18.00	2053.50
15	19.00	1708.30
16	21.50	1753.70
17	22.00	1765.30
18	23.75	1678.15
19	24.00	1784.70
20	25.00	1779.80

a) 경과시간 – 접착력의 산포도를 그리고, 두 변량에 대해 단순 선형회귀 모형을 적용하는 것이 가능한지를 확인하라.

b) 경과시간을 회귀변수 x, 접착력을 반응변수 Y로 하여 단순 선형회귀식을 추정하라.

c) 단순 선형회귀에 대한 유의성 검정을 유의수준 $\alpha = 0.01$에서 수행하고, 검정의 $P-$값을 구하라. 또한, 결정계수 R^2을 구하라.

d) 오차분산의 추정치 $\hat{\sigma}^2$과 회귀계수의 추정치 $\hat{\beta}_0$와 $\hat{\beta}_1$의 표준오차를 구하라.

e) 가설 $H_0 : \beta_1 = -30$, $H_1 : \beta_1 \neq 30$을 유의수준 $\alpha = 0.01$에서 검정하고, 검정의$P-$값을 구하라.

f) 가설 $H_0 : \beta_0 = 2500$, $H_1 : \beta_1 > 2500$을 유의수준 $\alpha = 0.01$에서 검정하고, 검정의 P-값을 구하라.

g) 기울기 β_1과 절편 β_0의 95% 신뢰구간을 구하라.

h) 경과시간 $x = 20$주일 때의 접착력 Y의 평균치 $\mu_{Y|X=20.0}$의 95% 신뢰구간을 구하라.

i) 경과시간 $x = 20$주일 때의 접착력 Y의 $Y_{X=20.0}$의 95% 예측구간을 구하라.

j) 잔차 e_i의 정규확률도(normal probability plot)를 그려라.

11 중회귀분석 (Multiple Linear Regression)

Industrial statistics

11.1 중회귀모형(Multiple Linear Regression Model)

이제까지 우리는 회귀변수가 하나뿐인 단순 선형회귀 모형에 대해서 알아보았다. 그러나 회귀분석의 실제 응용에서 하나의 회귀변수만으로 반응변수의 변화를 설명하기에는 충분하지 못한 경우가 많다. 중회귀모형은 두 개 이상의 회귀변수를 갖는 회귀모형이다. 단 하나의 회귀변수보다는 여러 개의 회귀변수를 사용하여 반응변수의 변화를 설명하는 것이 더 효과적이므로 회귀분석의 응용에서 중회귀모형이 많이 사용되고 있다. 중회귀모형은 단순 회귀모형에서 회귀변수를 두 개 이상으로 확장한 것으로 기본적인 개념과 분석 방법은 단순 회귀모형과 동일하다고 볼 수 있다.

회귀변수가 k개인 중회귀모형의 일반 형태는 다음과 같다.

$$Y = \beta_0 + \beta_1 x_1 + \beta_2 x_2 + \ldots + \beta_k x_k + \epsilon \quad (11\text{-}1.1)$$

여기서, $\beta_0, \beta_1, \beta_2, \ldots, \beta_k$는 회귀계수이다. 절편 β_0는 k개의 회귀변수 $x_1, x_2, \ldots, x_k$가 모두 0일 때 Y의 평균값이며, β_i는 i-번째 회귀변수 x_i가 한 단위 변할 때의 Y의 평균 변화량으로 해석 된다. Y의 확률적 변동을 나타내는 오차항 ϵ는 단순 회귀모형에서와 마찬가지로 평균 0, 분산 σ^2의 임의 확률분포에 따르는 것으로 가정한다.

어떤 회귀변수에 대해 고차의 항을 갖는 경우도 (11-1.1)의 중회귀모형에 포함된다. 예로서 두 개의 회귀변수를 갖는 다음의 모형을 생각하여 보자.

$$Y = \beta_0 + \beta_1 x_1 + \beta_2 x_2 + \beta_{11} x_1^2 + \beta_{22} x_2^2 + \beta_{12} x_1 x_2 + \epsilon \tag{11-1.2}$$

(11-1.2)와 같은 형태의 회귀모형을 보통 다항 회귀모형(polynomial regression model)이라고 부른다. 여기서 $x_1^2 = x_3$, $x_2^2 = x_4$, $x_1 x_2 = x_5$, 그리고 $\beta_{11} = \beta_3$, $\beta_{22} = \beta_4$, $\beta_{12} = \beta_5$로 놓으면 (11-1.2)는 다음과 같이 (11-1.1)의 중회귀모형의 일반 형태로 나타낼 수 있다.

$$Y = \beta_0 + \beta_1 x_1 + \beta_2 x_2 + \beta_3 x_3 + \beta_4 x_4 + \beta_5 x_5 + \epsilon \tag{11-1.3}$$

이와 같이 회귀변수(x)들이 비선형으로 결합되더라도 회귀계수(β)들이 선형적으로 결합되어 있으면 이 모형은 선형회귀 모형이 되는 것이다. 일반적으로 회귀계수(β)에 대해 선형인 모형을 선형회귀모형(linear regression model)이라고 한다. 우리가 다루는 대부분의 회귀모형은 선형회귀모형이므로 보통 "선형"을 생략하고 "단순회귀모형" 혹은 "중회귀모형"이라고 부른다.

11.1.1 회귀계수의 최소제곱 추정

식 (11-1.1)의 중회귀모형에 대해 최소제곱추정법을 이용하여 회귀계수들을 추정하여 보자. 실험 혹은 조사를 통하여 [표 11-1.1]과 같이 $n(>k)$개의 관측치가 얻어졌다고 하자.

[표 11-1.1] 중회귀분석의 표본자료

관측 번호	반응변수(y)	회귀변수			
		x_1	x_2	…	x_k
1	y_1	x_{11}	x_{12}	…	x_{1k}
2	y_2	x_{21}	x_{22}	…	x_{2k}
…	…	…	…	…	…
n	y_n	x_{n1}	x_{n2}	…	x_{nk}

각 관측 $(y_i, x_{i1}, x_{i2}, ..., x_{ik})$, $i = 1, 2, ..., n$은 식 (11-1.1)을 만족해야 한다. 즉,

$$\begin{aligned} y_i &= \beta_0 + \beta_1 x_{i1} + \beta_2 x_{i2} + ... + \beta_k x_{ik} + \epsilon_i \\ &= \beta_0 + \sum_{j=1}^{n} \beta_j x_{ij} + \epsilon_i, \ \ i = 1, 2, ..., n \end{aligned} \tag{11-1.4}$$

오차항의 제곱합은

$$L = \sum_{i=1}^{n} \epsilon_i^2 = \sum_{i=1}^{n} \left(y_i - \beta_0 - \sum_{i=1}^{k} \beta_j x_{ij} \right)^2 \quad \text{(11-1.5)}$$

단순회귀의 경우와 마찬가지로 오차 제곱합 L 을 최소화하는 회귀계수의 최소제곱 추정량(least square estimator)을 구하고자 한다. 회귀계수 β_0, β_1, β_2, ..., β_k의 최소제곱 추정량 $\hat{\beta}_0$, $\hat{\beta}_1$, $\hat{\beta}_2$, ..., $\hat{\beta}_k$은 다음을 만족해야 한다.

$$\frac{\partial L}{\partial \beta_0} |_{\hat{\beta}_0, \hat{\beta}_1, ..., \hat{\beta}_k} =-2 \sum_{i=1}^{n} \left(y_i - \hat{\beta}_0 - \sum_{j=1}^{k} \hat{\beta}_j x_{ij} \right) = 0 \quad \text{(11-1.6a)}$$

$$\frac{\partial L}{\partial \beta_j} |_{\hat{\beta}_0, \hat{\beta}_1, ..., \hat{\beta}_k} =-2 \sum_{i=1}^{n} \left(y_i - \hat{\beta}_0 - \sum_{j=1}^{k} \hat{\beta}_j x_{ij} \right) x_{ij} = 0,\ j = 1,\ 2,\ ...,\ k \quad \text{(11-1.6b)}$$

식 (11-1.6)을 정리하면 다음과 같은 최소제곱 정규방정식(least square normal equation)을 얻는다.

$$n\hat{\beta}_0 + \hat{\beta}_1 \sum_{i=1}^{n} x_{i1} + \hat{\beta}_2 \sum_{i=1}^{n} x_{i2} + ... + \hat{\beta}_k \sum_{i=1}^{n} x_{ik} = \sum_{i=1}^{n} y_i \quad \text{(11-1.7)}$$

$$\hat{\beta}_0 \sum_{i=1}^{n} x_{i1} + \hat{\beta}_1 \sum_{i=1}^{n} x_{i1}^2 + \hat{\beta}_2 \sum_{i=1}^{n} x_{i1} x_{i2} + ... + \hat{\beta}_k \sum_{i=1}^{n} x_{i1} x_{ik} = \sum_{i=1}^{n} x_{i1} y_i$$

$$\cdots\cdots\cdots\cdots\cdots\cdots\cdots\cdots\cdots\cdots\cdots\cdots$$

$$\hat{\beta}_0 \sum_{i=1}^{n} x_{ik} + \hat{\beta}_1 \sum_{i=1}^{n} x_{ik} x_{i1} + \hat{\beta}_2 \sum_{i=1}^{n} x_{ik} x_{i2} + ... + \hat{\beta}_k \sum_{i=1}^{n} x_{ik}^2 = \sum_{i=1}^{n} x_{ik} y_i$$

정규방정식 (11-1.7)은 $p = k+1$ 개의 식이 있는 연립방정식이다. 이들 p개의 식 각각은 p개의 미지의 회귀계수에 하나씩 대응되는 것이다. 정규방정식 (11-1.7)을 연립방정식의 해법에 따라 풀면 회귀계수의 최소제곱 추정량을 얻게 된다. 그런데 이들을 연립 방정식으로 표현하고 해를 구하는 것은 매우 번잡스럽다. 이런 번잡스러움을 피하기 위해 중회귀분석에서는 행렬을 이용하여 모형을 표현하고 해를 구하는 것이 일반적이다. 식 (11-1.4)를 행렬로 표현하면

$$Y = X\beta + \epsilon \quad \text{(11-1.8)}$$

이다. 여기서,

$$Y=\begin{pmatrix} y_1 \\ y_2 \\ \vdots \\ y_n \end{pmatrix},\ X=\begin{pmatrix} 1 & x_{11} & x_{12} & \dots & x_{1k} \\ 1 & x_{21} & x_{22} & \dots & x_{2k} \\ \vdots & \vdots & \vdots & \vdots & \vdots \\ 1 & x_{n1} & x_{n2} & \dots & x_{nk} \end{pmatrix},\ \beta=\begin{pmatrix} \beta_0 \\ \beta_1 \\ \vdots \\ \beta_k \end{pmatrix},\ \epsilon=\begin{pmatrix} \epsilon_1 \\ \epsilon_2 \\ \vdots \\ \epsilon_n \end{pmatrix}$$

일반적으로, y는 $(n\times 1)$ 열벡터, X는 $(n\times p)$ 행렬, β는 $(p\times 1)$ 열벡터, 그리고 ϵ는 $(n\times 1)$ 열벡터 이다. 식 (11-1.5)를 행렬로 표시하면

$$L=\sum_{i=1}^{n}\epsilon_i^2=\epsilon'\epsilon=(Y-X\beta)'(Y-X\beta)$$

이 되고, 식 (11-1.6)은 $\frac{\partial L}{\partial \beta_0}|_{\hat{\beta}}=0$이다. 따라서 (11-1.7)의 정규방정식은

$$X'X\hat{\beta}=X'Y \tag{11-1.9}$$

로 된다. 정규방정식 (11-1.9)의 양변에 $(X'X)$의 역행렬 $(X'X)^{-1}$를 곱하여 최소제곱추정량을 얻게 된다. $(X'X)^{-1}$이 존재할 때 β의 최소제곱추정량은

$$\hat{\beta}=\begin{pmatrix} \hat{\beta}_0 \\ \hat{\beta}_1 \\ \hat{\beta}_2 \\ \vdots \\ \hat{\beta}_k \end{pmatrix}=(X'X)^{-1}X'Y \tag{11-1.10}$$

이 된다. (11-1.10)의 $\hat{\beta}$에 의해 추정회귀모형은

$$\hat{Y}=\hat{\beta}_0+\sum_{j=1}^{k}\hat{\beta}_j x_j=X\hat{\beta}=X(X'X)^{-1}X'Y \tag{11-1.11}$$

이 된다.

관측치 y_i와 추정치 $\hat{y}_i$ 간의 차이인 잔차 $e_i=y_i-\hat{y}_i$, $i=1, 2, \dots, n$를 행렬로 표시하면 다음과 같은 $(n\times 1)$ 열벡터가 된다.

$$e=\begin{pmatrix} e_1 \\ e_2 \\ \vdots \\ e_n \end{pmatrix}=Y-\hat{Y} \tag{11-1.12}$$

잔차는 모형의 오차항의 추정치로서 가정된 모형의 타당성을 검증하는데 유용하게 이용된다.

예제 11.1.1

공항에서 항공기의 연료 급유에 사용되는 이동식 급유기의 유용성 평가 작업의 일환으로 급유량 (x_1), 급유기의 이동거리(x_2), 그리고 급유 소요시간(y)에 대한 조사 자료가 [표 11-1.2]와 같다. 이 자료로부터 다음의 중회귀모형을 적합시켜 보자.

풀이 회귀분석을 수행하고자 한다. 이들 세 변수에 대한 조사자료는 [표 11-1.2]와 같다. 급유 소요시간(y)를 반응변수로 하고 급유량(x_1) 과 이동거리(x_2)를 회귀변수로 하여 적용된 중회귀모형은 다음과 같다.

$$Y=\beta_0+\beta_1 x_1+\beta_2 x_2+\epsilon$$

[표 11-1.2] 항공유 이동식 급유기 자료

관측 번호	급유량 (x_1)	이동거리 (x_2)	급유 시간(y)	관측 번호	급유량 (x_1)	이동거리 (x_2)	급유 시간(y)
1	20	50.0	9.95	14	20	180.0	11.66
2	80	110.0	24.45	15	40	205.0	21.65
3	110	120.0	31.75	16	40	80.0	17.89
4	100	156.0	35.00	17	208	260.0	69.00
5	80	98.0	25.02	18	10	58.5	10.30
6	40	180.0	16.86	19	100	140.0	34.93
7	20	105.0	14.38	20	150	200.0	46.59
8	20	52.0	9.60	21	150	198.0	44.88
9	90	87.0	24.35	22	160	235.0	54.12
10	80	100.0	27.50	23	170	230.0	56.63
11	40	212.0	17.08	24	60	100.0	22.13
12	110	200.0	37.00	25	50	112.0	21.15
13	120	220.0	41.95				

위 자료로부터

$$X'X=\begin{pmatrix} 25.0 & 2068.0 & 3688.5 \\ 2068.0 & 242864 & 361155 \\ 3688.5 & 361155 & 641302 \end{pmatrix}$$

$$(X'X)^{-1}=\begin{pmatrix} 0.264330 & 0.0000617 & -0.0015550 \\ 0.0000617 & 0.0000253 & -0.0000146 \\ -0.0015550 & -0.0000146 & 0.0000187 \end{pmatrix}$$

$X'Y=\begin{pmatrix} 726 \\ 80637 \\ 125001 \end{pmatrix}$이므로, 회귀계수의 최소제곱 추정치를 다음과 같이 얻게 된다.

$$\hat{\beta}=\begin{pmatrix}\hat{\beta}_0\\ \hat{\beta}_1\\ \hat{\beta}_2\end{pmatrix}=(X'X)^{-1}X'Y=\begin{pmatrix}2.44616\\ 0.25999\\ 0.03443\end{pmatrix}$$

따라서, 추정 회귀식은 $\hat{y}=2.446+0.260x_1+0.034x_2$이 된다. ■

이 추정 회귀식을 이용하여 여러가지 값의 급유량(x_1)과 이동거리(x_2)에 대한 급유시간(y)을 예측할 수 있을 것이다. 예로서 표본자료의 세 번째 관측에 해당되는 급유량 110, 이동거리 120일 때의 급유 소요시간은

$$\hat{y}_3=2.446+(0.26)(110)+(0.034)(120)=35.16$$

로 예측 된다. 이에 대응되는 실제 관측치는 $y_3=31.75$이므로, 이 때의 잔차는

$e_3=y_3-\hat{y}_3=31.75-35.16=-3.41$이다.

[오차분산 σ^2의 추정]

앞에서 소개한 중회귀모형의 일반 형태 (11-1.1)에서 반응변수 Y의 확률적 변동을 나타내는 오차항 ϵ가 단순회귀모형에서와 마찬가지로 평균 0, 분산 σ^2의 임의 확률분포에 따르는 것으로 가정하였다. 또한, 단순회귀모형에서 오차 분산 σ^2의 추정치는 (10-2.11)에서 알 수 있듯이 잔차 제곱합 SS_E를 그의 자유도 $n-2$로 나누어서 얻었다. 중회귀모형의 오차 분산 σ^2의 추정도 단순회귀모형과 동일하다. 다만, 단순회귀모형에서는 n개의 표본자료로부터 추정해야 하는 미지의 회귀계수가 β_0, β_1 두 개뿐이므로 SS_E의 자유도가 $n-2$가 되었지만, 중회귀모형에서는 표본자료로부터 추정해야 하는 미지의 회귀계수가 $\beta_0, \beta_1, \beta_2, \ldots, \beta_k$로서 $p=k+1$개 이므로 잔차 제곱합 SSE의 자유도가 $n-p$가 된다. 따라서, 중회귀모형의 오차 분산 σ^2의 추정치는

$$\hat{\sigma}^2=\frac{\sum_{i=1}^{n}\epsilon_i^2}{n-p}=\frac{SS_E}{n-p}=MS_E \tag{11-1.12}$$

이다. 단순회귀모형에서와 마찬가지로 (11-1.12)는 오차 분산 σ^2의 불편 추정량 이다. 일반적으로 회귀모형의 분산분석으로부터 오차분산 σ^2의 추정치를 얻게 된다.

11.1.2 최소제곱 추정량의 성질

단순회귀모형에서와 마찬가지로 오차항 $\epsilon_1, \epsilon_2, \ldots, \epsilon_n$는 통계적으로 독립이며 평균 0, 분산 σ^2의 임의의 확률분포에 따른다는 가정 아래 회귀계수 $\beta_0, \beta_1, \beta_2, \ldots, \beta_k$의 최소제곱 추정량 $\hat{\beta}_0, \hat{\beta}_1, \hat{\beta}_2, \ldots, \hat{\beta}_k$의 통계적 성질에 대해 알아보자. 먼저 최소제곱 추정량 $\hat{\beta}_0, \hat{\beta}_1, \hat{\beta}_2, \ldots, \hat{\beta}_k$은 회귀계수 $\beta_0, \beta_1, \beta_2, \ldots, \beta_k$의 불편 추정량이다. 즉,

$$\begin{aligned} E(\hat{\beta}) &= E[(X'X)^{-1}X'Y] \qquad \text{(11-1.13)} \\ &= E[(X'X)^{-1}X'(X\beta+\epsilon)] \\ &= E[(X'X)^{-1}X'X\beta] + E[(X'X)^{-1}X\epsilon] \\ &= \beta \end{aligned}$$

여기서, $(X'X)^{-1}X'X = 1$이고 $E(\epsilon)=0$이다.

이번에는 $\hat{\beta} = (\hat{\beta}_0, \hat{\beta}_1, \hat{\beta}_2, \ldots, \hat{\beta}_k)^T$의 분산에 대해 생각하여 보자.

$$V(\hat{\beta}) = E[(\hat{\beta}-\beta)'(\hat{\beta}-\beta)]$$

$$= \begin{pmatrix} V(\hat{\beta}_0) & Cov(\hat{\beta}_0, \hat{\beta}_1) & \ldots & Cov(\hat{\beta}_0, \hat{\beta}_k) \\ Cov(\hat{\beta}_1, \hat{\beta}_0) & V(\hat{\beta}_1) & \ldots & Cov(\hat{\beta}_1, \hat{\beta}_k) \\ \vdots & \vdots & \vdots & \vdots \\ Cov(\hat{\beta}_k, \hat{\beta}_0) & Cov(\hat{\beta}_k, \hat{\beta}_1) & \ldots & V(\hat{\beta}_k) \end{pmatrix} \qquad \text{(11-1.14)}$$

(11-1.14)는 (p×p) 대칭행렬로서 주대각선 요소들은 $\hat{\beta}_0, \hat{\beta}_1, \hat{\beta}_2, \ldots, \hat{\beta}_k$의 분산을 나타내고, 나머지 부분은 이들의 공분산을 나타내므로 (11-1.14)를 $\hat{\beta} = (\hat{\beta}_0, \hat{\beta}_1, \hat{\beta}_2, \ldots, \hat{\beta}_k)^T$의 분산-공분산 행렬(variance-covariance matrix)이라고 부른다. (10-1.14)에 $\hat{\beta} = (X'X)^{-1}X'Y$를 대입하면 (11-1.14)의 분산-공분산 행렬은 다음과 같이 된다.

$$\begin{aligned} V(\hat{\beta}) &= V[(X'X)^{-1}X'Y] \\ &= [(X'X)^{-1}X']\,V(Y)\,[(X'X)^{-1}X']' \\ &= \sigma^2(X'X)^{-1} \end{aligned}$$

$$= \sigma^2 \begin{pmatrix} c_{00} & c_{01} & c_{02} & \dots & c_{0k} \\ c_{10} & c_{11} & c_{12} & \dots & c_{1k} \\ \vdots & \vdots & \vdots & \vdots & \vdots \\ c_{k0} & c_{k1} & c_{k2} & \dots & c_{kk} \end{pmatrix} \tag{11-1.15}$$

여기서, $V(Y) = V(X\beta + \epsilon) = V(\epsilon) = \sigma^2 I$이다. 또한, $(X'X)^{-1}$는 $(p \times p)$의 대칭행렬이 되어 $\hat{\beta} = (\hat{\beta}_0, \hat{\beta}_1, \hat{\beta}_2, \dots, \hat{\beta}_k)^T$의 분산과 공분산은 다음과 같이 구해지게 된다.

$$V(\hat{\beta}_j) = \sigma^2 c_{jj}, \ j = 0, 1, 2, \dots, k \tag{11-1.16}$$

$$Cov(\hat{\beta}_i, \hat{\beta}_j) = \sigma^2 c_{ij}, \ i \neq j \tag{11-1.17}$$

예제 11.1.2

앞의 [예제 11.1.1]의 이동급유기 문제에서 추정회귀계수의 분산-공분산 행렬을 구해보자.

풀이 $(X'X)^{-1} = \begin{pmatrix} 0.264330 & 0.0000617 & -0.0015550 \\ 0.0000617 & 0.0000253 & -0.0000146 \\ -0.0015550 & -0.0000146 & 0.0000187 \end{pmatrix}$

$$V(\hat{\beta}) = \sigma^2 \begin{pmatrix} 0.264330 & 0.0000617 & -0.0015550 \\ 0.0000617 & 0.0000253 & -0.0000146 \\ -0.0015550 & -0.0000146 & 0.0000187 \end{pmatrix}$$

$$\Rightarrow \quad \hat{V}(\hat{\beta}) = MS_E \begin{pmatrix} 0.264330 & 0.0000617 & -0.0015550 \\ 0.0000617 & 0.0000253 & -0.0000146 \\ -0.0015550 & -0.0000146 & 0.0000187 \end{pmatrix}$$

$$= (6.10) \begin{pmatrix} 0.264330 & 0.0000617 & -0.0015550 \\ 0.0000617 & 0.0000253 & -0.0000146 \\ -0.0015550 & -0.0000146 & 0.0000187 \end{pmatrix}$$

$$\Rightarrow \quad \begin{aligned} \hat{V}(\hat{\beta}_0) &= (6.10)(0.2643300) = 1.6124130 \\ \hat{V}(\hat{\beta}_1) &= (6.10)(0.0000253) = 0.0001543 \\ \hat{V}(\hat{\beta}_2) &= (6.10)(0.0000187) = 0.0001141 \end{aligned}$$

■

11.2 중회귀모형에 대한 추론

일반적으로 모형에 대한 전반적인 추정과 검정을 통틀어 모형에 대한 추론이라 한다. 앞 절에서 회귀계수에 대한 최소제곱 추정에 대해서는 이미 설명하였으므로 여기서는 중회귀모형 및 회귀계수에 대한 검정과 신뢰구간 추정에 대해서 알아보기로 한다. 앞서 9장의 단순회귀모형에 대한 추론에서와 마찬가지로 중회귀모형에 대한 추론을 수행하기 위해서는 오차항에 대한 정규분포 가정이 필요하다. 즉, 이제부터는 $\epsilon_i \sim NID(0, \sigma^2)$ 으로 가정한다.

11.2.1 회귀에 관한 유의성 검정

회귀에 관한 유의성 검정이란 반응변수 y와 회귀변수 $x_1, x_2, ..., x_k$간에 (11-1.1)의 중회귀모형

$$Y = \beta_0 + \beta_1 x_1 + \beta_2 x_2 + ... + \beta_k x_k + \epsilon$$

을 적용하는 것이 의미가 있는가를 확인하여 보는 것이다. 이에 대한 가설은

$$H_0 : \beta_1 = \beta_2 = ... = \beta_k = 0$$

H_1 : 적어도 하나의 j에 대해서 $\beta_j \neq 0$ **(11-2.1)**

이다. 귀무가설 H_0를 기각하게 되면 회귀변수 $x_1, x_2, ..., x_k$ 중 적어도 하나는 (11-1.1)의 모형에서 유의한 역할을 한다는 의미이고 따라서 모형이 유의함을 뜻한다. 가설 (11-2.1)의 검정은 단순회귀의 경우와 마찬가지로 분산분석의 $F-$검정에 의해서 수행된다. 즉, (11-1.1)의 중회귀모형을 [표 11-1.1]의 자료에 의해 적합하여 추정 회귀식

$$\hat{Y} = \hat{\beta}_0 + \hat{\beta}_1 x_1 + \hat{\beta}_2 x_2 + ... + \hat{\beta}_k x_k$$

을 얻었을 때, 총 제곱합 SS_T는 회귀에 의한 제곱합 SS_R과 오차 제곱합 SS_E로 분할된다.

$$SS_T = SS_R + SS_E \qquad \textbf{(11-2.2)}$$

여기서, $SS_T = \sum_{i=1}^{n}(y_i - \bar{y})^2$의 자유도 $df_T = n-1$, $SS_R = \sum_{i=1}^{n}(\hat{y}_i - \bar{y})^2$은 자유도 $df_R = k$, 오차 제곱합 $SS_E = \sum_{i=1}^{n}(y_i - \hat{y})^2$의 자유도는 $df_E = n-p = n-k-1$이 된다. 또한,

$$df_T = df_R + df_E \qquad \textbf{(11-2.3)}$$

이 성립된다. $H_0 : \beta_1 = \beta_2 = ... = \beta_k = 0$이 진실일 때, [정리 10-3.1]에 의해 $\frac{SS_R}{\sigma^2} \sim x_k^2$이고 $\frac{SS_E}{\sigma^2} \sim x_{n-p}^2$이며 이들은 서로 독립이 된다. 따라서 가설 (11-2.1)의 검정통계량은

$$F_0 = \frac{SS_R/k}{SS_E/(n-p)} = \frac{MS_R}{MS_E} \tag{11-2.4}$$

이다. 귀무가설 $H_0: \beta_1 = \beta_2 = \ldots = \beta_k = 0$이 진실일 때 (11-2.4)의 검정통계량은 $F(k,\ n-p)$의 분포에 따르게 되며, $f_0 < f_{\alpha:k,\ n-p}$이면 H_0를 기각하게 된다. 이제까지 설명한 회귀에 관한 유의성 검정 절차를 요약하여 [표 11-2.1]과 같은 분산분석표로 나타내는 것이 일반적이다.

[표 11-2.1] 중회귀모형의 분산분석표

요 인	제곱합	자유도	평균제곱합	$F-$값	$P-$값
모형	SSR	k	MS_R	$f_0 = MS_R/MS_E$	$P(F_{k,\ n-p} > f_0)$
오차	SSE	$n-p$	MS_E		
전체	SST	$n-1$			

여기서, k는 독립변수의 개수이고 p는 회귀계수의 개수이다. 따라서, $p=k+1$이 된다.

회귀분석은 컴퓨터에 의해 수행되는 것이 일반적이지만 때로는 수작업으로 제곱합을 계산하게 되는 경우도 있으므로, 여기서 제곱합의 간편 계산식에 대해 알아보자.

먼저 $SS_R = \sum_{i=1}^{n}(\hat{y}_i - \bar{y})^2 = \sum_{i=1}^{n}\epsilon_i^2 = \epsilon'\epsilon$에서 $\epsilon = Y - \hat{Y} = Y - X\hat{\beta}$이므로

$$SS_E = Y'Y - \hat{\beta}'X'Y \tag{11-2.5}$$

이 된다. 또한, $SS_T = \sum_{i=1}^{n}(y_i - \bar{y})^2 = \sum_{i=1}^{n}y_i^2 - \frac{\left(\sum_{i=1}^{n}y_i\right)^2}{n} = Y'Y - \frac{\left(\sum_{i=1}^{n}y_i\right)^2}{n}$이고,

$SS_R = SS_T - SS_E$에서

$$SS_R = \hat{\beta}'X'Y - \frac{\left(\sum_{i=1}^{n}y_i\right)^2}{n} \tag{11-2.6}$$

[결정계수 R^2와 수정 결정계수 R^2_{adj}]

추정 회귀식의 적합성을 평가하는 측도로서 단순회귀에서와 마찬가지로 결정계수 R^2을 정의할 수 있다.

$$R^2 = \frac{SS_R}{SS_T} = 1 - \frac{SS_R}{SS_T} \tag{11-2.7}$$

R^2은 $0 \sim 1$ 사이의 값을 갖는다. R^2의 값이 1에 가까울수록 추정 회귀식의 적합도가 높음(추정회귀식이 관측값들을 잘 설명함)을 뜻하며, 0에 가까울수록 적합도가 낮음을 의미한다. 그러나 회귀변수가 모형에 추가됨에 따라 R^2의 값은 증가(최소한 감소하지는 않음)하게 되어 있다. 따라서 R^2의 값이 크다고 무조건 추정 회귀식의 적합성이 높다고 판단하는 데는 문제가 있다. 이러한 모순의 해결책으로 회귀변수의 수의 증가에 따른 R^2의 값의 증가를 자유도를 고려하여 조정하여 주는 수정 결정계수 R^2_{adj}가 많이 이용된다.

$$R^2 = 1 - \frac{SS_E/(n-p)}{SS_T/(n-p)} \tag{11-2.8}$$

단순회귀분석에서는 R^2이 이용되지만, 중회귀분석에서는 R^2_{adj}를 주로 이용하게 된다.

예제 11.2.1

[예제 11.1.1]의 급유기 자료에 대해서 회귀모형의 유의성 검정을 수행하여 보자.

풀이 [표 11-1.2]의 자료로부터 얻어진 추정 회귀식은

$$\hat{y} = 2.446 + 0.260x_1 + 0.034x_2$$

이고, 분산분석표는 [표 11-2.2]와 같다.

[표 11-2.2] 급유기 자료의 분산분석표

요 인	제곱합	자유도	평균제곱합	F−값	P−값
모형	5971.8	2	2985.9	$f_0 = 489.86$	0.000
오차	134.1	22	6.1		
전체	6105.9	24			

이 회귀모형의 유의성 검정을 위한 가설은

$H_0 : \beta_1 = \beta_2 = 0$, $H_1 : \beta_1$과 β_2중 적어도 하나는 0이 아니다.

검정통계량 $F_0 = \frac{MS_R}{MS_E} = \frac{2985.9}{6.1} = 489.86 > F_{0.05:2,22} = 3.44$이므로 유의수준 0.05에서 회귀의 유의성이 없다는 귀무가설 $H_0 : \beta_1 = \beta_2 = 0$를 기각할 수 있다. 따라서 추정된 회귀모형

$\hat{y} = 2.446 + 0.260x_1 + 0.034x_2$은 유의수준 0.05에서 유의한 모형이라고 할 수 있다. ■

한편, 오차분산의 추정치 $\hat{\sigma}^2 = MS_E = 6.1$이며, 결정계수 $R^2 = \frac{SS_R}{SS_T} = \frac{5971.8}{6105.9} = 0.978$로서 이는 반응변수 y의 총 변동 중 97.8%가 추정 회귀식에 의해 설명됨을 의미한다.

11.2.2 개별 회귀계수에 대한 검정

이번에는 모형에 포함되어 있는 회귀변수들 각각이 모형에서 유의한 역할을 하는지를 확인하는 회귀계수 각각에 대한 개별적인 유의성 검정문제를 알아보자. 회귀계수 β_j의 유의성 검정을 위한 가설은

$$H_0 : \beta_j = 0,\ H_1 : \beta_j \neq 0$$

이다. 가설검정 결과 귀무가설 $H_0 : \beta_j = 0$이 기각되지 않는다면 회귀변수 x_j는 모형에서 필요 없는 즉, 유의하지 않은 변수라는 의미가 된다.

앞의 (11-1.13)과 (11-1.16)식, 그리고 $\epsilon_i \sim NID(0,\ \sigma^2)$의 가정으로부터 $\beta_j \sim N(\beta_j,\ c_{ij}\sigma^2)$이므로, 가설 (11-2.9)에 대한 검정통계량은 다음과 같이 됨을 쉽게 알 수 있다.

$$T_0 = \frac{\hat{\beta}_j}{\sqrt{c_{jj} MS_E}} \tag{11-2.10}$$

여기서, c_{jj}는 행렬 $(X'X)^{-1}$의 주대각선에서 β_j에 대응되는 요소이며, 검정통계량(11-2.10)의 분모 $\sqrt{c_{jj} MS_E}$는 β_j의 표준오차라는 사실에 유의하기 바란다. 가설 (11-2.9)의 기각역은 $|t_0| > t_{\alpha/2 : n-p}$이다. 이 검정절차를 흔히 β_j에 대한 부분 t-검정(partial t-test)이라고 부르는데, 그 이유는 모형에 포함되어 있는 나머지 다른 회귀변수($x_i,\ i \neq j$)들이 어떠한 것들이냐에 따라 β_j에 대한 검정결과가 달라질 수 있기 때문이다.

예제 11.2.2

[예제 11.1.1]의 급유기 자료에서 급유량 x_1에 대한 회귀계수 β_1의 유의성 검정을 유의수준 $\alpha = 0.05$에서 수행하여 보자.

풀이 $H_0 : \beta_1 = 0,\ H_1 : \beta_1 \neq 0$

$(X'X)^{-1} = \begin{pmatrix} 0.264330 & 0.0000617 & -0.0015550 \\ 0.0000617 & 0.0000253 & -0.0000146 \\ -0.0015550 & -0.0000146 & 0.0000187 \end{pmatrix}$ 에서 β_1에 대응되는 주대각선 요소

$c_{11} = 0.0000253$ 이고 $MS_E = 6.1,\ \hat{\beta}_1 = 0.26$ 이므로

$$T_0 \frac{\hat{\beta}_j}{\sqrt{c_{ij} MS_E}} = \frac{0.26}{\sqrt{(0.0000253)(6.1)}} = 20.92$$

이고, $|\ t_0\ | > t_{0.025\,:\,22} = 2.074$ 이므로 $H_0 : \beta_1 = 0$는 기각된다. 즉, 유의수준 $\alpha = 0.05$에서 급유량 x_1은 모형에서 유의한 역할을 한다고 할 수 있다. 또한 검정의 $P-$값 $= 2P(T_{22} > 20.92) = 0.00000$으로 유의수준 $\alpha = 0.05$에서 귀무가설 $H_0 : \beta_1 = 0$ 이 기각됨을 알 수 있다. ■

앞에서 언급한 바와 같이 이 검정은 x_2가 모형에 포함되어 있을 때 x_1의 유의성을 확인하는 부분 $t-$검정임에 유의하기 바란다. 즉, 이 검정 결과는 x_2가 이미 모형에 포함되어 있을 때 x_1를 모형에 추가하면 모형의 설명력이 더욱 향상될 수 있음을 의미한다.

[회귀계수의 유의성에 관한 부분 $F-$검정]

개별 회귀계수의 유의성 대한 $t-$검정은 $F-$검정에 의해서 수행될 수도 있다. 이 $F-$검정을 흔히 부분 $F-$검정(partial $F-$test) 혹은 추가제곱합 방법(extra sum of square method)라고 부르는데, 모형에 새로운 변수 x_j를 추가함으로써 얻어지는 모형의 설명력 즉, SS_R이 얼마나 더 증가하는가를 측정하여 β_j의 유의성을 검정하는 것이다. 이 부분 $F-$검정은 관심이 있는 여러 개의 회귀계수들을 하나의 집합으로 묶어 한꺼번에 유의성 검정을 수행할 수 있는 이점이 있다. k개의 회귀변수를 갖는 회귀모형을 생각하여 보자.

$$y = X\beta + \epsilon \tag{11-2.11}$$

여기서, y는 $(n \times 1)$, X는 $(n \times p)$, β는 $(p \times 1)$, ϵ는 $(n \times 1)$ 행렬이고, $p = k + 1$이다. 회귀모형 (11-2.11)의 k개의 회귀변수들 중 일부인 r개의 회귀변수 $x_1,\ x_2,\ \ldots,\ x_r$이 모형에서 유의한 역할을 하는지 즉, 회귀변수 $x_1,\ x_2,\ \ldots,\ x_r$에 대응되는 회귀계수 $\beta_1,\ \beta_2,\ \ldots,\ \beta_r$의 값이 모두 0인지 아닌지를 검정하는 것이 부분 $F-$검정이다.

회귀모형 (11-2.11)의 회귀계수 벡터 $\boldsymbol{\beta} = (\beta_0,\ \beta_{r+1},\ \beta_{r+2},\ \ldots,\ \beta_k)^T$는 $\boldsymbol{\beta}_1 = (\beta_1,\ \beta_2,\ \ldots,\ \beta_r)^T$와 $\boldsymbol{\beta}_2 = (\beta_0,\ \beta_{r+1},\ \beta_{r+2},\ \ldots,\ \beta_k)^T$의 두 벡터로 분할될 수 있으며, $\boldsymbol{\beta}_1$에 대응되는 회귀변수 벡터는 $\boldsymbol{x}_1 = (x_1,\ x_2,\ \ldots,\ x_r)^T$이며 $\boldsymbol{\beta}_2$에 대응되는 회귀변수 벡터는 $\boldsymbol{x}_2 = (x_{r+1},\ x_{r+2},\ \ldots,\ x_k)^T$이다. 부분 $F-$검정에서 검정하고자 하는 가설은

$$H_0 : \boldsymbol{\beta}_1 = \mathbf{0},\ H_1 : \boldsymbol{\beta}_1 \neq \mathbf{0} \tag{11-2.12}$$

이다. 여기서, 0은 그 요소가 모두 0의 값이 되는 영 벡터이다. 부분 F-검정에서는 가설 (11-2.12)를 검정하기 위하여 k개의 회귀변수를 모두 포함하는 (11-2.11)의 회귀모형을 완전모형(full model)이라고 부르며, 유의성 검정 대상이 되는 회귀변수 $\boldsymbol{x}_1 = (x_1,\ x_2,\ \ldots,\ x_r)^T$을 제외하고 $\boldsymbol{x}_2 = (x_{r+1},\ x_{r+2},\ \ldots,\ x_k)^T$만을 포함하는 모형

$$y = \boldsymbol{x}_2\,\boldsymbol{\beta}_2 + \epsilon$$

을 축소모형(reduced model)이라고 정의한다. 완전모형은 축소모형보다 회귀변수를 r개 더 포함하고 있으므로 완전모형의 회귀제곱합 $SS_R(\boldsymbol{\beta})$은 축소모형의 회귀제곱합 $SS_R(\boldsymbol{\beta}_2)$ 보다 분명히 클 것이다(좀 더 정확히 표현한다면 작지는 않을 것이다). 따라서 부분 F-검정에서는 완전모형과 축소모형의 회귀제곱합의 차이 $SS_R(\boldsymbol{\beta}_1 \mid \boldsymbol{\beta}_2) = SS_R(\boldsymbol{\beta}) - SS_R(\boldsymbol{\beta}_2)$를 '축소모형에 새로운 회귀변수 $x_1,\ x_2,\ \ldots,\ x_r$을 추가하여 얻게 되는 추가제곱합(extra sum of square)'이라 정의하며, 이 추가제곱합이 충분히 크다면 새로운 회귀변수 $x_1,\ x_2,\ \ldots,\ x_r$은 모형의 설명력을 향상시키는 유의한 회귀변수라고 판단하여 가설 (11-2.12)의 귀무가설 H_0를 기각하게 되는 것이다. 완전모형은 k개의 회귀변수를 가지고 있으므로 회귀제곱합의 자유도 $df_R(full) = k$, 오차 제곱합의 자유도 $df_E(full) = n-p$이다. 또한, 축소모형은 $k-r$개의 회귀변수를 가지고 있으므로 그의 회귀제곱합의 자유도 $df_R(reduced) = k-r$이다. 따라서, 추가제곱합 $SS_R(\boldsymbol{\beta}_1 \mid \boldsymbol{\beta}_2)$의 자유도는 $k-(k-r) = r$이 된다. 가설 (11-2.12)의 검정통계량은 추가제곱합을 완전모형의 평균오차제곱으로 나눈 값으로 주어진다. 즉,

$$F_0 = \frac{SS_R(\boldsymbol{\beta}_1 \mid \boldsymbol{\beta}_2)/r}{MS_E} \tag{11-2.14}$$

이 검정통계량은 (11-2.12)의 귀무가설 $H_0 : \boldsymbol{\beta}_1 = \mathbf{0}$ 이 사실일 때 $F(r,\ n-p)$의 분포에 따르게 되며, 따라서 $F_0 > f_{\alpha : r,\, n-p}$이면 H_0를 기각하게 된다.

예제 11.2.3

앞의 [예제 11.1.1]의 이동급유기 문제에서 새로운 변수 $x_3 = x_1 x_2,\ x_4 = x_1^2,\ x_5 = x_2^2$를 모형에 추가하면 모형의 설명력이 증가하는지를 유의수준 0.05에서 검정하여 보자.

풀이 검정하고자 하는 가설은

$$H_0 : \beta_3 = \beta_4 = \beta_5 = 0,\ H_1 : \beta_3,\ \beta_4,\ \beta_5 \text{ 중 적어도 하나는 0이 아니다.}$$

이며, 완전모형은

$$y = \beta_0 + \beta_1 x_1 + \beta_2 x_2 + \beta_3 x_3 + \beta_4 x_4 + \beta_5 x_5 + \epsilon$$

이고, 축소모형은

$$y = \beta_0 + \beta_1 x_1 + \beta_2 x_2 + \epsilon$$

이다.
완전모형의 추정 회귀식은

$$y = 4.14 + 0.115x_1 + 0.095x_2 + 0.0012x_3 - 0.0004x_4 - 0.0004x_5$$

이고, 분산분석표는

요 인	제곱합	자유도	평균제곱합	$F-$값	$P-$값
모형	6044.5	5	1208.9	$f_0 = 374.02$	0.000
오차	61.4	19	3.2		
전체	6105.9	24			

이다. 또한, 축소모형의 추정 회귀식은 $\hat{y} = 2.446 + 0.260x_1 + 0.034x_2$이고, 분산분석표는

요 인	제곱합	자유도	평균제곱합	$F-$값	$P-$값
모형	5971.8	2	2985.9	$f_0 = 489.86$	0.000
오차	134.1	22	6.1		
전체	6105.9	24			

이다. 따라서, 추가제곱합

$$SS_R(\beta_3,\ \beta_4,\ \beta_5 \mid \beta_1,\ \beta_2) = SS_R(full) - SS_R(reduced) = 6044.5 - 5971.8 = 72.7$$

이고 그의 자유도는 5 - (5-3) = 3 이다. 검정통계량은

$$F_0 = \frac{SS_R(\beta_1 \mid \beta_2)/r}{MS_E} = \frac{72.7\ /\ 3}{3.2} = 7.573$$

$F_0 = 7.573$은 $f_{0.05:3,19} = 3.13$보다 크므로 $\alpha = 0.05$에서 H_0를 기각할 수 있다. 따라서, 우리는 x_3, x_4, 그리고 x_5의 비선형 항을 고려하는 것이 더 바람직한 모형이 될 수 있다는 결론을 내리게 된다. ■

11.2.3 개별 회귀계수에 대한 신뢰구간 추정

회귀계수 β_j에 대한 가설 검정의 경우와 마찬가지로 신뢰구간 추정에서도 오차항에 대하여 $\epsilon_i \sim NID(0,\ \sigma^2)$의 가정을 하여야 한다. 따라서, 관측치 Y_i는 서로 독립이며 평균 $\beta_0 + \sum_{j=1}^{k}\beta_j k_{ij}$, 분산 σ^2의 정규분포에 따르게 되고, 회귀계수의 최소제곱 추정량 $\hat{\beta}$도 평균 β, 분산-공분산 행렬 $\sigma^2(X^TX)^{-1}$의 정규분포에 따르게 된다. 따라서, 각각의 $\hat{\beta}_j, j=0,\ 1,\ 2,\ \ldots,\ k$에 대하여

$$\frac{\hat{\beta}_j - \beta_j}{\sqrt{c_{jj}\hat{\sigma}^2}} \sim t_{n-p} \qquad \text{(11-2.15)}$$

이 성립된다. 여기서, c_{jj}는 행렬 $(X^TX)^{-1}$의 주대각선에서 $\hat{\beta}_j$에 대응되는 요소이고 $\hat{\sigma}^2 = MS_E$이다. (11-2.15)로부터 $\hat{\beta}_j,\ j=0,\ 1,\ 2,\ \ldots,\ k$의 $100(1-\alpha)\%$ 신뢰구간은

$$\hat{\beta}_j \pm t_{\alpha/2:n-p}\sqrt{c_{jj}MS_E} \qquad \text{(11-2.16)}$$

이 된다.

예제 11.2.4

앞의 [예제 11.1.1]의 이동급유기 문제에서 x_1(급유량)에 대한 회귀계수 $\hat{\beta}_1 = 0.260$이고, $(XX)^{-1}$의 β_1에 대응되는 주대각선 요소 $c_{11} = 0.0000253$, $MS_E = 6.1$이므로, β_1의 95% 신뢰구간은

$$\hat{\beta}_1 \pm t_{0.025:22}\sqrt{c_{11}MS_E} = 0.26 \pm 2.074\sqrt{(0.0000253)(6.1)} = 0.26 \pm 0.0258$$ ■

11.2.4 평균 반응치에 대한 신뢰구간과 개별 관측치에 대한 예측구간

회귀변수의 주어진 값 $\boldsymbol{x}_0 = (1,\ x_{10},\ x_{20},\ \ldots,\ x_{k0})^T$에서의 평균 반응치 $\mu_{Y|x_0}$의 신뢰구간을 구하여 보자. $\mu_{Y|x_0} = E(Y\,|\,\boldsymbol{x} = \boldsymbol{x}_0) = \boldsymbol{x}_0^T\beta$이므로 그 추정치는 $\hat{\mu}_{Y|x_0} = \boldsymbol{x}_0^T\hat{\beta}$로서 이것은 불편 추정치이다 [즉, $E(\hat{\mu}_{Y|x_0}) = \boldsymbol{x}_0^T\beta = \mu_{Y|x_0}$]. 또한, 분산은

$$V(\hat{\mu}_{Y|x_0}) = \sigma^2\boldsymbol{x}_0^T(X^TX)^{-1}\boldsymbol{x}_0 \qquad \text{(11-2.17)}$$

이므로,

$$\frac{\hat{\mu}_{Y|x_0}-\mu_{Y|x_0}}{\sqrt{\hat{V}(\hat{\mu}_{Y|x_0})}}=\frac{\hat{\mu}_{Y|x_0}-\mu_{Y|x_0}}{\sqrt{MS_E x_0^T(X^TX)^{-1}x_0}}\sim t_{n-p} \tag{11-2.18}$$

이다. 따라서, $\mu_{Y|x_0}$의 $100(1-\alpha)\%$ 신뢰구간은 다음과 같다.

$$\hat{\mu}_{Y|x_0}\pm t_{\alpha/2:n-p}\sqrt{MS_E\boldsymbol{x}_0^T(X^TX)^{-1}\boldsymbol{x}_0} \tag{11-2.19}$$

한편, 회귀변수의 주어진 값 $\boldsymbol{x}_0=(1,\ x_{10},\ x_{20},\ \ldots,\ x_{k0})^T$에서의 Y의 관측치는 $Y_{x_0}=\boldsymbol{x}_0^T\beta+\epsilon$이고, 그 추정치는 $\hat{Y}_{x_0}=\boldsymbol{x}_0^T\hat{\beta}$이다. $E(\hat{Y}_{x_0})=\boldsymbol{x}_0^TE(\hat{\beta})=\boldsymbol{x}_0^T\beta=\boldsymbol{Y}_{x_0}$이고, 분산은

$$V(\hat{Y}_{x_0})=\sigma^2[1+\boldsymbol{x}_0^T(X^TX)^{-1}\boldsymbol{x}_0] \tag{11-2.20}$$

이므로, Y_{x_0}의 $100(1-\alpha)\%$ 예측구간은

$$\hat{Y}_{x_0}\pm t_{\alpha/2:n-p}\sqrt{MS_E[1+\boldsymbol{x}_0^T(X^TX)^{-1}\boldsymbol{x}_0]} \tag{11-2.21}$$

이다.

$\mu_{Y|x_0}$의 $100(1-\alpha)\%$ 신뢰구간 (11-2.19)와 Y_{x_0}의 $100(1-\alpha)\%$ 예측구간 (11-2.21)은 단순회귀의 (10-3.21)과 (10-3.25)의 일반화라고 볼 수 있다. 이에 대한 좀 더 자세한 설명은 참고문헌을 참조하기 바란다.

예제 11.2.5

앞의 [예제 11.1.1]의 이동급유기 문제에서 $x_0=(1,100,150)^T$일 때 μ_{x_0} (즉, 급유량 $x_{10}=100$, 이동거리 $x_{20}=150$일 때 평균소요시간)의 95% 신뢰구간과 Y_{x_0}의 95% 예측구간을 구하여 보자.

풀이 $\hat{\mu}_{Y|x_0}=x_0^T\hat{\beta}=(1,100,150)\begin{pmatrix}2.446\\0.260\\0.034\end{pmatrix}=33.546$이고,

$$\begin{aligned}&MS_Ex_0^T(X^TX)^{-1}x_0\\&=(6.1)(1,100,150)\begin{pmatrix}0.264330 & 0.0000617 & -0.0015550\\0.0000617 & 0.0000253 & -0.0000146\\-0.0015550 & -0.0000146 & 0.0000187\end{pmatrix}\begin{pmatrix}1\\100\\150\end{pmatrix}\\&=0.280112\end{aligned}$$

따라서, $\mu_{Y|x_0}$의 95% 신뢰구간은

$$33.546 \pm t_{0.025:22}\sqrt{0.280112} = 33.546 \pm (2.074)(0.5293)$$
$$= 33.546 \pm 1.0977 = [32.448,\ 34.644]$$

한편,

$$MS_E[1 + x_0^T(X^TX)^{-1}x_0]$$
$$= (6.1)\left[1 + (1,100,150)\begin{pmatrix} 0.264330 & 0.0000617 & -0.0015550 \\ 0.0000617 & 0.0000253 & -0.0000146 \\ -0.0015550 & -0.0000146 & 0.0000187 \end{pmatrix}\begin{pmatrix} 1 \\ 100 \\ 150 \end{pmatrix}\right]$$
$$= (6.1)(1.04592) = 6.380112$$

따라서, Y_{x_0}의 95% 예측구간은

$$33.546 \pm t_{0.025:22}\sqrt{6.380112} = 33.546 \pm (2.074)(2.5259)$$
$$= 33.546 \pm 5.2387 = [28.307,\ 38.785]$$

이 된다. ■

11.3 중회귀 모형의 적합성 검토

회귀모형의 적합성 검토에 대한 개념은 앞의 10-4절에서 소개하였으므로 여기서는 중회귀모형에 관련된 몇 가지 적합성 검토 기법을 설명하기로 한다.

11.3.1 다중결정계수

다중결정계수(coefficient of multiple determination) R^2은 다음과 같이 정의된다.

$$R^2 = \frac{SS_R}{SS_T} = 1 - \frac{SS_E}{SS_T} \tag{11-3.1}$$

R^2은 (11-3.1)의 정의에서 알 수 있듯이 반응변수 y의 총 변동(SS_T)에 대한 회귀변수 $x_1,\ x_2,\ \ldots,\ x_k$에 의해 설명되는 변동(SS_R)의 비율로써 단순선형회귀모형에서의 결정계수와 같은 의미이다. 다만 회귀변수가 여러 개이므로 다중결정계수라고 부를 뿐이다. 물론 단순선형회귀모형에서와 마찬가지로 $0 \le R^2 \le 1$이다. 그러나 주의할 점은 R^2의 값이 크다고 반드시 좋은

것은 아니라는 것이다. 다중결정계수 R^2은 반응변수 y의 변동을 설명하는데 전혀 도움이 되든 안 되든 일단 변수를 모형에 추가하면 R^2의 값은 수학적으로 증가하게 되는 특성을 가지고 있다. 따라서 때로는 R^2의 값이 매우 큰 경우라도 모형의 설명력은 좋지 않은 경우가 있음을 유의하기 바란다. 요즈음에는 모형에 포함된 회귀변수의 개수를 고려하여 R^2의 이러한 결점을 보완한 수정된 다중결정계수 R^2_{adj}이 많이 이용 된다.

$$R^2_{adj} = 1 - \frac{SS_E/(n-p)}{SS_T/(n-1)} \tag{11-3.2}$$

수정된 다중결정계수 R^2_{adj}은 추가된 회귀변수가 오차변동 SS_E를 충분히 감소시키는 경우에만 그 값이 증가되고, 추가된 회귀변수가 오차변동 SS_E를 충분히 감소시키지 못하는 경우에는 오히려 그 값이 증가하게 되므로 R^2의 결점을 보완하여 주게 되는 것이다.

예제 11.3.1

[예제 11.1.1]의 이동 주유기 문제에서 하나의 회귀변수 x_1(급유량)만 포함하는 회귀모형, x_1(급유량)과 x_2(이동거리)의 두 회귀변수를 포함하는 회귀모형, 그리고 반응변수 y(급유시간)의 변동에 전혀 관련이 없는 새로운 회귀변수 x_3(승객 수 – [표 11-3.1] 참조)를 모형에 추가할 때 R^2과 R^2_{adj}의 값을 비교하여 보자([표 11-3.2] 참조).

[표 11-3.1] 승객수가 추가된 이동식 급유기 자료

관측번호	급유량 (x_1)	이동거리 (x_2)	소요시간 (y)	승객 수 (x_3)
1	20	50	9.95	73
2	80	110	24.45	131
3	110	120	31.75	58
4	100	156	35	42
5	80	98	25.02	112
6	40	180	16.86	62
7	20	105	14.38	140
8	20	52	9.6	42
9	90	87	24.35	94
10	80	100	27.5	110
11	40	212	17.08	67
12	110	200	37	107
13	120	220	41.95	111
14	20	180	11.66	63

15	40	205	21.65	134
16	40	80	17.89	78
17	208	260	69	98
18	10	58.5	10.3	57
19	100	140	34.93	50
20	150	200	46.59	61
21	150	198	44.88	42
22	160	235	54.12	34
23	170	230	56.63	67
24	60	100	22.13	76
25	50	112	21.15	87

[표 11-3.2] 회귀변수 추가에 따른 R^2, R^2_{adj}, 그리고 MS_E의 값의 비교

회귀변수	R^2	R^2_{adj}	MS_E
x_1	0.968	0.966	8.6
x_1, x_2	0.978	0.976	6.1
x_1, x_2, x_3	0.978	0.975	6.3

[표 11-3.2]는 x_1만 갖는 회귀모형 x_1과 x_2의 두 변수를 갖는 모형, 그리고 x_1, x_2, x_3의 세 변수를 갖는 모형의 R^2, R^2_{adj}, 그리고 MS_E의 값을 정리한 것이다. x_1만 포함하는 모형에 y의 설명에 도움이 되는 변수인 x_2를 추가함으로써 분명히 R^2와 R^2_{adj}의 값이 증가하였으나, x_3를 추가한 경우에는 R^2은 변함이 없으나 R^2_{adj}는 오히려 작아짐을 알 수 있다. 결국, x_3의 추가는 반응변수 y의 변동을 설명하는데 전혀 도움이 되지 않음을 보여주고 있다. ■

또한, [표11-3.2]의 마지막 열의 MS_E 역시 이 같은 사실을 보여주고 있는데, MS_E 또한 R^2이나 R^2_{adj}와 마찬가지로 모형의 적합성을 평가하는 측도가 된다는 것을 알 수 있다.

11.3.2 잔차분석

잔차 $e_i = y_i - \hat{y}_i$는 단순회귀에서와 마찬가지로 모형의 적합성을 평가하는데 중요한 역할을 한다. 즉, 잔차에 대한 여러 가지 그래프를 통해서 오차항의 정규성, 등분산성, 독립성 등을 검토하여 볼 수 있다. 뿐만 아니라 선형회귀의 적합성 여부, 혹은 현재의 회귀변수 이외에 새로운 회귀변수를 추가할 필요가 있는지 여부 등을 확인하여 볼 수도 있다.

예제 11.3.2

이동 주유기 문제에서 x_1(급유량)과 x_2(이동거리)의 두 회귀변수를 갖는 회귀모형에 대한 잔차 및 표준화잔차를 [표 11-3.3]에 보여주고 있다.

[표 11-3.3] 이동주유기 자료

관측 번호	급유량 (x_1)	이동거리 (x_2)	소요시간 (y)	추정치 $(\hat{y})$	잔차 (e_i)	표준화 잔차 (d_i)
1	20	50	9.95	9.37	0.58	0.25
2	80	110	24.45	27.03	−2.58	−1.11
3	110	120	31.75	35.18	−3.43	−1.46
4	100	156	35.00	33.82	1.18	0.49
5	80	98	25.02	26.62	−1.60	−0.68
6	40	180	16.86	19.04	−2.18	−0.96
7	20	105	14.38	11.26	3.12	1.33
8	20	52	9.60	9.44	0.16	0.07
9	90	87	24.35	28.84	−4.49	−1.94
10	80	100	27.50	26.69	0.81	0.34
11	40	212	17.08	20.15	−3.07	−1.43
12	110	200	37.00	37.93	−0.93	−0.39
13	120	220	41.95	41.22	0.73	0.31
14	20	180	11.66	13.84	−2.18	−1.00
15	40	205	21.65	19.90	1.75	0.80
16	40	80	17.89	15.60	2.29	0.97
17	208	260	69.00	65.48	3.52	1.66
18	10	58.5	10.30	7.06	3.24	1.41
19	100	140	34.93	33.26	1.66	0.69
20	150	200	46.59	48.33	−1.74	−0.74
21	150	198	44.88	48.26	−3.38	−1.45
22	160	235	54.12	52.14	1.98	0.86
23	170	230	56.63	54.56	2.07	0.91
24	60	100	22.13	21.49	0.64	0.27
25	50	112	21.15	19.30	1.85	0.77

(10-4.1)에서 소개한 표준화잔차 $d_i = e_i / \sqrt{MS_E}$ 는 측정단위에 무관하게 잔차의 크기를 비교할 수 있는 측도가 된다. [표 11-3.3]에서 표준화잔차의 절대값이 2.0보다 큰 것이 없으므로 이상치는 하나도 없다고 볼 수 있다. [그림 11-3.1]의 잔차에 대한 정규확률 그래프 역시 정규분포 가정이나 이상치의 존재가 의심될만한 현상을 보여주지 않고 있다.

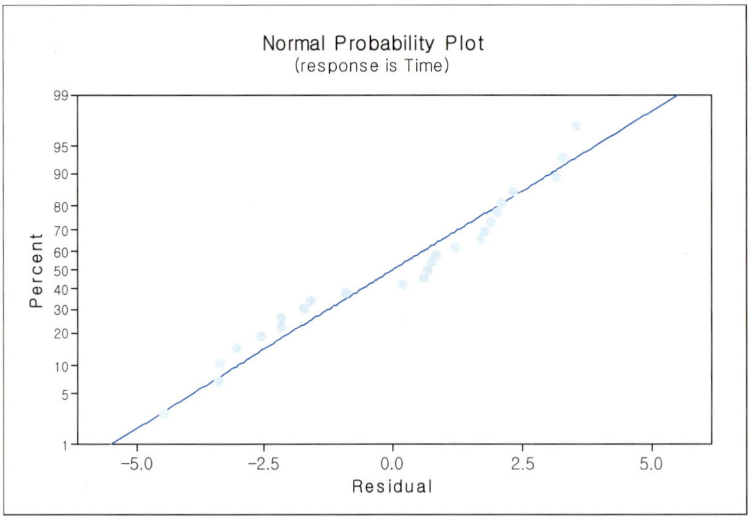

[그림 11-3.1] 잔차의 정규확률 그래프

또한, [그림 11-3.2], [그림 11-3.3], [그림 11-3.4]에서도 오차항에 대한 독립성, 등분산성이나, 반응변수와 회귀변수간의 선형회귀관계를 의심할만한 어떤 징후가 발견되지 않는다.

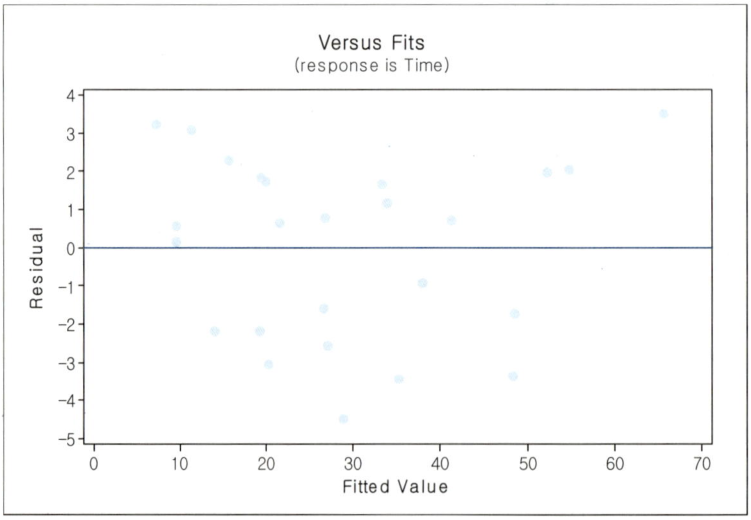

[그림 11-3.2] 잔차 − $\hat{y}$ 그래프

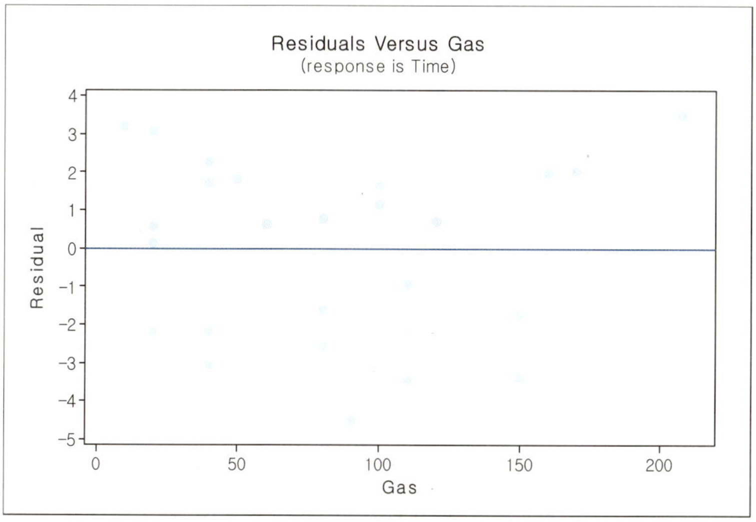

[그림 11-3.3] 잔차 – 급유량(Gas, x_1) 그래프

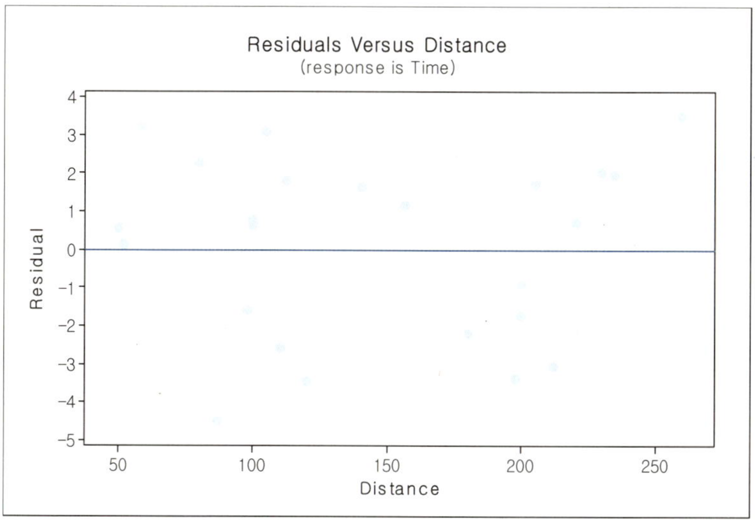

[그림 11-3.4] 잔차 – 이동거리(Distance, x_2) 그래프

대부분의 회귀분석 컴퓨터 프로그램들이 보편적으로 계산하여 주는 또 다른 형태의 잔차 크기의 비교 측도로써 스튜던트화 잔차(studentized residual)가 있다.

$$r_i = \frac{e_i}{\sqrt{MS_E(1-h_{ii})}} \quad i=1,\ 2,\ \ldots,\ n \tag{11-3.3}$$

여기서 h_{ii}는 행렬 $H = X(X^TX)^{-1}X^T$의 주 대각선 요소이다. 행렬 H를 보통 모자행렬(hat matrix)이라고 부르는데, 그 이유는

$$\hat{y} = X\hat{\beta} = X(X^TX)^{-1}X^Ty = Hy$$

로써, 행렬 H가 관측치 y를 추정치 $\hat{y}$로 변화하여 주는 역할을 하기 때문이다. 자료행렬 X의 i-번째 행, 즉 i-번째 관측치는 $x_i^T = [1,\ x_{i1},\ x_{i2},\ \dots,\ x_{ik}]$이므로 모자행렬 H의 i-번째 대각선요소는

$$h_{ii} = x_i^T(X^TX)^{-1}x_i \tag{11-3.4}$$

이고, h_{ii}가 취할 수 있는 가능한 값의 범위는 $0 \le h_{ii} \le 1$이다. σ^2은 오차분산 즉, 관측치 y의 분산이고, y의 추정치인 $\hat{y}$의 분산은 $\sigma^2 h_{ii}$ [식 (11-2.17) 참조]임에 유의하기 바란다. 오차 항 ε_i가 평균 0, 분산 σ^2의 분포에 따른다고 가정할 때, 잔차의 분산은 $V(e_i) = \sigma^2(1-h_{ii})$이므로, (11-3.3)의 스턴트화 잔차 r_i는 (10-4.1)의 표준화 잔차 d_i보다 잔차의 크기를 평가하는 더 정확한 측도가 되며, 자료의 이상치 여부를 평가하는 중요한 통계량으로 이용 된다. 즉, 스튜던트화 잔차 r_i의 값이 클수록 i-번째 관측치는 이상 치일 가능성이 높다고 볼 수 있다.

11.3.3 영향력이 큰 관측치

회귀변수의 공간 내에서 관측 점들의 분포 형태는 회귀모형 추정에 큰 영향을 미칠 수 있다. [그림 11-3.5]은 두 개의 회귀변수를 갖는 회귀모형의 가상적인 회귀변수공간을 표시한 것인데, 관측 점 $(x_{i1},\ x_{i2})$는 나머지 다른 관측 점들과는 좀 동떨어져 있음을 알 수 있다.

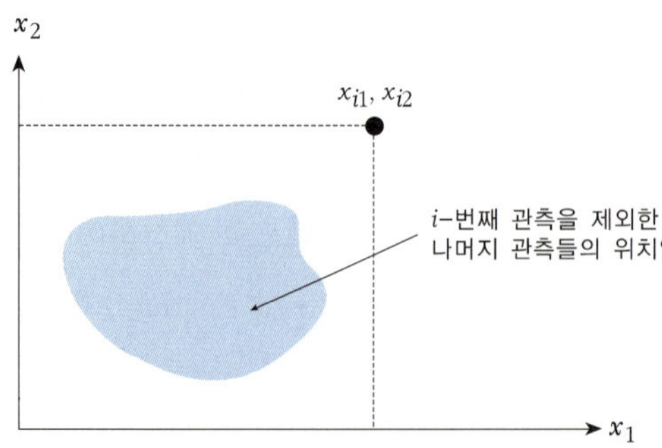

[그림 11-3.5] 두 회귀변수 x_1과 x_2를 갖는 회귀모형의 가상적 회귀변수 공간

$(x_{i1},\ x_{i2})$와 같이 관측영역의 중심으로부터 동떨어져 있는 관측 점들은 회귀모형 추정에 큰 영향을 끼치게 되는데, 이와 같은 관측 점들을 영향력이 큰 관측(influential observation)이라고 한다. 회귀분석에서 영향력이 큰 관측이 발견되면 이들이 잘못된 관측 점인지 아닌지를 확인하여, 잘못된 관측 점이라면 이들을 제거되어야 할 것이고, 타당한 관측 점이라면 회귀분석의 결과 해석 및 사용에 특별한 주의를 기울여야 한다. 영향력 있는 관측 점의 존재는 모형의 추정 및 결과 해석에 많은 영양을 끼치게 되므로 영향력 있는 관측을 판정하는 여러 가지 측도들이 개발되어 있다.

(11-3.4)의 h_{ii}는 영향력 있는 관측을 탐지하는 중요한 측도로 사용된다. h_{ii}는 i-번째 관측이 자료의 중심으로부터 얼마나 멀리 떨어져 있는 가를 나타내는 측도가 되는데, h_{ii}가 클수록(즉, $h_{ii} \rightarrow 1$) i-번째 관측은 자료 영역의 중심으로부터 멀리 떨어져 있음을 의미하며 그래서 영향력 있는 관측일 가능성이 크다고 할 수 있다. 보통 $h_{ii} > 2p/n$이면 i-번째 관측을 영향력이 큰 관측으로 평가하여 지레점(leverage point)이라고 부른다.

영향력 있는 관측을 탐지하는데 많이 사용되는 또 다른 측도로써 쿡의 거리(Cook's distance) D_i가 있다.

$$D_i = \frac{(\hat{\beta}_i - \hat{\beta})^T X^T X (\hat{\beta}_i - \hat{\beta})}{pMS_E^2} = \frac{r_i^2}{p} \frac{h_{ii}}{(1-h_{ii})} \quad i = 1,\ 2,\ \ldots,\ n$$

여기서, $\hat{\beta}$는 전체 n개의 표본자료로부터 추정된 최소제곱 추정 회귀계수 벡터이고, $\hat{\beta}_i$ 는 i-번째 관측을 제외한 나머지 $(n-1)$개 표본자료로부터 추정된 최소제곱 추정 회귀계수 벡터이다. D_i의 값이 클수록 i-번째 관측이 영향력이 크다는 의미인데, 보통 $D_i > 1$ 이면 i-번재 관측이 영향력이 큰 관측이라는 판단을 내리게 된다.

11.4 변수선택법

중회귀분석에서 모형에 포함시켜야 할 회귀변수들을 선택하는 문제는 분석자가모형수립단계에서 자주 직면하게 되는 어려운 문제이다. 물론, 최선의 모형수립을 위한 회귀변수의 선택 문제는 회귀분석의 대상이 되는 문제 자체의 내용을 충분히 그리고 정확하게 파악함으로써 반응변수를 가장 잘 설명하여 줄 수 있는 회귀변수들을 명쾌하게 선정할 수 있는 경우가 가장 바람직하겠으나, 때로는 분석 대상의 문제 파악만으로는 최선의 회귀모형을 수립하는 것이 분명하지 않은 경우가 자주 발생하게 된다. 여기서는 분석 대상에 대한 내용 파악으로부터 도출된 여러 후보 회귀변수들을 선정한 후, 통계적인 방법에 의한 최적의 모형 수립을 위한 변수 선택 방법(variable selection method)에 대해 알아보고자 한다.

여기서는 반응변수 y에 대하여 분석 대상의 문제 파악에서 K개의 후보 회귀변수 $x_1, x_2, \ldots, x_k$가 선정되었다는 가정 하에, 대부분의 통계 프로그램에서 제공하고 있는 몇 가지 변수선택법의 알고리듬을 개략적으로 설명하기로 한다.

(1) 가능한 모든 회귀(All possible regression)

K개의 후보 회귀변수들로 만들 수 있는 가능한 모든 회귀모형들을 각각 적합시킨 후, 이들을 어떤 판정기준에 따라 서로 비교하여 최적의 모형을 찾아내는 탐색방법이다. K개의 후보변수로부터 수립될 수 있는 가능한 모형은 하나의 변수만을 갖는 모형이 K개, 두 개의 변수를 갖는 모형이 $\binom{K}{2}$개, 등등 하여 가능한 모든 회귀모형은 2^K 개가 된다. 만약 $K=10$이라면 가능한 회귀모형은 $2^{10}=1,024$개가 된다. 이들을 지정된 판정기준에 따라 모두 비교하여 가장 좋은 모형을 찾아내는 것이다. 일반적으로 많이 사용되는 판정기준은 다음과 같다.

- 다중 결정계수 $R_p^2 = \dfrac{SS_R(p)}{SS_T} = 1 - \dfrac{SS_E(p)}{SS_T}$
- MS_E
- $C_p = estimate\ of \left[\dfrac{1}{\sigma^2} E \left\{ \sum_{i=1}^{n} [\hat{y}_i - E(y_i)]^2 \right\} \right]$
- PRESS $= \sum_{i=1}^{n} (y_i - \hat{y}_{(i)})^2$

(2) 후방소거법(backward elimination method)

모든 후보 변수를 포함하는 모형에서 시작, 매 단계마다 각 회귀계수에 대한 t-검정을 통해서 가장 유의성이 낮은(즉, 가장 작은 t-값 = 가장 큰 p-값을 갖는) 변수를 차례로 제거하다가, 사전에 지정된 제거 경계치(threshold value)에 의거 더 이상 제거되는 변수가 없는 상태에서 최적 모형을 결정하게 된다.

(3) 전방선택법(Forward selection method)

상수항만 갖는 모형에서 시작, 매 단계마다 후보변수들에 대한 t-검정을 통해 가장 유의한 변수를 모형의 회귀변수로 추가하다가, 사전에 지정된 선택 경계치(threshold value)에 의거 더 이상 선택되는 변수가 없는 상태에서 최적 모형을 결정하게 된다.

(4) 단계적 변수선택(Stepwise regression)

전방선택법과 후방선택법을 동시에 적용하는 방법이다.

변수선택방법에 대한 자세한 내용은 참고문헌을 참조하기 바란다. 변수선택법의수행에는 방대한 계산량이 소요되므로 수작업에 의한 수행은 의미가 없다. 연습문제를 통해 컴퓨터 프로그램에 의한 변수선택을 실제로 수행하여 보기 바란다.

연습문제

1. 특수 알루미늄 합금 주조공정에서 합금 주괴와 냉각판 사이의 거리(x, cm)와 생산된 주괴의 조직밀도(y, mm) 간에는 $y=\beta_0+\beta_1 x+\beta_{11}x^2+\epsilon$의 다항회귀 관계가 성립되는 것으로 알려져 있다. 이를 확인하기 위하여 실험을 실시한 결과 다음의 자료를 얻었다. 아래의 물음에 답하라.

거리(x, cm)	1.0	3.5	6.0	8.5	11.0
조직밀도(y, mm)	0.24	0.38	0.44	0.61	0.75

a) X^TX 와 $(X^TX)^{-1}$를 구하라.

b) 회귀계수의 최소제곱추정치 $\hat{\beta}_0$, $\hat{\beta}_1$, $\hat{\beta}_{11}$을 구하라.

c) 회귀변수 x와 반응변수 y의 산포도를 그리는데, 여기에 추정회귀선을 삽입하여 함께 그려라.

2. 아래의 자료에 대해 회귀모형 $y_i = \beta_0 + \beta_1 x_{i1} + \beta_2 x_{i2} + \epsilon_i$, $i = 1, 2, \ldots, 5$을 적합시키고자 한다.

x_1	2	2	3	4	4
x_2	1	1	0	0	3
y	12	10	9	13	20

a) 회귀계수의 최소제곱추정치 $\hat{\beta}_0$, $\hat{\beta}_1$, $\hat{\beta}_2$을 구하라.

b) 분산분석표를 작성하고 주어진 모형이 유의성을 유의수준 $\alpha = 0.05$에서 검정하라.

c) $\hat{\beta}_1$ 와 $\hat{\beta}_2$ 각각의 95% 신뢰구간을 구하라.

d) $x_1 = x_2 = 3$에서의 반응치 y의 추정치 $\hat{y}_{x_1 = x_2 = 3}$를 구하라.

3. 선형 회귀모형 $y = \beta_0 + \beta_1 x_1 + \beta_2 x_2 + \beta_3 x_3 + \epsilon$을 적합하고자 한다. 수집된 $n = 20$개의 자료로부터 $\sum_{i=1}^{20}(y_i - \hat{y}_i)^2 = 225$와 $\sum_{i=1}^{20}(y_i - \bar{y}_i)^2 = 305$를 얻었다.

a) 결정계수 R^2의 값을 계산하라. 계산된 R^2값으로 볼 때 주어진 회귀모형은 자료를 잘 적합시킨다고 볼 수 있겠는가?

b) 가설 '$H_0 : \beta_1 = \beta_2 = \beta_3 = 0$, H_1 :적어도 하나의 β_i는 0이 아니다'을 $\alpha = 0.05$에서 검정하라.

4. 수하물 창고 운용효율 개선 연구의 일환으로 작업자가 하물을 운반하는데 걸리는 시간(y)을 예측하기 위한 회귀분석을 수행하고자 한다. 회귀변수로 운반거리(x_1)와 하물의 무게(x_2)를 선정하여 중회귀모형 $y = \beta_0 + \beta_1 x_1 + \beta_2 x_2 + \epsilon$을 수립하고, 다음과 같이 자료를 수집하였다.

소요시간(Y)	거리(X_1, m)	무게(X_2, kg)
2.03	0.46	0.39
2.30	0.69	0.32
2.40	0.76	0.87
1.96	0.46	0.39
2.16	0.70	0.85
2.43	0.74	0.45
2.21	0.74	0.45
2.15	0.54	0.47
2.07	0.54	0.47

a) 추정 회귀식을 구하라.

b) 회귀의 유의성 검정과 적합결여 검정을 수행하라($\alpha = 0.05$).

c) $H_0 : \beta_1 = 0$, $H_1 : \beta_1 \neq 0$을 $\alpha = 0.05$에서 검정하라.

d) β_2에 대한 95% 신뢰구간을 구하라.

e) 잔차분석을 실시하여 모형의 정규성, 등분산성, 그리고 독립성을 확인하라.

5. 보일러 생산공장에서 보일러 드럼 조립에 소요되는 작업시간을 예측하기 위하여 회귀분석을 수행하기로 하였다. 이를 위해 드럼 조립에 소요되는 작업시간을 반응변수 y로 하고 보일러 용량(x_1), 보일러 설계압력(x_2), 보일러 종류(x_3), 그리고 드럼 종류(x_4)의 4개 변수를 회귀변수로 하는 중회귀모형

$$y = \beta_0 + \beta_1 x_1 + \beta_2 x_2 + \beta_3 x_3 + \beta_4 x_4 + \epsilon$$

을 수립하였다. 이 모형에 의한 회귀분석을 수행하기 위하여 수집한 자료는 아래 표와 같다. 아래 자료에서 보일러 종류(x_3)와 드럼 종류(x_4)는 질적변수(qualitative variable)로써 $x_3 = 1$이면 '산업용', $x_3 = 0$이면 '일반용' 임을 의미하고, $x_4 = 1$이면 'steam', $x_4 = 0$이면 'mud'를 의미한다.

a) 추정 회귀식을 구하라.

b) 분산분석표를 작성하고, $\alpha = 0.05$에서 모형의 유의성을 검정하라.

c) $H_0 : \beta_1 = 0,\ H_1 : \beta_1 \neq 0$을 $\alpha = 0.05$에서 검정하라.

d) $H_0 : \beta_2 = 0,\ H_1 : \beta_2 \neq 0$을 $\alpha = 0.05$에서 검정하라.

e) β_3의 95% 신뢰구간을 구하고, 그 의미를 설명하라. (*보일러 종류(x_3)는 질적변수 임에 유의할 것)

f) β_4의 95% 신뢰구간을 구하고, 그 의미를 설명하라. (* 드럼 종류(x_4) 질적변수 임에 유의할 것)

g) 잔차분석을 실시하라.

관측 번호	작업시간 (Y)	보일러 용량 (X_1)	설계 압력 (X_2)	보일러 종류 (X_3)	드럼 종류 (X_4)
1	3137	120000	375	1	1
2	3590	65000	750	1	1
3	4526	150000	500	1	1
4	10825	1073877	2170	0	1
5	4023	150000	325	1	1
6	7606	610000	1500	0	1
7	3748	88200	399	1	1
8	2972	88200	399	1	1
9	3163	88200	399	1	1
10	4065	90000	1140	1	1
11	2048	30000	325	1	1
12	6500	441000	410	1	1
13	5651	441000	410	1	1
14	6565	441000	410	1	1
15	6387	441000	410	1	1

16	6454	627000	1525	0	1
17	6928	610000	1500	0	1
18	4268	150000	500	1	1
19	14791	1089490	2170	0	1
20	2680	125000	750	1	1
21	2974	120000	375	1	0
22	1965	65000	750	1	0
23	2566	150000	500	1	0
24	1515	150000	250	1	0
25	2000	150000	500	1	0
26	2735	150000	325	1	0
27	3698	610000	1500	0	0
28	2635	90000	1140	1	0
29	1206	30000	325	1	0
30	3775	441000	410	1	0
31	3120	441000	410	1	0
32	4206	441000	410	1	0
33	4006	441000	410	1	0
34	3728	627000	1525	0	0
35	3211	610000	1500	0	0
36	1200	30000	325	1	0

6. 다음과 같은 자료가 있다.

관측번호	Y	X_1	X_2	X_3	X_4
1	63.05	15.01	2.33	4.18	3.10
2	54.45	12.00	4.00	3.00	1.99
3	86.89	18.11	10.10	5.00	0.99
4	41.68	4.99	7.00	2.00	4.00
5	63.31	10.00	9.98	3.00	1.00
6	38.26	8.01	2.00	3.01	2.00
7	31.88	7.00	1.00	2.00	1.00
8	29.14	2.21	4.00	3.00	8.00
9	56.73	6.00	12.00	1.00	7.00
10	29.08	4.00	3.00	4.00	5.00
11	52.94	12.00	2.00	2.00	3.00
12	39.17	6.00	5.00	1.00	2.00
13	76.45	18.00	4.00	3.00	1.00
14	94.26	20.00	10.00	6.00	4.00
15	46.53	9.10	1.91	1.00	4.00
16	40.75	4.00	8.00	2.00	10.00
17	43.20	7.00	5.00	1.00	6.00
18	45.16	8.00	3.00	2.00	5.00

a) 위 자료에 회귀모형 $y=\beta_0+\beta_1x_1+\beta_2x_2+\beta_3x_3+\beta_4x_4+\epsilon$을 적합시켜라.

b) 분산분석표를 작성하고, 회귀의 유의성을 검정하라.

c) 가설 '$H_0:\beta_1=\beta_2=\beta_3=0$, H_1:적어도 하나는 0이 아니다'을 부분 $F-$검정을 이용하여 검정하라($\alpha=0.05$).

d) 잔차분석을 실시하여 모형의 정규성, 등분산성, 그리고 독립성을 확인하라.

7. 반응변수 y와 두 개의 회귀변수 x_1, x_2에 대하여 다음과 같은 자료가 수집되었다.

관측번호	Y	X_1	X_2
1	210	16.7	30
2	110	17.4	42
3	103	18.4	47
4	103	16.8	47
5	91	18.9	43
6	76	17.1	41
7	73	17.3	48
8	70	18.2	44
9	68	21.3	43
10	53	21.2	50
11	45	20.7	56
12	31	18.5	60

a) 위 자료에 대하여 중 선형회귀모형 $y=\beta_0+\beta_1x_1+\beta_2x_2+\epsilon$를 적합시키고, 모형의 유의성을 검정하라.

b) $x_1=18.9$, $x_2=43$일 때 반응변수 y의 기대치의 95% 신뢰구간을 구하라.

c) $x_1=18.9$, $x_2=43$일 때 반응변수 y값의 95% 예측구간을 구하라.

d) 잔차분석을 실시하라.

e) 위 자료에 대하여 다항회귀모형 $y=\beta_0+\beta_1x_1+\beta_2x_2+\beta_{11}x_1^2+\beta_{22}x_2^2+\beta_{12}x_1x_2+\epsilon$ 을 적합시키고, 모형의 유의성을 검정하라.

f) (d)의 모형에 대하여 부분 $F-$검정을 이용하여 가설 '$H_0:\beta_{11}=\beta_{22}=\beta_{12}=0$, H_1:적어도 하나는 0이 아니다'을 검정하라.

8. 모래흙의 전단강도는 흙의 깊이(x_1)와 수분 함량(x_2)에 밀접한 관계가 있는 것으로 알려져 있다. 이에 대한 회귀분석을 실시하기 위하여 다음과 같은 자료를 수집하였다.

관측번호	Y	X_1	X_2
1	14.7	8.9	31.5
2	48.0	36.6	27.0
3	25.6	36.8	25.9
4	10.0	6.1	39.1
5	16.0	6.9	39.2
6	16.8	6.9	38.3
7	20.7	7.3	33.9
8	38.8	8.4	33.8
9	16.9	6.5	27.9
10	27.0	8.0	33.1
11	16.0	4.5	26.3
12	24.9	9.9	37.8
13	7.3	2.9	34.6
14	12.8	2.0	36.4

a) 위 자료에 대하여 선형회귀모형 $y = \beta_0 + \beta_1 x_1 + \beta_2 x_2 + \epsilon$를 적합시키고, 모형의 유의성을 검정하라.

b) 잔차분석을 실시하라.

c) 위 자료에 대하여 다항회귀모형 $y = \beta_0 + \beta_1 x_1 + \beta_2 x_2 + \beta_{11} x_1^2 + \beta_{22} x_2^2 + \beta_{12} x_1 x_2 + \epsilon$ 을 적합시키고, 모형의 유의성을 검정하라.

d) (c)의 모형에 대하여 부분 $F-$검정을 이용하여 가설 '$H_0 : \beta_{11} = \beta_{22} = \beta_{12} = 0$, H_1 :적어도 하나는 0이 아니다'을 검정하라.

9. 반응변수 y와 네 개의 회귀변수 x_1, x_2, x_3, x_4에 대한 자료가 다음과 같다.

관측번호	Y	X_1	X_2	X_3	X_4
1	240	25	24	91	100
2	236	31	21	90	95
3	290	45	24	88	110
4	274	60	25	87	88
5	301	65	25	91	94
6	316	72	26	94	99
7	300	80	25	87	97
8	296	84	25	86	96
9	267	75	24	88	110
10	276	60	25	91	105
11	288	50	25	90	100
12	261	38	23	89	98

위 자료에 대하여 다음의 방법들을 이용하여 최적 회귀모형을 수립하라.

a) 모든 가능한 회귀
b) 전방 선택법
c) 후방 소거법
d) 단계적 회귀

10. 반응변수 y와 다섯 개의 회귀변수 x_1, x_2, x_3, x_4, x_5에 대한 자료가 다음과 같다.

관측번호	Y	X_1	X_2	X_3	X_4	X_5
1	0.787	3	3	3	3	0
2	0.293	8	30	8	8	0
3	1.710	3	6	6	6	0
4	0.203	4	4	4	12	0
5	0.806	8	7	6	5	0
6	4.713	10	20	5	5	0
7	0.607	8	6	3	3	25
8	9.107	6	24	4	4	25
9	9.210	4	10	12	4	25
10	1.365	16	12	8	4	25
11	4.554	3	10	8	8	25
12	0.293	8	3	3	3	25
13	2.252	3	6	3	3	50
14	9.167	3	8	8	3	50
15	0.694	4	8	4	8	50
16	0.379	5	2	2	2	50
17	0.485	2	2	2	3	50
18	3.345	10	15	3	3	50
19	0.208	15	6	2	3	50
20	0.201	15	6	2	3	75
21	0.329	10	4	3	3	75
22	4.966	3	8	2	2	75
23	1.362	6	6	6	4	75
24	1.515	2	3	8	6	75
25	0.751	3	3	8	8	75

a) 위 자료에 대해 중 선형회귀모형

$$y = \beta_0 + \beta_1 x_1 + \beta_2 x_2 + \beta_3 x_3 + \beta_4 x_4 + \beta_5 x_5 + \epsilon$$

을 적합시키고, 모형의 유의성 검정, 그리고 각 회귀변수의 모형에 대한 기여도를 확인하는 가설 $H_0 : \beta_j = 0$, $H_1 : \beta_j \neq 0$ for $j = 1, 2, \dots, 5$을 $\alpha = 0.05$에서 검정하라.

b) 회귀변수 x_5를 제외한 나머지 네 개의 변수만을 포함하는 모형을 적합시키고, 모형의 유의성 검정, 그리고 각 회귀변수의 모형에 대한 기여도를 확인하는 가설 $H_0 : \beta_j = 0$, $H_1 : \beta_j \neq 0$ for $j = 1, 2, ..., 5$을 $\alpha = 0.05$에서 검정하라.

c) (b)의 MSE 값이 (a)의 MSE 값보다 더 작다. 그 이유를 설명하라.

d) 각 관측의 스튜던트화 잔차를 계산하여 두 번째 관측이 이상치 임을 확인하라.

e) 두 번째 관측을 제거하고 (b)의 모형을 적합시키고, 모형의 유의성 검정, 그리고 각 회귀변수의 모형에 대한 기여도를 확인하는 가설 $H_0 : \beta_j = 0$, $H_1 : \beta_j \neq 0$ for $j = 1, 2, ..., 5$을 $\alpha = 0.05$에서 검정하라.

f) (a), (b), (e) 모형의 R^2 값을 비교하여 보아라.

g) (e) 모형에 대하여 잔차분석을 실시하라.

12 실험계획법

실험이란 관심 대상에 대하여 어떤 목적을 가지고 의도된 처리를 하여 결과로 얻어진 자료를 분석하여 소기의 정보를 얻는 과정이라 할 수 있다. 따라서 의도한 바의 실험 목적을 성공적으로 달성하기 위해서는 실험의 계획, 실행, 그리고 결과로 얻어진 자료의 정확한 분석이 필수적이다. 실험계획법은 실험의 계획과 결과 자료의 분석방법에 관련된 것으로써 이들은 모두 통계적 방법에 의거하여 수행되므로 통계적 실험계획법이라고 부르기도 한다. 통계적 실험계획법은 오늘날의 공학, 농학, 자연과학, 그리고 사회과학 등 모든 분야의 실험에서 계획 및 분석의 효율성을 향상시키는데 긴요한 존재가 되고 있다. 실험계획법은 여러 경우마다 적용될 수 있는 기법들이 무수히 개발되어 있는데, 여기서는 실험계획법의 기본이 되는 원리와 개념, 그리고 기초적인 방법에 대해서 알아보기로 한다.

12.1 일원배치법

일원배치 실험(one-way factorial experiment)은 단 하나의 인자(factor)가 특성치(response)에 대하여 미치는 영향을 조사하는 실험으로써 실험계획법 중 가장 단순한 것이라 할 수 있다. 앞의 8장에서 배운 두 모평균을 비교하는 독립 이표본 t-검정(two sample pooled t-test)이나 대응표본에 의한 t-검정(paired t-test)은 비교하는 모평균이 단 두 개 즉, 인자의 수준이

단 두 개뿐인 가장 단순한 일원배치 실험이라 할 수 있다. 그러나 비교하여야 할 모평균이 세 개 이상인 경우 즉, 세 개 이상의 수준을 갖는 한 인자가 특성치에 미치는 영향을 검정하는 경우에는 8장의 두 모평균 비교의 t-검정 방법을 사용할 수가 없고 분산분석(analysis of variance)을 사용하게 된다. 그러므로 보통 일원배치 실험이라고 하면 세 개 이상의 수준을 갖는 하나의 인자가 특성치에 미치는 영향의 유의성 여부를 검정하기 위한 실험을 의미한다. 일원배치 실험에 대한 전형적인 예로써 다음의 [예제 12.1.1]을 생각하여 보자.

예제 12.1.1

어떤 제지공장의 품질기사가 생산되는 종이의 인장강도를 향상시키기 위한 연구를 수행 중이다. 이 기사는 원료 펄프에서 열대 활엽수로 만든 경목펄프의 함량이 종이의 인장강도에 크게 영향을 끼칠 것으로 생각하고 있다. 그래서 원료 펄프에 포함된 경목의 함량이 인장강도 개선에 중요한 인자(factor)가 되는 지를 확인하기 위한 실험을 실시하기로 하였다. 이 공장에서 실행 가능한 경목 함량은 5% ~ 20%로 조사되었으므로, 경목 함량의 수준을 5%, 10%, 15%, 20%로 하고, 각 수준에서 각각 6개씩의 실험용 종이 시편을 제작하여 총 24회의 인장강도 측정 실험을 랜덤한 순서로 실시한 결과 [표 12-1.1]의 자료를 얻었다.

[표12-1.1] 인장강도 실험 결과 자료

경목함량 (%)	관 측						합계	평균
	1	2	3	4	5	6		
5	7	8	15	11	9	10	60	10.00
10	12	17	13	18	19	15	94	15.67
15	14	18	19	17	16	18	102	17.00
20	19	25	22	23	18	20	127	21.17

[예제 12.1.1]에서 특성치(y)는 인장강도이고, 경목의 함량이 인자가 된다. 인자수준은 5%, 10%, 15%, 20%의 4 수준이다. 실험계획법에서는 인자수준을 처리(treatment)라고 부르며, 인장강도 측정 실험에 사용되는 종이시편을 실험단위(experimental unit)라고 부른다. 또한, 이 실험은 각 경목 함량 수준마다 4개의 실험단위를 준비하여 인장강도 측정 실험을 실시하여 4개의 인장강도 측정치를 얻었으므로 각 처리마다 반복 4회의 실험을 실시하여 총 실험회수는 24회가 되는 일원배치 실험이 된다. 실험의 일차적인 목적은 경목의 함량 변화가 인장강도에 유의한 영향을 주는가를 확인하는 것이고, 만약 그렇다면 경목의 함량을 얼마로 하면 가장 바람직한 인장강도를 얻을 수 있겠는가가 궁극적인 실험의 목표가 될 것이다.

일원배치 실험에서는 실험에 사용되는 실험단위(종이)가 모두 동질적이라고 가정하며, 처리(경목 함량)를 완전히 랜덤한 순서로 실험단위(종이)에 배치한다. 즉, [예제 12.1.1]에서 전체 24회의 실험을 완전히 랜덤한 순서로 실시한다. 이와 같은 실험을 완전확률화실험(completely randomized experiment)이라고 하는데, 실험자는 이러한 완전 랜덤화 실험을 통해서 실험에 항상 수반하는 잡음인자(nuisance factor)의 영향을 상쇄시킬 수 있으며, 또한 실험단위의 동질성 가정을 만족시킬 수 있다.

12.1.1 분산분석

인자 A의 수준 수가 a이고, 각 수준에서 n회의 반복을 하는 그래서 총 실험회수가 $N=an$인 일원배치 실험을 생각하여 보자. 보통 실험 결과 자료는 [표 12-1.2]과 같은 형태로 정리된다.

i-번째 처리에서 얻는 j-번째 특성치 Y_{ij}는 확률변수 이고, 실험 결과 얻어진 Y_{ij}의 관측치가 y_{ij}이다.

$$\begin{aligned} Y_{ij} &= \mu_i + \epsilon_{ij} \\ &= \mu + \tau_i + \epsilon_{ij} \quad i=1,\ 2,\ \ldots, a \qquad j=1,\ 2,\ \ldots,\ n \end{aligned} \tag{12-1.1}$$

여기서, μ는 an개의 자료 전체의 모평균을 나타내는 모수(parameter)이고, τ_i는 i-번째 처리 효과를 나타내는 모수, 그리고 $\mu_i=\mu+\tau_i$는 i-번째 처리의 평균을 나타내는 모수이다. ϵ_{ij}가 오차 항인데 일반적으로 $\epsilon_{ij} \sim NID(0,\ \sigma^2)$의 분포에 따르는 것으로 가정한다. 식 (12-1.1)을 일원배치 실험의 자료 구조식이라고 한다.

[표 12-1.2] 일반적인 일원배치 실험 자료

처리	관 측				평균
1	y_{11}	y_{12}	…	y_{1n}	$\bar{y}_{1.}$
2	y_{21}	y_{22}	…	y_{2n}	$\bar{y}_{2.}$
⋮	⋮	⋮	⋮	⋮	⋮
a	y_{a1}	y_{a2}	…	y_{an}	$\bar{y}_{a.}$
총 평균					$\bar{y}_{..}$

실험계획법에서는 인자 A의 특성에 따라 그 수준을 정하는 방법이 두 가지가 있다. 첫 번째 방법은 인자 A의 기술적 특성에 의거 실험자가 a개의 특정 수준을 지정하는 것이다. 이 경우

인자 A의 유의성 검정은 실험에 서 선정된 a개의 처리효과 τ_i 혹은 처리평균 μ_i에 대한 가설 검정이며, 검정 결과는 선정된 a개의 특정 수준에 대해서만 적용되고, 처리평균 μ_i의 추정이 요구된다. 이와 같은 경우 인자 A를 모수인자(fixed factor), 이때 일원배치 실험을 모수모형(fixed effect model)이라고 부른다. 또한, A가 모수인자인 경우 처리효과 $\tau_i = \mu_i - \mu$이므로

$$\sum_{i=1}^{a} \tau_i = 0 \tag{12-1.2}$$

이 성립된다.

인자 A의 수준을 정하는 두 번째 방법은 인자수준의 모집단에서 랜덤 샘플링으로 a개의 수준을 임의로 정하는 것인데, 이 때 처리효과 τ_i는 확률변수로써 $N(0, \sigma_\tau^2)$의 분포에 따르는 것으로 가정한다. 인자 A의 유의성 검정은 σ_τ^2에 대한 가설 검정이고, 검정결과는 인자수준의 모집단 전체에 대해 적용되며, σ_τ^2에 대한 추정이 요구된다. 이 경우 인자 A를 변량인자(random factor), 이러한 일원배치 실험을 변량모형(random effect model) 혹은 분산성분 모형(variance component model)이라고 부른다.

여기서는 인자 A를 모수인자로 가정하고 일원배치 실험의 분산분석에 대해 알아보기로 한다. 분산분석은 앞서 10장과 11장의 회귀분석에서 이미 다룬 바 있다. 앞에서 언급한 바와 같이 모수모형의 분산분석에서 검정하여야 할 가설은

$$H_0 : \tau_1 = \tau_2 = \ldots = \tau_a = 0 \qquad H_1 : \text{적어도 하나의 } i\text{에 대해 } \tau_i \neq 0 \tag{12-1.3}$$

이다. 가설 (12-1.3)에서 귀무가설 H_0가 기각되지 못한다는 것은 $\mu_1 = \mu_2 = \ldots = \mu_a = \mu$이라는 의미이고, 이것은 인자수준의 변화가 특성치에 아무런 영향을 주지 못한다는 것을 뜻하며, 따라서 인자 A는 특성치(y)에 대해 유의한 인자가 되지 못한다는 결론을 내리게 된다.

가설 (12-1.3)을 검정하기 위하여 특성치 y의 총 변동 $SS_T = \sum_{i=1}^{a}\sum_{j=1}^{n}(y_{ij} - \bar{y}_{..})^2$을 처리 간의 변동(variation between treatments) $SS_{Tr} = n\sum_{i=1}^{a}(\bar{y}_{i.} - \hat{y}_{..})^2$와 처리 내의 변동(variation with-in treatment) $SS_E = \sum_{i=1}^{a}\sum_{j=1}^{n}(y_{ij} - \hat{y}_{i.})^2$의 두 성분으로 분할한다. 즉,

$$\sum_{i=1}^{a}\sum_{j=1}^{n}(y_{ij} - \bar{y}_{..})^2 = n\sum_{i=1}^{a}(\bar{y}_{i.} - \hat{y}_{..})^2 + \sum_{i=1}^{a}\sum_{j=1}^{n}(y_{ij} - \hat{y}_{i.})^2 \tag{12-1.4}$$

처리 내의 변동 SS_E는 모평균 μ_i의 모집단에서 얻은 n개 확률표본의 오차변동을 a개의 처리에 대해 합한 것이므로 보통 오차 변동 혹은 오차 제곱합(error sum of square)이라고 부른다. 여기서 총 변동 SS_T의 자유도 $df_t = an-1$, 처리 간 변동 SS_{Tr}의 자유도 $df_{Tr} = a-1$, 그리고 오차 변동 SS_E의 자유도 $df_E = a(n-1)$이 된다. 앞의 10-3.2절 단순회귀모형의 유의성 검정에서 본 바와 같이 $SS_T = SS_{Tr} + SS_E$이고, 자유도 역시 $(an-1) = (a-1) + a(n-1)$이므로 [정리 10.3.1]에 의해 가설 (12-1.3)의 검정통계량은

$$F_0 = \frac{SS_{Tr}/(a-1)}{SS_E/[a(n-1)]} = \frac{MS_{Tr}}{MS_E} \tag{12-1.5}$$

이며, 귀무가설 $H_0 : \tau_1 = \tau_2 = \ldots = \tau_a = 0$이 진실일 때, $F_0 \sim F(a-1,\ a(n-1))$의 분포에 따른다. 따라서, $F_0 > f_{\alpha:(a-1),\,a(n-1)}$일 때 유의수준 α에서 귀무가설 H_0를 기각하게 된다.

(12-1.5)에서 MS_{Tr}을 처리 제곱평균(mean square for treatment), MS_E는 오차 제곱평균(error mean square)이라고 하며,

$$E(MS_{Tr}) = \sigma^2 + \frac{n\sum_{i=1}^{a}\tau_i^2}{a-1},\quad E(MS_E) = \sigma^2 \tag{12-1.6}$$

이다. (12-1.6)으로부터 F_0의 값이 클수록 H_0를 기각하는 확실한 증거가 되며, MS_E는 오차분산 σ^2의 불편 추정량이 됨을 알 수 있다. 사실, $MS_E = \frac{1}{a(n-1)}\sum_{i=1}^{a}\sum_{j=1}^{n}(y_{ij} - \hat{y}_{i.})^2$는 인자 A의 각 수준에서 얻은 a개의 표본분산 $S_i^2 = \frac{1}{n-1}\sum_{j=1}^{n}(y_{ij} - \hat{y}_{i.})^2,\ i = 1,\ 2,\ \ldots,\ a$을 결합한 σ^2의 결합 추정량(pooled estimator of σ^2)임에 유의하기 바란다[식 (9-3.2) 참조].

10-3.2절에서와 마찬가지로 가설 (12-1.3)에 대한 검정결과는 [표 12-1.3]과 같은 분산분석표로 정리하여 나타낸다.

[표 12-1.3] 일원배치 실험의 분산분석표 (모수모형)

요 인	자유도	제곱합	제곱평균	F_0
처리	$a-1$	SS_{Tr}	MS_{Tr}	MS_{Tr}/MS_E
오차	$a(n-1)$	SS_E	MS_E	
합계	$N-1$	SS_T		

예제 12.1.2

앞에서 소개한 종이 인장강도 문제에서 경목 펄프의 함량이 종이의 인장강도에 유의한 영향을 주는 인자인지를 유의수준 $\alpha = 0.01$에서 검정하여 보자.

풀이 자료의 구조식 $Y_{ij} = \mu + \tau_i + \epsilon_{ij}$, $i = 1, 2, 3, 4$, $j = 1, 2, ..., 6$에서 검정해야 할 가설은

$H_0 : \tau_1 = \tau_2 = \tau_3 = \tau_4 = 0$, H_1 : 적어도 하나의 i에 대해 $\tau_i \neq 0$이다.

$$SS_T = \sum_{i=1}^{4}\sum_{j=1}^{6}(y_{ij} - \overline{y}_{..})^2 = \sum_{i=1}^{4}\sum_{j=1}^{6}y_{ij}^2 - \frac{y_{..}^2}{24} = 512.96, \ \ df_T = 23$$

$$SS_{Tr} = 6\sum_{i=1}^{4}(\overline{y}_{i.} - \hat{y}_{..})^2 = \sum_{i=1}^{4}\frac{y_{i.}^2}{6} - \frac{y_{..}^2}{24} = 382.79, \ \ df_{Tr} = 3$$

$$SS_E = SS_T - SS_{Tr} = 512.96 - 382.79 = 130.17, \ \ df_E = 20$$

[표 12-1.4] 종이 인장강도 예제의 분산분석표

요 인	자유도	제곱합	제곱평균	F_0
처리	3	382.79	127.60	19.61
오차	20	130.17	6.51	
합계	23	512.96		

$$F_0 = \frac{127.6}{6.51} = 19.61 > f_{0.01\,:\,3,\,20} = 4.94$$

이므로 유의수준 $\alpha = 0.01$에서 H_0를 기각할 수 있다. 즉, 유의수준 $\alpha = 0.01$에서 경목펄프의 함량 변화는 종이의 인장강도에 유의한 영향을 끼친다고 할 수 있다. 참고로 p-값을 구해보면, P-값 $= P(F(3,20) > 19.61) < 0.0001$으로 H_0를 충분히 기각할 수 있음을 보여주고 있다. ■

12.1.2 분산분석 후의 추정

분산분석을 수행한 결과 인자 A가 특성치 y에 유의한 영향을 끼친다는 사실이 확인되었다면 인자 A의 각 수준에서의 모평균 $\mu_i = \mu + \tau_i$, $i = 1, 2, ..., a$에 대한 추정에 관심을 갖게 된다. 수준 A_i에서의 모평균 μ_i의 점 추정량은 $\hat{\mu}_i = \overline{Y}_{i.}$이다. 오차 항에 대하여 $\epsilon_i \sim NID(0, \sigma^2)$을 가정하면 $\overline{Y}_{i.} \sim N\left(\mu_i, \frac{\sigma^2}{n}\right)$이 되므로, $\frac{\overline{Y}_{i.} - \mu_i}{\sqrt{MS_E/n}}$는 자유도 $a(n-1)$의 t-분포에 따르게 된다.

즉,

$$\frac{\overline{Y}_{i.}-\mu_i}{\sqrt{MS_E/n}} \sim t_{a(n-1)} \qquad \text{(12-1.7)}$$

(12-1.7)로부터 μ_i의 $100(1-\alpha)\%$ 신뢰구간을 다음과 같이 구할 수 있다.

$$\overline{y}_{i.} \pm t_{\alpha/2,\, a(n-1)}\sqrt{\frac{MS_E}{n}} \qquad \text{(12-1.8)}$$

또한, 때로는 수준 A_i와 A_j에서의 모평균의 차이 $\mu_i-\mu_j$의 추정이 필요한 경우도 있을 것이다. $\mu_i-\mu_j$의 점 추정량은 $\overline{Y}_{i.}-\overline{Y}_{j.}$이고, 역시 $\epsilon_i \sim NID(0,\sigma^2)$을 가정하면 $\overline{Y}_{i.}-\overline{Y}_{j.} \sim N\left(\mu_i-\mu_j,\ \frac{2\sigma^2}{n}\right)$이므로,

$$\frac{(\overline{Y}_{i.}-\overline{Y}_{j.})-(\mu_i-\mu_j)}{\sqrt{2MS_E/n}} \sim t_{a(n-1)} \qquad \text{(12-1.9)}$$

이 된다. 따라서, $\mu_i-\mu_j$의 $100(1-\alpha)\%$ 신뢰구간은

$$(\overline{y}_{i.}-\overline{y}_{j.}) \pm t_{\alpha/2,\, a(n-1)}\sqrt{\frac{2MS_E}{n}} \qquad \text{(12-1.10)}$$

이다. (12-1.10)의 신뢰구간으로부터 가설 $H_0: \mu_i-\mu_J=0,\ H_0: \mu_i-\mu_j \neq 0$을 검정할 수도 있다. 즉, (12-1.10)에서 구한 신뢰구간에 0이 포함되면 유의수준 α에서 $\mu_i=\mu_j$라는 의미이므로 H_0를 기각할 수 없다. 반대로 0이 포함되지 않는다면 H_0를 기각하여 $\mu_i-\mu_j\neq 0$라고 판단 하게 된다. 다시 말하면,

$$|\overline{y}_{i.}-\overline{y}_{j.}| > t_{\alpha/2,\, a(n-1)}\sqrt{\frac{2MS_E}{n}} \qquad \text{(12-1.11)}$$

이면 H_0를 기각하고 $\mu_i-\mu_j\neq 0$라고 판단한다. 이와 같은 의미에서 $t_{\alpha/2,\, a(n-1)}\sqrt{\frac{2MS_E}{n}}$를 최소 유의차(least significant difference, LSD)라고 부르기도 한다.

예제 12.1.3

앞의 [예제 12.1.1]의 종이 인장강도 문제에서
$\overline{y}_{1.}=10.000,\ \overline{y}_{2.}=15.667,\ \overline{y}_{3.}=117.000,\ \overline{y}_{4.}=21.167$이고,

$se(\bar{y}_{i.}) = \sqrt{\dfrac{6.51}{6}} = 1.042,\ t_{0.025,\,20} = 2.086$ 이다.

μ_4의 95% 신뢰구간을 구해 보면

$\bar{y}_{4.} \pm t_{0.025,\,20}se(\bar{y}_{4.}) = 21.167 \pm (2.086)(1.042) = [18.994,\ 23.340]$

이다. 이번에는 $\mu_1 - \mu_4$의 95% 신뢰구간을 구하여 보자.

$$(\bar{y}_1 - \bar{y}_4) \pm t_{0.025,\,20}\sqrt{\frac{2(6.51)}{6}} = (10.000 - 21.167) \pm (2.086)(1.473)$$
$$= [-12.643,\ -9.697]$$

이 구간에는 0을 포함하지 않는다. 따라서, 가설 $H_0 : \mu_4 = \mu_1,\ H_1 : \mu_4 \neq \mu_1$에 대해 유의수준 0.05에서 H_0를 기각하게 되며 $\mu_4 \neq \mu_1$이라고 판단하게 된다. 또한, 최소 유의차 $LSD = (2.806)$ (1.042) $LSD = (2.806)(1.042) = 3.073 < |\bar{y}_{4.} - \bar{y}_{1.}| = 11.167$ 임을 알 수 있다.

[그림12-1.1]은 Minitab에서 제공하는 상자그림(box plot)이다. 이 그림으로부터 경목함량의 수준 변화에 따른 인장강도의 변화를 쉽게 알아볼 수 있다.

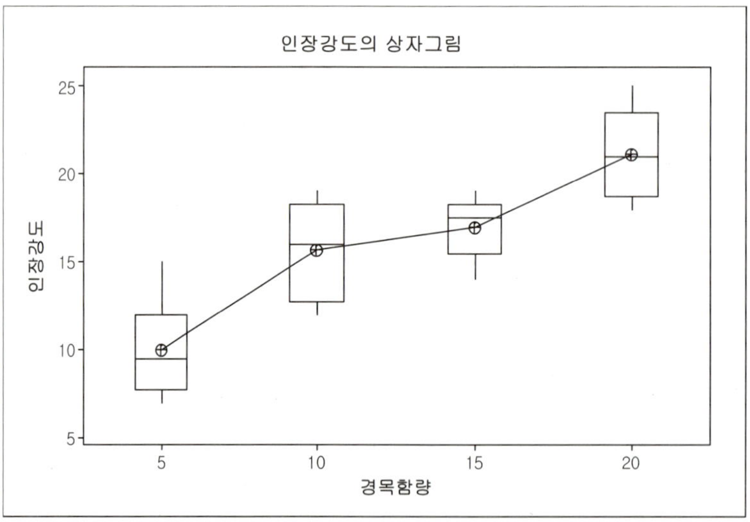

[그림 12-1.1] 경목 함량의 변화에 대한 인장강도의 상자그림

12.1.3 잔차분석과 모형의 타당성 검토

일원배치 실험의 통계적 모형은 식 (12-1.1)의 자료 구조식에 나타나 있다. 즉,

$$Y_{ij} = \mu + \tau_i + \epsilon_{ij},\ \ \epsilon_{ij} \sim NID(0,\ \sigma^2),\ i = 1,\ 2,\ ...,\ a\ \ j = 1,\ 2,\ ...,\ n$$

여기서 오차 항 $\epsilon_{ij} \sim NID(0,\ \sigma^2)$의 가정은 관측자료가 각각 독립이고 동일한 분산 σ^2과 수준 A_i에서 평균 $\mu_i = \mu + \tau_i$를 갖는 정규분포에 따른다는 것을 의미한다. 관측자료에 대한 분산분석이나 인자수준의 모평균 추정 등 통계적 분석 절차는 모두 자료의 통계적 특성에 대하여 이와 같은 가정을 전제하고 수행되는 것이므로, 분석결과의 신뢰성을 확보하기 위해 이와 같은 자료의 통계적 특성에 대한 가정이 타당한지를 검토해 볼 필요가 있다. 자료의 통계적 특성에 대한 가정의 검토 즉, 모형의 타당성 검토는 보통 잔차 분석을 통해 수행된다. 잔차(residual, e_{ij})는 관측치와 모형에 의한 추정치의 차이 즉, $e_{ij} = y_{ij} - \hat{y}_{ij}$이다. 일원배치 실험과 같은 완전확률화 실험에서는 $\hat{y}_{ij} = \bar{y}_{i.}$이다.

먼저 자료의 정규분포 가정에 대한 검토는 잔차 e_{ij}에 대한 정규확률도(normal probability plot)에 의해서 수행된다. 잔차에 대한 정규확률도가 대략적으로 직선의 형태를 보인다면 정규분포 가정이 타당하다고 판단할 수 있다.

등분산에 대한 가정은 "$\hat{y}_{ij}$에 대한 e_{ij}그래프", 혹은 "인자수준에 대한 e_{ij}그래프"를 그려서 검토할 수 있다. $\hat{y}_{ij}$의 값 혹은 인자수준에 대해 e_{ij}의 산포가 일정한 형태를 보인다면 등분산의 가정이 타당하다고 판단하게 된다.

독립성에 대한 가정은 시간(-실험이 행하여진 순서 즉, 자료가 얻어진 순서)에 대한 e_{ij}의 그래프, 혹은 인자수준에 대한 e_{ij}그래프를 그려 봄으로써 확인할 수 있다. 시간에 대해 e_{ij}가 증가, 감소, 혹은 주기적 변동 행태를 보인다면 독립성 가정이 맞지 않는다는 증거가 된다.

대부분의 통계소프트웨어들이 여러 가지 다양한 잔차 그래프를 제공하고 있다. [그림 12-1.2], [12-1.3], 그리고 [그림 12-1.4]은 [예제 12.1.1]의 종이 인장강도 자료에 대한 잔차그래프들인데, 이 그래프들은 모두 자료의 정규성, 독립성, 등분산성의 가정이 타당함을 보여주고 있다. 이 그래프들은 Minitab에서 제공하는 그래프들이다.

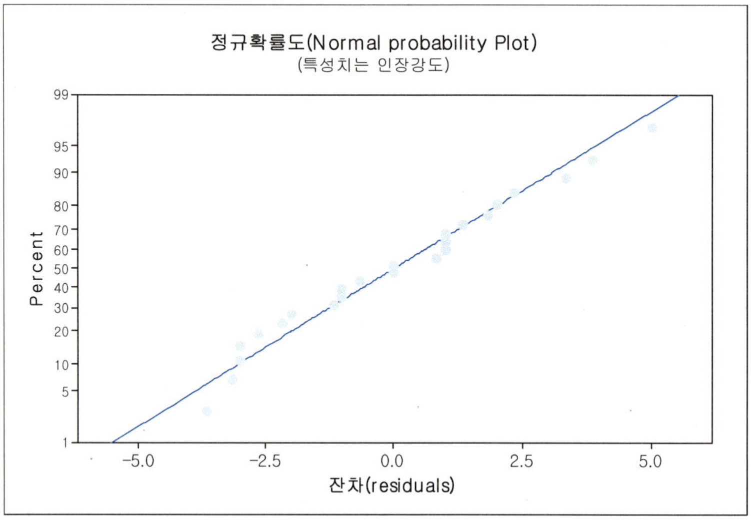

[그림 12-1.2] 잔차에 대한 정규확률도

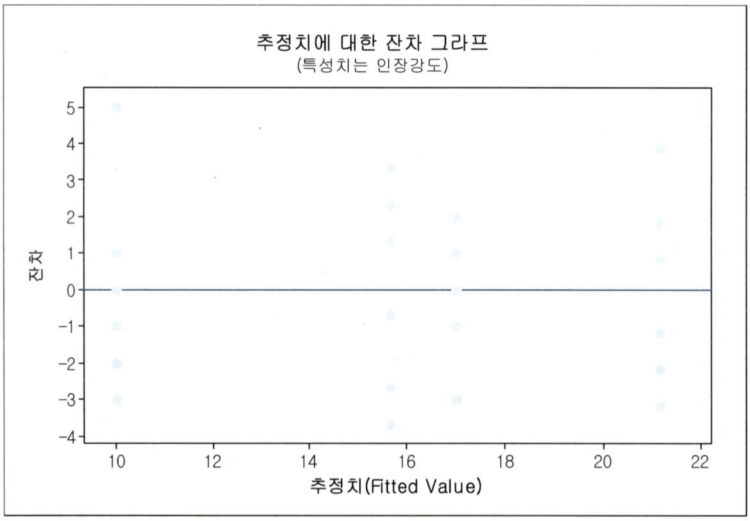

[그림 12-1.3] 추정치($\hat{y}_{ij}$)에 대한 잔차(ϵ_{ij})그래프

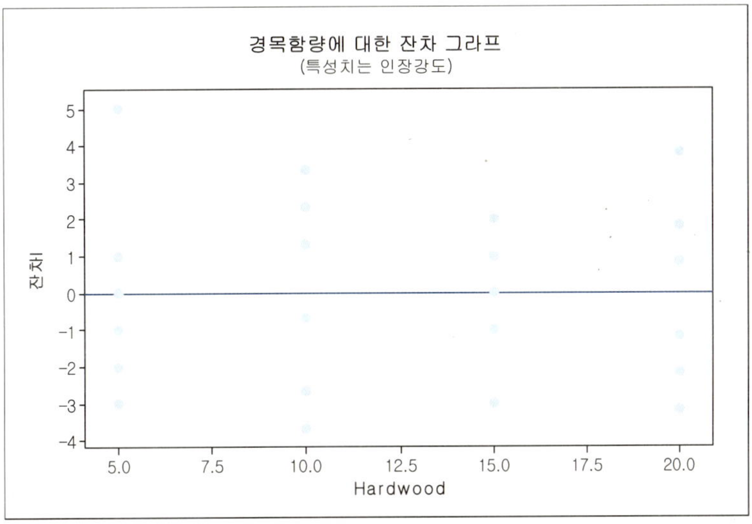

[그림 12-1.4] 인자수준(경목함량)에 대한 잔차 그래프

12.1.4 변량모형(random effects model)

앞에서 언급한 바와 같이 가능한 인자수준의 모집단에서 랜덤 샘플링으로 a개의 수준을 임의로 정하게 되는 경우 그 인자를 변량인자라고 한다. 즉, 변량인자는 가능한 수준이 무수히 많으며 인자 수준의 변화가 특성치의 평균에 끼치는 영향보다는 특성치의 분산에 끼치는 영향에 관심이 있는 경우라 하겠다. 이 때 처리효과 τ_i는 확률변수로써 $N(0,\ \sigma_\tau^2)$의 분포에 따르는 것으로 가정한다. 따라서, 인자 A의 유의성 검정은 σ_τ^2에 대한 가설 검정이고, 검정결과는 인자 수준의 모집단 전체에 대해 적용되며, σ_τ^2에 대한 추정이 요구된다. 변량모형(혹은 분산성분 모형)의 구조식은 다음과 같다.

$$Y_{ij} = \mu + \tau_i + \epsilon_{ij},\ \ i = 1,\ 2,\ \ldots,\ a\ \ j = 1,\ 2,\ \ldots,\ n \tag{12-1.12}$$

여기서, $\tau_i \sim NID(0,\ \sigma_\tau^2)$, 그리고 $\epsilon_{ij} \sim NID(0,\ \sigma^2)$로 가정하므로 특성치의 분산은

$$V(Y_{ij}) = \sigma_\tau^2 + \sigma^2 \tag{12-1.13}$$

이 되므로, 변량모형을 분산성분 모형이라고도 한다.

변량모형에서 인자의 유의성 검정을 위한 가설은 다음과 같다.

$$H_0 : \sigma_\tau^2 = 0, \qquad H_1 : \sigma_\tau^2 > 0 \tag{12-1.14}$$

$H_0 : \sigma_\tau^2 = 0$가 진실이라면 인자의 수준 변화가 특성치에 영향을 끼치지 않음을 의미한다.

분산분석은 모수모형의 경우와 동일한 방법으로 수행된다. 오차 제곱평균 MS_E는 역시 오차 분산의 불편추정량이며 처리 제곱합 MS_{Tr}의 기대치는 다음과 같다.

$$E(MS_{Tr}) = \sigma^2 + n\sigma_\tau^2, \qquad E(MS_E) = \sigma^2 \tag{12-1.15}$$

따라서, 오차분산과 처리효과의 분산은 다음과 같이 추정된다.

$$\hat{\sigma}^2 = MS_E \qquad \hat{\sigma}_\tau^2 = \frac{MS_{Tr} - MS_E}{n} \tag{12-1.16}$$

예제 12.1.4

어떤 화공약품 회사에서는 매년 수백 개의 원료 배치(batch)를 정제하여 녹 방지제(anticorrosive)를 생산하고 있다. 이 공장에서는 원료 배치마다 수율(yield)의 변동이 얼마나 큰지에 관심이 있다. 이를 파악하기 위해 수백 개의 배치에서 4개의 배치를 임의로 선택하고 선택된 배치당 4개의 시료를 채취하여 이를 정제한 후 수율을 측정하는 실험을 실시하여 [표 12-1.5]의 자료를 얻었다. 배치마다 수율의 차이가 유의한지 유의수준 $\alpha = 0.01$에서 검정하여 보자.

[표 12-1.5] 녹 방지제 수율 자료

배치	관 측				합계
	1	2	3	4	
1	98	97	99	96	390
2	91	90	93	92	366
3	96	95	97	95	383
4	95	96	99	98	388
합계					1527

풀이 자료의 구조식 $Y_{ij} = \mu + \tau_i + \epsilon_{ij},\ i = 1, 2, 3, 4\ \ j = 1, 2, 3, 4$에서 $\tau_i \sim NID\left(0, \sigma_\tau^2\right)$이므로 검정해야 할 가설은 $H_0 : \sigma_\tau^2 = 0,\ H_1 : \sigma_\tau^2 > 0$이다.

$$SS_T = \sum_{i=1}^{4}\sum_{j=1}^{6}(y_{ij} - \bar{y}_{..})^2 = \sum_{i=1}^{4}\sum_{j=1}^{6} y_{ij}^2 - \frac{y_{..}^2}{16} = 111.937, \quad df_T = 15$$

$$SS_{Tr} = 4\sum_{i=1}^{4}(\bar{y}_{i.} - \bar{y}_{..})^2 = \sum_{i=1}^{4}\frac{y_{i.}^2}{4} - \frac{y_{..}^2}{16} = 89.187, \quad df_{Tr} = 3$$

$$SS_E = SS_T - SS_{Tr} = 111.94 - 89.19 = 22.750, \quad df_E = 12$$

[표12-1.6] 녹 방지제 예제의 분산분석표

요 인	자유도	제곱합	제곱평균	F_0
처리	3	89.187	29.729	15.68
오차	12	22.75	1.896	
합계	15	111.937		

$$F_0 = \frac{29.729}{1.896} = 15.68 > f_{0.01:3,\,12} = 5.95$$

이고 검정의 P-값$= P[F(3,12) > 15.68] < 0.0001$이므로 $H_0 : \sigma_\tau^2 = 0$를 기각할 수 있다. 즉, 유의수준 $\alpha = 0.01$에서 배치마다 수율의 차이가 유의할 만큼 크다고 할 수 있다.
변량모형에서는 분산분석 후의 추정으로 특성치의 분산성분을 추정하게 된다. 앞의 식 (12-1.11)으로부터 오차에 의한 분산성분과 인자수준에 의한 분산성분을 다음과 같이 추정할 수 있다.

$$\hat{\sigma}^2 = MS_E = 1.896, \quad \hat{\sigma}_\tau^2 = \frac{MS_{Tr} - MS_E}{n} = \frac{29.729 - 1.896}{4} = 6.958$$

따라서, 특성치의 분산은 $\hat{V}(Y_{ij}) = \hat{\sigma}^2 + \hat{\sigma}_\tau^2 = 1.896 + 6.958 = 8.854$이다. 이와 같이 분산성분의 추정을 통해 특성치인 수율의 변동은 주로 원료 배치에 그 원인이 있음을 알 수 있다. ■

12.2 이원배치 실험

이원배치 실험(two-way factorial experiment)은 특성치에 대하여 두 개의 인자가 미치는 영향을 조사하는 실험이다. 일원배치 실험과는 달리 고려하는 인자가 두 개이므로 두 인자 각각의 개별적인 효과 즉, 주효과(main effect)뿐만 아니라 두 인자가 어울려서 일으키는 동시적인 효과 즉, 교호작용(interaction effect)에 대해서도 알아 볼 수가 있다. 고려하는 인자를 A, B라 하고, A인자의 수준 수를 a, B 인자의 수준 수를 b, 그리고 ab개의 수준조합에서 각각 n회의 반복 실험을 하는 이원배치 실험의 구조식은 다음과 같다.

$$Y_{ijk} = \mu + \tau_i + \beta_j + (\tau\beta)_{ij} + \epsilon_{ijk},$$
$$i = 1, 2, \ldots, a \quad j = 1, 2, \ldots, b \quad k = 1, 2, \ldots, n \qquad \text{(12-2.1)}$$

여기서 μ는 $N = abn$개 자료 전체의 모평균, τ_i는 인자 A의 i-번째 수준 효과, β_j는 인자 B 의 j-번째 수준 효과, $(\tau\beta)_{ij}$는 A, B 의 교호작용 효과, 그리고 ϵ_{ijk}는 오차 항이다. 일원배치 실험에서와 마찬가지로 오차 항에 대해 $\epsilon_{ijk} \sim NID(0, \sigma^2)$를 가정한다.

일원배치 실험과 마찬가지로 이원배치 실험에서도 실험단위가 모두 동질적이라고 가정하며, $N = abn$ 회의 실험 전체를 완전히 랜덤한 순서로 실시한다. 즉, 이원배치 실험 역시 완전확률화 실험이다. 이원배치 실험의 결과 자료는 [표 12-2.1]과 같이 정리한다.

[표 12-2.1] 이원배치 실험 결과 자료표

		인자 B				평균
		1	2	…	b	
인자 A	1	$y_{111} \dots y_{11n}$	$y_{121} \dots y_{12n}$	…	$y_{1b1} \dots y_{1bn}$	$\bar{y}_{1..}$
	2	$y_{211} \dots y_{21n}$	$y_{221} \dots y_{22n}$	…	$y_{2b1} \dots y_{2bn}$	$\bar{y}_{2..}$
	…	…	…	…	…	…
	a	$y_{a11} \dots y_{a1n}$	$y_{a21} \dots y_{a2n}$	…	$y_{ab1} \dots y_{abn}$	$\bar{y}_{a..}$
평균		$\bar{y}_{.1.}$	$\bar{y}_{.2.}$	…	$\bar{y}_{.b.}$	$\bar{y}_{...}$

여기서는 인자 A, B를 모두 모수인자로 가정한다. 또한 $\tau_i = \mu_i - \mu$, $\beta_j = \mu_j - \mu$, 그리고 $(\tau\beta)_{ij} = \mu_{ij} - \mu$로 정의함으로써, $\sum_{i=1}^{a}\tau_i = 0$, $\sum_{i=1}^{b}\beta_j = 0$, 그리고 $\sum_{i=1}^{a}(\tau\beta)_{ij} = \sum_{j=1}^{b}(\tau\beta)_{ij} = 0$이 성립한다. 모수인자의 이원배치 실험에서 우리가 검정하여야 할 가설은 다음과 같다.

$$H_0 : \tau_1 = \tau_2 = \dots = \tau_a = 0 \quad H_1 : \text{ 적어도 하나의 } i\text{에 대해 } \tau_i \neq 0 \tag{12-2.2}$$

$$H_0 : \beta_1 = \beta_2 = \dots = \beta_b = 0 \quad H_1 : \text{ 적어도 하나의 } j\text{에 대해 } \beta_j \neq 0 \tag{12-2.3}$$

$$H_0 : (\tau\beta)_{11} = (\tau\beta)_{12} = \dots = (\tau\beta)_{ab} = 0 \quad H_1 : \text{ 적어도 하나의 } (\tau\beta)_{ij} \neq 0 \tag{12-2.4}$$

가설 (12-2.2)는 인자 A의 주효과, 가설 (12-2.3)은 인자 B 의 주효과, 그리고 가설 (12-2.4)는 A와 B 의 교호작용의 유의성 여부를 검정하기 위한 가설이다. 가설 (12-2.2)~ (12-2.4)에 대한 검정은 일원배치에서와 마찬가지로 총 변동 $\sum_{i=1}^{a}\sum_{j=1}^{b}\sum_{k=1}^{n}(y_{ijk} - \bar{y}_{...})^2$을 각 인자효과에 대응되는 성분과 오차 성분으로 분할하여 수행된다. 즉,

$$\sum_{i=1}^{a}\sum_{j=1}^{b}\sum_{k=1}^{n}(y_{ijk}-\bar{y}_{...})^2$$

$$=bn\sum_{i=1}^{a}(\bar{y}_{i..}-\bar{y}_{...})^2+an\sum_{j=1}^{b}(\bar{y}_{.j.}-\bar{y}_{...})^2$$

$$+n\sum_{i=1}^{a}\sum_{j=1}^{b}(\bar{y}_{ij.}-\bar{y}_{i..}-\bar{y}_{.j.}+\bar{y}_{...})^2$$

$$+\sum_{i=1}^{a}\sum_{j=1}^{b}\sum_{k=1}^{n}(y_{ijk}-\bar{y}_{ij.})^2 \tag{12-2.5}$$

(12-2.5)에서 좌변은 총 변동 SS_T로써 자유도 $df_T=abn-1$이다. 우변은 첫 번째 항부터 차례로 인자 A의 주효과에 대응하는 제곱합 SS_A, 인자 B의 주효과에 대응하는 제곱합 SS_B, A와 B의 교호작용에 대응하는 제곱합 SS_{AB}, 그리고 마지막 항은 오차 제곱합 SS_E이다. 이들의 자유도는 각각 $df_T=abn-1$, $df_A=a-1$, $df_B=b-1$, $df_{AB}=(a-1)(b-1)$, 그리고 오차 제곱합 SS_B의 자유도 $df_E=ab(n-1)$이다. $SS_T=SS_A+SS_B+SS_{AB}+SS_E$와 함께 자유도의 분할 $(abn-1)=(a-1)+(b-1)+(a-1)(b-1)+[ab(n-1)]$이 성립되므로 [정리 10-3.1]에 의해 가설 (12-2.2) ~ (12-2.4)에 대해 F-검정을 수행할 수 있다.

또한, 제곱합을 자유도로 나눈 평균제곱합의 기대값은 다음과 같다.

$$E(MS_A)=\sigma^2+\frac{bn\sum_{i=1}^{a}\tau_i^2}{a-1} \qquad E(MS_B)=\sigma^2+\frac{an\sum_{j=1}^{b}\beta_j^2}{b-1}$$

$$E(MS_{AB})=\sigma^2+\frac{n\sum_{i=1}^{a}\sum_{j=1}^{b}(\tau\beta)_{ij}^2}{(a-1)(b-1)} \qquad E(MS_E)=\sigma^2 \tag{12-2.6}$$

평균 제곱합의 기대치 (12-2.6)으로부터 오차 제곱평균 MS_E는 언제나 오차 분산 σ^2의 불편추정량이 되지만, MS_A, MS_B, MS_{AB}는 (12-2.2)~(12-2.4)의 귀무가설 $H_0:\tau_i=0$, $H_0:\beta_j=0$, 그리고 $H_0:(\tau\beta)_{ij}=0$이 진실일 때에만 오차 분산 σ^2의 불편 추정량이 됨을 알 수 있다.

A의 주효과에 대한 가설 (12-2.2)의 검정통계량은

$$F_0=\frac{MS_A}{MS_E} \tag{12-2.7}$$

이고, 귀무가설 $H_0:\tau_i=0$이 진실일 때 $F(a-1,\ ab(n-1))$의 분포에 따른다. 따라서

$F_0 > f_{\alpha:a-1,\, ab(n-1)}$이면 귀무가설 $H_0: \tau_i = 0$를 기각한다.

마찬가지로 B의 주효과에 대한 가설 (12-2.3)의 검정통계량은

$$F_0 = \frac{MS_B}{MS_E} \tag{12-2.8}$$

이며, 귀무가설 $H_0: \beta_j = 0$이 진실일 때 $F(b-1,\, ab(n-1))$의 분포에 따르고, $F_0 > f_{\alpha:b-1,\, ab(n-1)}$이면 귀무가설 $H_0: \beta_j = 0$를 기각한다.

또한, A와 B의 교호작용에 대한 가설 (12-2.4)의 검정통계량은

$$F_0 = \frac{MS_{AB}}{MS_E} \tag{12-2.9}$$

이고, 귀무가설 $H_0: (\tau\beta)_{ij} = 0$이 진실일 때 $F((a-1)(b-1),\, ab(n-1))$의 분포에 따른다. 따라서 $F_0 > f_{\alpha:(a-1)(b-1),\, ab(n-1)}$이면 귀무가설 $H_0: (\tau\beta)_{ij} = 0$를 기각한다.

A와 B의 교호작용이 유의한 경우 A, B 각각의 주효과는 별 의미를 갖지 못한다. 따라서 교호작용에 대한 검정 결과를 먼저 확인한 후에 각각의 주효과에 대한 조사하는 것이 바람직하다. 이원배치 실험의 분산분석표는 [표 12-2.2]와 같다.

[표 12-2.2] 이원배치 실험의 분산분석표

요인	자유도	제곱합	평균 제곱합	검정통계량
주효과 A	$a-1$	SS_A	MS_A	MS_A/MS_E
주효과 B	$b-1$	SS_B	MS_B	MS_B/MS_E
교호작용 AB	$(a-1)(b-1)$	SS_{AB}	MS_{AB}	MS_{AB}/MS_E
오차 (E)	$ab(n-1)$	SS_E	MS_E	
합계	$abn-1$	SS_T		

12.2.1 분산분석 후의 추정

(1) 교호작용이 유의한 경우

이원배치 실험에서 분산분석 후의 추정은 교호작용의 유의성 여부에 따라 두 경우로 나누어 생각하여야 한다. 먼저 교호작용이 유의한 경우에는 인자 A와 인자 B의 주효과를 별개로 고려하는 것은 무의미하므로 $\mu_{i.}$와 $\mu_{.j}$의 추정은 할 필요가 없고, 인자 수준조합 A_iB_j에서의

처리평균 μ_{ij}에 대한 추정이 필요 하다. μ_{ij}의 점 추정치 $\hat{\mu}_{ij}$는 A_iB_j셀의 평균 $\bar{y}_{ij.}$이 된다. 또한, (12-2.1)의 구조식에서 오차 항에 대해 $\epsilon_{ijk} \sim NID(0, \sigma^2)$을 가정하였으므로 $\bar{y}_{ij.} \sim N\left(\mu_{ij}, \dfrac{\sigma^2}{n}\right)$의 분포에 다를 것이다. 따라서, μ_{ij}의 $100(1-\alpha)\%$ 신뢰구간은 다음과 같이 주어진다.

$$\bar{y}_{ij.} \pm t_{\alpha/2,\, ab(n-1)}\sqrt{\frac{MS_E}{n}} \tag{12-2.10}$$

이번에는 처리조합 A_iB_j 의 모평균 μ_{ij}와 다른 처리조합 $A_{i'}B_{j'}$의 모평균 $\mu_{i'j'}$의 차이 $\mu_{ij}-\mu_{i'j'}$의 추정에 대해 생각하여 보자. $\mu_{ij}-\mu_{i'j'}$의 점 추정치는 $\bar{y}_{ij.}-\bar{y}_{i'j'.}$가 된다. 또한, $\bar{y}_{ij.}-\bar{y}_{i'j'.} \sim N\left(\mu_{ij}-\mu_{i'j'}, \dfrac{2\sigma^2}{n}\right)$의 분포에 따르므로 $\mu_{ij}-\mu_{i'j'}$의 $100(1-\alpha)\%$ 신뢰구간은

$$\bar{y}_{ij.}-\bar{y}_{i'j'.} \pm t_{\alpha/2,\, ab(n-1)}\sqrt{\frac{2MS_E}{n}} \tag{12-2.11}$$

이 된다. 식 (12-1.11)에서와 마찬가지로 $|\bar{y}_{ij.}-\bar{y}_{i'j'.}| > t_{\alpha/2,\, ab(n-1)}\sqrt{\dfrac{2MS_E}{n}}$ 이면 μ_{ij}와 $\mu_{i'j'}$는 유의한 차이가 있음을 의미하므로 $t_{\alpha/2,\, ab(n-1)}\sqrt{\dfrac{2MS_E}{n}}$ 를 최소 유의차(LSD)라고 부른다.

예제 12.2.1

시멘트의 강도(y)는 제조과정에서 첨가하는 석고의 종류(인자 A)와 석고 첨가량(인자 B)에 영향을 받는 것으로 알려져 있다. 이를 확인하기 위하여 인자 A를 3 수준, 인자 B를 6 수준으로 하고, 각 수준 조합에서 2회의 반복 실험을 실시하는 이원배치 실험을 실시하였다. 실험 결과 자료는 [표 12-2.5]와 같다.

[표 12-2.5] 시멘트 강도 실험 자료

		인자 B (석고 첨가량)						합계
		$B1$	$B2$	$B3$	$B4$	$B5$	$B6$	
인자 A (석고종류)	$A1$	305, 302	335, 337	366, 364	372, 374	376, 373	348, 350	4202
	$A2$	322, 325	350, 348	326, 324	330, 330	327, 330	310, 308	3930
	$A3$	320, 322	342, 344	338, 336	348, 348	350, 350	330, 328	4056
합계		1896	2056	2054	2102	2106	1974	12188

[표 12-2.6]은 Minitab에 의해 작성된 [표 12-2.5]의 자료에 대한 분산분석표이다.

[표 12-2.6] 시멘트 강도 자료의 분산분석표

요인	자유도	제곱합	평균 제곱합	검정통계량	P값
종류(A)	2	3088.22	1544.11	694.85	0.000
첨가량(B)	5	5548.89	1109.78	499.40	0.000
교호작용(AB)	10	4825.78	482.58	217.16	0.000
오차(E)	18	40.00	2.22		
합계	35	13502.89			

위의 분산분석표에서 교호작용(AB)의 P-값이 0에 가까운 값이므로 교호작용이 유의하다는 것을 알 수 있다. 이와 같은 경우에는 A, B 각 인자에 대하여 모평균을 추정하는 것은 의미가 없고, 수준조합 A_iB_j에서의 모평균 μ_{ij}를 추정하여야 한다. μ_{ij}의 점 추정치는 $\bar{y}_{ij.}$ 이다.

분산분석과 같은 정형적인 통계적 검정방법을 이용하지 않고 그래프를 통해 인자효과의 유의성 여부를 간략하게 확인하여 볼 수도 있다. [그림 12-2.1]과 [그림 12-2.2]는 [예제 12.2.1]의 시멘트 강도 실험 자료에 대한 Minitab에서 제공하는 주 효과 그림과 교호작용 그림이다. [그림 12-2.1]의 주 효과 그림으로부터 석고의 종류에 따라, 그리고 석고 첨가량의 변화에 따라 시멘트의 강도가 크게 영향을 받음을 알 수 있다.

또한, [그림 12-2.2]의 교호작용 그림은 석고의 종류에 따라 첨가량의 변화가 시멘트 강도에 미치는 영향이 달라짐을 보여주고 있다. 이를테면 석고 종류1의 첨가량에 따른 시멘트 강도의 변화를 나타내는 '검은 선'과 종류2의 첨가량에 따른 강도 변화를 나타내는 '붉은 선'을 비교하여 보라. 석고 종류 별로 첨가량 변화에 따른 시멘트 강도에 대한 영향이 다르게 나타나고 있음을 알 수 있다. 이와 같이 교호작용 그림의 선들이 서로 교차하는 형태를 보이는 것은 교호작용이 유의하다는 것을 의미한다. 이와 같이 [그림 12-2.1]과 [그림 12.2.2]로부터 정형적인 분산분석의 F-검정의 결과와 마찬가지로 주 효과와 교호작용이 모두 유의하다는 사실을 알 수 있다. ■

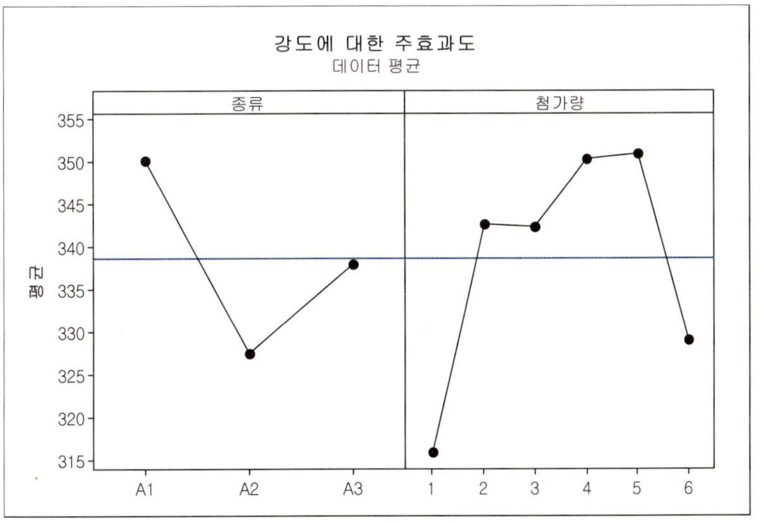

[그림 12-2.1] 시멘트 강도 실험자료의 주 효과 그림

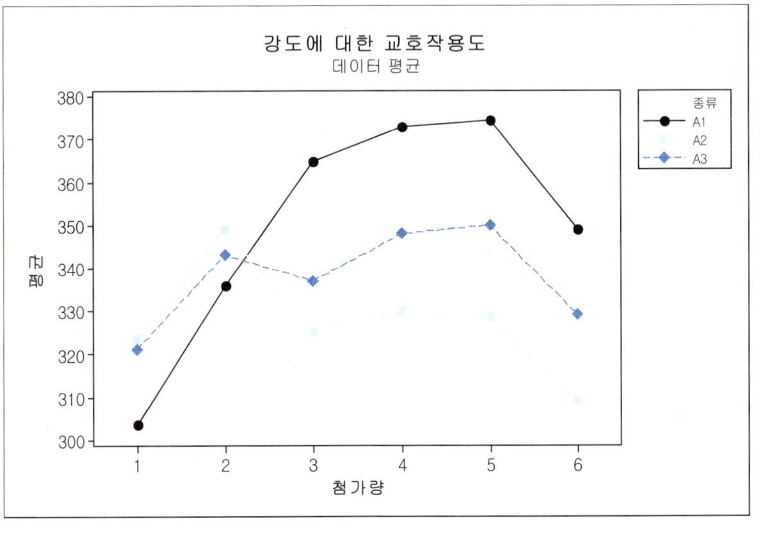

[그림 12-2.2] 시멘트 강도 실험자료의 교호작용 그림

앞에서 언급한 바와 같이 교호작용이 유의한 경우에는 인자수준조합 A_iB_j에서의 모평균 μ_{ij}를 추정하여야 한다. 여기서는 수준조합 A_1B_3에서의 모평균 μ_{13}, A_2B_3에서의 모평균 μ_{23}, 그리고 이들의 차이 $\mu_{13}-\mu_{23}$의 95% 신뢰구간을 추정하여 보자. 식 (12-2.10)과 (12-2.11)에서, $\mu_{13} = \bar{y}_{13.} = (366+364)/2 = 365$, $\widehat{\mu_{23}} = \bar{y}_{23.} = (326+324)/2 = 325$ 이고, $t_{0.025:18} = 2.101$,

$MS_E = 2.22$, $n = 2$이므로 μ_{13}의 95% 신뢰구간은

$$365 \pm (2.101)\sqrt{\frac{2.22}{2}} = 365 \pm 2.214 = [362.786,\ 367.214]$$

μ_{23}의 95% 신뢰구간은

$$325 \pm (2.101)\sqrt{\frac{2.22}{2}} = 325 \pm 2.214 = [322.786,\ 327.214]$$

만약 실험을 통하여 시멘트의 강도를 가장 크게하는 인자수준조합을 알아내고자 한다면, 모든 수준조합($i = 1,\ 2,\ 3\ \ j = 1,\ 2,\ ...,\ 6$)에 대하여 모평균의 추정치 $\bar{y}_{ij.}$를 구하여 가장 큰 값을 갖는 수준조합을 최적조건으로 선정할 수 있을 것이다.

또한, $\mu_{13} - \mu_{23}$의 95% 신뢰구간은

$$(365 - 325) \pm (2.101)\sqrt{\frac{2(2.22)}{2}} = 40.0 \pm 3.13 = [36.87,\ 43.13]$$

이다. $\mu_{13} - \mu_{23}$의 95% 신뢰구간으로부터 유의수준 0.05에서 $\mu_{13} \neq \mu_{23}$임을 확인할 수 있다. 여기서 최소 유의차, $LSD = t_{\alpha/2,\ ab(n-1)}\sqrt{\frac{2MS_E}{n}} = (2.101)\sqrt{\frac{2(2.22)}{2}} = 3.13$이다.

즉, $|\bar{y}_{ij.} - \bar{y}_{i'j'.}| > 3.13$이면 μ_{ij}와 $\mu_{i'j'}$는 유의수준 0.05에서 유의한 차이가 있음을 의미하는 것이다.

(2) 교호작용이 유의하지 않은 경우

교호작용이 유의하지 않은 경우에는 인자 A와 인자 B의 주 효과를 별개로 고려하여야 하므로 처리 A_i에서의 모평균 $\mu_{i.}$와 처리 B_j에서의 모평균 $\mu_{.j}$를 개별적으로 추정하여야 한다. $\mu_{i.}$와 $\mu_{.j}$의 점 추정치는 $\bar{y}_{i..}$와 $\bar{y}_{j..}$로 주어지며, 이들은 각각 $\bar{y}_{i..} \sim N\left(\mu_i,\ \frac{\sigma^2}{bn}\right)$, $\bar{y}_{j..} \sim N\left(\mu_j,\ \frac{\sigma^2}{an}\right)$의 분포를 따른다. 따라서, $\mu_{i.}$의 $100(1-\alpha)\%$ 신뢰구간은

$$\bar{y}_{i..} \pm t_{\alpha/2,\ ab(n-1)}\sqrt{\frac{MS_E}{bn}}$$

로 주어지며, $\mu_{.j}$의 $100(1-\alpha)\%$ 신뢰구간은

$$\bar{y}_{j..} \pm t_{\alpha/2,\, ab(n-1)} \sqrt{\frac{MS_E}{an}}$$

으로 주어진다.

예제 12.2.2

어떤 강철제품을 생산하는 공장에서 제품의 표면에 녹이 스는 것을 방지하기 위하여 녹 방지제를 표면에 칠하고 있다. 이 공장에서 사용하고 있는 녹 방지제는 세 종류이며 녹 방지제를 칠하는 방법은 두 가지이다. 이 공장에서는 녹 방지제의 종류와 칠하는 방법에 따라 녹 방지효과가 차이가 있는지에 관심이 있다. 이를 확인하기 위하여 녹 방지제 종류를 인자 A, 칠하는 방법을 인자 B로 하고, 3×2=6개 인자조합 각각에서 3회의 반복 실험을 하는 이원배치 실험을 실시하기로 하였다. 실험을 위해 준비한 18개의 시험제품을 각 인자조합에 3개씩 랜덤하게 배치함으로써 총 $N=18$회의 실험을 랜덤한 순서로 실시하였다. 실험 결과로 얻어진 녹 방지효과 측정자료는 [표 12-2.3]과 같다. 이 자료를 이용하여 A의 주 효과, B의 주효과, 그리고 $A \times B$ 교호작용에 대한 분산분석 검정을 유의수준 $\alpha=0.05$에서 수행하여 보자.

[표 12-2.3] 녹 방지 효과 실험 결과 자료

		인자 B (칠 하는 방법)		합계
		1	2	
인자 A (녹 방지제 종류)	1	4.0, 4.5, 4.3	5.4, 4.9, 5.6	28.7
	2	5.6, 4.9, 5.4	5.8, 6.1, 6.3	34.1
	3	3.8, 3.7, 4.0	5.5, 5.0, 5.0	27.0
합계		40.2	49.6	89.8

자료의 구조식,

$Y_{ijk}=\mu+\tau_i+\beta_j+(\tau\beta)_{ij}+\epsilon_{ijk},\quad i=1,2,3 \quad j=1,2 \quad k=1,2,3$ 이고,

제곱합과 자유도의 계산은 다음과 같다.

$$SS_T=\sum_{i=1}^{a}\sum_{j=1}^{b}\sum_{k=1}^{n} y_{ijk}^2-\frac{y_{...}^2}{abn-1}=10.718,\ df_T=abn-1=17$$

$$SS_A=\sum_{i=1}^{a}\frac{y_{i..}^2}{bn}-\frac{y_{...}^2}{abn-1}=4.581,\ df_A=a-1=2$$

$$SS_B = \sum_{j=1}^{b} \frac{y_{.j.}^2}{an} - \frac{y_{...}^2}{abn-1} = 4.909,\ df_B = b-1 = 1$$

$$SS_{AB} = \sum_{i=1}^{a}\sum_{j=1}^{b} \frac{y_{ij.}^2}{n} - \frac{y_{...}^2}{abn-1} - SS_A - SS_B = 0.241,\ df_{AB} = (a-1)(b-1) = 2$$

$$SS_E = SS_T - SS_A - SS_B - SS_{AB} = 0.987,\ df_E = ab(n-1) = 12$$

계산 결과를 정리하여 [표 12-2.4]의 분산분석표를 작성한다.

[표 12-2.4] 녹 방지 효과 실험의 분산분석표

요인	자유도	제곱합	평균 제곱합	검정통계량	P-값
종류(A)	2	4.581	2.901	27.86	0.000
방법(B)	1	4.909	4.909	59.70	0.000
교호작용(AB)	2	0.241	0.121	1.47	0.269
오차(E)	12	0.987	0.082		
합계	17	10.718			

위의 분산분석표에 대해 각 인자효과의 유의성 검정을 살펴보자.

먼저 교호작용 $A \times B$ 에 대한 가설 $H_0 : (\tau\beta)_{ij} = 0,\ H_1 :$ 적어도 하나의 $(\tau\beta)_{ij} \neq 0$에서 $F_0 = 1.47 < f_{0.05\,:\,2,\,12} = 3.89$이므로 H_0를 기각할 수 없으므로, 유의수준 0.05에서 교호작용 $A \times B$ 는 유의하다고 볼 수 없다.

또한, 주 효과 A에 대한 가설 "$H_0 : \tau_i = \tau_2 = \tau_3 = 0,\ H_1 :$ 적어도 하나의 $\tau_i \neq 0$"에서 $F_0 = 59.70 > f_{0.05\,:\,2,\,12} = 3.89$이므로 H_0를 기각할 수 있으며, 마찬가지로 주 효과 B 에 대한 가설 "$H_0 : \beta_1 = \beta_2 = 0,\ H_1 :$ 적어도 하나의 $\beta_j \neq 0$"에서 $F_0 = 59.70 > f_{0.05\,:\,2,\,12} = 4.75$이므로 H_0를 기각할 수 있다. 즉, 유의수준 0.05에서 주 효과 A와 주 효과 B 는 유의하다고 할 수 있다. ■

[예제 12.2.1]에서 본 바와 같이 인자효과의 유의성 여부는 그래프로 간단히 나타낼 수 있다. [그림 12-2.3]과 [그림 12-2.4]는 이 실험의 교호작용 그림과 주 효과 그림이다. 이 그림들은 Minitab으로부터 얻은 것이다.

[그림 12-2.3]의 교호작용 그림에서 칠하는 방법 2가 방법 1 보다 전체적으로 높은 효과를 보이면서 연결된 선들이 평행한 형태를 나타내고 있다. 이것은 칠하는 방법 1, 2에 따라 방지제 1, 2, 3의 효과가 동일하게 나타남을 의미하는 것으로 분산분석의 결과와 마찬가지로 두 인자의 교호작용이 유의하지 않음을 뜻한다.

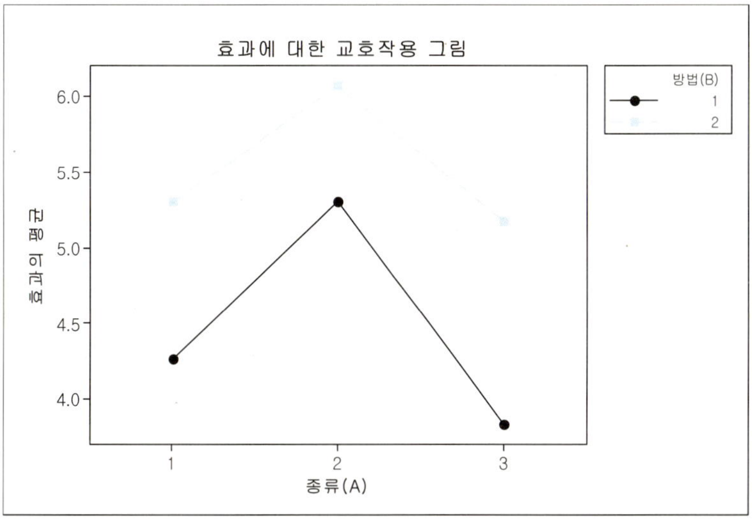

[그림 12-2.3] 녹 방지 효과 실험의 교호작용 그림

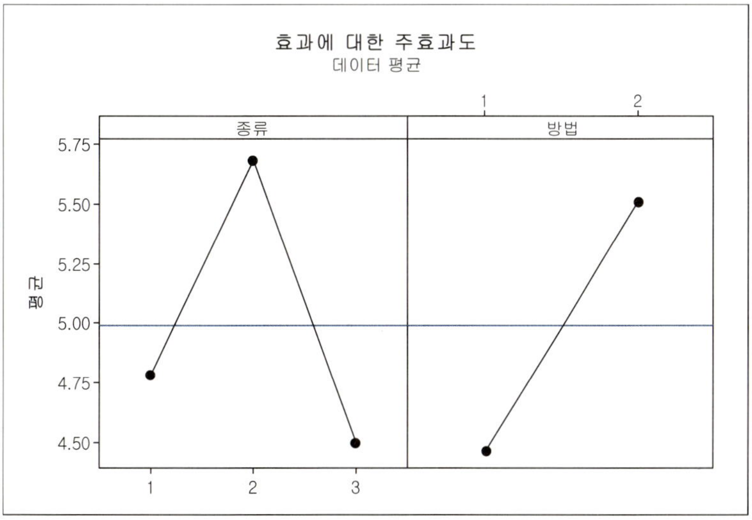

[그림 12-2.4] 녹 방지 효과 실험의 주 효과 그림

[그림 12-2.4] 주 효과 그림에서는 녹 방지제의 종류 2가 가장 큰 효과를 나타내고 종류 1, 종류 3의 순으로 효과가 작음을 알 수 있다. 또한, 칠하는 방법 2가 방법 1 보다 더 큰 효과를 나타내고 있다. 이것은 녹 방지제의 종류(A)와 칠하는 방법(B)의 주 효과가 유의함을 의미하는 것이다.

여기서는 교호작용이 유의하지 않으므로 처리 A_i에서의 모평균 $\mu_{i.}$와 처리 B_j에서의 모평균 $\mu_{.j}$를 개별적으로 추정하게 되며, 식 (12-2.12)와 (12-2.13)으로부터 신뢰구간 추정할 수 있다.

또한, 각 인자 별로 가장 바람직한 수준을 구하여 최적조건을 결정하게 된다. 가능한 녹방지효과가 크게 나타나는 조건이 바람직한 조건이 될 것이므로 [그림 12-2.4] 주 효과 그림으로부터 A_2B_2가 최적조건으로 추정된다.

12.3 일반 요인실험

인자의 수가 세 개 이상으로 증가하더라도 일원배치 와 이원배치 실험에서 설명한 원리가 그대로 적용된다. 여기서는 세 개의 모수인자에 대한 삼원배치 실험의 설명으로 일반적인 요인실험에 대한 설명을 가늠하기로 한다. 인자 A는 a개의 수준, 인자 B는 b개의 수준, 그리고 인자 C는 c개의 수준을 가지며, abc개의 각 수준조합에서 n회의 반복을 하는 삼원배치 실험의 구조식은 다음과 같다.

$$y_{ijkl}=\mu+\tau_i+\beta_j+\gamma_k+(\tau\beta)_{ij}+(\tau\gamma)_{ik}+(\beta\gamma)_{jk}+(\tau\beta\gamma)_{ijk}+\epsilon_{ijkl}$$
$$i=1,\ 2,\ 3,\ \ldots,\ a\quad j=1,\ 2,\ 3,\ \ldots,\ b\quad k=1,\ 2,\ 3,\ \ldots,\ c\quad l=1,\ 2,\ 3,\ \ldots,\ n \tag{12-3.1}$$

앞에서와 마찬가지로 오차 항에 대해 $\epsilon_{ijkl}\sim NID(0,\ \sigma^2)$을 가정한다. τ_i, β_j, γ_k는 각각 A_i, B_j, C_k 수준에서의 효과를 나타내며 $(\tau\beta)_{ij}$, $(\tau\gamma)_{ik}$, $(\beta\gamma)_{jk}$ 각각 $A\times B$, $A\times C, B\times C$ 의 2인자 교호작용, 그리고 $(\tau\beta\gamma)_{ijk}$는 $A\times B\times C$ 의 3인자 교호작용을 나타낸다. 이와 같이 모수모형의 3원배치 실험에서는 주효과 3개, 2인자 교호작용 3개, 그리고 3인자 교호작용 1개 등 총 7개의 인자효과에 대해 그 유의성 여부를 검정하게 된다. 이에 대한 가설은 이원배치실험의 경우를 그대로 확장하면 될 것이다. 분산분석 검정을 위해 일원배치 및 이원배치 실험에서와 마찬가지로 총 제곱합을 각 인자효과에 대응하는 제곱합으로 분할하게 된다.

삼원배치 실험의 제곱합을 구하는 식은 다음과 같다.

$$SS_T=\sum_{i=1}^{a}\sum_{j=1}^{b}\sum_{k=1}^{b}\sum_{l=1}^{n}y_{ijkl}^2-\frac{y_{....}^2}{abcn} \tag{12-3.2}$$

$$SS_A = \sum_{i=1}^{a} \frac{y_{i...}^2}{bcn} - \frac{y_{....}^2}{abcn} \tag{12-3.3}$$

$$SS_B = \sum_{j=1}^{b} \frac{y_{.j..}^2}{acn} - \frac{y_{....}^2}{abcn} \tag{12-3.4}$$

$$SS_C = \sum_{k=1}^{c} \frac{y_{..k.}^2}{abn} - \frac{y_{....}^2}{abcn} \tag{12-3.5}$$

$$SS_{AB} = \sum_{i=1}^{a}\sum_{j=1}^{b} \frac{y_{ij..}^2}{cn} - \frac{y_{....}^2}{abcn} - SS_A - SS_B \tag{12-3.6}$$

$$SS_{AC} = \sum_{i=1}^{a}\sum_{k=1}^{c} \frac{y_{i.k.}^2}{bn} - \frac{y_{....}^2}{abcn} - SS_A - SS_C \tag{12-3.7}$$

$$SS_{BC} = \sum_{j=1}^{b}\sum_{k=1}^{c} \frac{y_{.jk.}^2}{an} - \frac{y_{....}^2}{abcn} - SS_B - SS_C \tag{12-3.8}$$

$$SS_{ABC} = \sum_{i=1}^{a}\sum_{j=1}^{b}\sum_{k=1}^{c} \frac{y_{ijk.}^2}{n} - \frac{y_{....}^2}{abcn} - SS_A - SS_B - SS_C - SS_{AB} - SS_{AC} - SS_{BC} \tag{12-3.9}$$

일원배치 및 이원배치 실험에서와 마찬가지로 총 변동과 그에 대응하는 자유도의 분할이 이루어지므로 분산분석의 F-검정의 수행이 가능하게 된다. 즉,

$$SS_T = SS_A + SS_B + SS_C + SS_{AB} + SS_{AC} + SS_{BC} + SS_{ABC} \tag{12-3.10}$$

$$\begin{aligned}(abcn-1) &= (a-1)+(b-1)+(c-1)+(a-1)(b-1)+(a-1)(c-1)\\ &\quad +(b-1)(c-1)+(a-1)(b-1)(c-1)+abc(n-1)\end{aligned} \tag{12-3.11}$$

참고로 삼원배치 실험의 평균 제곱합의 기대치는 식 (12-3.12)~(12-3.18)와 같이 주어진다. 평균 제곱합의 기대치로부터 각 효과에 대한 검정통계량을 쉽게 알아낼 수 있다. 즉, 세 개의 주효과, 세 개의 2인자 교호작용, 그리고 한 개의 3인자 교호작용에 대한 검정 통계량(F_0)은 모두 오차 제곱평균(MS_E)에 대한 각 인자효과의 제곱평균(MS)의 비율로 됨을 알 수 있다.

$$E(MS_A) = \sigma^2 + \frac{ban\sum_{i=1}^{a}\tau_i^2}{a-1} \tag{12-3.12}$$

$$E(MS_B) = \sigma^2 + \frac{bcn\sum_{j=1}^{b}\beta_j^2}{b-1} \tag{12-3.13}$$

$$E(MS_C) = \sigma^2 + \frac{abn\sum_{k=1}^{c}\gamma_k^2}{c-1} \quad (12\text{-}3.14)$$

$$E(MS_{AB}) = \sigma^2 + \frac{cn\sum_{i=1}^{a}\sum_{j=1}^{b}(\tau\beta_{ij}^2)}{(a-1)(b-1)} \quad (12\text{-}3.15)$$

$$E(MS_{AC}) = \sigma^2 + \frac{bn\sum_{i=1}^{a}\sum_{k=1}^{c}(\tau\gamma_{ik}^2)}{(a-1)(c-1)} \quad (12\text{-}3.16)$$

$$E(MS_{BC}) = \sigma^2 + \frac{an\sum_{j=1}^{b}\sum_{k=1}^{c}(\tau\gamma_{jk}^2)}{(b-1)(c-1)} \quad (12\text{-}3.17)$$

$$E(MS_{ABC}) = \sigma^2 + \frac{n\sum_{i=1}^{a}\sum_{j=1}^{b}\sum_{k=1}^{c}(\tau\beta\gamma_{ijk}^2)}{(a-1)(b-1)(c-1)} \quad (12\text{-}3.18)$$

삼원배치 실험의 분산분석표는 [표 12-3.1]과 같다. [표 12-3.1]의 제일 우측 열에 각 인자효과의 검정 통계량을 표기하였다.

[표 12-3.1] 삼원배치 실험의 분산분석표

요인	자유도	제곱합	평균 제곱함	검정통계량(F_0)
A	$a-1$	SS_A	MS_A	$\frac{MS_A}{MS_E}$
B	$b-1$	SS_B	MS_B	$\frac{MS_B}{MS_E}$
C	$c-1$	SS_C	MS_C	$\frac{MS_C}{MS_E}$
AB	$(a-1)(b-1)$	SS_{AB}	MS_{AB}	$\frac{MS_{AB}}{MS_E}$
AC	$(a-1)(c-1)$	SS_{AC}	MS_{AC}	$\frac{MS_{AC}}{MS_E}$
BC	$(b-1)(c-1)$	SS_{BC}	MS_{BC}	$\frac{MS_{bc}}{MS_E}$
ABC	$(a-1)(b-1)(c-1$	SS_{ABC}	MS_{ABC}	$\frac{MS_{Abc}}{MS_E}$
오차	$abc(n-1)$	SS_E	MS_E	
합계	$abcn-1$	SS_T		

예제 12.3.1

금속 부품 절단작업에서 공구 이송 속도(A), 절삭 깊이(B), 그리고 공구 각도(C)의 세 인자가 절단표면의 매끄러움 정도(특성치, y)에 영향을 끼치는 주요 요인으로 알려져 있다. 이를 확인하기 위하여 세 인자 모두 두 수준으로 하고, $2^3=8$개의 수주조합 각각에서 $n=2$ 회의 반복을 하는 삼원배치 실험을 실시하였다. 물론, $N=16$ 회의 실험 전체를 랜덤한 순서로 실시 하였다 실험 결과 자료는 [표 12-3.2]와 같다. 유의수준 0.05에서 세 인자의 주 효과 및 교호작용들의 유의성 여부를 검정하여 보자.

[표 12-3.2] 절단표면의 매끄러움에 관한 실험 자료

이송 속도 (A)	절삭 깊이 (B)				$y_{i..}$
	0.025 in.		0.040 in.		
	공구 각도 (C)		공구 각도 (C)		
	15°	25°	15°	25°	
20in./분	9, 7	11, 10	9, 11	10, 8	75
30in./분	10, 12	10, 13	12, 15	16, 14	102
$y_{.jk.}$	38	44	47	48	$y_{...}=177$

[표 12-3.2]의 자료에 대해 식 (12-3.3.9)~(12-3.15)의 제곱합 계산식을 이용하여 각 인자효과의 제곱합을 필산으로 계산할 수 있다. 그러나 이와 같은 수작업 계산은 매우 지루하고 오류가 발생하기 쉬우므로 보통 컴퓨터를 이용하게 된다. 대부분의 통계 소프크웨어나 마이크로소프트 엑셀 같은 스프레드 쉬트 프로그램들이 요인배치 실험을 지원하고 있으므로 이들을 이용하는 것이 편리할 것이다. [표 12-3.3]은 Minitab을 이용하여 작성한 분산분석표이다.

[표 12-3.3] 절단표면 매끄러움 자료에 대한 분산분석표

요인	자유도	제곱합	평균 제곱합	검정통계량(F_0)	P-값
이송 속도(A)	1	45.562	45.562	18.69	0.003
절삭 깊이(B)	1	10.563	10.563	4.33	0.071
공구 각도(C)	1	3.063	3.063	1.26	0.295
AB	1	7.563	7.563	3.10	0.116
AC	1	0.063	0.063	0.03	0.877
BC	1	1.563	1.563	0.64	0.446
ABC	1	5.062	5.062	2.08	0.188
오차	8	19.500	19.500		
합계	15	92.938			

$\alpha = 0.05$에서 검정 통계량에 대한 기각치 $f_{0.05:1,118} = 5.32$이다. 주효과 A만이 $F_0 = 18.69 > f_{0.05:1,8} = 5.32$이므로, 유의수준 0.05에서 주 효과 A만이 유의하다고 할 수 있다. 효과의 유의성 판정은 검정의 P-값을 이용하는 것이 더 편리하다. 주효과 A의 P-값 = 0.003, 주효과 B는 P-값 = 0.071, 교호작용 $A \times B$의 P-값 = 0.116, … 의 작으므로 주효과 A가 가장 유의성이 높고, 그 다음 주효과 B, 교호작용 $A \times B$의 순으로 유의성이 약하여 짐을 알 수 있다. 실험자가 유의수준을 0.10으로 잡는다면 주 효과 A와 B가 유의한 인자효과로 판정될 것이다. 즉, 이송 속도와 절삭 깊이가 절단표면의 매끄러움에 영향을 주는 주요한 인자라고 판단하게 된다. ■

요인배치 실험에서 인자의 수가 증가하면 실험횟수가 크게 증가한다. 특히, 인자의 수준 수가 클 때는 실험횟수가 엄청나게 증가하므로, 요인배치 실험에서는 수준 수를 2개로 하는 것이 보통이다. 모든 인자의 수준을 2개로 하는 실험을 보통 2-수준계 요인실험(two-level factorial experiment)이라고 부른다. 2-수준계 요인실험은 특성치에 대하여 영향을 준다고 생각되는 많은 후보 인자들 중에서 중요 인자를 선별해내는 소위 선별실험(screening experiment)의 수행에서 많이 이용된다.

연습문제

1. 다음은 면의 혼합비율에 따라 합성섬유의 인장강도가 어떻게 달라지는가를 알아보기 위한 실험의 결과 자료이다. 기술적 특성에 의거하여 면의 혼합비율을 10%, 15%, 20%, 25%, 30% 의 5개 수준으로 정하고, 각 수준에서 5회의 반복을 하여 총 25회의 실험을 완전히 랜덤한 순서로 실행하였다.

면 혼합비율(%)	인장강도 관측치				
	1	2	3	4	5
10	6.8	7.2	14.7	11.3	9.6
15	11.9	17.2	12.3	17.5	18.0
20	14.3	17.7	18.1	18.7	19.0
25	18.8	24.6	21.5	18.9	23.6
30	7.8	10.2	11.9	16.9	12.2

a) 자료모형의 구조식을 쓰고, 각 모수의 의미를 설명하라.

b) 면의 혼합비율이 섬유의 인장강도에 유의한 영향을 주는지 유의수준 $\alpha = 0.05$에서 검정하라.

c) 면 혼합비율 20%일 때 인장강도의 기대치의 95% 신뢰구간을 구하라.

d) 면 혼합비율 10% 와 30%일 때 인장강도의 기대치의 차이의 95% 신뢰구간을 구하고, 그 결과의 의미를 설명하라.

e) 각 수준별 평균 인장강도의 상자그림을 그려라. 이 그림으로부터 면 혼합비율에 따라 인장강도가 어떻게 달라지는지를 설명하라.

f) 잔차분석을 수행하라.

2. 원료 조합방법에 따라 콘크리트의 내압강도에 차이가 있는지를 알아보고자 한다. 이를 위해 조합방법을 레미콘 공장에서 보편적으로 사용되는 $A1$, $A2$, $A3$, $A4$의 4 수준으로 정하고, 각 수준에서 반복 4회를 실시하는 완전 확률화 일원배치 실험을 실시하여 아래의 자료를 얻었다.

조합방법	내압강도 측정치			
	1	2	3	4
$A1$	629	500	365	390
$A2$	700	800	475	650
$A3$	300	400	485	550
$A4$	100	200	100	265

a) 자료모형의 구조식을 쓰고, 각 모수의 의미를 설명하라.

b) 원료 조합방법에 따라 콘크리트의 내압강도에 유의한 차이가 있는지 유의수준 $\alpha = 0.05$에서 검정하라.

c) 조합방법 $A1$의 내압강도 기대치의 95% 신뢰구간을 구하라.

d) 조합방법 $A3$와 $A4$에서의 내압강도 기대치의 차이의 95% 신뢰구간을 구하고, 그 결과의 의미를 설명하라.

e) 각 수준별 평균 내압강도의 상자그림을 그리고, 혼합방법에 따라 내압강도가 어떻게 달라지는지를 설명하라.

f) 잔차분석을 수행하라.

3. 벽돌의 밀도는 굽는 온도에 큰 영향을 받는 것으로 알려져 있다. 이를 확인하기 위해 굽는 온도를 300°C, 350°C, 400°C, 450°C의 4 수준으로 정하여 완전 확률화 일원배치 실험을 실시하였다. 실험 결과 자료는 다음과 같다. 자료에서 *는 결측치를 의미한다.

온도 (°C)	밀도 측정치						
	1	2	3	4	5	6	7
300	24.7	24.9	24.8	24.6	24.7	24.8	24.5
350	24.7	24.4	24.5	24.5	*	*	*
400	24.5	24.6	24.8	24.8	24.9	*	*
450	24.7	24.6	24.8	24.9	24.7	24.8	*

a) 굽는 온도에 따라 벽돌 밀도에 유의한 차이가 있는지 유의수준 $\alpha = 0.05$에서 검정하라.

b) 각 수준별 평균 평균 밀도의 상자그림을 그리고, 온도에 따라 밀도가 어떻게 달라지는지를 설명하라.

c) 잔차분석을 수행하라.

4. 어떤 제지공장에서는 종이의 색깔을 선명하게 하기 위해 표백제를 사용하고 있다. 이 공장에서는 여러 납품업체로부터 표백제를 납품 받아 사용하고 있는데, 모든 업체의 표백제 효과(즉, 종이의 선명도)가 균일한지에 관심을 가지고 있다. 이를 확인하기 위해 여러 납품업체의 표백제가 뒤섞여 있는 로트에서 랜덤으로 4개의 표본을 추출하고, 각 표본 표백제에 대하여 5회의 반복이 있는 완전 확률화 변량모형의 일원배치 실험을 실시하였다. 실험 결과 다음과 같은 선명도 측정 자료를 얻었다.

표백제 표본	선명도 측정치				
	1	2	3	4	5
1	27.20	24.47	42.75	26.21	32.88
2	30.52	29.31	31.91	30.35	23.39
3	29.42	28.02	41.60	30.80	30.63
4	28.00	28.36	27.54	27.36	27.39

a) 자료모형의 구조식을 쓰고, 각 모수의 의미를 설명하라.

b) 표백제 효과가 균일한지 여부를 $\alpha = 0.05$에서 검정하라.

c) 자료의 오차성분을 추정하라.

d) 잔차분석을 수행하여 모형의 타당성을 검토하라.

5. 건물 외벽에 사용하는 타일의 밀도는 타일을 굽는 노 내부에서의 위치와 굽는 온도에 따라 차이가 있다고 알려져 있다. 이를 확인하기 위해 노 내부의 위치를 하부와 상부의 두 수준, 굽는 온도를 800°C, 850°C, 900°C의 세 수준으로 하고, 각 수준조합에서 3회의 반복을 하는 완전 확률화 이원배치 실험을 실시하였다. 실험 결과 다음과 같은 밀도 측정치를 얻었다.

A(위치)	B(온도, °C)		
	$B1$(800)	$B2$(850)	$B3$(900)
$A1$(상부)	170, 165, 183	663, 680, 643	165, 110, 190
$A2$(하부)	128, 147, 121	588, 626, 604	126, 138, 132

a) 자료모형의 구조식을 쓰고, 각 모수의 의미를 설명하라

b) 분산분석표를 작성하고, 각 인자효과의 유의성 여부를 α=0.05에서 검정하라.

c) $\mu(A1B2)-\mu(A2B2)$의 95% 신뢰구간을 구하라.

d) 밀도에 대한 교호작용 그래프를 그리고, 교호작용의 유의성 여부를 확인하라.

e) 밀도를 최대로 하는 조건을 구하라.

f) 잔차분석을 수행하여 모형의 타당성을 검토하라.

6. 구리판의 굽힘성은 온도와 구리함량에 영향을 받는다고 한다. 이를 확인하기 위하여 온도를 122°F, 158°F, 212°F, 257°F의 4 수준, 구리함량을 40%, 60%, 80%, 100%의 4 수준으로 하고, 각 수준조합에서 3회의 반복을 갖는 완전 확률화 이원배치 실험을 실시하였다. 실험 결과 자료는 다음과 같다. 측정치는 굽힘의 크기이다.

A(온도, °F)	B(구리 함량, %)			
	$B1$(40)	$B2$(60)	$B3$(80)	$B4$(100)
$A1$(122)	15, 18, 17	14, 16, 19	20, 22, 24	25, 27, 28
$A2$(158)	8, 10, 9	16, 15, 12	15, 10, 12	25, 28, 26
$A3$(212)	10, 14, 12	16, 18, 19	23, 21, 22	28, 21, 24
$A4$(257)	19, 15, 18	22, 19, 20	21, 20, 19	27, 28, 29

a) 분산분석표를 작성하고, 각 인자효과의 유의성 여부를 $\alpha=0.05$에서 검정하라.

b) $\mu(A1B2)-\mu(A3B2)$의 95% 신뢰구간을 구하라.

c) 굽힘의 크기에 대한 교호작용 그래프를 그리고, 교호작용의 유의성 여부를 확인하라.

d) 굽힘의 크기를 최소로 하는 조건을 구하라.

e) 잔차분석을 수행하여 모형의 타당성을 검토하라.

7. A, B, C의 세 인자가 특성치 y에 미치는 영향을 알아보고자 한다. 인자 A와 B는 3 수준, 인자 C는 2 수준으로 하고, 각 수준조합에서 반복 2회를 갖는 삼원배치 실험을 실시하였다. 실험 결과 아래와 같은 자료를 얻었다.

y	$B1$		$B2$		$B3$	
	$C1$	$C2$	$C1$	$C2$	$C1$	$C2$
$A1$	31.8, 30.5	30.2, 31.2	33.8, 34.0	32.7, 33.4	31.3, 32.2	31.9, 31.2
$A2$	34.1, 34.4	33.2, 32.8	36.2, 35.9	35.4, 36.0	33.8, 34.2	34.2, 35.9
$A3$	35.2, 35.8	36.1, 36.0	36.6, 37.2	36.2, 37.1	36.0, 36.5	36.4, 37.2

a) 자료모형의 구조식을 쓰고, 각 모수의 의미를 설명하라

b) 분산분석표를 작성하고, 각 인자효과의 유의성 여부를 $\alpha=0.05$에서 검정하라.

c) 잔차분석을 수행하여 모형의 타당성을 검토하라.

13 비모수적 방법

13.1 서 론

이제까지 다루어 온 대부분의 가설검정과 신뢰구간 추정은 모집단이 정규분포에 따른다는 것을 기본가정으로 하고 있다. 이와 같이 모집단이 어떤 특정한 통계적 분포에 따른다는 전제 하에 검정과 신뢰구간 추정의 방법을 모색하는 통계적 방법을 모수적 방법이라고 부른다. 앞의 8장과 9장에서 배운 검정과 신뢰구간 추정은 모집단이 정규분포에 따른다는 전제하에 개발된 모수적 방법에 속하는 것들이다.

때로는 관심 모집단에 대해 어떤 통계적 분포를 가정할 수 없는 경우가 있을 수 있다. 이러한 경우에 모집단에 대해 특정 분포의 가정 없이 가설검정과 신뢰구간 추정을 수행하는 방법을 비모수적 방법이라고 한다. 일반적으로 모집단에 대해 정규분포를 가정하는 t-검정이나 F-검정 그리고 신뢰구간 추정은 모집단의 통계적 분포가 정규분포로부터 많이 이탈하는 경우 검정의 유의수준 혹은 신뢰구간 추정의 신뢰수준에 많은 오차가 수반되는 것으로 알려져 있다. 다행스럽게도, 모집단이 정규분포에 따르는 경우에는 그 유의수준이나 신뢰수준이 t-분포나 F-분포에 의한 방법 만큼에는 못 미치지만, 모집단이 정규분포로부터 많이 이탈되는 경우에는 t-분포나 F-분포에 의한 방법보다 유의수준과 신뢰수준의 오차가 더 적은 여러 가지 비모수적 방법이 알려져 있다. 이 장에서는 이러한 비모수적 방법에 대해서 알아보기로 한다.

비모수적 방법에서는 표본자료의 상대적 순위와 부호를 기초로 하여 통계적 분석을 수행한다. 순위는 표본자료를 크기순으로 나열할 때 각 관측값의 상대적 위치를 나타내는 것이고, 부호는 한 관측값이 특정의 지정된 값보다 크고(+부호) 작음(−부호)을 나타내는 것이다. 자료의 순위와 부호는 분포의 형태나 이상점에 큰 영향을 받지 않으므로 모집단의 분포에 상관없이 분석할 수 있다. 그러나 자료의 순위나 부호만을 사용하게 되면 관측값의 계량적 정보가 상당부분 손실되므로 모집단의 통계적 분포를 가정할 수 있을 때는 비모수적 방법은 모수적 방법보다 비효율적이다. 따라서 주어진 상황과 얻어지는 자료의 형태에 따라 모수적 방법과 비모수적 방법을 적절히 선택해서 적용하여야 할 것이다.

13.2 부호검정

13.2.1 부호검정의 검정절차

부호검정은 임의의 연속형 분포에 따르는 모집단의 중앙값에 대한 검정에 사용되는 비모수적 방법이다. 때로는 두 모집단에서 얻어진 대응표본을 이용하여 두 모집단의 중앙값을 비교하는 데에도 사용될 수 있다. 부호검정에서는 모집단에 대한 가정으로 단순히 연속형 분포일 것만을 요구하고 있으며, 비모수적 방법 중 가장 단순한 것으로 볼 수 있다.

확률변수 X의 중앙값을 $\tilde{\mu}$라 하면, $P(X \leq \tilde{\mu}) = P(X \geq \tilde{\mu}) = 0.5$이 된다. 정규분포는 좌우 대칭이므로 평균값과 중앙값이 동일하다. 따라서 부호검정은 정규분포 모집단의 평균값에 대한 가설검정에 사용될 수 있는데, 이것은 앞의 8장에서 배운 t−검정과 동일한 것이 된다. t−검정은 정규분포 모집단에서 얻은 표본에 대해서만 적용되도록 설계된 것임에 비해, 부호검정은 임의의 연속형 분포에서 얻은 표본에 대해 사용되는 검정방법이다. 임의의 연속형 분포에 따르는 모집단 X에 대해 좌측검정의 가설 (13−2.1)의 검정을 생각해 보자.

$$H_0: \tilde{\mu} = \tilde{\mu}_0, \quad H_1: \tilde{\mu} < \tilde{\mu}_0 \tag{13-2.1}$$

모집단으로부터 얻은 크기 n의 확률표본 $X_1, X_2, \cdots, X_n$에 대해 다음의 편차를 계산한다.

$$X_i - \tilde{\mu}_0, \quad i = 1, 2, \ldots, n \tag{13-2.2}$$

만일 귀무가설 H_0가 진실이라면, 편차 $X_i - \tilde{\mu}_0$은 양(+)이나 음(−)의 값을 가질 확률은 동일하게 0.5가 되므로, 이들 n개의 편차에 대해 양(+)의 값을 갖는 편차의 개수를 R^+라 하면, R^+는 귀무가설 H_0가 진실일 때 $p=0.5$의 이항분포에 따르게 된다. 따라서, R^+는 가설 (13-2.1)의 적절한 검정통계량이 된다. 크기 n의 확률표본으로부터 $R^+=r^+$가 얻어졌을 때, 검정의 P-값을 이항분포로부터 계산할 수 있다. 즉, R^+의 값이 작을수록 대립가설 H_1이 옳다는 증거가 되므로,

$$P-\text{값} = P(R^+ \le r^+ | \; p=0.5) \quad \text{(13-2.3)}$$

이 되고, 계산된 P-값이 미리 지정된 유의수준 α보다 작으면 귀무가설 H_0를 기각할 수 있게 된다.

우측검정의 가설 (13-2.4)이 설정되었다면

$$H_0: \; \tilde{\mu} = \tilde{\mu}_0, \quad H_1: \; \tilde{\mu} > \tilde{\mu}_0 \quad \text{(13-2.4)}$$

계산된 R^+의 값이 클수록 대립가설 H_1이 옳다는 증거가 되므로,

$$P-\text{값} = P(R^+ \ge r^+ | \; p=0.5) \quad \text{(13-2.5)}$$

이 되고, 이 P-값이 유의수준 α보다 작으면 귀무가설 H_0를 기각하게 된다.

양측검정의 가설 (13-2.6)이 설정된 경우,

$$H_0: \; \tilde{\mu} = \tilde{\mu}_0, \quad H_1: \; \tilde{\mu} \ne \tilde{\mu}_0 \quad \text{(13-2.6)}$$

R^+의 값이 $n/2$으로부터 많은 차이가 날수록, 즉 R^+의 관측값 r^+가 너무 작든가 혹은 너무 크면 대립가설 H_1이 옳다는 증거가 되므로,

$r^+ < n/2$인 경우,

$$P-\text{값} = 2P(R^+ \le r^+ | \; p=0.5) \quad \text{(13-2.7)}$$

$r^+ > n/2$인 경우,

$$P-\text{값} = 2P(R^+ \ge r^+ | \; p=0.5) \quad \text{(13-2.8)}$$

이 되고, 역시 계산된 P-값이 지정된 유의수준 α보다 작으면 귀무가설 H_0를 기각할 수 있게 된다.

예제 13.2.1

비행기의 엔진을 동체에 고정시키는 강철끈의 전단강도의 중앙값이 기준값 2000psi와 일치하는지 여부를 알아보고자 한다. 이를 위하여 강철끈 제조공정으로부터 n=20개의 시료를 추출하여 전단강도를 측정하였다. 측정 결과 자료를 아래의 [표 13-2.1]과 같이 정리하였다. 이 자료를 이용하여 전단강도의 중앙값에 대한 가설 H_0: $\tilde{\mu}$=2000, H_1: $\tilde{\mu}\neq$2000을 유의수준 α=0.05에서 검정하여 보자.

[표 13-2.1] 강철끈의 전단강도 측정값

관측(i)	전단강도(x_i)	편차(x_i-2000)	부호
1	2158.70	+158.70	+
2	1678.15	-321.85	−
3	2316.00	+316.00	+
4	2061.30	+61.30	+
5	2207.50	+207.50	+
6	1708.30	-291.70	−
7	1784.70	-215.30	−
8	2575.10	+575.10	+
9	2357.90	+357.90	+
10	2256.70	+256.70	+
11	2165.20	+165.20	+
12	2399.55	+399.55	+
13	1779.80	-220.20	−
14	2336.75	+336.75	+
15	1765.30	-234.70	−
16	2053.50	+53.50	+
17	2414.40	+414.40	+
18	2200.50	+200.50	+
19	2654.20	+654.20	+
20	1753.70	-246.30	−

풀이 [표 13-2.1]로부터 검정통계량 $r^+ = 14 > 20/2 = 10$이므로,

$$P-\text{값} = 2P(R^+ \geq 14 |\ p=0.5) = 2\sum_{r=14}^{20}\binom{20}{r}(0.5)^r(0.5)^{20-r} = 0.1153$$

이고, P-값=0.1153은 α=0.05보다 작지 않으므로 H_0를 기각할 수 없다. 즉, 검정통계량의 값 $r^+=14$는 충분히 크지 않으므로, 유의수준 0.05에서 전단강도의 중앙값이 2000psi와 차이가 있다고 할 수 없다. ■

부호검정에서도 유의수준 α로부터 기각역을 설정하여 검정을 수행할 수 있다. 이 경우 많이 사용되는 유의수준에 대한 기각치를 정리한 [표 13-2.2]를 이용하게 된다. [표 13-2.2]는 양측검정의 경우 α=0.10, 0.05, 0.01, 그리고 단측검정의 경우 α=0.05, 0.025, 0.005에 대한 기각치 r^*_α를 표본의 크기 n=5~40에 대하여 미리 계산하여 표로 정리한 것이다. [표 13-2.2]에서 보듯이 표본의 크기와 기각치가 동일할 때 단측검정의 유의수준은 양측검정의 유의수준의 절반이 됨에 유의하기 바란다.

먼저 양측검정 $H_0: \tilde{\mu}=\tilde{\mu}_0$, $H_1: \tilde{\mu}\neq\tilde{\mu}_0$에 대해서 [표 13-2.2]의 사용법을 알아보자. 앞에서와 마찬가지로 R^+=양의 값을 갖는 편차 $X_i-\tilde{\mu}_0$의 개수, R^-=음의 값을 갖는 편차 $X_i-\tilde{\mu}_0$의 개수, 그리고 $R=\min(R^+, R^-)$라 정의하고, 이 R을 검정통계량으로 한다. 만약 관측된 검정통계량 R의 값이 $r \le r^*_\alpha$이면, 귀무가설 $H_0: \tilde{\mu}=\tilde{\mu}_0$를 기각하게 된다.

예제 13.2.2

앞의 [예제 13-2.1]의 비행기 엔진 고정용 강철끈의 전단강도 자료에 대해 양측가설 $H_0: \tilde{\mu}=\tilde{\mu}_0$, $H_1: \tilde{\mu}\neq\tilde{\mu}_0$을 [표 13-2.2]를 이용하여 유의수준 α=0.05에서 검정하여 보자.

풀이 [표 13-2.1]에서 r^+=14, r^-=6이므로 r=min(16, 6)=6이다. [표 13-2.2]에서 양측검정, n=20, 그리고 α=0.05로부터 $r^*_{0.05}$=5임을 알 수 있다. 검정통계량의 관측값 r=6가 기각치 $r^*_{0.05}$=5보다 크므로 전단강도의 중앙값이 2000psi라는 귀무가설을 기각할 수 없다.

[표 13-2.2] 부호검정에 대한 기각치 (r^*_α)

n	α				n	α			
	0.10	0.05	0.01	양측검정		0.10	0.05	0.01	양측검정
	0.05	0.025	0.005	단측검정		0.05	0.025	0.005	단측검정
5	0				23	7	6	4	
6	0	0			24	7	6	5	
7	0	0			25	7	7	5	
8	1	0	0		26	8	7	6	
9	1	1	0		27	8	7	6	
10	1	1	0		28	9	8	6	

11	2	1	0		29	9	8	7	
12	2	2	1		30	10	9	7	
13	3	2	1		31	10	9	7	
14	3	2	1		32	10	9	8	
15	3	3	2		33	11	10	8	
16	4	3	2		34	11	10	9	
17	4	4	2		35	12	11	9	
18	5	4	3		36	12	11	9	
19	5	4	3		37	13	12	10	
20	5	5	3		38	13	12	10	
21	6	5	4		39	13	12	11	
22	6	5	4		40	14	13	11	

단측검정의 경우에도 비슷한 절차으로 [표 13-2.2]를 이용하여 검정을 수행할 수 있다. 먼저, 우측검정의 대립가설 $H_1: \tilde{\mu} > \tilde{\mu}_0$ 의 경우 만약 $r^- \le r^*_\alpha$ 이면, 귀무가설 $H_0: \tilde{\mu} = \tilde{\mu}_0$을 기각한다. 좌측검정의 대립가설 $H_1: \tilde{\mu} < \tilde{\mu}_0$의 경우에는 $r^+ \le r^*_\alpha$이면, 귀무가설 $H_0: \tilde{\mu} = \tilde{\mu}_0$을 기각한다. ■

부호검정에서는 모집단이 임의의 연속형 분포에 따르는 것을 가정하므로 이론적으로는 한 관측치가 $\tilde{\mu}_0$와 똑 같은 값을 가질 가능성은 거의 없다고 볼 수 있다. 그러나 실제의 경우 자료의 측정 방법에 따라 $\tilde{\mu}_0$와 일치하는 관측이 발생될 수도 있다. 만약 $\tilde{\mu}_0$와 일치하는 관측이 발생된다면, 이러한 관측은 제외하고 나머지 관측들만으로 부호검정을 수행하면 된다.

마지막으로 정규분포 근사에 의한 부호검정의 수행에 대해서 알아보자. 앞의 4장에서 $p \fallingdotseq 0.5$일 때, 시행회수 n이 최소한 10 이상이면 이항분포를 평균 np, 분산 $np(1-p)$의 정규분포로 근사할 수 있음을 배웠다. 부호검정에서 귀무가설 $H_0: \tilde{\mu} = \tilde{\mu}_0$이 진실일 때, 표본의 크기 n이 웬만큼 크다면 R^+를 평균 $0.5n$, 분산 $0.25n$의 정규분포로 근사할 수 있다. 이러한 경우 가설 $H_0: \tilde{\mu} = \tilde{\mu}_0$의 검정통계량으로

$$Z_0 = \frac{R^+ - 0.5n}{0.5\sqrt{n}} \tag{13-2.9}$$

을 사용할 수 있다.

양측검정의 대립가설 $H_1: \tilde{\mu} \ne \tilde{\mu}_0$의 경우 $|z_0| > z_{\alpha/2}$이면 귀무가설 $H_0: \tilde{\mu} = \tilde{\mu}_0$를 기각한다. 우측검정의 대립가설 $H_1: \tilde{\mu} > \tilde{\mu}_0$의 경우에는 $z_0 > z_\alpha$이면 H_0를 기각하고, 좌측검정의 대립가설

$H_1: \tilde{\mu} < \tilde{\mu}_0$에서는 $z_0 < -z_\alpha$이면 귀무가설 H_0를 기각하게 된다.

예제 13.2.3

[예제 13-2.1]의 강철끈의 전단강도 자료에서 표본의 크기 n=20이므로, 전단강도의 중앙값에 대한 가설 $H_0: \tilde{\mu}$=2000, $H_1: \tilde{\mu} \neq$2000을 유의수준 α=0.05에서 정규분포 근사에 의한 부호검정을 수행하여 보자. [표 13-2.1]에서 r^+=14이므로

$$z_0 = \frac{14 - 0.5(20)}{0.5\sqrt{20}} = 1.789$$

이고, 이 값은 $z_{0.025} = 1.96$보다 크지 못하므로 귀무가설 H_0를 기각할 수 없다. 이것은 [예제 13-2.1]의 결론과 일치하는 것이다. ■

13.2.2 대응표본에 대한 부호검정

부호검정은 대응표본에 대해서도 적용될 수 있다. 임의의 연속형 분포에 따르는 두 모집단으로부터 얻어진 대응표본을 $(X_{1j},\ X_{2j})$, $j = 1, 2, \ldots, n$이라 하고, 이들 대응표본들의 편차를

$$D_j = X_{1j} - X_{2j} \qquad j = 1, 2, \ldots, n$$

라 하자. 우리는 두 모집단의 중앙값이 동일한가($\tilde{\mu}_1 = \tilde{\mu}_2$), 즉 편차의 중앙값이 0인지 ($\tilde{\mu}_D = \tilde{\mu}_1 - \tilde{\mu}_2 = 0$)를 검정하고자 한다. 여기서는 관측된 n개의 편차에 대해 부호검정을 적용하여 이러한 검정을 수행하는 방법을 알아보기로 한다.

예제 13.2.4

자동차의 연비(:휘발유 1L 당 주행거리, ㎞/L)를 측정하는 두 종류의 계측기의 성능을 비교하고자 한다. 12대의 자동차 각각에 이들 두 종류의 계측기를 장착하고 주행실험을 실시하여 각 자동차의 연비를 측정하였다. 측정결과 자료는 [표 13-2.3]과 같이 정리 되었다. 이 자료를 이용하여 두 계측기에 의해 측정되는 연비의 중앙값이 동일한가? 즉, 가설 $H_0: \tilde{\mu}_1 = \tilde{\mu}_2$, $H_1: \tilde{\mu}_1 \neq \tilde{\mu}_2$를 부호검정의 방법으로 유의수준 α=0.05에서 검정하여 보자.

[표13-2.3] 두 계측기에 의한 연비 측정자료

자동차	계측기1 (X_{1j})	계측기2 (X_{2j})	편차 ($X_{1j}-X_{2j}$)	부호
1	17.6	16.8	0.8	+
2	19.4	20.0	-0.6	−
3	19.5	18.2	1.3	+
4	17.1	16.4	0.7	+
5	15.3	16.0	-0.7	−
6	15.9	15.4	0.5	+
7	16.3	16.5	-0.2	−
8	18.4	18.0	0.4	+
9	17.3	16.4	0.9	+
10	19.1	20.1	-1.0	−
11	17.8	16.7	1.1	+
12	18.2	17.9	0.3	+

위의 [표 13-2.3]의 자료로부터 r^+=8, r^-=4, r=min(8, 4)=4이고, [표 13-2.2]에서 양측검정, n=12, α=0.05로부터 $r^*_{0.05}$=2 이다. 검정통계량의 관측값 r=4는 기각치 $r^*_{0.05}$=2보다 자거나 같지가 않으므로 우리는 α=0.05에서 H_0를 기각할 수 없다. ■

13.2.3 부호검정의 제2종 오류

다른 가설검정 절차와 마찬가지로 부호검정에서도 제1종 오류를 범할 확률은 검정의 유의수준 α로 통제된다. 또한, 가설검정에서는 귀무가설이 거짓일 때 이 사실을 탐지하는 능력이 중요한데, 제2종 오류를 범할 확률 β는 이러한 탐지능력을 나타내는 좋은 측도가 된다. 귀무가설로부터 의미 있는 크기의 이탈에 대한 β의 값이 작을수록 효과적인 검정방법이 된다고 할 수 있다. 부호검정에서 제2종 오류를 범할 확률 β의 값은 귀무가설로부터 이탈의 크기 즉, $\tilde{\mu}_0+\Delta$와 모집단의 분포에 의해 결정된다.

예로서, 한 모집단에 대한 가설 $H_0:\tilde{\mu}=2.0$, $H_1:\tilde{\mu}>2.0$을 유의수준 α=0.05에서 n=12의 표본으로 검정하는 경우, [표 13-2.2]로부터 $r^-\le r^*_{0.05}=2$이면 H_0를 기각하게 된다. 이제 $\tilde{\mu}=3$일 때의 제2종 오류를 범할 확률을 계산하여 보자. 만약 모집단이 표준편차 σ=1의 정규분포에 따른다고 가정하면, 정규분포는 좌우 대칭이어서 중앙값과 평균은 동일한 값을 가지므로

$(\tilde{\mu}=\mu)$, $\tilde{\mu}=\mu=3$일 때 (X_i-2)가 음(-)의 값을 가질 확률은

$$p=P(X\leq 2 \mid \mu\mu=3)=P(Z\leq -1)=0.1587$$

이고, $\tilde{\mu}=\mu=3$일 때 제2종 오류를 범할 확률 $\beta(3)$은

$$\beta(3)=P(H_0\text{를 기각하지 못함}|\mu=3)$$
$$=1-\sum_{x=0}^{2}\binom{12}{x}(0.1587)^x(1-0.1587)^{12-x}=0.2944$$

이 된다.

만약, 모집단이 지수분포에 따른다면, 지수분포는 좌우 대칭이 아니므로 $H_0:\tilde{\mu}=2.0$이 진실일 때 평균치 μ=2.89이고, $\tilde{\mu}=3.0$일 때 $\mu=4.33$이므로

$$p=P(X\leq 2 \mid \mu=4.33)=\int_0^2\frac{1}{4.33}e^{\frac{x}{4.33}}dx=0.3699$$

따라서, 지수분포의 경우 $\tilde{\mu}=3$일 때 제2종 오류를 범할 확률 $\beta(3)$은

$$\beta(3)=1-\sum_{x=0}^{2}\binom{12}{x}(0.3699)^x(1-0.3699)^{12-x}=0.8794$$

이 된다.

이와 같이 부호검정에서 제2종 오류를 범할 확률 β는 귀무가설로부터 이탈의 크기 $\tilde{\mu}_0+\Delta$뿐만 아니라 모집단의 분포 형태에 따라 달라짐을 알 수 있다.

모집단이 정규분포에 따르는 경우, 부호검정이나 t-검정 모두 $H_0:\tilde{\mu}=\tilde{\mu}_0$의 검정이 가능하다. 그러나, t-검정은 모든 가능한 검정 중에서 제2종 오류를 범할 확률 β가 가장 작은 검정방법으로 알려져 있다. 따라서 정규분포의 경우 t-검정이 더 우수한 검정방법임을 알 수 있다. 모집단이 정규분포는 아니지만 좌우 대칭 형태일 때에도 t-검정이 부호검정보다 더 작은 β값을 갖는 것으로 알려져 있다. 보통 부호검정은 모집단이 비대칭 분포 형태이거나 모집단의 분포 형태를 알지 못할 때 중앙값의 검정에 사용되는 검정절차로 인식되고 있다.

13.3 윌콕슨 부호 – 순위 검정

부호검정에서는 관측치와 기준치의 편차 $(X_i - \tilde{\mu}_0)$의 음(−) 양(+)의 부호만을 이용될 뿐 이 편차의 크기는 이용되지 않는다. Frank Wilcoxon(1892–1965)이 편차의 부호와 크기를 함께 이용하는 검정방법을 고안하였다. 윌콕슨 부호–순위 검정에서는 모집단이 좌우 대칭의 연속형 분포에 따른다는 것을 가정하고 있다. 이러한 가정 하에서는 중앙값$(\tilde{\mu})$과 평균치(μ)가 일치하게 되므로 귀무가설은 $H_0 : \mu = \mu_0$가 된다.

13.3.1 윌콕슨 부호–순위 검정의 검정절차

윌콕슨 부호–순위 검정은 좌우 대칭의 연속형 확률분포를 하는 모집단의 평균치 μ에 대한 가설 $H_0 : \mu = \mu_0$에 대한 검정이다. 모집단으로부터 얻은 크기 n의 확률표본 X_1, X_2, $\cdots$, X_n으로부터 n개의 편차 $X_i - \mu_0$, $i = 1, 2, \ldots, n$을 계산하고, 이들 편차의 절대값 $|X_i - \mu_0|$의 크기에 따라 오름차순으로 순위를 매긴다. 단, 순위를 매길 때, X_i가 μ_0보다 커서 편차의 값이 양(+)이면 그 순위에 양(+)의 부호를 붙이고, X_i가 μ_0보다 작아서 편차의 값이 음(−)이면 그 순위에 음(−)의 부호를 붙인다. W+를 양(+)의 부호를 갖는 순위의 합의 절대값, W−를 음(−)의 부호를 갖는 순위의 합의 절대값, 그리고 W=min(W+, W−)로 정의한다. W와 W+, W−은 각각 양측검정과 단측검정의 검정통계량이 된다. [표 13–3.1]은 이들 검정통계량의 기각치 w^*_α를 정리한 표인데, 양측검정의 경우 유의수준 α=0.10, α=0.05, α=0.02, α=0.01에 대한 기각치, 단측검정의 경우 유의수준 α=0.05, α=0.025, α=0.01, α=0.005에 대한 기각치가 실려 있다.

[표 13–3.1] 윌콕슨 부호–순위 검정의 기각치 (w^*_α)

n	유의수준 (α)					n	유의수준 (α)				
	0.10	0.05	0.02	0.01	양측		0.10	0.05	0.02	0.01	양측
	0.05	0.025	0.01	0.005	단측		0.05	0.025	0.01	0.005	단측
5	0					16	35	29	23	19	
6	2	0				17	41	34	27	23	
7	3	2	0			18	47	40	32	27	
8	5	3	1	0		19	53	46	37	32	
9	8	5	3	1		20	60	52	43	37	
10	10	8	5	3		21	67	58	49	42	
11	13	10	7	5		22	75	65	55	48	

12	17	13	9	7		23	83	73	62	54	
13	21	17	12	9		24	91	81	69	61	
14	25	21	15	12		25	100	89	76	68	
15	30	25	19	15							

양측검정 $H_0 : \mu = \mu_0$, $H_1 : \mu \neq \mu_0$의 경우 $w \leq w_\alpha^*$이면 귀무가설 $H_0 : \mu = \mu_0$를 기각한다. 단측검정에서 대립가설이 $H_1 : \mu > \mu_0$인 경우 $w^- \leq w_\alpha^*$이면 귀무가설 $H_0 : \mu = \mu_0$를 기각하고, 대립가설이 $H_1 : \mu < \mu_0$인 경우 $w^+ \leq w_\alpha^*$이면 귀무가설 $H_0 : \mu = \mu_0$를 기각한다.

[표 13-3.1]에서 표본의 크기 n이 25까지만 나와 있는데, 이것은 $n > 25$인 경우에는 W+와 W-가 평균 $\frac{n(n+1)}{4}$, 분산 $\frac{n(n+1)(2n+1)}{24}$의 정규분포로 근사될 수 있기 때문이다.

예제 13.3.1

앞의 [예제 13-2.1]의 비행기 엔진 고정용 강철끈의 전단강도 자료에 대해 윌콕슨 부호-순위 검정을 적용하여 전단강도의 평균치에 대한 가설 H_0: μ=2000, H_1: $\mu \neq$2000을 유의수준 α=0.05에서 검정하여 보자. 아래의 [표 13-3.2]은 앞의 [표 13-2.1]의 자료를 윌콕슨 부호-순위 검정에 알맞게 다시 정리한 것이다.

[표 13-3.2] 윌콕슨 부호-순위 검정을 위해 정리된 강철끈의 전단강도 자료

관측(i)	전단강도(x_i)	편차(x_i-2000)	부호순위
16	2053.50	+53.50	+1
4	2061.30	+61.30	+2
1	2158.70	+158.70	+3
11	2165.20	+165.20	+4
18	2200.50	+200.50	+5
5	2207.50	+207.50	+6
7	1784.70	−215.30	−7
13	1779.80	−220.20	−8
15	1765.30	−234.70	−9
20	1753.70	−246.30	−10
10	2256.70	+256.70	+11
6	1708.30	−291.70	−12
3	2316.00	+316.00	+13
2	1678.15	−321.85	−14

14	2336.75	+336.75	+15
9	2357.90	+357.90	+16
12	2399.55	+399.55	+17
17	2414.40	+414.40	+18
8	2575.10	+575.10	+19
19	2654.20	+654.20	+20

풀이 [표 13-3.2]은 편차의 절대값 $|x_i-2000|$을 오름차순으로 정렬시키어 순위를 매긴 후, 본래의 편차가 양(+)의 값이면 해당 순위에 양(+)의 부호를, 음(−)의 값이면 해당 순위에 음(−)의 부호를 부여하여 부호순위를 구한 것이다. 이로부터 양(+)의 부호를 갖는 순위의 합 w^+와 음(−)의 부호를 갖는 순위의 합 w^-를 계산하면

$$w^+=(1+2+3+4+5+6+11+13+15+16+17+18+19+20)=150$$
$$w^-=(7+8+9+10+12+14)=60$$

이고, 검정통계량은 $w=\min(150,\ 60)=60$이다.

또한, [표 13-3.1]에서 양측검정, $n=20$, $\alpha=0.05$로부터 검정의 기각치 $w^*_{0.05}=52$를 얻을 수 있다. 검정통계량 $w=60$은 기각치 $w^*_{0.05}=52$보다 “작거나 같지”가 않으므로 귀무가설 $H_0:\mu=2000$를 기각할 수 없다. 이것은 앞의 [예제 13-2.1]의 결과와 동일한 것이다. ■

윌콕슨 부호-순위 검정에서는 모집단에 대해 좌우 대칭의 연속형 분포를 가정하므로 부호검정에서와 마찬가지로 동일한 관측값이 얻어질 가능성은 거의 없다고 볼 수 있다. 그러나 실제의 경우에는 측정 정밀도의 한계로 인하여 동일한 관측이 얻어질 수도 있다. 이러한 경우 동일한 관측들에 대해 그들의 평균순위를 부여하면 된다.

또한, 윌콕슨 부호-순위 검정에서도 표본의 크기가 웬만큼 큰 경우 정규분포 근사를 적용할 수 있다. 일반적으로 표본의 크기 $n>20$인 경우 W^+ (혹은 W^-)는

$$\text{평균}=\frac{n(n+1)}{4}, \qquad \text{분산}=\frac{n(n+1)(2n+1)}{24}$$

을 갖는 정규분포로 근사할 수 있다. 이 경우 가설 $H_0:\mu=\mu_0$의 검정통계량은

$$Z_0=\frac{W^+-\dfrac{n(n+1)}{4}}{\sqrt{\dfrac{n(n+1)(2n+1)}{24}}}$$

이 되며, 보통의 z-검정에서와 마찬가지로 적절한 대립가설에 대응하는 기각역을 사용하면 될 것이다.

13.3.2 대응표본에 대한 윌콕슨 부호-순위 검정

윌콕슨 부호-순위 검정을 이용하여 각각 평균치 μ_1, μ_2를 갖으며 임의의 연속형 분포에 따르는 두 모집단의 평균치를 비교하는 가설검정을 수행할 수 있다. 이때 두 모집단은 꼭 좌우 대칭의 분포일 필요는 없다. $(X_{1j},\ X_{2j})$, $j=1, 2, ..., n$을 두 모집단으로부터 얻은 크기 n의 대응표본이라 하고, 이들 대응표본 각각의 편차를 $D_j=X_{1j}-X_{2j}$, $j=1, 2, ..., n$라 하면, D_j는 좌우 대칭의 연속형 분포에 따르게 된다. 검정의 귀무가설은 $H_0:\mu_D=\mu_1-\mu_2=0$이 된다.

양측의 대립가설 $H_1:\mu_D\neq 0$ 에 대하여 검정절차를 알아보자.

윌콕슨 부호-순위 검정을 적용하기 위해서는 먼저 편차 D_j의 절대값 $|D_j|$를 오름차순으로 정렬하여 순위를 매기고, D_j의 부호가 양(+)이면 해당 순위에 양(+)의 부호를, D_j가 음(-)이면 해당 순위에 음(-)의 부호를 부여한다. 동일한 값을 갖는 $|D_j|$에 대해서는 그들의 평균 순위를 부여한다. 양(+)의 부호를 갖는 순위의 합의 절대값을 W^+, 음(-)의 부호를 갖는 순위의 합의 절대값을 W^-라 하고, $W=\min(W^+,\ W^-)$로 정의한다. 양측검정의 경우 W가 검정통계량이 된다. 검정통계량의 값이 $w\leq w_\alpha^*$이면 귀무가설 $H_0:\mu_D=0$를 기각한다. 기각치 w_α^*는 [표 13-3.1]에서 구한다.

단측검정의 경우에는 대립가설의 형태에 따라 W^- 혹은 W^+가 검정통계량이 된다. 대립가설 $H_1:\mu_D>0$의 경우 $w^-\leq w_\alpha^*$이면 귀무가설 $H_0:\mu_D=0$를 기각하고, $H_1:\mu_D<0$의 경우에는 $w^+\leq w_\alpha^*$이면 귀무가설 $H_0:\mu_D=0$를 기각하게 된다.

예제 13.3.2

앞의 [예제 13-2.4]의 자동차 연비 측정용 계측기 자료에 대하여 윌콕슨 부호-순위 검정을 이용하여 두 계측기에 의한 L당 평균 주행거리가 동일한지를 유의수준 α=0.05에서 검정하여 보자. 검정해야 할 가설은 $H_0:\mu_D=\mu_1-\mu_2=0$, $H_1:\mu_D\neq 0$이다.

[표 13-3.3] 두 계측기에 의한 연비 측정자료

자동차	계측기1 (X_{1j})	계측기2 (X_{2j})	$D_j = X_{1j} - X_{2j}$	순위
7	16.3	16.5	−0.2	−1
12	18.2	17.9	0.3	2
8	18.4	18.0	0.4	3
6	15.9	15.4	0.5	4
2	19.4	20.0	−0.6	−5
4	17.1	16.4	0.7	6.5
5	15.3	16.0	−0.7	−6.5
1	17.6	16.8	0.8	8
9	17.3	16.4	0.9	9
10	19.1	20.1	−1.0	−10
11	17.8	16.7	1.1	11
3	19.5	18.2	1.3	12

풀이 위의 [표 13-3.3]으로부터 w^+=2+3+4+6.5+8+9+11+12=55.5, w^-=1+5+6.5+10 =22.5이고, w=min(55.5, 22.5)=22.5이다. [표 13-3.1]에서 "양측검정, n=12, α=0.05"로부터 기각치 w^*_α =13 이다. 검정통계량 w=22.5는 기각치 w^*_α=13 보다 "작거나 같지"가 않으므로 귀무가설 $H_0 : \mu_D = 0$를 기각할 수가 없다. ■

모집단이 정규분포에 따르는 경우 평균치에 대한 가설검정은 t-검정과 윌콕슨 부호-순위 검정이 모두 가능하다. 앞에서도 언급했듯이 정규분포 모집단의 평균치에 대한 가설검정 방법으로 t-검정은 다른 어떤 검정방법보다도 제2종 오류를 범할 확률 β가 가장 작은 그래서 가장 우수한 검정방법으로 알려져 있다. 윌콕슨 부호-순위 검정의 제2종 오류를 범할 확률 β의 계산은 매우 어렵다. 또한, 정규분포가 아닌 경우 t-검정의 β의 계산 역시 쉽지가 않으므로 비정규분포의 경우 윌콕슨 부호-순위 검정과 t-검정의 우수성을 비교하기는 곤란하다. 그러나 현실적으로 모집단이 정규분포가 아닌 경우 윌콕슨 부호-순위 검정은 t-검정의 유용한 대체 수단으로 사용되고 있다.

13.4 윌콕슨 순위합 검정

앞에서 배운 부호검정이나 부호-순위 검정에서는 대응표본을 이용하여 두 모집단의 모평균의 동일성 검정을 수행하였으나, 대응표본이 아닌 독립 이표본을 이용하여 두 모집단의 모평균의 동일성 여부를 검정하는 방법이 윌콕슨 순위합 검정이다.

순위합 검정은 두 모집단에서 독립적으로 추출된 두 표본을 혼합하여 크기순으로 정렬하여 순위를 매겼을 때, 두 모평균에 차이가 있어서 하나가 다른 것보다 크다면 두 표본이 랜덤하게 섞이지 않고 모평균의 값이 작은 모집단에서 얻은 표본은 낮은 순위로 모이고, 모평균의 값이 큰 모집단에서 얻은 표본은 순위가 높은 쪽으로 모여서 두 개의 그룹을 형성하게 된다는 사실에 바탕을 둔 검정방법이다.

결국, 순위합 검정은 독립된 두 모집단의 모평균을 비교하는 독립 이표본 t-검정에 대응되는 비모수적 방법으로 볼 수 있다.

순위합 검정은 윌콕슨(Wilcoxon)에 의해 처음으로 고안되었으나, 그 후 맨(Mann)과 휘트니(Whitney)에 의해서 $n1 \neq n2$의 경우로 일반화 되었으므로 맨-휘트니 검정(Mann-Whitney Test)이라고도 불리운다.

13.4.1 윌콕슨 순위합 검정의 검정절차

서로 독립이며 임의의 연속형 분포를 하는 두 모집단 X_1과 X_2를 생각하여 보자. X_1의 평균은 μ_1, X_2의 평균은 μ_2라 하고, X_1과 X_2의 분포형태와 분산은 동일하다고 가정한다.

두 모집단 X_1과 X_2에서 독립적으로 추출한 각각 크기 $n_1 \leq n_2$인 두 확률표본을 X_{11}, X_{12}, $\cdots$, X_{1n1}, 그리고 X_{21}, X_{22}, $\cdots$, X_{2n2}라 하자. 이 표본자료를 이용하여 가설 H_0: $\mu_1 = \mu_2$, H_1: $\mu_1 \neq \mu_2$를 검정하고자 한다.

검정절차는 다음과 같다. 먼저 $(n_1 + n_2)$개 전체 관측치들을 크기에 따라 오름차순으로 정렬하여 순위를 매긴다. 이때 크기가 같은 관측치들에 대해서는 그들의 평균순위를 부여한다. W_1을 표본의 크기가 작은 즉, $n_1 \leq n_2$이므로 표본1의 순위합이라 하고, W_2를 표본2의 순위합이라 정의하면,

$$W_2 = \frac{(n_1+n_2)(n_1+n_2+1)}{2} - W_1 \qquad (13\text{-}4.1)$$

이 된다.

만일 두 모집단의 평균값 μ_1과 μ_2가 같다면, 표본크기의 차이를 보정했을 때 두표본의 순위합은 거의 같을 것으로 기대된다. 따라서, 두 표본의 순위합이 차이가 웬만큼 크게 나타난다면 우리는 μ_1과 μ_2가 같지 않다는 결론을 내릴 수 있을 것이다.

다음의 [표 13-4.1 (a), (b)]는 순위합 검정의 기각치를 정리한 것이다. 양측검정을 가정하고, 유의수준 α=0.05에 대응하는 기각치 $w_{0.05}$를 정리한 것이 [표 13-4.1(a)]이고, 유의수준 α=0.01에 대응하는 기각치 $w_{0.01}$을 정리한 것이 [표 13-4.1(b)]이다.

[표 13-4.1(a)] α=0.05일 때 순위합 검정의 기각치 $w_{0.05}$

n_2 \ n_1	4	5	6	7	8	9	10	11	12	13	14	15
4	10											
5	11	17										
6	12	18	26									
7	13	20	27	36								
8	14	21	29	38	49							
9	15	22	31	40	51	63						
10	15	23	32	42	53	65	78					
11	16	24	34	44	55	68	81	96				
12	17	26	35	46	58	71	85	99	115			
13	18	27	37	48	60	73	88	103	119	137		
14	19	28	38	50	63	76	91	106	123	141	160	
15	20	29	40	52	65	79	94	110	127	145	164	185
16	21	31	42	54	67	82	97	114	131	150	169	
17	21	32	43	56	70	84	100	117	135	154		
18	22	33	45	58	72	87	103	121	139			
19	23	34	46	60	74	90	107	124				
20	24	35	48	62	77	93	110					
21	25	37	50	64	79	95						
22	26	38	51	66	82							
23	27	39	53	68								
24	28	40	55									
25	28	42										
26	29											

[표 13-4.1(b)] α=0.01일 때 순위합 검정의 기각치 $w_{0.01}$

n_2	n_1											
	4	5	6	7	8	9	10	11	12	13	14	15
5		15										
6	10	16	23									
7	10	17	24	32								
8	11	17	25	34	43							
9	11	18	26	35	45	56						
10	12	19	27	37	47	58	71					
11	12	20	28	38	49	61	74	87				
12	13	21	30	40	51	63	76	90	106			
13	14	22	31	41	53	65	79	93	109	125		
14	14	22	32	43	54	67	81	96	112	129	147	
15	15	23	33	44	56	70	84	99	115	133	151	171
16	15	24	34	46	58	72	86	102	119	137	155	
17	16	25	36	47	60	74	89	105	122	140		
18	16	26	37	49	62	76	92	108	125			
19	17	27	38	50	64	78	94	111				
20	18	28	39	52	66	81	97					
21	18	29	40	53	68	83						
22	19	29	42	55	70							
23	19	30	43	57								
24	20	31	44									
25	20	32										
26	21											

양측검정의 경우 W_1 혹은 W_2의 값이 [표 13-4.1(a), (b)]에서 구해지는 기각치 $w\alpha$보다 "작거나 같다"(w_1 or $w_2 \le w\alpha$)이면, 귀무가설 H_0를 기각하게 된다. 기각치 $w\alpha$는 표본의 크기 n_1과 n_2, 그리고 α=0.05 혹은 0.01에 따라 [표 13-4.1(a), (b)]에서 구한다.

단측검정의 유의수준은 양측검정의 유의수준의 절반이 되므로 [표 13-4.1(a)]는 α=0.025인 단측검정의 기각치 $w_{0.025}$를, [표 13-4.1(b)]는 α=0.005인 단측검정의 기각치 $w_{0.005}$를 의미하게 된다. 대립가설 H_1: $\mu_1 < \mu_2$인 경우, $w_1 \le w\alpha$이면 귀무가설 H_0를 기각하게 되고, 대립가설 H_1: $\mu_1 > \mu_2$인 경우에는, $w_2 \le w\alpha$이면 귀무가설 H_0를 기각하게 된다.

예제 13.4.1

항공기 제작에 사용되는 두 종류의 특수 합금재료의 응력을 비교하고자 한다. 기존 제품인 종류1의 평균응력을 μ_1이라 하고, 신 개발품인 종류2의 평균응력을 μ_2라 하자. 기존 제품인 종류1의 로트에서 n_1=10개의 시료를 추출하고, 이와는 독립적으로 신 개발품인 종류2의 로트에서 역시 n_2=10개의 시료를 추출하여 응력을 측정하였다. 결과 자료는 [표 13-4.2]와 같다.

[표 13-4.2] 두 종류의 합금재료의 응력 측정 자료

종류1	3238	3195	3246	3190	3204	3254	3229	3225	3217	3241
종류2	3261	3187	3209	3212	3258	3248	3215	3226	3240	3234

풀이 이 자료에 대하여 가설 H_0: $\mu_1 = \mu_2$, H_1: $\mu_1 \neq \mu_2$를 유의수준 α=0.05에서 검정하여 보자. 먼저 전체 20개 자료를 오름차순으로 정렬하여 순위를 매긴다.

시료 종류	응력 측정치	순위
2	3187	1
1	3190	2
1	3195	3
1	3204	4
2	3209	5
2	3212	6
2	3215	7
1	3217	8
1	3225	9
2	3226	10
1	3229	11
2	3234	12
1	3238	13
2	3240	14
1	3241	15
1	3246	16
2	3248	17
1	3254	18
2	3258	19
2	3261	20

종류1의 순위합 $w_1 = 2+3+4+8+9+11+13+15+16+18 = 99$

종류2의 순위합 $w_2 = \dfrac{(10+10)(10+10+1)}{2} - 99 = 111$

양측검정이고 $\alpha = 0.05$, $n_1 = n_2 = 10$이므로 [표 13-4.1(a)]에서 $w_{0.05} = 78$이다.

순위합 $w_1 = 99$, $w_2 = 111$는 어느 것도 기각치 $w_{0.05} = 78$보다 "작거나 같지"가 않으므로 귀무 가설 H_0: $\mu_1 = \mu_2$를 기각할 수 없다. ■

13.4.2 윌콕슨 순위합 검정의 정규분포 근사

표본의 크기 n_1과 n_2가 8보다 크면 순위합 W_1은

$$\text{평균} = \frac{n_1(n_1+n_2+1)}{2}, \qquad \text{분산} = \frac{n_1 n_2(n_1+n_2+1)}{12}$$

의 정규분포로 근사될 수 있다. 따라서 n_1과 $n_2 > 8$일 때,

$$Z_0 = \frac{W_1 - \dfrac{n_1(n_1+n_2+1)}{2}}{\sqrt{\dfrac{n_1 n_2(n_1+n_2+1)}{12}}} \tag{13-4.2}$$

을 순위합 검정의 검정통계량으로 사용할 수 있다.

이 경우 기각역은, 양측검정일 때 $|z_0| > z_{\alpha/2}$이면 H_0기각, 단측검정에서 H_1: $\mu_1 > \mu_2$일 때 $z_0 > z_\alpha$ 이면 H_0 기각, H_1: $\mu_1 < \mu_2$일 때에는 $z_0 < -z_\alpha$ 이면 H_0를 기각하게 된다.

13.5 크러스칼-월리스 검정(Kruskal-Wallis Test)

크러스칼-월리스 검정은 앞의 13.4절에서 소개한 두 모집단에 대한 윌콕슨 순위합 검정을 3개 이상의 모집단에 대한 검정으로 일반화한 것으로서, 일원배치의 분산분석에 대응되는 비모수적 방법이라 할 수 있다.

앞의 12장에서 배운 일원배치의 분산분석에서는 인자의 수준에 따라 분류된 a개의 모집단이 모두 동일한 분산을 갖는 정규분포에 따른다는 가정 하에 F-검정을 통하여 a개의 모평균이

모두 동일한지 여부를 검정하였다. 그러나 크러스칼-월리스 검정은 모집단의 분포에 대한 가정 없이 앞의 13.4절의 윌콕슨 순위합 검정을 이용하여 a개의 모평균(중앙값)이 모두 동일한지를 검정하는 방법이다.

13.5.1 크러스칼-월리스 검정의 검정절차

인자의 수준에 따라 a개의 모집단을 비교하는 일원배치 분산분석 모형은

$$Y_{ij} = \mu + \tau_i + \epsilon_{ij} \qquad i = 1,2,\cdots,a \quad j = 1,2,\cdots,n_i \tag{13-5.1}$$

이다. 여기서 오차항 $\epsilon_{ij} \sim \ni D(0,\ \sigma^2)$을 가정하며, 정규분포 가정에 의해 F-검정을 수행하게 된다.

크러스칼-월리스 검정은 F-검정에 대응되는 비모수적 방법으로서 오차항 $\epsilon_{ij} \sim$ "a개의 모집단 모두에 대해 동일한 연속형 분포"를 가정한다.

a개의 모집단에서 얻는 관측치의 총 수는 $N = \sum_{i=1}^{a} n_i$이다. 이들 N개의 관측치를 오름차순으로 정렬하여 순위를 매긴다.

귀무가설 $H_0 : \mu_1 = \mu_2 = \cdots = \mu_a$가 진실이면 N개의 관측치는 모두 하나의 모집단으로부터 얻은 것으로 볼 수 있는데, 이 경우 N개의 관측치에 부여된 순위는 표본이 얻어지는 a개의 모집단 모두에 걸쳐서 고르게 뒤섞일 것이다. 그러나 귀무가설 $H_0 : \mu_1 = \mu_2 = \cdots = \mu_a$이 진실이 아닌 경우에는 모평균(중앙값)의 값이 큰 특정 모집단에서 얻은 관측치에는 높은 순위가 부여되고, 모평균의 값이 작은 다른 모집단에서 얻은 관측치에는 낮은 순위가 부여되는 경향을 보일 것이다.

R_{ij}를 관측치 Y_{ij}에 부여되는 순위라고 정의하면, $R_{i.} = \sum_{j=1}^{n_i} R_{ij}$는 i-번째 처리의 n_i개 관측치에 부여되는 순위의 합이 되고, $\overline{R_{i.}} = \frac{1}{n_i}\sum_{j=1}^{n_i} R_{ij}$는 i-번째 처리의 n_i개 관측치에 부여되는 순위의 평균이 된다.

귀무가설 H_0가 진실일 때, $E(R_{ij}) = E(\overline{R_{i.}}) = \dfrac{N+1}{2}$이 됨을 증명할 수 있다.

크러스칼-월리스 검정에서는 표본자료에서 계산된 순위 평균 $\overline{R_{i.}}$와 그의 기대치 $E(\overline{R_{i.}})$의 차이를 계산하여 이 차이가 크면 귀무가설 H_0를 기각하게 된다. 실제로 검정통계량은

$$H = \frac{12}{N(N+1)}\sum_{i=1}^{a} n_i\left(\overline{R_{i.}} - \frac{N+1}{2}\right)^2 \quad (13\text{-}5.2)$$

$$= \frac{12}{N(N+1)}\sum_{i=1}^{a}\frac{R_{i.}^2}{n_i} - 3(N+1)$$

이다. H의 값이 클수록 귀무가설 H_0를 기각할 수 있는 확실한 증거가 된다.

검정통계량 H의 분포는 귀무가설 H_0가 진실일 때 N개의 관측치에 부여된 순위가 a개의 처리 모두에 걸쳐서 고르게 뒤섞인다는 사실로부터 유도될 수 있다. 따라서, 순위가 부여되는 모든 경우의 수를 나열하고 각 경우에 대하여 H의 값을 계산하여 검정의 기각치를 계산할 수 있다. 그러나 이러한 작업은 많은 시간을 요하는 일이므로 실제로는 다음과 같은 근사적인 방법의 이용이 일반적이다.

귀무가설 H_0가 진실일 때,

$$\text{a} = 3\text{이고} \quad n_i \geq 6 \quad \text{for } i = 1,\ 2,\ 3$$

$$\text{혹은} \quad \text{a} > 3\text{이고} \quad n_i \geq 5 \quad \text{for } i = 1,\ 2,\ \cdots,\ \text{a}$$

이면 검정통계량 H는 근사적으로 자유도 a−1의 χ^2−분포에 따르는 것으로 알려져 있다.

H의 값이 클수록 귀무가설 H_0는 거짓이 되므로,

$$h \geq \chi_{\alpha,a-1}$$

이면 귀무가설 H_0를 기각한다. 이때 검정의 유의수준은 근사적으로 α가 된다.

크러스칼−월리스 검정에서도 표본자료의 순위를 매길 때 동일한 값을 갖는 관측들에 대해서는 부호−순위 검정에서와 마찬가지로 그들의 평균순위를 부여한다. 주의할 점은 동일값을 갖는 관측수가 적을 때는 (13−5.2)의 검정통계량을 그대로 사용하여도 무방하나, 동일값을 갖는 관측수가 상대적으로 많다고 생각되는 경우에는 (13−5.2)의 검정통계량 대신 다음의 (13−5.3)의 검정통계량을 사용하여야 한다.

$$H = \frac{1}{S^2}\left[\sum_{i=1}^{a}\frac{R_{i.}^2}{n_i} - \frac{N(N+1)^2}{4}\right] \quad (13\text{-}5.3)$$

여기서, S2은 순위의 분산 $V(R_{ij})$를 의미하는 것으로 다음과 같이 정의된다.

$$S^2 = \frac{1}{N-1}\left[\sum_{i=1}^{a}\sum_{j=1}^{n_i} R_{ij}^2 - \frac{N(N+1)^2}{4}\right] \tag{13-5.4}$$

예제 13.5.1

의류용 합성섬유를 개발하는 연구에서 면의 혼합비율에 따라 합성섬유의 인장강도가 달라지는가를 알아보는 실험을 실시하였다. 이 실험은 면의 혼합비율이 인자(A), 섬유의 인장강도가 특성치(y_{ij})가 되는 일원배치 실험이다. 인자 A를 a=5 수준, 각 수준에서의 반복 $n_1 = n_2 = ... = n_5 = 5$로 하여 실험을 실시한 결과 자료가 다음과 같다. 이 자료를 토대로 각 수준에서의 모평균(μ_i, i=1,2,⋯,5)이 같다고 할 수 있는지를 크러스컬-월리스 검정을 이용하여 유의수준 α=0.01에서 검정하여 보자.

[표 13-5.1] 합성섬유의 인장강도 실험 자료

A	y_{ij}				
A1(15%)	7	7	15	11	9
A2(20%)	12	17	12	18	18
A3(25%)	14	18	18	19	19
A4(30%)	19	25	22	19	23
A5(35%)	7	10	11	15	11

검정해야 할 가설은

$$H_0 : \mu_1 = \mu_2 = \mu_3 = \mu_4 = \mu_5, \quad H_1 : \urcorner H_0$$

이다. 먼저 N=25개 관측을 오름차순으로 정렬하여 순위를 매겨보자.

[표13-5.2] 인장강도 자료의 오름차순 정렬 결과 순위

인자수준(A_i)	특성치(y_{ij})	순위(r_{ij})
5	7*	2.0
1	7*	2.0
1	7*	2.0
1	9	4.0
5	10	5.0

5	11*	7.0
5	11*	7.0
1	11*	7.0
2	12*	9.5
2	12*	9.5
3	14	11.0
5	15*	12.5
1	15*	12.5
2	17	14.0
3	18*	16.5
2	18*	16.5
2	18*	16.5
3	18*	16.5
4	19*	20.5
3	19*	20.5
4	19*	20.5
3	19*	20.5
4	22	23.0
4	23	24.0
4	25	25.0

위의 [표 13-5.2]에서 "*"는 동일 관측값을 표시한 것이다. [표 13-5.2]에서 알 수 있듯이 동일 관측값의 개수가 18개로 총 관측 수 N=25에 비해 상대적으로 많다고 볼 수 있다. 따라서, (13.5.3)의 검정통계량을 사용해야 한다.

검정통계량의 계산을 위해 [표 13-5.2]의 순위를 [표 13-5.1]의 원 자료와 똑같은 형태로 각각의 자료와 순위를 대응시켜 다시 정리한다.

[표 13-5.3] 인자수준별로 정리된 순위

인자수준 (A_i)	순위(r_{ij})					수준별 순위합($r_i\cdot$)
	1	2	3	4	5	
1	2.0	2.0	12.5	7.0	4.0	27.5
2	9.5	14.0	9.5	16.5	16.5	66.0
3	11.0	16.5	16.5	20.5	20.5	85.0
4	20.5	25.0	23.0	20.5	24.0	113.0
5	2.0	5.0	7.0	12.5	7.0	33.5

[표 13-5.3]으로부터 순위의 분산은

$$S^2 = \frac{1}{N-1}\left[\sum_{i=1}^{a}\sum_{j=1}^{n_i} R_{ij}^2 - \frac{N(N+1)^2}{4}\right] = \frac{1}{24}\left[5510 - \frac{(25)(26)^2}{4}\right] = 53.54$$

이고, 검정통계량은

$$H = \frac{1}{S^2}\left[\sum_{i=1}^{a}\frac{R_{i.}^2}{n_i} - \frac{N(N+1)^2}{4}\right] = \frac{1}{53.54}\left[5245.7 - \frac{(25(26)^2}{4}\right] = 19.06$$

이 된다.

검정통계량 $h = 19.06 > \chi^2_{0.01,4} = 13.28$이므로 귀무가설 H_0를 기각하게 된다. 즉, 유의수준 $\alpha = 0.05$에서 면의 혼합비율에 따라 합성섬유의 인장강도가 달라진다는 결론을 내리게 된다.

■

[표 13-5.1]의 원자료 각각에 순위를 1:1로 대응시켜 [표 13-5.3]의 순위표로로 변환시키는 작업을 "자료의 순위 변환(rank transformation)"이라고 부른다.

순위변환을 이용하여 F-검정에서 원 자료 대신 순위를 적용한다면 검정통계량은

$$F_0 = \frac{\dfrac{H}{a-1}}{\dfrac{N-1-H}{N-a}} \tag{13-5.5}$$

이 된다, 여기서, H는 크러스칼-월리스 검정통계량이다. (13-5.5)에서 보아 알 수 있듯이 H의 값이 증가 혹은 감소하면 F_0의 값 역시 증가 혹은 감소하게 된다. 또한, F_0는 근사적으로 F-분포에 따르게 되므로, 크러스칼-월리스 검정은 순위 r_{ij}에 대해 통상적인 분산분석을 수행하는 것과 같다고 볼 수 있다.

연습문제

1. 어떤 도금공장의 기술자는 도금조의 pH 농도의 중앙값이 7.0일 것으로 생각하고 있다. 이를 확인하기 위하여 n=10개의 시료를 조사하여 다음의 pH 농도 자료를 얻었다.

시료	1	2	3	4	5	6	7	8	9	10
pH	7.91	7.85	6.82	8.01	7.46	6.95	7.05	7.35	7.25	7.42

a) 가설 $H_0 : \tilde{\mu}= 7.0$, $H_1 : \tilde{\mu} \neq 7.0$를 부호검정에 의해 검정하고자 한다. P-값을 계산하여 유의수준 α=0.05에서 검정하라.

b) a)의 검정을 정규분포 근사에 의한 부호검정으로 수행하고 P-값을 계산하라.

2. 어떤 화학제품의 불순물 농도(ppm) 자료가 다음과 같다.

시 료	1	2	3	4	5	6	7	8	9	10	11
불순물 농 도	2.4	2.5	1.7	1.6	1.9	2.6	1.3	1.9	2.0	2.5	2.6
시 료	12	13	14	15	16	17	18	19	20	21	22
불순물 농 도	2.3	2.0	1.8	1.3	1.7	2.0	1.9	2.3	1.9	2.4	1.6

가설 $H_0 : \tilde{\mu}= 2.5$, $H_1 : \tilde{\mu}< 2.5$를 부호검정에 의해 검정하고자 한다. P-값을 계산하여 유의수준 α=0.05에서 검정하라.

3. 두 종류의 페인트의 건조시간이 동일한지에 관심이 있다. 이를 알아보기 위해 준비한 n=20개의 시료 각각을 반으로 나누어 한쪽에는 종류1 페인트를 나머지 다른 쪽에는 종류2 페인트를 도포하여 건조시간(hr.)을 측정하였다. 결과 자료는 다음과 같다.

시료	종류1 (X_{1j})	종류2 (X_{2j})	시료	종류1 (X_{1j})	종류2 (X_{2j})
1	1.6	1.8	11	1.9	2.0
2	1.3	1.5	12	1.8	1.9
3	1.5	1.5	13	1.7	1.5
4	1.6	1.7	14	1.5	1.7
5	1.7	1.6	15	1.6	1.6
6	1.9	2.0	16	1.4	1.2
7	1.8	2.1	17	1.3	1.6
8	1.6	1.7	18	1.6	1.8
9	1.4	1.6	19	1.5	1.6
10	1.8	1.9	20	1.8	2.0

a) 위의 자료를 이용하여 두 종류의 페인트의 건조시간의 중앙값이 같다고 할 수 있는가를 확인하기 위한 가설 $H_0: \widetilde{\mu_D} = \widetilde{\mu_1} - \widetilde{\mu_2} = 0$, $H_1: \widetilde{\mu_D} \neq 0$을 유의수준 α=0.01에서 검정하라. 여기서, $\widetilde{\mu_1}$=종류1의 건조시간 중앙값, $\widetilde{\mu_2}$=종류2의 건조시간 중앙값이다.

b) (a)의 가설검정을 정규분포로 근사하여 수행하라.

4. 어떤 통신시스템에 수신되는 외부신호의 도착시간간격(time between arrival, 분) X는 지수분포에 따른다고 한다. 이 시스템의 관리자는 X의 중앙값에 대한 다음의 가설을 검정하고자 한다.

$H_0: \tilde{\mu} = 3.5$분, $H_1: \tilde{\mu} > 3.5$분

a) 귀무가설 "$H_0: \tilde{\mu} = 3.5$분"이 진실일 때, 도착시간간격 X의 평균치 μ를 구하라.

b) n=10개의 관측으로부터 r^-=3을 얻었다고 한다. 유의수준 α=0.05에서 주어진 가설에 대해 부호검정을 수행하라.

c) $\tilde{\mu}$=4.5분일 때, 제2종 오류를 범할 확률 $\beta(4.5)$를 구하라.

5. 앞의 13-2절 연습문제 1번에서 다룬 도금조의 pH 농도가 좌우 대칭의 연속형 분포에 따른다고 가정하고 윌콕슨 부호-순위 검정을 이용하여 평균 pH 농도(μ)에 대한 가설 H_0: μ=7.0, H_1: $\mu \neq$7.0을 유의수준 α=0.05에서 검정하라.

6. 특수 합금재료의 티타늄 함량(X_i, %)은 좌우 대칭의 연속형 분포에 따른다고 한다. 평균 함량(μ)이 기준치 8.5%와 일치하는가를 확인하기 위하여 n=20개의 표본을 조사한 결과가 다음과 같다.

시료	1	2	3	4	5	6	7	8	9	10
X_i(%)	8.32	8.05	8.93	8.65	8.25	8.46	8.52	8.35	8.36	8.41
시료	11	12	13	14	15	16	17	18	19	20
X_i(%)	8.42	8.30	8.71	8.75	8.60	8.83	8.50	8.38	8.29	8.46

a) 윌콕슨 부호-순위 검정을 이용하여 평균 함량(μ)에 대한 가설 H_0: μ=8.5, H_1: $\mu \neq$8.5을 유의수준 α=0.05에서 검정하라.

b) a)의 검정을 정규분포로 근사하여 수행하라.

7. 앞의 13-2절 연습문제 2번의 화학제품 불순물 농도 자료가 좌우 대칭의 연속형 분포라 가정하고 평균농도에 대한 가설 H_0: μ=2.5, H_1: μ<2.5를 유의수준 α=0.05에서 검정하라.

8. 앞의 13-2절 연습문제 3번의 두 종류 페인트의 건조시간 자료에 대해서 윌콕슨 부호-순위 검정을 이용하여 가설 H_0: $\mu_D=\mu_1-\mu_2=0$, H_1: $\mu_D \neq 0$을 α=0.01에서 검정하라.

9. 특수용도의 전기회로를 개발하는 연구에서 대안으로 선택된 두 종류의 회로에 대해 전류의 세기를 비교하고자 한다. 회로1의 시제품 n_1=8개를 제작하여 전류의 세기를 측정하고, 이와는 독립적으로 회로2의 시제품 n_2=9개를 제작하여 전류의 세기를 측정한 결과 다음의 자료를 얻었다.

회로1	250	253	249	256	259	252	260	251	
회로2	251	255	258	257	250	251	254	250	248

회로1의 전류의 세기의 평균을 μ_1, 회로2의 전류의 세기의 평균을 μ_2라 할 때, 윌콕슨 순위합 검정을 이용하여 가설 H_0: $\mu_1=\mu_2$, H_1: $\mu_1>\mu_2$를 유의수준 α=0.025에서 검정하라.

10. 두 종류의 온수 가열장치의 가열 성능을 비교하고자 한다. n_1=10개의 장치1의 시제품을 제작하여 작동 개시 15분 후의 온도를 측정하고, 이와는 독립적으로 n_2=10개의 장치2의 시제품을 제작하여 작동 개시 15분 후의 온도를 측정한 자료가 다음과 같다.

장치1	25	27	29	31	30	26	24	32	33	38
장치2	31	33	32	35	34	29	38	35	37	30

장치1 온도의 모평균을 μ_1, 장치2 온도의 모평균을 μ_2라 할 때, 윌콕슨 순위합 검정을 이용하여 가설 H_0: $\mu_1=\mu_2$, H_1: $\mu_1 \neq \mu_2$를 유의수준 α=0.05에서 검정하라.

11. 앞의 연습문제 2의 가열장치 온도 비교 문제를 윌콕슨 순위합 검정의 정규분포 근사 방법으로 검정하라.

12. 혼합방법에 따라 콘크리트의 인장강도가 달라지는지를 알아보기 위하여, 혼합방법을 4 수준으로 하고 각 수준에서 4회 반복하는 총 16회의 실험을 랜덤한 순서로 실시하여 다음의 결과를 얻었다.

혼합방법	인장강도(y_{ij})			
	1	2	3	4
1	3129	3000	2865	2890
2	3200	3000	2975	3150
3	2800	2900	2985	3050
4	2600	2700	2600	2765

크러스칼-월리스 검정을 이용하여 혼합방법이 인장강도에 영향을 주는지를 유의수준 $\alpha=0.05$에서 검정하라.

13. 시멘트 벽돌의 건조방법에 따라 벽돌의 파괴강도가 달라지는지를 알아보고자 한다. 건조방법을 3 수준으로 하고, 각 건조방법에서 반복 5회의 실험을 실시하여 다음의 결과를 얻었다.

건조방법	파괴강도(y_{ij})				
	1	2	3	4	5
1	553	550	568	541	537
2	553	599	579	545	540
3	492	530	528	510	571

크러스칼-월리스 검정을 이용하여 건조방법이 시멘트 벽돌의 파괴강도에 영향을 주는지를 유의수준 $\alpha=0.05$에서 검정하라.

참고문헌

1. Bowker A. H. and Lieberman G. J.(1972) Engineering Statistics, 2nd edition, Prentice-Hall, New Jersey.
2. Devore J. L.(1995). Probability and Statistics for Engineers and Scientists, 4th edition, Duxbury Press, Belmont.
3. Hogg R. V.and Craig A. T.(1978). Introduction to Mathematical Statistics, 4th edition, Macmillan, New York.
4. Mendenhall W., Scheaffer R. L. and wackerly D. D.(1981). Mathematical Statistics with Applications, 2nd edition, Duxbury Press, Belmont.
5. Mendenhall w. and Sincich T.(1995). Statistics for Engineers and the Sciences, 4th edition, Prentice-Hall, New Jersey.
6. Miller I. and Freund J. E.(1977). Probability and Statistics for Engineers, 2nd edition, Prentice-Hall, New Jersey.
7. Montgomery D. C. and Runger G. C.(1999) Applied Statistics and Probability for Engineers, 2nd edition, John Wiley & Sons, New York.
8. Montgomery D. C., Runger G. C. and Hubele N.F.(2007). Engineering Statistics, 4th edition, John Wiley & Sons, New York.
9. Montgomery D. C.(2005). Design and Analysis of Experiments, 6th edition, John Wiley & Sons, New York.
10. Montgomery D. C., peck E.A. and Viling G. G.(2006). Introduction to Linear Regression Analysis, 4th edition, John Wiley & Sons, New York.
11. Ott R. L.(1988). An Introduction to statistical Methods and Data Analysis, 4th edition, Duxbury Press, Belmont.
12. Papoulis A.(1984). Probaility, Random Variables and Stochastic Process, 2nd edition, Mcgraw-Hill, London.
13. Scheaffer R. L. and Mcclave J. T.(1995). Probability and Statistics for Engineers, Duxbury Press, Belmont.

14. Walpole R. E., Myers R. H., Myers S. L. and Ye K.(2002). Probability & Statistics for Engineers and Statistics, Prentice-Hall, New Jersey.

15. 김영휘(1986). 공업통계학, 청문각.

16. 김우철 외 7인 공저(1998). 통계학 개론, 영지문화사.

17. 배도선 외 7인 공저(2003). 통계학 이론과 응용, 청문각.

18. 전치혁 외 2인 공저(2004). 공학응용통계, 홍릉과학출판사.

부 록

표준정규분포표

$$P\{Z \le z\} = \int_{-\infty}^{z} \frac{1}{\sqrt{2\pi}} \exp\left(-\frac{t^2}{2}\right)dt$$

z	.00	.01	.02	.03	.04	.05	.06	.07	.08	.09
.0	.5000	.5040	.5080	.5120	.5160	.5199	.5239	.5279	.5319	.5359
.1	.5398	.5438	.5478	.5517	.5557	.5596	.5636	.5675	.5714	.5753
.2	.5793	.5832	.5871	.5910	.5948	.5987	.6026	.6064	.6103	.6141
.3	.6179	.6217	.6255	.6293	.6331	.6368	.6406	.6443	.6480	.6517
.4	.6554	.6591	.6628	.6664	.6700	.6736	.6772	.6808	.6844	.6879
.5	.6915	.6950	.6985	.7019	.7054	.7088	.7123	.7157	.7190	.7224
.6	.7257	.7291	.7324	.7357	.7389	.7422	.7454	.7486	.7517	.7549
.7	.7580	.7611	.7642	.7673	.7703	.7734	.7764	.7793	.7823	.7852
.8	.7881	.7910	.7939	.7967	.7995	.8023	.8051	.8078	.8106	.8133
.9	.8159	.8186	.8212	.8238	.8264	.8289	.8315	.8340	.8365	.8389
1.0	.8413	.8438	.8461	.8485	.8508	.8531	.8554	.8577	.8599	.8621
1.1	.8643	.8665	.8686	.8708	.8729	.8749	.8770	.8790	.8810	.8830
1.2	.8849	.8869	.8888	.8907	.8925	.8944	.8962	.8980	.8997	.9015
1.3	.9032	.9049	.9066	.9082	.9099	.9115	.9131	.9147	.9162	.9177
1.4	.9192	.9207	.9222	.9236	.9251	.9265	.9279	.9292	.9306	.9319
1.5	.9332	.9345	.9357	.9370	.9382	.9394	.9406	.9418	.9429	.9441
1.6	.9452	.9463	.9474	.9484	.9495	.9505	.9515	.9525	.9535	.9545
1.7	.9554	.9564	.9573	.9582	.9591	.9599	.9608	.9616	.9625	.9633
1.8	.9641	.9649	.9656	.9664	.9671	.9678	.9686	.9693	.9699	.9706
1.9	.9713	.9719	.9726	.9732	.9738	.9744	.9750	.9756	.9761	.9767
2.0	.9772	.9778	.9783	.9788	.9793	.9798	.9803	.9808	.9812	.9817
2.1	.9821	.9826	.9830	.9834	.9838	.9842	.9846	.9850	.9854	.9857
2.2	.9861	.9864	.9868	.9871	.9875	.9878	.9881	.9884	.9887	.9890
2.3	.9893	.9896	.9898	.9901	.9904	.9906	.9909	.9911	.9913	.9916
2.4	.9918	.9920	.9922	.9925	.9927	.9929	.9931	.9932	.9934	.9936
2.5	.9938	.9940	.9941	.9943	.9945	.9946	.9948	.9949	.9951	.9952
2.6	.9953	.9955	.9956	.9957	.9959	.9960	.9961	.9962	.9963	.9964
2.7	.9965	.9966	.9967	.9968	.9969	.9970	.9971	.9972	.9973	.9974
2.8	.9974	.9975	.9976	.9977	.9977	.9978	.9979	.9979	.9980	.9981
2.9	.9981	.9982	.9982	.9983	.9984	.9984	.9985	.9985	.9986	.9986
3.0	.9987	.9987	.9987	.9988	.9988	.9989	.9989	.9989	.9990	.9990
3.1	.9990	.9991	.9991	.9991	.9992	.9992	.9992	.9992	.9993	.9993
3.2	.9993	.9993	.9994	.9994	.9994	.9994	.9994	.9995	.9995	.9995
3.3	.9995	.9995	.9995	.9996	.9996	.9996	.9996	.9996	.9996	.9997
3.4	.9997	.9997	.9997	.9997	.9997	.9997	.9997	.9997	.9997	.9998
3.5	.9998	.9998	.9998	.9998	.9998	.9998	.9998	.9998	.9998	.9998
3.6	.9998	.9998	.9999	.9999	.9999	.9999	.9999	.9999	.9999	.9999

t 분포표

$P\{T \geq t(\nu, \alpha)\} = \alpha$를 만족하는 상수 $t(\nu, \alpha)$

df	α .25	.10	.05	.025	.01	.005	.001
1	1.0000	3.0777	6.3138	12.7062	31.8205	63.6567	318.3088
2	.8165	1.8856	2.9200	4.3027	6.9646	9.9248	22.3271
3	.7649	1.6377	2.3534	3.1824	4.5407	5.8409	10.2145
4	.7407	1.5332	2.1318	2.7764	3.7470	4.6041	7.1732
5	.7267	1.4759	2.0150	2.5706	3.3649	4.0322	5.8934
6	.7176	1.4398	1.9432	2.4469	3.1427	3.7074	5.2076
7	.7111	1.4149	1.8946	2.3646	2.9980	3.4995	4.7853
8	.7064	1.3968	1.8595	2.3060	2.8965	3.3554	4.5008
9	.7027	1.3830	1.8331	2.2622	2.8214	3.2498	4.2968
10	.6998	1.3722	1.8125	2.2281	2.7638	3.1693	4.1437
11	.6974	1.3634	1.7959	2.2010	2.7181	3.1058	4.0247
12	.6955	1.3562	1.7823	2.1788	2.6810	3.0545	3.9296
13	.6938	1.3502	1.7709	2.1604	2.6503	3.0123	3.8520
14	.6924	1.3450	1.7613	2.1448	2.6245	2.9768	3.7874
15	.6912	1.3406	1.7531	2.1314	2.6025	2.9467	3.7328
16	.6901	1.3368	1.7459	2.1199	2.5835	2.9208	3.6862
17	.6892	1.3334	1.7396	2.1098	2.5669	2.8982	3.6458
18	.6884	1.3304	1.7341	2.1009	2.5524	2.8784	3.6105
19	.6876	1.3277	1.7291	2.0930	2.5395	2.8609	3.5794
20	.6870	1.3253	1.7247	2.0860	2.5280	2.8453	3.5518
21	.6864	1.3232	1.7207	2.0796	2.5176	2.8314	3.5272
22	.6858	1.3212	1.7171	2.0739	2.5083	2.8188	3.5050
23	.6853	1.3195	1.7139	2.0687	2.4999	2.8073	3.4850
24	.6848	1.3178	1.7109	2.0639	2.4922	2.7969	3.4668
25	.6844	1.3163	1.7081	2.0595	2.4851	2.7874	3.4502
26	.6840	1.3150	1.7056	2.0555	2.4786	2.7787	3.4350
27	.6837	1.3137	1.7033	2.0518	2.4727	2.7707	3.4210
28	.6834	1.3125	1.7011	2.0484	2.4671	2.7633	3.4082
29	.6830	1.3114	1.6991	2.0452	2.4620	2.7564	3.3962
30	.6828	1.3104	1.6973	2.0423	2.4573	2.7500	3.3852
31	.6825	1.3095	1.6955	2.0395	2.4528	2.7440	3.3749
32	.6822	1.3086	1.6939	2.0369	2.4487	2.7385	3.3653
33	.6820	1.3077	1.6924	2.0345	2.4448	2.7333	3.3563
34	.6818	1.3070	1.6909	2.0322	2.4411	2.7284	3.3479
35	.6816	1.3062	1.6896	2.0301	2.4377	2.7238	3.3400
36	.6814	1.3055	1.6883	2.0281	2.4345	2.7195	3.3326
37	.6812	1.3049	1.6871	2.0262	2.4314	2.7154	3.3256
38	.6810	1.3042	1.6860	2.0244	2.4286	2.7116	3.3190
39	.6808	1.3036	1.6849	2.0227	2.4258	2.7079	3.3128
40	.6807	1.3031	1.6839	2.0211	2.4233	2.7045	3.3069
60	.6786	1.2958	1.6706	2.0003	2.3901	2.6603	3.2317
120	.6765	1.2886	1.6577	1.9799	2.3578	2.6174	3.1595
240	.6755	1.2851	1.6512	1.9699	2.3420	2.5965	3.1245
∞	.6745	1.2816	1.6449	1.9600	2.3263	2.5758	3.0902

χ^2 분포표

$P\{\chi^2 \geq \chi^2(\nu,\alpha)\}=\alpha$를 만족하는 상수 $\chi^2(\nu,\alpha)$

df	α .99	.975	.95	.90	.50	.10	.05	.025	.01
1	.0002	.0010	.0039	.0158	.4549	2.7056	3.8415	5.0240	6.6351
2	.0201	.0506	.1026	.2107	1.3863	4.6052	5.9915	7.3778	9.2104
3	.1148	.2158	.3518	.5844	2.3660	6.2514	7.8147	9.3485	11.3451
4	.2971	.4844	.7107	1.0636	3.3567	7.7795	9.4878	11.1433	13.2768
5	.5543	.8312	1.1455	1.6103	4.3515	9.2364	11.0705	12.8326	15.0865
6	.8721	1.2373	1.6354	2.2041	5.3481	10.6447	12.5916	14.4494	16.8121
7	1.2390	1.6899	2.1673	2.8331	6.3458	12.0171	14.0672	16.0128	18.4755
8	1.6465	2.1797	2.7326	3.4895	7.3441	13.3616	15.5074	17.5346	20.0905
9	2.0879	2.7004	3.3251	4.1682	8.3428	14.6837	16.9190	19.0229	21.6662
10	2.5582	3.2470	3.9403	4.8652	9.3418	15.9872	18.3071	20.4833	23.2098
11	3.0535	3.8157	4.5748	5.5778	10.3410	17.2750	19.6752	21.9202	24.7254
12	3.5706	4.4038	5.2260	6.3038	11.3403	18.5494	21.0261	23.3368	26.2170
13	4.1069	5.0088	5.8919	7.0415	12.3398	19.8120	22.3621	24.7358	27.6883
14	4.6604	5.6287	6.5706	7.7895	13.3393	21.0642	23.6849	26.1189	29.1412
15	5.2293	6.2621	7.2609	8.5468	14.3389	22.3072	24.9959	27.4884	30.5779
16	5.8122	6.9077	7.9616	9.3122	15.3385	23.5419	26.2962	28.8454	31.9999
17	6.4078	7.5642	8.6718	10.0852	16.3382	24.7691	27.5871	30.1910	33.4087
18	7.0149	8.2307	9.3905	10.8649	17.3379	25.9895	28.8693	31.5264	34.8053
19	7.6327	8.9065	10.1170	11.6509	18.3377	27.2036	30.1435	32.8523	36.1909
20	8.2604	9.5908	10.8508	12.4426	19.3374	28.4120	31.4104	34.1696	37.5662
21	8.8972	10.2829	11.5913	13.2396	20.3372	29.6151	32.6706	35.4789	38.9322
22	9.5425	10.9823	12.3380	14.0415	21.3371	30.8133	33.9244	36.7807	40.2894
23	10.1957	11.6886	13.0905	14.8480	22.3369	32.0069	35.1725	38.0756	41.6384
24	10.8564	12.4011	13.8484	15.6587	23.3367	33.1962	36.4150	39.3641	42.9798
25	11.5240	13.1197	14.6114	16.4734	24.3366	34.3816	37.6525	40.6465	44.3141
26	12.1981	13.8439	15.3792	17.2919	25.3365	35.5632	38.8851	41.9232	45.6417
27	12.8785	14.5734	16.1514	18.1139	26.3363	36.7412	40.1133	43.1945	46.9630
28	13.5647	15.3079	16.9279	18.9393	27.3362	37.9159	41.3371	44.4608	48.2782
29	14.2565	16.0471	17.7084	19.7677	28.3361	39.0875	42.5570	45.7223	49.5879
30	14.9535	16.7908	18.4927	20.5992	29.3360	40.2560	43.7730	46.9792	50.8922
40	22.1643	24.4330	26.5093	29.0506	39.3353	51.8051	55.7585	59.3417	63.6907
50	29.7067	32.3574	34.7642	37.6887	49.3349	63.1671	67.5048	71.4202	76.1539
60	37.4858	40.4821	43.1882	46.4590	59.3347	74.3970	79.0820	83.2977	88.3794
70	45.4231	48.7504	51.7389	55.3331	69.3354	85.5206	90.5279	95.0262	100.4408
80	53.5227	57.1466	60.3912	64.2819	79.3352	96.5723	101.8765	106.6315	112.3435
90	61.7377	65.6405	69.1259	73.2949	89.3350	107.5594	113.1425	118.1388	124.1303
100	70.0494	74.2162	77.9294	82.3618	99.3348	118.4928	124.3396	129.5640	135.8201

$F(\nu_1, \nu_2)$ 분포표

$P\{F \geq f(\nu_1, \nu_2, \alpha)\} = \alpha$를 만족하는 상수 $f(\nu_1, \nu_2, \alpha)$

$\alpha = 0.10$

ν_2	분자의 자유도 (ν_1)																		
	1	2	3	4	5	6	7	8	9	10	12	15	20	24	30	40	60	120	∞
1	39.86	49.50	53.59	55.83	57.24	58.20	58.91	59.44	59.86	60.19	60.71	61.22	61.74	62.00	62.26	62.53	62.79	63.06	62.63
2	8.53	9.00	9.16	9.24	9.29	9.33	9.35	9.37	9.38	9.39	9.41	9.42	9.44	9.45	9.46	9.47	9.47	9.48	9.50
3	5.54	5.46	5.39	5.34	5.31	5.28	5.27	5.25	5.24	5.23	5.22	5.20	5.18	5.18	5.17	5.16	5.15	5.14	5.14
4	4.54	4.32	4.19	4.11	4.05	4.01	3.98	3.95	3.94	3.92	3.90	3.87	3.84	3.83	3.82	3.80	3.79	3.78	3.76
5	4.06	3.78	3.62	3.52	3.45	3.40	3.37	3.34	3.32	3.30	3.27	3.24	3.21	3.19	3.17	3.16	3.14	3.12	3.11
6	3.78	3.46	3.29	3.18	3.11	3.05	3.01	2.98	2.96	2.94	2.90	2.87	2.84	2.82	2.80	2.78	2.76	2.74	2.72
7	3.59	3.26	3.07	2.96	2.88	2.83	2.78	2.75	2.72	2.70	2.67	2.63	2.59	2.58	2.56	2.54	2.51	2.49	2.47
8	3.46	3.11	2.92	2.81	2.73	2.67	2.62	2.59	2.56	2.54	2.50	2.46	2.42	2.40	2.38	2.36	2.34	2.32	2.29
9	3.36	3.01	2.81	2.69	2.61	2.55	2.51	2.47	2.44	2.42	2.38	2.34	2.30	2.28	2.25	2.23	2.21	2.18	2.16
10	3.29	2.92	2.73	2.61	2.52	2.46	2.41	2.38	2.35	2.32	2.28	2.24	2.20	2.18	2.16	2.13	2.11	2.08	2.06
11	3.23	2.86	2.66	2.54	2.45	2.39	2.34	2.30	2.27	2.25	2.21	2.17	2.12	2.10	2.08	2.05	2.03	2.00	1.97
12	3.18	2.81	2.61	2.48	2.39	2.33	2.28	2.24	2.21	2.19	2.15	2.10	2.06	2.04	2.01	1.99	1.96	1.93	1.90
13	3.14	2.76	2.56	2.43	2.35	2.28	2.23	2.20	2.16	2.14	2.10	2.05	2.01	1.98	1.96	1.93	1.90	1.88	1.85
14	3.10	2.73	2.52	2.39	2.31	2.24	2.19	2.15	2.12	2.10	2.05	2.01	1.96	1.94	1.91	1.89	1.86	1.83	1.79
15	3.07	2.70	2.49	2.36	2.27	2.21	2.16	2.12	2.09	2.06	2.02	1.97	1.92	1.90	1.87	1.85	1.82	1.79	1.76
16	3.05	2.67	2.46	2.33	2.24	2.18	2.13	2.09	2.06	2.03	1.99	1.94	1.89	1.87	1.84	1.81	1.78	1.75	1.72
17	3.03	2.64	2.44	2.31	2.22	2.15	2.10	2.06	2.03	2.00	1.96	1.91	1.86	1.84	1.81	1.78	1.75	1.72	1.69
18	3.01	2.62	2.42	2.29	2.20	2.13	2.08	2.04	2.00	1.98	1.93	1.89	1.84	1.81	1.78	1.75	1.72	1.69	1.66
19	2.99	2.61	2.40	2.27	2.18	2.11	2.06	2.02	1.98	1.96	1.91	1.86	1.81	1.79	1.76	1.73	1.70	1.67	1.63
20	2.97	2.59	2.38	2.25	2.16	2.09	2.04	2.00	1.96	1.94	1.89	1.84	1.79	1.77	1.74	1.71	1.68	1.64	1.61
21	2.96	2.57	2.36	2.23	2.14	2.08	2.02	1.98	1.95	1.92	1.87	1.83	1.78	1.75	1.72	1.69	1.66	1.62	1.59
22	2.95	2.56	2.35	2.22	2.13	2.06	2.01	1.97	1.93	1.90	1.86	1.81	1.76	1.73	1.70	1.67	1.64	1.60	1.57
23	2.94	2.55	2.34	2.21	2.11	2.05	1.99	1.95	1.92	1.89	1.84	1.80	1.74	1.72	1.69	1.66	1.62	1.59	1.55
24	2.93	2.54	2.33	2.19	2.10	2.04	1.98	1.94	1.91	1.88	1.83	1.78	1.73	1.70	1.67	1.64	1.61	1.57	1.53
25	2.92	2.53	2.32	2.18	2.09	2.02	1.97	1.93	1.89	1.87	1.82	1.77	1.72	1.69	1.66	1.63	1.59	1.56	1.52
26	2.91	2.52	2.31	2.17	2.08	2.01	1.96	1.92	1.88	1.86	1.81	1.76	1.71	1.68	1.65	1.61	1.58	1.54	1.50
27	2.90	2.51	2.30	2.17	2.07	2.00	1.95	1.91	1.87	1.85	1.80	1.75	1.70	1.67	1.64	1.60	1.57	1.53	1.49
28	2.89	2.50	2.29	2.16	2.06	2.00	1.94	1.90	1.87	1.84	1.79	1.74	1.69	1.66	1.63	1.59	1.56	1.52	1.48
29	2.89	2.50	2.28	2.15	2.06	1.99	1.93	1.89	1.86	1.83	1.78	1.73	1.68	1.65	1.62	1.58	1.55	1.51	1.47
30	2.88	2.49	2.28	2.14	2.05	1.98	1.93	1.88	1.85	1.82	1.77	1.72	1.67	1.64	1.61	1.57	1.54	1.50	1.46
40	2.84	2.44	2.23	2.09	2.00	1.93	1.87	1.83	1.79	1.76	1.71	1.66	1.61	1.57	1.54	1.51	1.47	1.42	1.38
60	2.79	2.39	2.18	2.04	1.95	1.87	1.82	1.77	1.74	1.71	1.66	1.60	1.54	1.51	1.48	1.44	1.40	1.35	1.29
120	2.75	2.35	2.13	1.99	1.90	1.82	1.77	1.72	1.68	1.65	1.60	1.55	1.48	1.45	1.41	1.37	1.32	1.26	1.19
∞	2.38	2.26	2.03	1.91	1.81	1.77	1.70	1.62	1.62	1.60	1.53	1.47	1.40	1.38	1.33	1.29	1.23	1.17	1.00

$\alpha = 0.05$

ν_2 \ 분자의 자유도 (ν_1)	1	2	3	4	5	6	7	8	9	10	12	15	20	24	30	40	60	120	∞
1	161.4	199.5	215.7	224.5	230.1	233.9	236.7	238.8	240.5	241.8	243.9	245.9	248.0	249.0	250.0	251.1	252.2	253.2	253.5
2	18.51	19.00	19.16	19.25	19.30	19.33	19.35	19.37	19.38	19.40	19.41	19.43	19.45	19.45	19.46	19.47	19.48	19.49	19.70
3	10.13	9.55	9.28	9.12	9.01	8.94	8.89	8.85	8.81	8.79	8.74	8.70	8.66	8.64	8.62	8.59	8.57	8.55	8.53
4	7.71	6.94	6.59	6.39	6.26	6.16	6.09	6.04	6.00	5.96	5.91	5.86	5.80	5.77	5.75	5.72	5.69	5.66	5.63
5	6.61	5.79	5.41	5.19	5.05	4.95	4.88	4.82	4.77	4.74	4.68	4.62	4.56	4.53	4.50	4.46	4.43	4.40	4.38
6	5.99	5.14	4.76	4.53	4.39	4.28	4.21	4.15	4.10	4.06	4.00	3.94	3.87	3.84	3.81	3.77	3.74	3.70	3.67
7	5.59	4.74	4.35	4.12	3.97	3.87	3.79	3.73	3.68	3.64	3.57	3.51	3.44	3.41	3.38	3.34	3.30	3.27	3.22
8	5.32	4.46	4.07	3.84	3.69	3.58	3.50	3.44	3.39	3.35	3.28	3.22	3.15	3.12	3.08	3.04	3.01	2.97	2.93
9	5.12	4.26	3.86	3.63	3.48	3.37	3.29	3.23	3.18	3.14	3.07	3.01	2.94	2.90	2.86	2.83	2.79	2.75	2.71
10	4.96	4.10	3.71	3.48	3.33	3.22	3.14	3.07	3.02	2.98	2.91	2.85	2.77	2.74	2.70	2.66	2.62	2.58	2.54
11	4.84	3.98	3.59	3.36	3.20	3.09	3.01	2.95	2.90	2.85	2.79	2.72	2.65	2.61	2.57	2.53	2.49	2.45	2.40
12	4.75	3.89	3.49	3.26	3.11	3.00	2.91	2.85	2.80	2.75	2.69	2.62	2.54	2.51	2.47	2.43	2.38	2.34	2.30
13	4.67	3.81	3.41	3.18	3.03	2.92	2.83	2.77	2.71	2.67	2.60	2.53	2.46	2.42	2.38	2.34	2.30	2.25	2.20
14	4.60	3.74	3.34	3.11	2.96	2.85	2.76	2.70	2.65	2.60	2.53	2.46	2.39	2.35	2.31	2.27	2.22	2.18	2.13
15	4.54	3.68	3.29	3.06	2.90	2.79	2.71	2.64	2.59	2.54	2.48	2.40	2.33	2.29	2.25	2.20	2.16	2.11	2.07
16	4.49	3.63	3.24	3.01	2.85	2.74	2.66	2.59	2.54	2.49	2.42	2.35	2.28	2.24	2.19	2.15	2.11	2.06	2.01
17	4.45	3.59	3.20	2.96	2.81	2.70	2.61	2.55	2.49	2.45	2.38	2.31	2.23	2.19	2.15	2.10	2.06	2.01	1.96
18	4.41	3.55	3.16	2.93	2.77	2.66	2.58	2.51	2.46	2.41	2.34	2.27	2.19	2.15	2.11	2.06	2.02	1.97	1.92
19	4.38	3.52	3.13	2.90	2.74	2.63	2.54	2.48	2.42	2.38	2.31	2.23	2.16	2.11	2.07	2.03	1.98	1.93	1.88
20	4.35	3.49	3.10	2.87	2.71	2.60	2.51	2.45	2.39	2.35	2.28	2.20	2.12	2.08	2.04	1.99	1.95	1.90	1.84
21	4.32	3.47	3.07	2.84	2.68	2.57	2.49	2.42	2.37	2.32	2.25	2.18	2.10	2.05	2.01	1.96	1.92	1.87	1.81
22	4.30	3.44	3.05	2.82	2.66	2.55	2.46	2.40	2.34	2.30	2.23	2.15	2.07	2.03	1.98	1.94	1.89	1.84	1.78
23	4.28	3.42	3.03	2.80	2.64	2.53	2.44	2.37	2.32	2.27	2.20	2.13	2.05	2.01	1.96	1.91	1.86	1.81	1.76
24	4.26	3.40	3.01	2.78	2.62	2.51	2.42	2.36	2.30	2.25	2.18	2.11	2.03	1.98	1.94	1.89	1.84	1.79	1.73
25	4.24	3.39	2.99	2.76	2.60	2.49	2.40	2.34	2.28	2.24	2.16	2.09	2.01	1.96	1.92	1.87	1.82	1.77	1.71
26	4.23	3.37	2.98	2.74	2.59	2.47	2.39	2.32	2.27	2.22	2.15	2.07	1.99	1.95	1.90	1.85	1.80	1.75	1.69
27	4.21	3.35	2.96	2.73	2.57	2.46	2.37	2.31	2.25	2.20	2.13	2.06	1.97	1.93	1.88	1.84	1.79	1.73	1.67
28	4.20	3.34	2.95	2.71	2.56	2.45	2.36	2.29	2.24	2.19	2.12	2.04	1.96	1.91	1.87	1.82	1.77	1.71	1.65
29	4.18	3.33	2.93	2.70	2.55	2.43	2.35	2.28	2.22	2.18	2.10	2.03	1.94	1.90	1.85	1.81	1.75	1.70	1.64
30	4.17	3.32	2.92	2.69	2.53	2.42	2.33	2.27	2.21	2.16	2.09	2.01	1.93	1.89	1.84	1.79	1.74	1.68	1.62
40	4.08	3.23	2.84	2.61	2.45	2.34	2.25	2.18	2.12	2.08	2.00	1.92	1.84	1.79	1.74	1.69	1.64	1.58	1.51
60	4.00	3.15	2.76	2.53	2.37	2.25	2.17	2.10	2.04	1.99	1.92	1.84	1.75	1.70	1.65	1.59	1.53	1.47	1.39
120	3.92	3.07	2.68	2.45	2.29	2.18	2.09	2.02	1.96	1.91	1.83	1.75	1.66	1.61	1.55	1.50	1.43	1.35	1.25
∞	3.46	2.86	2.54	2.21	2.15	2.09	1.99	1.94	1.87	1.76	1.70	1.62	1.55	1.52	1.45	1.39	1.31	1.22	1.00

$\alpha = 0.025$

ν_2	분자의 자유도 (ν_1)																		
	1	2	3	4	5	6	7	8	9	10	12	15	20	24	30	40	60	120	∞
1	647.7	799.5	864.1	899.5	921.8	937.1	948.2	956.6	963.2	968.6	976.7	984.8	993.1	997.2	1001	1006	1010	1014	1018
2	38.51	39.00	39.17	39.25	39.30	39.33	39.36	39.37	39.39	39.40	39.41	39.43	39.45	39.46	39.46	39.47	39.48	39.49	39.13
3	17.44	16.04	15.44	15.10	14.88	14.73	14.62	14.54	14.47	14.42	14.34	14.25	14.17	14.12	14.08	14.04	13.99	13.95	13.95
4	12.22	10.65	9.98	9.60	9.36	9.20	9.07	8.98	8.90	8.84	8.75	8.66	8.56	8.51	8.46	8.41	8.36	8.31	8.25
5	10.01	8.43	7.76	7.39	7.15	6.98	6.85	6.76	6.68	6.62	6.52	6.43	6.33	6.28	6.23	6.18	6.12	6.07	6.01
6	8.81	7.26	6.60	6.23	5.99	5.82	5.70	5.60	5.52	5.46	5.37	5.27	5.17	5.12	5.07	5.01	4.96	4.90	4.84
7	8.07	6.54	5.89	5.52	5.29	5.12	4.99	4.90	4.82	4.76	4.67	4.57	4.47	4.42	4.36	4.31	4.25	4.20	4.14
8	7.57	6.06	5.42	5.05	4.82	4.65	4.53	4.43	4.36	4.30	4.20	4.10	4.00	3.95	3.89	3.84	3.78	3.73	3.66
9	7.21	5.71	5.08	4.72	4.48	4.32	4.20	4.10	4.03	3.96	3.87	3.77	3.67	3.61	3.56	3.51	3.45	3.39	3.34
10	6.94	5.46	4.83	4.47	4.24	4.07	3.95	3.85	3.78	3.72	3.62	3.52	3.42	3.37	3.31	3.26	3.20	3.14	3.08
11	6.72	5.26	4.63	4.28	4.04	3.88	3.76	3.66	3.59	3.53	3.43	3.33	3.23	3.17	3.12	3.06	3.00	2.94	2.88
12	6.55	5.10	4.47	4.12	3.89	3.73	3.61	3.51	3.44	3.37	3.28	3.18	3.07	3.02	2.96	2.91	2.85	2.79	2.72
13	6.41	4.97	4.35	4.00	3.77	3.60	3.48	3.39	3.31	3.25	3.15	3.05	2.95	2.89	2.84	2.78	2.72	2.66	2.59
14	6.30	4.86	4.24	3.89	3.66	3.50	3.38	3.29	3.21	3.15	3.05	2.95	2.84	2.79	2.73	2.67	2.61	2.55	2.49
15	6.20	4.77	4.15	3.80	3.58	3.41	3.29	3.20	3.12	3.06	2.96	2.86	2.76	2.70	2.64	2.59	2.52	2.46	2.40
16	6.12	4.69	4.08	3.73	3.50	3.34	3.22	3.12	3.05	2.99	2.89	2.79	2.68	2.63	2.57	2.51	2.45	2.38	2.32
17	6.04	4.62	4.01	3.66	3.44	3.28	3.16	3.06	2.98	2.92	2.82	2.72	2.62	2.56	2.50	2.44	2.38	2.32	2.25
18	5.98	4.56	3.95	3.61	3.38	3.22	3.10	3.01	2.93	2.87	2.77	2.67	2.56	2.50	2.44	2.38	2.32	2.26	2.19
19	5.92	4.51	3.90	3.56	3.33	3.17	3.05	2.96	2.88	2.82	2.72	2.62	2.51	2.45	2.39	2.33	2.27	2.20	2.13
20	5.87	4.46	3.86	3.51	3.29	3.13	3.01	2.91	2.84	2.77	2.68	2.57	2.46	2.41	2.35	2.29	2.22	2.16	2.08
21	5.83	4.42	3.82	3.48	3.25	3.09	2.97	2.87	2.80	2.73	2.64	2.53	2.42	2.37	2.31	2.25	2.18	2.11	2.04
22	5.79	4.38	3.78	3.44	3.22	3.05	2.93	2.84	2.76	2.70	2.60	2.50	2.39	2.33	2.27	2.21	2.14	2.08	2.00
23	5.75	4.35	3.75	3.41	3.18	3.02	2.90	2.81	2.73	2.67	2.57	2.47	2.36	2.30	2.24	2.18	2.11	2.04	1.97
24	5.72	4.32	3.72	3.38	3.15	2.99	2.87	2.78	2.70	2.64	2.54	2.44	2.33	2.27	2.21	2.15	2.08	2.01	1.93
25	5.69	4.29	3.69	3.35	3.13	2.97	2.85	2.75	2.68	2.61	2.51	2.41	2.30	2.24	2.18	2.12	2.05	1.98	1.90
26	5.66	4.27	3.67	3.33	3.10	2.94	2.82	2.73	2.65	2.59	2.49	2.39	2.28	2.22	2.16	2.09	2.03	1.95	1.88
27	5.63	4.24	3.65	3.31	3.08	2.92	2.80	2.71	2.63	2.57	2.47	2.36	2.25	2.19	2.13	2.07	2.00	1.93	1.85
28	5.61	4.22	3.63	3.29	3.06	2.90	2.78	2.69	2.61	2.55	2.45	2.34	2.23	2.17	2.11	2.05	1.98	1.91	1.83
29	5.59	4.20	3.61	3.27	3.04	2.88	2.76	2.67	2.59	2.53	2.43	2.32	2.21	2.15	2.09	2.03	1.96	1.89	1.81
30	5.57	4.18	3.59	3.25	3.03	2.87	2.75	2.65	2.57	2.51	2.41	2.31	2.20	2.14	2.07	2.01	1.94	1.87	1.79
40	5.42	4.05	3.46	3.13	2.90	2.74	2.62	2.53	2.45	2.39	2.29	2.18	2.07	2.01	1.94	1.88	1.80	1.72	1.64
60	5.29	3.93	3.34	3.01	2.79	2.63	2.51	2.41	2.33	2.27	2.17	2.06	1.94	1.88	1.82	1.74	1.67	1.58	1.48
120	5.15	3.80	3.23	2.89	2.67	2.52	2.39	2.30	2.22	2.16	2.05	1.95	1.82	1.76	1.69	1.61	1.53	1.43	1.31
∞	5.01	3.69	3.12	2.79	2.57	2.41	2.29	2.19	2.11	2.05	1.94	1.83	1.71	1.64	1.57	1.48	1.39	1.27	1.00

$\alpha = 0.01$

ν_2	분자의 자유도 (ν_1) 1	2	3	4	5	6	7	8	9	10	12	15	20	24	30	40	60	120	∞
1	4052	4999	5403	5625	5764	5859	5928	5981	6022	6056	6106	6157	6209	6235	6261	6287	6313	6329	6366
2	98.50	99.00	99.17	99.25	99.30	99.33	99.36	99.37	99.39	99.40	99.42	99.43	99.45	99.46	99.47	99.47	99.48	99.49	98.88
3	34.12	30.82	29.46	28.71	28.24	27.91	27.67	27.49	27.35	27.23	27.05	26.87	26.69	26.60	26.50	26.41	26.32	26.22	26.13
4	21.20	18.00	16.69	15.98	15.52	15.21	14.98	14.80	14.66	14.55	14.37	14.20	14.02	13.93	13.84	13.75	13.65	13.56	13.42
5	16.26	13.27	12.06	11.39	10.97	10.67	10.46	10.29	10.16	10.05	9.89	9.72	9.55	9.47	9.38	9.29	9.20	9.11	9.04
6	13.75	10.92	9.78	9.15	8.75	8.47	8.26	8.10	7.98	7.87	7.72	7.56	7.40	7.31	7.23	7.14	7.06	6.97	6.86
7	12.25	9.55	8.45	7.85	7.46	7.19	6.99	6.84	6.72	6.62	6.47	6.31	6.16	6.07	5.99	5.91	5.82	5.74	5.64
8	11.26	8.65	7.59	7.01	6.63	6.37	6.18	6.03	5.91	5.81	5.67	5.52	5.36	5.28	5.20	5.12	5.03	4.95	4.86
9	10.56	8.02	6.99	6.42	6.06	5.80	5.61	5.47	5.35	5.26	5.11	4.96	4.81	4.73	4.65	4.57	4.48	4.40	4.31
10	10.04	7.56	6.55	5.99	5.64	5.39	5.20	5.06	4.94	4.85	4.71	4.56	4.41	4.33	4.25	4.17	4.08	4.00	3.90
11	9.65	7.21	6.22	5.67	5.32	5.07	4.89	4.74	4.63	4.54	4.40	4.25	4.10	4.02	3.94	3.86	3.78	3.69	3.61
12	9.33	6.93	5.95	5.41	5.06	4.82	4.64	4.50	4.39	4.30	4.16	4.01	3.86	3.78	3.70	3.62	3.54	3.45	3.36
13	9.07	6.70	5.74	5.21	4.86	4.62	4.44	4.30	4.19	4.10	3.96	3.82	3.66	3.59	3.51	3.43	3.34	3.25	3.16
14	8.86	6.51	5.56	5.04	4.69	4.46	4.28	4.14	4.03	3.94	3.80	3.66	3.51	3.43	3.35	3.27	3.18	3.09	3.00
15	8.68	6.36	5.42	4.89	4.56	4.32	4.14	4.00	3.89	3.80	3.67	3.52	3.37	3.29	3.21	3.13	3.05	2.96	2.87
16	8.53	6.23	5.29	4.77	4.44	4.20	4.03	3.89	3.78	3.69	3.55	3.41	3.26	3.18	3.10	3.02	2.93	2.84	2.75
17	8.40	6.11	5.19	4.67	4.34	4.10	3.93	3.79	3.68	3.59	3.46	3.31	3.16	3.08	3.00	2.92	2.83	2.75	2.65
18	8.29	6.01	5.09	4.58	4.25	4.01	3.84	3.71	3.60	3.51	3.37	3.23	3.08	3.00	2.92	2.84	2.75	2.66	2.57
19	8.18	5.93	5.01	4.50	4.17	3.94	3.77	3.63	3.52	3.43	3.30	3.15	3.00	2.92	2.84	2.76	2.67	2.58	2.49
20	8.10	5.85	4.94	4.43	4.10	3.87	3.70	3.56	3.46	3.37	3.23	3.09	2.94	2.86	2.78	2.69	2.61	2.52	2.42
21	8.02	5.78	4.87	4.37	4.04	3.81	3.64	3.51	3.40	3.31	3.17	3.03	2.88	2.80	2.72	2.64	2.55	2.46	2.36
22	7.95	5.72	4.82	4.31	3.99	3.76	3.59	3.45	3.35	3.26	3.12	2.98	2.83	2.75	2.67	2.58	2.50	2.40	2.30
23	7.88	5.66	4.76	4.26	3.94	3.71	3.54	3.41	3.30	3.21	3.07	2.93	2.78	2.70	2.62	2.54	2.45	2.35	2.26
24	7.82	5.61	4.72	4.22	3.90	3.67	3.50	3.36	3.26	3.17	3.03	2.89	2.74	2.66	2.58	2.49	2.40	2.31	2.21
25	7.77	5.57	4.68	4.18	3.85	3.63	3.46	3.32	3.22	3.13	2.99	2.85	2.70	2.62	2.54	2.45	2.36	2.27	2.17
26	7.72	5.53	4.64	4.14	3.82	3.59	3.42	3.29	3.18	3.09	2.96	2.81	2.66	2.58	2.50	2.42	2.33	2.23	2.13
27	7.68	5.49	4.60	4.11	3.78	3.56	3.39	3.26	3.15	3.06	2.93	2.78	2.63	2.55	2.47	2.38	2.29	2.20	2.10
28	7.64	5.45	4.57	4.07	3.75	3.53	3.36	3.23	3.12	3.03	2.90	2.75	2.60	2.52	2.44	2.35	2.26	2.17	2.06
29	7.60	5.42	4.54	4.04	3.73	3.50	3.33	3.20	3.09	3.00	2.87	2.73	2.57	2.49	2.41	2.33	2.23	2.14	2.03
30	7.56	5.39	4.51	4.02	3.70	3.47	3.30	3.17	3.07	2.98	2.84	2.70	2.55	2.47	2.39	2.30	2.21	2.11	2.01
40	7.31	5.18	4.31	3.83	3.51	3.29	3.12	2.99	2.89	2.80	2.66	2.52	2.37	2.29	2.20	2.11	2.02	1.92	1.80
60	7.08	4.98	4.13	3.65	3.34	3.12	2.95	2.82	2.72	2.63	2.50	2.35	2.20	2.12	2.03	1.94	1.84	1.73	1.60
120	6.85	4.79	3.95	3.48	3.17	2.96	2.79	2.66	2.56	2.47	2.34	2.19	2.03	1.95	1.86	1.76	1.66	1.53	1.38
∞	6.63	4.61	3.78	3.32	3.02	2.80	2.64	2.51	2.41	2.32	2.18	2.04	1.88	1.79	1.70	1.59	1.47	1.32	1.00

난수표

Line	(1)-(5)	(6)-(10)	(11)-(15)	(16)-(20)	(21)-(25)	(26)-(30)	(31)-(35)
101	13284	16834	74151	92027	24670	36665	00770
102	21224	00370	30420	03883	94648	89428	41583
103	99052	47887	81085	64933	66279	80432	65793
104	00199	50993	98603	38452	87890	94624	69721
105	60578	06483	28733	37867	07936	98710	98539
106	91240	18312	17441	01929	18163	69201	31211
107	97458	14229	12063	59611	32249	90466	33216
108	35249	38646	34475	72417	60514	69257	12489
109	38980	46600	11759	11900	46743	27860	77940
110	10750	52745	38749	87365	58959	53731	89295
111	36247	27850	73958	20673	37800	63835	71051
112	70994	66986	99744	72438	01174	42159	11392
113	99638	94702	11463	18148	81386	80431	90628
114	72055	15774	43857	99805	10419	76939	25993
115	24038	65541	85788	55835	38835	59399	13790
116	74976	14631	35908	28221	39470	91548	12854
117	35553	71628	70189	26436	63407	91178	90348
118	35676	12797	51434	82976	42010	26344	92920
119	74815	67523	72985	23183	02446	63594	98924
120	45246	88048	65173	50989	91060	89894	36036
121	76509	47069	86378	41797	11910	49672	88575
122	19689	90332	04315	21358	97248	11188	39062
123	42751	35318	97513	61537	54955	08159	00337
124	11946	22681	45045	13964	57517	59419	58045
125	96518	48688	20996	11090	48396	57177	83867
126	35726	58643	76869	84622	39098	36083	72505
127	39737	42750	48968	70536	84864	64952	38404
128	97025	66492	56177	04049	80312	48028	26408
129	62814	08075	09788	56350	76787	51591	54509
130	25578	22950	15227	83291	41737	59599	96191
131	68763	69576	88991	49662	46704	63362	56625
132	17900	00813	64361	60725	88974	61005	99709
133	71944	60227	63551	71109	05624	43836	58254
134	54684	93691	85132	64399	29182	44324	14491
135	25946	27623	11258	65204	52832	50880	22273
136	01353	39318	44961	44972	91766	90262	56073
137	99083	88191	27662	99113	57174	35571	99884
138	52021	45406	37945	75234	24327	86978	22644
139	78755	47744	43776	83098	03225	14281	83637
140	25282	69106	59180	16257	22810	43609	12224
141	11959	94202	02743	86847	79725	51811	12998
142	11644	13792	98190	01424	30078	28197	55583
143	06307	97912	68110	59812	95448	43244	31262
144	76285	75714	89585	99296	52640	46518	55486
145	55322	07598	39600	60866	63007	20007	66819
146	78017	90928	90220	92503	83375	26986	74399
147	44768	43342	20696	26331	43140	69744	82928
148	25100	19336	14605	86603	51680	97678	24261
149	83612	46623	62876	85197	07824	91392	58317
150	41347	81666	82961	60413	71020	83658	02415

Chapter

연습문제 해답

Industrial statistics

제 1 장 자료와 기술통계

1. a) 평균 = 4.292 표준편차 = 0.3097 b), c) 별책 해답집 참조
2. a) 평균 = 2.796 표준편차 = 1.114 중앙값 = 2.750
   c) 10% 백분위수 = ([24 × 0.1] + 1) 번째 자료값 = $y_{(3)} = 1.2$
   90% 백분위수 = ([24 × 0.9] + 1) 번째 자료값 = $y_{(22)} = 4.4$
   $Q_1 = 1.975$, $Q_2(\text{median}) = 2.750$, $Q_3 = 3.750$
   b), d) 별책 해답집 참조
3. a) 평균 = 48.125 표준편차 = 2.692 중앙값 = 49.000
   c) 10% 백분위수 = ([24 × 0.1] + 1) 번째 자료값 = $y_{(3)} = 44$
   95% 백분위수 = ([24 × 0.95] + 1) 번째 자료값 = $y_{(23)} = 52$
4. a) 평균 = 117.82 중앙값 = 117.50 최빈수 = 97, 112, 124, 128이 각각 4개씩
   b) 범위 = 62.00 분산 = 225.38 표준편차 = 15.01
   d) 70% 백분위수 = ([50 × 0.7] + 1) 번째 자료값 = $y_{(36)} = 128$
   : 전체 자료의 70%가 '128' 보다 작거나 같다.

제 2 장 확률과 확률변수

1. a) S = {rr, rw, rb, wr, ww, wb, br, bw, bb} b) $\frac{5}{18}$ c) $\frac{1}{12}$
2. 0.0154
3. a) $\frac{3}{364}$ b) $\frac{3}{26}$ c) 0.45
4. 0.1406
5. 0.902
6. $\frac{6}{13}$
7. a) 0.9 b) 0.75 c) $\frac{2}{3}$
8. $\frac{3}{11}$
9. 0.0309
10. a) $\frac{86}{100}$ b) $\frac{95}{100}$ c) $\frac{70}{79}$ d) 배반사상 아니다.
11. 0.28
12. $\frac{1}{30}$
13. a) 0.054 b) $\frac{4}{9}$
14. $\frac{13}{120}$
15. a) $P(A)=\frac{18}{100}$, $P(B)=\frac{15}{100}$ b) $\frac{8}{18}$ c) $\frac{10}{85}$
16. a) 0.615 b) 0.6179 c) 0.0519
17. a) 0.2 b) 0.0384
18. a) $\frac{1}{9}$ b) $\frac{7}{9}$ c) (A, B), (A, C) d) (B, C)
19. 0.25
20. 0.6982
21. 0.5639
22. 0.769
23. 0.3623

제3장 이산형 확률변수와 확률분포

1. $P(X=0)=\dfrac{9}{36}$, $P(X=1)=\dfrac{18}{36}$, $P(X=2)=\dfrac{9}{36}$
2. a) 0.65 b) 0.50 c) 2.0 d) 0.9
3. a) $\dfrac{15}{36}$ b) 7.0 c) 5.6
4. $F(0)=\dfrac{1}{8}$, $F(1)=\dfrac{4}{8}$, $F(2)=\dfrac{7}{8}$, $F(3)=1.0$
5. 평균=35 분산=29.167
6. a) 별책 해답집 참조 b) $\dfrac{12}{25}$

   c) $F(0)=\dfrac{1}{25}$, $F(1)=\dfrac{4}{25}$, $F(2)=\dfrac{9}{25}$, $F(3)=\dfrac{16}{25}$, $F(4)=1.0$

   d) 2.8 e) 1.36
7. $f_Y(y)=\left(\dfrac{1}{6}\right)^3(3y^2-3y+1)$, $F_Y(y)=\left(\dfrac{y}{6}\right)^3$, $y=1,2,\cdots,6$
8. 0.2013
9. a) 0.005 b) 0.015
10. 0.973
11. $\dfrac{63}{64}$
12. a) 0.0299 b) 0.0158
13. a) 평균=0.2 분산=0.198 b) 0.0169 c) 0.0298
14. a) 7.5 b) 0.1877 c) 0.0117 d) 1.333 e) 0.011
15. a) 4 b) 0.0563
16. a) 0.1709 b) 0.7168
17. a) $P(X=1)=0.6$, $P(X=2)=0.3$, $P(X=3)=0.1$

    b) $E(Y)=350$ 원 $V(Y)=4{,}500$ 원
18. a) 0.0038 b) 0.0516
19. a) 0.0164 b) 0.1353 c) 0.2642
20. a) 0.2859 b) 0.2486 c) 0.8647
21. 0.5

제4장 연속형 확률변수와 확률분포

1. a) 0.3679 b) 0.2858 c) 0.0 d) $F(x)=1-e^{-x}$
2. $c=\frac{1}{8}$
3. a) $F(x)=\frac{x(4-x)}{3},\ 0<x<1.0$ b) $\mu=\frac{4}{9},\ \sigma^2=\frac{13}{162}$
4. a) 0.56 b) 0.7 c) 0.0
5. a) $\mu=3.5,\ \sigma=0.866$ b) 0.25
6. a) $f(x)=10,\ F(x)=10x-0.95,\ 0.95<x<1.05$
   b) $\mu=1.0\quad \sigma=0.0288$ c) 0.3 d) $x_0=0.96$
7. $x=0.90$
8. a) 0.0139 b) 0.2417 c) $x=278$
9. $\mu=71.7\quad \sigma=13.51$
10. $\sigma=0.003$
11. a) 0.0456 b) 0.002 이하
12. 77.52
13. 6.08년
14. 1.0 이하
15. a) 0.1937 b) 0.241
16. a) 0.0078 b) 0.0099
17. 0.5
18. a) 0.2212 b) 0.2865 c) 0.2212
19. a) 0.00248 b) 0.6321
20. a) 0.3528 b) 0.0498 c) $x=46.05$분
21. a) $\lambda=5$ 회/분, $r=10$의 Erlang 분포 b) $\mu=2$분, $\sigma^2=0.4$분^2 c) 0.1755
22. a) 0.5273 b) 8862.3시간 c) 0.0017

제5장 확률변수의 동시분포

1. a) $P_X(1)=0.3$, $P_X(2)=0.4$, $P_X(3)=0.3$, $P_Y(0)=0.3$, $P_Y(1)=0.4$, $P_Y(2)=0.3$ b) 0.0
2. a) $E(X)=\frac{46}{21}$, $E(Y)=\frac{11}{7}$ b) $E(XY)=\frac{24}{7}$
3. a) $\frac{16}{11}$ b) $\frac{21}{18}$
4. 별책 해답집 참조
5. $\frac{43}{144}$
6. a) $\frac{3}{7}$ b) $-\frac{7}{54}$
7. a) 별책 해답집 참조 b) $E(X)=2.3$, $V(X)=10.24$
8. a) $\frac{3y}{4}$, $0<y<1$ b) $\frac{3y^2}{80}$, $0<y<1$
9. a) 1.0 b) $\frac{11}{144}$
10. 0.75
11. $\frac{7}{\sqrt{804}}$
12. 0.846
13. 0.187

제6장 확률표본과 표본분포

1. a) $\mu_{\overline{X}}=100$, $\sigma^2_{\overline{X}}=\left(\frac{9}{4}\right)^2$ b) 0.7758
2. a) $\mu_{\overline{X}}=20$, $\sigma_{\overline{X}}=0.0791$, b) 0.1038
3. 0.20
4. a) 0.10 b) 18.31
5. $n=12$ 이상
6. 0.90

7. a) 0.02 b) 1.771
8. a) 0.90 b) 0.2985
9. 0.95
10. 1.143

제 7 장 통계적 추론

1. a) $\hat{\Theta}_1$가 불편추정량이고 분산도 더 작다.

   b) $MSE(\hat{\Theta}_1) = \frac{\sigma^2}{10}$, $MSE(\hat{\Theta}_2) = \frac{10\sigma^2}{3} + \mu^2$
2. 별책 해답집 참조
3. 별책 해답집 참조
4. 46
5. a) 0.0164 b) 0.7881
6. 0.062
7. a) 0.488 b) 0.343
8. a) $\{\overline{X} < 0.249\}$ b) 0.0174
9. a) 별책 해답집 참조 b) 0.1492

제 8 장 정규분포 모집단에 관한 추론

1. a) $z_0 = -4.0$, reject H_0 b) $P-$값$=0$ c) 0.8577 d) 13.7 ± 0.147
2. a) $z_0 = 1.581$, do not reject H_0 b) $P-$값$=0.0571$ c) 0.0104 d) 185.0 ± 12.4
3. 9.0
4. a) $z_0 = -26.79$, reject H_0 b) $P-$값$=0$ c) 3255.42 ± 6.80 d) 30
5. $t_0 = -0.41$, do not reject H_0
6. a) $H_0 : \mu = 30{,}000$, $H_1 : \mu < 30{,}000$, $t_0 = -2.602$, reject H_0 b) $P-$값$=0.01$
7. a) $t_0 = -1.862$, do not reject H_0 b) $P-$값$=0.10$ c) 16.82 ± 0.3243
8. a) $t_0 = 0.857$, do not reject H_0 b) $P-$값$=0.1986$ c) $[59.59144, \infty]$
9. $\chi_0^2 = 15.68$, reject H_0

10. 0.945
11. a) $\chi_0^2=36.902$, do not reject H_0 b) $P-$값$=0.0896$ c) $[0.0586,\ 0.1860]$
12. a) $\chi_0^2=40.65$, do not reject H_0 b) $P-$값$=0.025$ c) $[0.0092,\ \infty]$
13. a) $z_0=1.0$, do not reject H_0 b) $P-$값$=0.1587$ c) $P-$값$=0.2364$
14. a) 0.36 ± 0.133 b) 355
15. $\chi_0^2=1.3653$, do not reject H_0
16. $\chi_0^2=30.0$, reject H_0
17. $\chi_0^2=22.308$, reject H_0

제 9 장 두 모집단의 비교에 관한 추론

1. $n=15$ 이상
2. a) $z_0=-2.11$, reject H_0 b) $P-$값$=0.0349$ c) 0.2483
3. $t_0=-5.498$, reject H_0
4. a) $t_0=4.073$, $P-$값$=0.0002$ b) $t_0=0.788$, do not reject H_0
   c) $f_0=3.361$, $P-$값$=0.0546$
5. $t_{0=-5.145,}$ $P-$값$=0.0003$
6. a) $t_0=4.326$, do not reject H_0 b) 1.58 ± 1.68 c) $t_0=0.265$, do not reject H_0
7. a) $t_0=2.689$, reject H_0 b) $t_0=0.597$, do not reject H_0
8. 0.95
9. $f_0=0.6567$, do not reject H_0
10. $[0.238,\ 1.895]$
11. $z_0=0.6123$, do not reject H_0
12. 0.017 ± 0.0627

제 10 장 단순회귀분석과 상관분석

1. 별책 해답집 참조
2. a) $\hat{y} = -0.116 - 2.163x$ b) $f_0 = 141.16$, reject H_0 c) $t_0 = 6.40$, reject H_0
   d) 4.21 ± 0.3104 e) 4.21 ± 0.8355
3. a) $\hat{y} = 2.60 - 0.2171x$ b) $f_0 = 105.37$, reject H_0 c) $t_0 = -10.265$, reject H_0
   d) -0.2171 ± 0.0488 e) 1.5145 ± 0.1422 f) 1.5145 ± 2.3104
4. a) $\hat{y} = 8.46 - 0.1417x$ b) -0.1417 ± 0.0207 c) 별책 해답집 참조
5. a) $\hat{y} = -2.0116 + 1.3962x$ b) 0.0625 c) $f_0 = 515.14$, reject H_0
   d) 1.3962 ± 0.1166 e) -0.0569 ± 0.0447 f) -0.0516 ± 0.0531 g) 0.9933
6. 별책 해답집 참조
7. a) 별책 해답집 참조 b) $\hat{y} = 2625.39 - 36.962x$
   c) $f_0 = 155.21$, reject H_0, $R_2 = 89.6\%$
   d) $\hat{\sigma}^2 = 9811$, $se(\hat{\beta}_1) = 45.35$, $se(\hat{\beta}_0) = 2.967$
   e) $t_0 = -2.3466$, $P-$값$= 0.0306$ f) $t_0 = 2.7651$, $P-$값$= 0.0128$
   g) $\hat{\beta}_1 : [-43.1964,\ -30.7272]$, $\hat{\beta}_0 : [2530.09,\ 2720.68]$
   h) 1886.154 ± 62.371 i) 1886.154 ± 217.253 j) 별책 해답집 참조

제 11 장 중회귀분석

1. a) 별책 해답집 참조 b) $\hat{y} = 0.2135 + 0.0349x + 0.0013x^2$ c) 별책 해답집 참조
2. a) $\hat{\beta}_0 = 3.887$, $\hat{\beta}_1 = 2.0870$, $\hat{\beta}_2 = 2.6522$ b) $f_0 = 17.225$, do not reject H_0
   c) $\hat{\beta}_1 : 2.0870 \pm 3.1486$, $\hat{\beta}_2 : 2.6522 \pm 2.5706$ d) 18.1046
3. a) $R_2 = 0.262$, 아니다 b) $f_0 = 1896$, do not reject H_0
4. a) $\hat{y} = 1.48 + 1.22x_1 - 0.104x_2$
   b) 회귀유의성 : $f_0 = 10.78$, $P-$값$= 0.010$, 적합결여 : $f_0 = 0.53$, $P-$값$= 0.693$
   c) $t_0 = 4.34$, reject H_0 d) -0.104 ± 0.756 e) 별책 해답집 참조
5. a) $\hat{y} = -3783 + 0.00875x_1 + 1.93x_2 + 3444x_3 + 2093x_4$
   b) $f_0 = 72.11$, $P-$값$= 0.000$

c) $t_0 = 9.68$, reject H_0 d) $t_0 = 2.97$, reject H_0 e) 3444.3 ± 1861.7

f) 2093.4 ± 624.0 g) 별책 해답집 참조

6. a) $\hat{y} = 9.18 + 3.28X_1 + 2.05X_2 - 0.473X_3 + 0.501X_4$

b) $f_0 = 610.71$, $P-$값$= 0.000$ c) $f_0 = 697.387$, reject H_0 d) 별책 해답집 참조

7. a) $\hat{y} = 415 - 6.59x_1 - 4.50x_2$ $f_0 = 14.90$, $P-$값$= 0.001$ b) $[78.30,\ 115.41]$

c) $[38.51,\ 155.20]$ d) 별책 해답집 참조

e) $\hat{y} = 1202 - 44x_1 - 24.5x_2 + 0.32x_1^2 + 0.109x_2^2 + 0.557x_1x_2$

$f_0 = 7.41$, $P-$값$= 0.015$ f) $f_0 = 1.328$, do not reject H_0

8. a) $\hat{y} = 14.2 + 0.665x_1 - 0.010x_2$ $f_0 = 4.44$, $P-$값$= 0.038$ b) 별책 해답집 참조

c) $\hat{y} = -151 - 16.2x_1 + 13.5x_2 + 0.0935x_1^2 - 0.253x_2^2 + 0.492x_1x_2$

$f_0 = 5.03$, $P-$값$= 0.022$ d) $f_0 = 3.443$, do not reject H_0

9. 별책 해답집 참조

10. a) $\hat{y} = 2.85 - 0.290x_1 + 0.206x_2 + 0.454x_3 - 0.594x_4 + 0.0046x_5$

b) c) 이하 별책 해답집 참조

제12장 실험계획법

1. a) $y_{ij} = \mu + \tau_i + \varepsilon_{ij}$, $i = j = 1, 2, \ldots, 5$

b) $f_0 = 12.77$, $P-$값$= 0.000$ c) 17.56 ± 2.68 d) 1.88 ± 3.79

e), f) 별책 해답집 참조

2. a) $y_{ij} = \mu + \tau_i + \varepsilon_{ij}$, $i = j = 1, 2, 3, 4$ b) $f_0 = 12.73$, $P-$값$= 0.000$

c) 471.0 ± 123.39 d) -267.5 ± 174.50 e), f) 별책 해답집 참조

3. a) $f_0 = 2.62$, $P-$값$= 0.083$ b), c) 별책 해답집 참조

4. a) $y_{ij} = \mu + \tau_i + \varepsilon_{ij}$, $i = j = 1, 2, 3, 4$ where, μ=자료 전체의 모평균

τ_i =인자의 $i-$번째 수준의 효과 ~ $\mathrm{NID}(0,\ \mu\sigma_\tau^2)$$\varepsilon_{ij}$ =오차항 ~ $\mathrm{NID}(0,\ \sigma^2)$

b) $f_0 = 0.75$, $P-$값$= 0.538$ c) 0 d) 별책 해답집 참조

5. a) $y_{ijk} = \mu + \tau_i + \beta_j + (\tau\beta)_{ij} + \varepsilon_{ijk}$, $i = 1, 2 j = 1, 2, 3 k = 1, 2, 3$

b) 교호작용 A×B만이 유의하지 않다. c) 56.0 ± 37.657

e) A_1B_2 : 위치=상부, 온도=850°C d), f) 별책 해답집 참조

6. a) 모든 주효과와 교호작용 유의 b) -1.334 ± 3.148
   d) A_2B_1 : 온도$=158°F$ 구리함량$=40\%$ c), e) 별책 해답집 참조
7. a) $y_{ijkl} = \mu + \tau_i + \beta_j + \gamma_k + (\tau\beta)_{ij} + (\tau\gamma)_{ik} + (\beta\gamma)_{jk} + (\tau\beta\gamma)_{ijk} + \varepsilon_{ijkl}$
   $i = 1, 2, 3 \quad j = 1, 2, 3 \quad k = 1, 2 \quad l = 1, 2$
   b) 주효과 A와 B, 그리고 교호작용 A×B가 유의 c) 별책 해답집 참조

제 13 장 비모수적 방법

1. a) $P-$값$=0.1094 > \alpha = 0.05 \Rightarrow H_0$ 기각할 수 없다.
   b) $z_0 = 1.90 < z_{0.025} = 1.96 \Rightarrow H_0$ 기각할 수 없다.
   $P-$값 $= 2P(Z>1.90) = 0.0574$

2. $P-$값 $= \sum_{r=0}^{2} \binom{20}{r} (0.5)^r (0.5)^{20-r} = 0.0002 < \alpha = 0.05 \Rightarrow H_0$기각
3. a) $r=\min(r^+, r^-)=3 \le r^*_{0.01} = 3 \Rightarrow H_0$ 기각
   b) $|z_0|=2.83 > z_{0.005} = 2.58 \Rightarrow H_0$ 기각
4. a) $\int_0^{3.5} \frac{1}{\mu} e^{-\frac{x}{\mu}} dx = 0.5 \Rightarrow 1 - e^{-\frac{3.5}{\mu}} = 0.5 \Rightarrow \mu \cong 5.05$(분)
   b) $r^- = 3 > r^*_{0.05} = 1 \Rightarrow H_0$ 기각할 수 없다.
   c) $\beta(4.5) = 1 - \sum_{r=0}^{1} \binom{10}{r} (0.4168)^r (0.5832)^{10-r} = 0.9629$
5. $w = 4.5 < w^*_{0.05} = 8 \Rightarrow H_0$ 기각
6. a) $w = 80.5 > w^*_{0.05} = 52 \Rightarrow H_0$ 기각할 수 없다.
   b) $|Z_0| = 0.58 > Z_{0.025} = 1.96 \Rightarrow H_0$ 기각할 수 없다.
7. $w^+ = 7 < w^*_{0.05} = 60 \Rightarrow H_0$ 기각
8. $w = 29.5 < w^*_{0.01} = 32 \Rightarrow H_0$ 기각
9. $w^2 = 75 > w_{0.025} = 51 \Rightarrow H_0$ 기각할 수 없다.
10. $w_1 = 75 < w_{0.05} = 78 \Rightarrow H_0$ 기각
11. $|z_0| = 2.268 > Z_{0.025} = 1.96 \Rightarrow H_0$ 기각
12. $h = 9.998 > \chi_{0.05,3} = 7.8147 \Rightarrow H_0$ 기각
13. $h = 4.835 < \chi_{0.05,2} = 5.9915 \Rightarrow H_0$ 기각할 수 없다.

찾아보기

| ㅂ |

| ㅅ |

| ㅇ |

ㅎ

기타

이종성

고려대학교 이공대학 물리학과 (이학사)
고려대학교 대학원 (산업공학 석 · 박사)
한국에너지기술연구소 연구원 (1978 ~ 1980)
미국 Univ. of Washington 방문연구원 (1995)
미국 Arizona State Univ. 방문연구원 (2006)
강원대학교 공과대학 산업공학과 교수 (1980 ~ 현재)

[개정판]
공업통계학

2009년 8월 20일 초 판 발행
2011년 3월 2일 개정판 발행

저 자 / 이종성
발행자 / 오판근
발행처 / 교우사

주 소 / 서울 동대문구 제기2동 148-19
전 화 / 925-2861(代), 편집부 / 925-2825
팩 스 / 925-2860
E-mail / kyowoo@kyowoo.co.kr
http://www.kyowoo.co.kr

출판등록 / 1994. 3. 24 제6-0256호

ISBN 978-89-8172-809-0 (93310)

값 22,000 원